食品安全与食品物证检验技术

主　编　朱　昱　张　婷
副主编　夏鑫鑫

群众出版社
·北　京·

图书在版编目（CIP）数据

食品安全与食品物证检验技术/朱昱，张婷主编 .—北京：群众出版社，2023. 6
ISBN 978-7-5014-6298-8

Ⅰ.①食…　Ⅱ.①朱…②张…　Ⅲ.①食品安全②食品检验　Ⅳ.①TS201. 6
②TS207. 3

中国国家版本馆 CIP 数据核字（2023）第 099724 号

食品安全与食品物证检验技术

主编　朱　昱　张　婷

出版发行：群众出版社
地　　址：北京市丰台区方庄芳星园三区 15 号楼
邮政编码：100078
经　　销：新华书店
印　　刷：三河市荣展印务有限公司

版　　次：2023 年 6 月第 1 版
印　　次：2024 年 8 月第 2 次
印　　张：24. 25
开　　本：787 毫米×1092 毫米　1/16
字　　数：449 千字

书　　号：ISBN 978-7-5014-6298-8
定　　价：88. 00 元

网　　址：www. qzcbs. com
电子邮箱：qzcbs@ sohu. com

营销中心电话：010-83903991
读者服务部电话（门市）：010-83903257
警官读者俱乐部电话（网购、邮购）：010-83901775
法律图书分社电话：010-83905745

前　言

“国以民为本，民以食为天，食以安为先。”食品是人类赖以生存和发展的物质基础，食品安全关乎人民的健康和生命安全。随着经济的发展、文化的进步和生活水平的提高，人们对食品安全问题越来越重视。国家保护食品安全的措施也越来越完善，保障舌尖上的安全成为各国政府工作的重要组成部分。党的十八大以来，党中央、国务院高度重视食品安全问题，强调重拳严治。“十三五”规划建议更是将食品安全问题提升到国家战略高度，提出国家食品安全规划，并将全面彻底解决食品安全问题，让百姓放心。

目前，我国食品安全总体形势是好的，但仍有一些食品生产企业和食品从业人员，利欲熏心，法律意识淡薄，或是在食品中非法添加有毒有害物质，或是生产不符合安全标准的食品，或是生产假冒伪劣食品，如地沟油、毒奶粉、镉大米、瘦肉精、人造鸡蛋等，让人入口难安。另外，市场监督不严、食品安全执法水平不高、食品安全相关法律法规标准出台滞后、检验技术相关体系不科学等，令食品安全问题的监督管理、犯罪预防与犯罪治理等工作依旧任重而道远。

食品物证检验技术是食品安全体系的重要技术支撑，也是食品安全监管和治理的重要手段。加强对危害食品安全的影响因素的了解，规范对犯罪案件中食品物证的认识，开展针对食品中有毒有害物质的检验技术和方法的研究，是培养具备食品物证检验技术专门人才的基础。

《食品安全与食品物证检验技术》一书包含三编共十二章以及附录，从教学、科研、办案的实际出发进行编写。上编为食品安全和食品物证。该编对食品安全与安全食品的概念，危害食品安全的物证分析，危害食品安全的生物因素、化学因素、天然毒素、物理及环境因素等进行了介绍。中编为食品物证检验技术。该编针对严重影响食品安全的微生物检验、生物毒素检验、农药兽药残留检验以及食品添加剂等化学物质检验，介绍了不同物质的物证快速检验技术和实验室检验技术，并对检验方法举例。下编为食品物证检验实务。该编分为食品安全性评价以及食品违法犯罪典型案例。附录选取了部分办理食品安全犯罪案件依据的现行有效的法律法规和司法解释。

全书对食品安全分析的基础理论、检验方法、管理体系、实践案例评述、法律法规进行了完整介绍，读者能循序渐进并较为系统地了解食品安全和食品物证检验技术。本书可以作为食药环检验技术专业教师、学生的教材或教学参考书，也可以供从事司法检验鉴定以及想要了解食品物证和食品物证检验的相关人员使用。本书撰写工作由中国刑事警察学院刑事科学技术学院朱昱教授、张婷副教授、夏鑫鑫讲师共同完成，朱昱教授负责对全书进行审稿和定稿。

由于涉及面广、内容和要求变化快，加之编写者水平有限，书中难免出现疏漏和不足，恳请读者批评指正。

编者

2023 年 1 月

目　录

|上编　食品安全和食品物证|

中编　食品物证检验技术

下编　食品物证检验实务

| 附录 法律法规及司法解释 |

上编

食品安全和食品物证

第一章　绪　论

第一节　食品安全与安全食品

一、食品

“食品，指各种供人食用或者饮用的成品和原料以及按照传统既是食品又是中药材物品，但不包括以治疗为目的的物品。”［2021 年 4 月 29 日第十三届全国人民代表大会常务委员会第二十八次会议第二次修正的《中华人民共和国食品安全法》（以下简称《食品安全法》）中“食品”的定义］

“食品可供人类食用或饮用的物质，包括加工食品，半成品和未加工食品，不包括烟草或只作药品用的物质。”（1994 年 GB/T 15091-94 中“食品”的定义）

从食品卫生立法和管理的角度，广义的食品概念还涉及所生产食品的原料，食品原料种植，养殖过程接触的物质和环境，食品的添加物质，所有直接或间接接触食品的包装材料、设施以及影响食品原有品质的环境。

食品作为人类生命活动的物质基础之一，必须具备以下条件：

1. 具有一定的营养成分与营养价值；
2. 在正常摄食条件下，不应对人体发生有害影响；
3. 具有良好的感官性状。

食品是人类赖以生存和发展的重要物质基础，食品的优劣和安全与否直接关系到人们的身体健康，甚至生命安全。

二、食品安全

（一）食品安全的概念

1996 年，世界卫生组织（WHO）将食品安全解释为“对食品按其原定用途进行制作、食用时不会使消费者健康受到损害的一种担保”。

《食品安全法》第150条第2款规定："食品安全，指食品无毒、无害，符合应当有的营养要求，对人体健康不造成任何急性、亚急性或者慢性危害。"

依据法律的规定，食品安全至少有两层含义：第一层含义是食品质量安全，指食品中有害物质的含量不会对人体造成危害；第二层含义是食物能满足人类对营养与健康的需求，能够从食物中摄取足够的热量、蛋白质、脂肪以及其他营养物质（如纤维素、维生素、矿物质）。随着生产力的发展和人民生活水平的提高，人们对食品安全的需求有了从量到质的深化。因此，食品安全不仅是法律上的概念，更是经济和技术上的概念。

迄今为止，学术界对食品安全缺乏一个明确统一的定义。我国学术界对食品安全主要有三种观点：

第一种观点，食品安全是指食品中不应含有可能损害或威胁人体健康的有毒、有害物质或因素，这些物质或因素会导致消费者受到急性或慢性毒害甚至感染疾病，产生危及消费者及其后代健康的隐患。

第二种观点，食品安全应区分绝对安全性和相对安全性两种不同的层次。绝对安全性是确保不可能因食用某种食品而危及健康或造成伤害的一种承诺。相对安全性是指一种食物或成分在食用方式合理且食用量正常的情况下不会导致对健康的损害。

第三种观点，食品安全是指生产者所生产的产品符合消费者对食品安全的需要，并经权威部门认定，在食用方式合理且食用量正常的情况下不会导致对健康的损害。

食品安全是"质"的安全，也是"量"的安全。目前，学术界普遍强调食品"质"的安全，强调只有食品中的有害物质才是影响食品安全的因素。而"量"的安全是营养成分与健康的安全。过去，生活物资的匮乏导致人们食物摄入量不足；如今，人们由于过度减肥、酗酒等主动或被动的原因，导致食物摄入量不足或过量、膳食营养素失衡等，这些均会影响人体健康，有关人身安全的案例已不在少数。因此，食品安全是"质"和"量"的共同安全，而目前的工作中经常只强调"质"的安全，忽略"量"的安全。

此外，食品安全的概念常常与食品卫生、食品质量的概念交织在一起。

（二）食品卫生和食品质量的概念

食品卫生是指为防止食品污染和有害因素危害人体健康而采取的综合措施。世界卫生组织曾于1984年在题为《食品安全在卫生和发展中的作用》的文件中，把"食品安全"等同于"食品卫生"，定义为："生产、加工、储存、分配和制作食品过程中确保食品安全可靠，有益于健康并且适合人类消费的种种必要条件和措施。"

食品安全和食品卫生是有区别的。一是范围不同。食品安全包括食品（食物）种植、养殖、加工、包装、贮藏、运输、销售、消费等环节的安全，而食品卫生通常并不包含种植、养殖环节的安全。二是侧重点不同。食品安全是结果安全和过程安全的完整统一。食品卫生虽然也包含上述两项内容，但更侧重于过程安全。所以食品安全是目标，食品卫生是达到目标的保障。《食品工业基本术语》将“食品卫生”定义为“为防止食品在生产、收获、加工、运输、贮藏、销售等各个环节被有害物质污染，使食品有益于人体健康所采取的各项措施”。食品卫生是预防科学的一个分支，是公共卫生的组成部分，也是食品科学的内容之一。因食品的营养素不足或过量以及因消化吸收关系引起人体的健康障碍等，是食品营养问题，不属于食品卫生研究的范畴。

食品质量是指食品固有特性满足要求的程度。食品质量要求食品具有营养价值；有较好的色、香、味和外观；无毒、无害，符合食品卫生质量要求。

在食品安全的概念中，学者普遍认为有害物质才是影响食品安全的因素。但随着检测技术水平和检测设备灵敏度的提高，有害物质的检出限不断提高。因此，对食品安全概念中有害物质数量的认识，以及对有害物质检出限的认定标准还应该有相应的规范研究。

食品安全概念提及，食品中的有害物质对消费者不造成损害，但食品究竟安全与否，也取决于食品的制作方式是否合理、食用方式是否合理、食用数量是否适当、食用者自身的内在条件等各种因素。

因此，保障食品安全可以说就是为了确保对人体健康不造成现实或潜在的侵害，而采取的各种管理方法和措施。食品安全有保证、吃放心食物已经成为民众重大且急迫的期待。保障食品安全，需要更加科学的检测方法、完善协调的食品安全质量保障体系和更加合理的法律规范。

（三）我国食品安全发展的历史

1. 食品安全孕育期（1949~1984年）。

（1）粮食安全期（1949~1978年）：这一时期的食品安全问题主要是消除饥饿。1949年到1978年是计划经济时期，在这一阶段内，所出现的食品质量低劣、食物中毒事件，主要是因为食品的生产加工受到当时的生产技术、经营条件等客观环境的限制，以及人民群众普遍对饮食卫生、食品安全知识的匮乏。这一时期，随着公私合营等改造的进行，国营企业在食品生产、加工链中逐渐占据主导地位，而盈利并不是企业的唯一目的。所以，即使在没有食品安全监管立法的情况下，危害人民健康的劣质、有毒食品也是罕见的，人们对现代意义上的食品安全问题并没有强烈的需求。

（2）食品安全萌芽期（1979~1984 年）：这一阶段，随着改革开放的进行，我国社会结构、经济结构逐步深刻转型，基本解决饥饿问题。

1979 年国务院正式颁布了《食品卫生管理条例》，1982 年第五届全国人民代表大会常务委员会通过了《食品卫生法（试行）》。

2. 食品安全起步期（1985~2002 年）。

随着改革开放的深入，我国社会结构、经济结构逐步深刻转型，食品安全问题日益受到人民群众的瞩目。尤其是近些年来发生了一系列重大食品安全事件，使得食品的质量与安全问题成为消费者投诉的重点之一，同时也成为一个上升到国家公共安全高度的问题。这一时期是法律体系不断提升的阶段。

1993 年 11 月召开的十四届三中全会首次提出"改善和加强对市场管理和监督体系"，会议提出要建立统一开放竞争有序的市场，强化安全生产管理和安全监督。

为防止食品污染和有害因素对人体的危害，保障人民身体健康，增强人民体质，由第八届全国人民代表大会常务委员会第十六次会议修订通过，《食品卫生法》自 1995 年 10 月 30 日起施行。

3. 食品安全发展期（2003 年至今）。

2003~2011 年，一系列重大食品安全事件在这一时期发生，食品安全问题日益受到人民群众的关注。2004 年，在卫生部通报的 381 起重大食物中毒事件中，因有毒动植物引起的食物中毒有 140 起，占总数的 37%。① 这些重大食品安全事件大幅降低了人民群众对食品安全的信任程度，食品安全问题成为一个上升到国家公共安全高度的问题。2009 年 6 月 1 日《食品安全法》颁布实施，2011 年 10 月 13 日国家食品安全风险评估中心挂牌成立。

2013 年，习近平总书记首次提出"四个最严"，即最严谨标准、最严格监管、最严厉处罚、最严肃问责，各级党委和政府要将食品药品安全问题作为一项重大政治任务来抓。2015 年，《食品安全法》修订后实施；2016 年，《健康中国 2030 规划纲要》发布；2019 年，《食品安全法实施条例》修订后发布。2019 年 6 月 27 日，公安部食品药品犯罪侦查局正式成立，聚焦打击犯罪主责主业，着力防范食药环领域重大风险，服从服务经济社会发展大局。

我国食品安全经历了不同发展时期，食品安全监管体系逐步完善。当然，现今的社会食品安全领域仍有众多难解的问题，需要更多人参与投身到食品安全监管的制度完善和有效运行中。

---

① 来源于中国食品安全网《中国食品安全 70 年发展历程》，http://www.cfsn.cn/front/web/site.indexnewshow?id=481。

三、安全食品

（一）安全食品的概念

安全食品的概念有广义和狭义之分。广义的安全食品是指长期正常食用不会对身体产生阶段性或持续性危害的食品。而狭义的安全食品则是指按照一定的规程生产，符合营养、卫生等各方面标准的食品。

（二）安全食品的分类

安全食品经权威部门认定，可以分为普通食品、无公害农产品、绿色食品、有机食品。

1. 普通食品，即常规食品，达到国家食品安全标准的就是目前最基本的安全食品。

图 1-1 安全食品标识图

2. 无公害农产品。无公害农产品是指生产地的环境、生产过程和产品质量符合一定标准和规范要求，并经认证合格获得认证证书，允许使用无公害农产品标志，没有经过加工或者初加工的食用农副产品。按照国家规定，无公害农产品是中国普通农副产品的质量水平。其质量指标主要包括两个方面，即产品中重金属的含量和农药（兽药）残留量要符合规定的标准。

根据以上要求，无公害农产品生产基地的选择非常重要。应该选择空气清新、水质纯净、土壤未受污染，具有良好农业生态环境的地方，尽量避免繁华的城镇、工业区和交通要道旁等地方。生产基地的土壤、水、空气中的有毒有害物质，如有机氯、有机磷、氟化物、硝酸盐、重金属和微生物等都要有一定的标准。另外，在生产过程中要遵循生产技术规程，如限制剧毒农药的使用等。

图 1-2 无公害产品标识图

3. 绿色食品。“绿色食品”是真正的安全食品，就是指无农药残留、无污染、无公害、无激素的安全、优质、营养类食品。比无公害农产品要求更严、食品安全程度更高，并且按照特定的生产方式生产，经过专门的认证机构认定、许可，使用绿色食品商标标志。认定“绿色食品”要看该食品是否有农业部证书、产地认定证书、产品认定证书、监测报告等（2003 年后只有农业部才有权力进行产品认证）。例如，在选购“绿色蔬菜”时要看标签，如果标签标的是“LB-32-98010137061”，说明是 1998 年通过认证的，而“绿色蔬菜”认证有效期为 3

年，那么这个标签的有效期已过，是不允许再以“绿色蔬菜”具名出售的。

“绿色食品”遵循可持续发展原则，从保护和改善农业生态环境入手，在种植、养殖、加工过程中执行规定的技术标准和操作规程，限制或禁止使用化学合成物（如化肥、农药等）及其他有毒有害的生产资料，实施从“农田到餐桌”全过程的质量控制，以保护生态环境，保障食品更安全，提高产品质量。绿色食品又分为A级和AA级两大类。

A级：生产地的环境质量符合NY/T 391的要求，生产过程严格按照绿色食品的生产准则，限量使用限定的化学肥料和化学农药。产品质量符合A级绿色食品的标准，如农业部颁发的A级绿色食品行业标准NY/T 268-95和NY/T 292-95，以及绿色食品标志设计标准G 87718-94等。

图1-3 A级绿色食品标志（左）和AA级绿色食品标志（右）

AA级：生产地环境与A级相同，生产过程中不使用化学合成的肥料、农药、兽药，以及政府禁止使用的激素、食品添加剂、饲料添加剂和其他对环境及人体健康有害的物质。产品质量符合AA级绿色食品的标准。

4. 有机食品。该类食品不使用化学合成的化肥、农药、生长激素、化学添加剂、化学色素及转基因技术，是国际公认的安全食品。有机食品是安全食品中最高档、最安全、价格最高的，即根据有机农业原则和有机产品的生产、加工标准生产出来的，经过有机农产品颁证机构颁发证书的一切农产品。有机农业是一种完全不使用人工合成的肥料、农药、生长调节剂和饲料添加剂的生产体系。也就是说，有机农业原则上是在农业能量的封闭循环状态下生产，全部过程都利用农业资源，而不是利用农业以外的资源影响和改变农业的能量循环。有机食品当然禁止使用基因工程产品，而且在土地转型方面有严格规定，一般需要2~3年的转换期。有机食品在数量上亦进行严格控制，要求定地块、定产量地进行生产。国内生产有机食品的企业较少，产品主要销往国外。在我国现有条件下，应主张先发展A级绿色食品，以后逐步向AA级过渡，再与国际上推行的有机食品接轨。

图1-4 有机食品标识图

有机食品是从英文"Organic Food"直译过来的，是指来自有机农业生产体系，根据国际有机农业生产要求和相应标准生产加工的，并通过独立的有机食品认证机构认证的农副产品，包括粮食、蔬菜、水果、奶制品、禽畜产品、蜂蜜、水产品、调料等。有机食品需要符合以下条件：原料必须来自已建立的有机农业生产体系，或采用有机方式采集的野生天然产品；产品在整个生产过程中严格遵循有机食品的加工、包装、储藏、运输标准；生产者在有机食品的生产和流通过程中，有完善的质量控制和跟踪审查体系，有完整的生产和销售记录档案；必须通过独立的有机食品认证机构认证。因此，有机食品是一类真正源于自然、富营养、高品质的环保型安全食品。

安全食品是相对的概念，绝对安全的食品是不存在的。长期正常食用不会对身体产生阶段性或持续性危害的食品，就可以被称为安全食品。安全食品是人们追求的产品目标，是食品生产的产品要求，是质量管理体系得到保障的结果。

第二节　食品安全与食物链

一、食物链

（一）食物链的概念

食物链（Food Chain）亦称"营养链"，是一个生物学概念，指生态系统中各种生物为维持其本身的生命活动，以其他生物为食物，由生物联结起来的链锁关系。各种生物在其中通过一系列捕食关系彼此联系起来，物质能量在生物成员之间通过食物链的方式进行流动和转换。

一个食物链一般包括 3~5 个环节，即一个植物、一个以植物为食料的动物以及一个或多个肉食动物。食物链中不同环节的生物数量相对恒定，以保持自然平衡。自然环境是人类生存与发展的物质基础，一方面人类从环境中得到了生活资料和食物，另一方面人类对环境的过度摄取和盲目、不符合自然规律的改造，又会造成各种环境问题。被破坏的环境反过来会惩罚人类，对人类的生存造成不利影响。超出环境承受能力的污染可通过环境中的大气、水体、土壤等直接引起机体中毒，也可以通过多种载体对食品安全造成危害。

食草动物取食植物，食肉动物捕食食草动物，这种不同生物间通过食物形成的链锁式单向联系就是食物链。单向链锁存在于生物的彼此联系中，生物将环境中低浓度的化学物在体内蓄积，使有毒化学元素在生物体内富集并形成食物链上的生物富集，最终达到较高浓度，从而影响食品安全。在自然生态食物链中，生态环境中的化肥、杀虫剂、除草剂等农用化学品的长期无度使用，直接造成农作物如粮油菜果的污染，并且农药残留会依附土地、水体、空气又反馈到环境，带来严重的环境污染问题。生态环境污染导致农作物中含有大量的重金属，其和农药残留均会危害消费者的健康。畜禽养殖场中的畜禽因为食用了被污染的饲料和水而产生疾病，只能靠大量的兽药、抗生素等维持健康。因此，自然链中的农用化学品、兽药、微生物、致病菌、环境污染等各种因素交叉循环，最终产生了危害人体健康的有毒物质。

（二）食品安全与食物链

人们从自然环境中获取生产物资和食物，而生态系统中生物之间的捕食关系以及生物与环境之间的密切依赖关系，也使得影响食物链的各种因素会直接或间接影响食品安全。食物链可以延伸到食品自然链至食品加工链，从初级生产直至消费的各个环节，涉及食品及其辅料的生产、加工、分销、贮存和处理，每个环节都有可能产生危害食品安全的因素。食品安全与加工链、供应链管理密不可分，如食品原料的供应、食品加工、食品物流与食品需求等过程，为创造出新价值，满足市场上各级主体的需求，食品原料要进行加工、储藏、分装、包装等，其中防腐剂的不合理使用、包装物的卫生安全不达标、为商业目的使用非法添加物等加工链上的不安全因素均会对食品安全造成影响（如图 1-5 所示）。

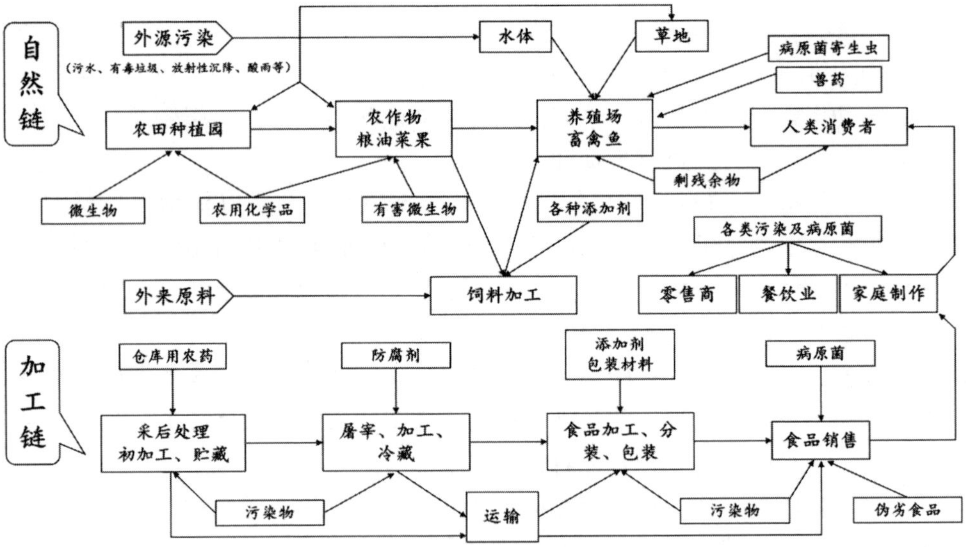

图 1-5　食品安全与食物链的关系

食品安全可以溯源到食品自然链和加工链的各个环节，在加强对自然链和加工链的监督与管理的同时，需要对影响食品安全的危害物质成分进行检验，对食品安全性进行评价。只有对食品安全生长、生产、加工、运输、销售等全链条进行监督监管，才能有效保障餐桌上的安全，用食物重建人与人的信任。

二、危害食品安全的主要因素

危害食品安全的因素有很多，人们普遍从危害方式和危害物成分的角度进行分类。经分析和研究，来自食品中的天然有毒物质以及生物性、化学性和物理性危害是影响食品安全的主要因素。2011 年 10 月成立的国家食品安全风险评估中心研究员陈君石院士认为，我国食品安全的三大“敌人”依次是微生物引起的食源性疾病、农兽药残留等化学性污染以及非法使用食品添加剂。

（一）微生物污染

微生物污染主要是指微生物自身及其代谢过程、代谢产物（如毒素）、寄生虫及其虫卵和昆虫对食品原料、加工过程与产品的污染。生物性危害的主体包括有害的细菌、病毒、寄生虫、昆虫等。食源性致病菌已经被世界公认为造成食品污染的重要因素之一，一些食源性致病菌可能造成人的死亡。

（二）化学污染

化学污染是食品中最主要的污染之一。食品中的化学污染包括食品原料中的农药残留、兽药残留污染，重金属污染，持久性有机污染物的污染，以及超范围、超量使用的食品添加剂所产生的污染。农药、兽药在使用中会造成动植物组织中的残留，并随环境污染、食物链和生物富集作用等途径，再次进入人体，对人体健康造成严重危害。有毒重金属可引起急性、慢性累积性中毒，持久性有机污染物会对人类健康和环境造成不利的影响，食品添加剂超量使用会造成慢性中毒或引发癌症。

（三）生物毒素

生物毒素是由动物、植物和微生物等在一定条件下产生的，对其他生物物种有毒害且不可复制的一大类生物活性物质的总称。生物毒素包括天然有毒物质、微生物中的细菌和真菌毒素。天然有毒物质按食物来源可分为植物毒素和动物毒素，分别来自植物体和动物体。动植物中存在的某种对人体健康有害的非营养性天然成分，或因储存方法不当，在一定条件下产生某种有毒成分。由于含有有毒物质的动植物外形和色泽与无毒的品种相似，因此在日常生活和食品加工中往往较难区别。细菌和真菌毒素的危害非常大，食物保存、加工等过程的不当会造成微生物增殖，微生物的代谢产物含有毒素。当食物毒素含量较高时会对人体健康产生危害，因此生物毒素含量检验是食品安全检测的重点项目之一。

（四）掺假造假

掺假造假是人为地、有目的地向食品中加入一些食品非固有成分，以增加其重量、体积，或者改变某种品质，以低劣的色、香、味来迎合消费者的行为。食品掺假造假国内外均有，也不是近些年才发生的事情。不法分子利欲熏心，追求商业利益的最大化，令掺假活动日渐猖獗。已经发生的严重食品安全案（事）件大多是在食品中加入非法添加物，它们一般都是非食用的化学物质，日常食用会对人体产生不同程度的毒害作用，威胁着居民的健康。食品中常见的非法添加物有吊白块、瘦肉精、苏丹红、三聚氰胺、塑化剂等。这些添加物的共同特点是要经历较长时间才会出现对人体致畸、致突变、致癌等慢性毒性作用。

（五）其他因素

危害食品安全的其他因素还包括物理性因素、环境因素、转基因食物等因素。其中环境因素的影响，可以概括为环境中的大气、水体、土壤等自然环境因为受到了各种破坏，超过了环境自净能力，而使得环境污染物随着生产、生活再次影响到食品安全。环境中的污染物会随着食物链和生态链延续着对食品的污染。

人们对转基因食物的食品安全问题一直争论不休。我国对转基因食物的技术提出了在研究上要大胆、在推广上要慎重的总体原则。转基因农作物产业化、商业化的推广，要在国家制定的技术规范范围内进行。

危害食品安全的因素是多方面的，导致不同类型的食物出现食品安全问题的影响因素可能是单一或者多种的。从原料的生长、食物加工生产到食物储存保管、食物包装运输等各个环节中，都可能存在引起危害食品安全的风险点。同时，由于人体自身的过敏反应，也可能存在对食物的过敏反应问题。

因此，对于危害食品安全的因素既要综合考虑，也要有针对性地对重要影响因素如化学因素、生物因素、物理因素等进行毒理作用和检测技术方面的重点攻关。在对食品安全问题的处置中，逐步形成完整的过程监督体系和对食品安全性、产品安全性的有效评价体系。

第二章　危害食品安全的物证分析

食品安全事关人民群众的切身利益，2008 年的三鹿奶粉事件，以及后续相继出现的瘦肉精、毒豆芽、地沟油、问题胶囊、病死猪肉等系列案件，引发了人民群众的强烈反应以及对食品安全的信任危机。食品安全犯罪严重危害人民群众的身体健康和生命安全，严重扰乱社会主义市场经济秩序，严重影响社会和谐稳定，严重损害党和政府的形象。

为了充分运用法律武器严厉惩治危害食品安全犯罪，有效遏制食品安全犯罪的猖獗势头，最高人民法院、最高人民检察院于 2013 年 5 月 2 日发布了打击危害食品安全刑事犯罪案件司法解释，即《关于办理危害食品安全刑事案件适用法律若干问题的解释》（以下简称《解释》）。《解释》明确了危害食品安全相关犯罪的定罪量刑标准，提出了相关罪名的司法认定标准，统一了新型疑难案件的法律适用意见，为依法惩治危害食品安全犯罪编织了严密的刑事法网。2021 年 12 月 31 日，最高人民法院、最高人民检察院发布了新修订的《解释》，针对新型犯罪层出不穷以及司法实践中对相关案件定性和处罚标准存在较大争议等问题，进行了相应的修订完善，并于 2022 年 1 月 1 日起实施，以便与相关法律法规相衔接，适应司法实践需要。

第一节　危害食品安全的犯罪物证

一、食品安全与犯罪

食品安全是对食品的基本要求，安全的食品应无毒、无害，符合其应有的营养要求，对人体健康不造成任何急性、亚急性或者慢性危害。但在最基本的要求之下，食品提供者仍不能遵守一定规则并造成严重危害的行为，则必将承担一定的法律后果。

食品安全犯罪并不是一个严格的法律概念。在我国刑法中，食品安全犯罪并不是一个独立的罪名，而是对一类罪名的总称。由于个罪在刑法分则体系中的分散及法律概念规定的缺失，且这一类罪名并未包含相同的同类客体，因此理论上与实务中对食品安全犯罪也就没有统一的定义。我国有学者将食品安全犯罪界定为在食品生产、销售过程中发生的犯罪活动，直接危害的是广大人民群众的生命健康权。还有些学者认为，危害食品安全犯罪是指违反国家有关食品卫生与安全法律的规定，危害食品安全，足以对身体健康造成重大危害的行为。

2022 年施行的最高人民法院、最高人民检察院《关于办理危害食品安全刑事案件适用法律若干问题的解释》共计 26 条，主要对六个方面的内容进行了修订。

第一，加强对未成年人、老年人等群体在食品安全方面的保护力度。未成年人和老年人基于生理特点，往往对食品安全有更高要求，也更容易受到危害食品安全犯罪的侵害。为加大面向未成年人、老年人等群体实施的危害食品安全犯罪的惩治力度，《解释》规定了多个针对未成年人、老年人等群体食品安全特殊保护的条款，如第 3 条和第 7 条分别将“专供婴幼儿的主辅食品”“在中小学校园、托幼机构、养老机构及周边面向未成年人、老年人销售的”作为加重处罚情节，体现了司法机关对未成年人和老年人群体的特殊保护。

第二，依法惩治利用保健食品等骗取财物的行为。在司法实践中，利用销售保健食品诈骗财物的现象较为突出。该类行为性质恶劣，特别是针对老年人实施的保健食品诈骗令人深恶痛绝。对此，《解释》第 19 条明确规定，以非法占有为目的，利用销售保健食品或者其他食品诈骗财物，符合《刑法》第 266 条规定的，以诈骗罪定罪处罚。同时构成生产、销售伪劣产品罪等其他犯罪的，依照处罚较重的规定定罪处罚。

第三，依法惩治食品相关产品造成食品被污染的行为。生产经营被包装材料、容器、运输工具等污染的食品是《食品安全法》明令禁止的行为，直接影响食品安全。对此，《解释》第 12 条明确规定，在食品生产、销售、运输、贮存等过程中，使用不符合食品安全标准的食品包装材料、容器、洗涤剂、消毒剂，或者用于食品生产经营的工具、设备等，造成食品被污染的，分别以生产、销售不符合安全标准的食品罪或者生产、销售有毒、有害食品罪定罪处罚。

第四，依法惩治用超过保质期的食品原料生产食品等行为。生产、销售用超过保质期的食品原料、超过保质期的食品、回收食品作为原料的食品，或者销售超过保质期的食品、回收食品，均具有较高的食品安全风险和社会危害性，因此被《食品安全法》和《食品安全法实施条例》明令禁止。为依法惩处此类犯罪，《解释》第 15 条明确规定，实施此类行为，符合《刑法》第 140 条规定的，可按照生产、销售伪劣产品罪定罪处罚。同时构成生产、销售不符合安全标准的产品罪等其他犯罪的，依照处罚较重的规定定罪处罚。

第五，依法惩治在农药、兽药、饲料中添加禁用药物等行为。在司法实践中，在农药、兽药、饲料中添加禁用药物的违法犯罪问题突出，此类行为虽不直接构成危害食品安全犯罪，但属于危害食品安全的上游犯罪，严重威胁食用农产品的质量安全，具有严重社会危害性，亟待规制。据此，《解释》第 16 条第 2 款明确规定，实施此类行为可按照非法经营罪定罪处罚。

第六，依法惩治畜禽屠宰相关环节注水注药行为。为有效破解注水肉案件打击难题，明确法律依据，统一法律适用，《解释》第 17 条第 2 款明确规定：在畜禽屠宰相关环节，对畜禽使用禁用药物等有毒、有害的非食品原料，以生产、销售有毒、有害食品罪定罪处罚；对畜禽注水或者注入其他物质，足以造成严重食物中毒事故或者其他严重食源性疾病的，以生产、销售不符合安全标准的食品罪定罪处罚；虽不足以造成严重食物中毒事故或者其他严重食源性疾病，但符合《刑法》第 140 条规定的，以生产、销售伪劣产品罪定罪处罚。

此外，《解释》还对生产、销售有毒、有害食品罪中的“有毒、有害的非食品原料”和“明知”的认定等问题作出规定。

《解释》中提及的与食品安全相关的犯罪主要有《刑法》中规定的：

第 143 条“生产、销售不符合安全标准的食品罪”；

第 144 条“生产、销售有毒、有害食品罪”；

第 140 条“生产、销售伪劣产品罪”；

第 337 条“妨害动植物防疫、检疫罪”；

第 225 条“非法经营罪”；

第 147 条“生产、销售伪劣农药、兽药、化肥、种子罪”；

第 222 条“虚假广告罪”；

第 266 条“诈骗罪”；

第 408 条之一“食品、药品监管渎职罪”；

第 402 条“徇私舞弊不移交刑事案件罪”；

第 412 条“商检徇私舞弊罪”；

第 413 条“动植物检疫徇私舞弊罪”；

第 414 条“放纵制售伪劣商品犯罪行为罪”。

关于食品安全犯罪，还涉及多重判罚及其他罪名，在合并处罚的情形下，依照处罚较重的规定定罪处罚。

二、食品安全犯罪的危害

食品安全问题不仅会造成民众恐慌，威胁人类健康，还将导致巨大的经济损失，同时影响社会和谐与国家稳定。

（一）食品安全问题严重威胁人类健康

用来生产、销售有毒、有害食品的原料通常都是不符合食用标准的，如病死猪肉、“地沟油”等。其被收购之后直接进行生产加工，加以包装，伪装成合格的食品流入市场，走向餐桌，容易导致各种严重的疾病，甚至危及人们的生命安全。在食品中非法添加的物质具有隐蔽性强的特点，长期食用容易引发各种疾病，部分非法添加物甚至具有极强的致癌作用，或可直接导致死亡。因此，食品安全问题普遍具有威胁人类健康的特点。例如，奶粉中加入的三聚氰胺在进入人体后会造成结石，损害肾功能。食物调料中加入的苏丹红具有致癌性，对人体肝肾等器官的毒害作用明显。2013 年，湖北宜都发生的假酒案造成 5 人死亡，6 人重伤，11 人轻伤，2 人轻微伤。①

（二）引发信任危机，降低政府公信力

有毒、有害食品大量涌入并充斥着原本稳定的消费市场，使消费者享受不到安全的食品和服务，消费者与生产者、销售者之间良好的合作、供求关系就会受到影响，双方之间的信任关系遭受冲击。即使是正当经营的商家，其诚信度也会遭受连带影响，进而引发诚信危机，给社会埋下不稳定的种子。有毒、有害食品充斥市场，会让民众将矛头指向政府监管的缺失，伤害人民群众对党和政府的认同感和信任度，甚至会导致对党和政府产生不满情绪。2012 年，一份八大城市关于食品安全公众认知度调查报告显示，认为食品总体状况“不太安全”的公众有 45.60%，认为“很不安全”的公众有 27.76%，甚至在没有发生严重食品安全犯罪的地区，仍有 78.45%的公众认为本地区存在或者可能存在重大食品安全问题。②

（三）扰乱市场秩序，影响经济健康发展

大部分有毒、有害食品具有外观好看、价格低廉、市场竞争力强的特点，在市场竞争中会对其他同种类合格产品产生排挤。此类产品通过这种不正当竞争的

---

① http://finance.sina.com.cn/stock/t/20130503/160515343336.shtml.

② 调查课题组．我国八大城市食品安全公众认知度调查报告．质量与标准化，2012(12)：33-36.

方式扩大自身的市场份额，导致一些正当商家的经营行为难以为继，原先稳定有序的市场竞争环境被打破，优胜劣汰机制难以发挥作用，进而影响整个行业的长远发展。食品安全犯罪会影响人们的消费心理，降低人们的消费信心。食品安全犯罪会导致不正当市场竞争，破坏市场经济秩序，影响市场经济的健康发展。食品安全犯罪对个人、家庭、企业和国家都会造成重大的经济损失。例如，因为“疯牛病”事件，英国政府在养殖业上损失了约60亿美元，同时还向农民支付了高达200亿英镑的赔偿。2001年，南京冠生园“陈馅月饼”事件，使南京冠生园品牌信誉毁于一旦，并株连其他冠生园品牌，最终导致该企业宣布破产。

（四）破坏社会和谐稳定

食品安全犯罪频发，闹得人心惶惶，甚至谈食色变，影响到社会的和谐稳定。例如，三鹿奶粉事件发生后，引发民众对于国产奶粉的不信任，国内出现了洋奶粉的抢购潮，一些消费者甚至到香港等地进行抢购，造成多地居民的恐慌和不安。同时，食品安全犯罪也会导致众多社会矛盾的产生，引起广大群众的不满，引发大规模上访、集体诉讼等，也极易诱发行贿、受贿、玩忽职守、非法经营、虚假广告等违法犯罪，进而扰乱社会管理秩序，破坏社会和谐稳定。

（五）造成贸易壁垒，引发贸易摩擦

世界卫生组织（WHO）框架下的《卫生和动植物检疫措施协定》和《贸易技术壁垒协定》，为保证国际贸易中食品的安全卫生和质量、反对贸易歧视、合理使用贸易技术壁垒提供了基本法律框架，并为缔约国的贸易各方提供了共同遵守的准则。目前，在国际贸易中，贸易技术壁垒已占非关税贸易壁垒的30%，由贸易技术壁垒所引发的国际贸易争端也越来越多。不仅欧洲、美洲国家注意运用食品安全方面的技术壁垒，亚洲国家也不例外，各国都在加快制定相应的标准和法规。在此情形下，一旦出现问题食品容易造成贸易壁垒，引发贸易摩擦。例如，2005年，受孔雀石绿事件的影响，中国出口活鱼数量剧减，中国水产品的安全性受到世界的质疑。2008年，受三鹿奶粉事件的影响，日本、越南、孟加拉国等多国全面或部分禁止进口我国乳制品，导致我国乳制品出口量大减。2011年，德国发生二噁英污染食品事件，随着恐慌的迅速蔓延，韩国、斯洛伐克等禁止从德国进口动物产品，英国、荷兰也开始调查含有德国鸡蛋的食品是否安全。2011年我国台湾地区“塑化剂”食品污染事件发生后，各国纷纷对台湾制造的产品亮起红灯。

三、危害食品安全的犯罪物证

在危害食品安全的犯罪中，对人体健康造成巨大影响和危害的犯罪主要规定

在《刑法》第143条【生产、销售不符合安全标准的食品罪】和第144条【生产、销售有毒、有害食品罪】中。案件中关于有毒、有害物质或不符合安全标准的食品的认定，必须经过检验鉴定得出相关结论。因此，检验检测是准确、高效、直接确定食品犯罪事实、厘清食品犯罪的重要手段。

（一）有毒、有害食品

根据《刑法》第144条【生产、销售有毒、有害食品罪】的规定，在生产、销售的食品中掺入有毒、有害的非食品原料的，或者销售明知掺有有毒、有害的非食品原料的食品的，处5年以下有期徒刑，并处罚金；对人体健康造成严重危害或者有其他严重情节的，处5年以上10年以下有期徒刑，并处罚金；致人死亡或者有其他特别严重情节的，依照本法第141条的规定处罚。

1.《解释》第6条规定，生产、销售有毒、有害食品，具有本解释第2条规定情形之一的，应当认定为《刑法》第144条规定的"对人体健康造成严重危害"：

（1）造成轻伤以上伤害的；

（2）造成轻度残疾或者中度残疾的；

（3）造成器官组织损伤导致一般功能障碍或者严重功能障碍的；

（4）造成10人以上严重食物中毒或者其他严重食源性疾病的；

（5）其他对人体健康造成严重危害的情形。

2.《解释》第7条规定，生产、销售有毒、有害食品，具有下列情形之一的，应当认定为《刑法》第144条规定的"其他严重情节"：

（1）生产、销售金额20万元以上不满50万元的；

（2）生产、销售金额10万元以上不满20万元，有毒、有害食品数量较大或者生产、销售持续时间6个月以上的；

（3）生产、销售金额10万元以上不满20万元，属于特殊医学用途配方食品、专供婴幼儿的主辅食品的；

（4）生产、销售金额10万元以上不满20万元，且在中小学校园、托幼机构、养老机构及周边面向未成年人、老年人销售的；

（5）生产、销售金额10万元以上不满20万元，曾因危害食品安全犯罪受过刑事处罚或者2年内因危害食品安全违法行为受过行政处罚的；

（6）有毒、有害的非食品原料毒害性强或者含量高的；

（7）其他情节严重的情形。

3.《解释》第9条规定，下列物质应当认定为《刑法》第144条规定的"有毒、有害的非食品原料"：

（1）因危害人体健康，被法律、法规禁止在食品生产经营活动中添加、使用的物质；

（2）因危害人体健康，被国务院有关部门列入《食品中可能违法添加的非食用物质名单》《保健食品中可能非法添加的物质名单》和国务院有关部门公告的禁用农药、《食品动物中禁止使用的药品及其他化合物清单》等名单上的物质；

（3）其他有毒、有害的物质。

4.《解释》第11条规定，在食品生产、销售、运输、贮存等过程中，掺入有毒、有害的非食品原料，或者使用有毒、有害的非食品原料生产食品的，依照《刑法》第144条的规定以生产、销售有毒、有害食品罪定罪处罚。

在食用农产品种植、养殖、销售、运输、贮存等过程中，使用禁用农药、食品动物中禁止使用的药品及其他化合物等有毒、有害的非食品原料，适用前款的规定定罪处罚。

在保健食品或者其他食品中非法添加国家禁用药物等有毒、有害的非食品原料的，适用第1款的规定定罪处罚。

5.《解释》第12条规定，在食品生产、销售、运输、贮存等过程中，使用不符合食品安全标准的食品包装材料、容器、洗涤剂、消毒剂，或者用于食品生产经营的工具、设备等，造成食品被污染，符合《刑法》第143条、第144条规定的，以生产、销售不符合安全标准的食品罪或者生产、销售有毒、有害食品罪定罪处罚。

6.《解释》第13条规定，生产、销售不符合食品安全标准的食品，有毒、有害食品，符合《刑法》第143条、第144条规定的，以生产、销售不符合安全标准的食品罪或者生产、销售有毒、有害食品罪定罪处罚。同时构成其他犯罪的，依照处罚较重的规定定罪处罚。

7.《解释》第17条第2款规定，在畜禽屠宰相关环节，对畜禽使用食品动物中禁止使用的药品及其他化合物等有毒、有害的非食品原料，依照《刑法》第144条的规定以生产、销售有毒、有害食品罪定罪处罚。

（二）不符合安全标准的食品

《刑法》第143条【生产、销售不符合安全标准的食品罪】规定，生产、销售不符合食品安全标准的食品，足以造成严重食物中毒事故或者其他严重食源性疾病的，处3年以下有期徒刑或者拘役，并处罚金；对人体健康造成严重危害或者有其他严重情节的，处3年以上7年以下有期徒刑，并处罚金；后果特别严重的，处7年以上有期徒刑或者无期徒刑，并处罚金或者没收财产。

1.《解释》第1条规定，生产、销售不符合食品安全标准的食品，具有下列情形之一的，应当认定为《刑法》第 143 条规定的“足以造成严重食物中毒事故或者其他严重食源性疾病”。

（1）含有严重超出标准限量的致病性微生物、农药残留、兽药残留、生物毒素、重金属等污染物质以及其他严重危害人体健康的物质的；

（2）属于病死、死因不明或者检验检疫不合格的畜、禽、兽、水产动物肉类及其制品的；

（3）属于国家为防控疾病等特殊需要明令禁止生产、销售的；

（4）特殊医学用途配方食品、专供婴幼儿的主辅食品营养成分严重不符合食品安全标准的；

（5）其他足以造成严重食物中毒事故或者严重食源性疾病的情形。

2.《解释》第 2 条到第 4 条规定，生产、销售不符合食品安全标准的食品，具有下列情形之一的，应当认定为《刑法》第 143 条规定的“对人体健康造成严重危害”“其他严重情节”“后果特别严重”。不同结果的认定主要是基于伤害程度，生产、销售金额，造成人员死亡等情形。

3.《解释》第 5 条规定，在食品生产、销售、运输、贮存等过程中，违反食品安全标准，超限量或者超范围滥用食品添加剂，足以造成严重食物中毒事故或者其他严重食源性疾病的，依照《刑法》第 143 条的规定以生产、销售不符合安全标准的食品罪定罪处罚。

在食用农产品种植、养殖、销售、运输、贮存等过程中，违反食品安全标准，超限量或者超范围滥用添加剂、农药、兽药等，足以造成严重食物中毒事故或者其他严重食源性疾病的，适用前款的规定定罪处罚。

4.《解释》第 17 条第 2 款规定，对畜禽注水或者注入其他物质，足以造成严重食物中毒事故或者其他严重食源性疾病的，依照《刑法》第 143 条的规定以生产、销售不符合安全标准的食品罪定罪处罚。

（三）生产、销售伪劣产品

《刑法》第 140 条【生产、销售伪劣产品罪】规定，生产者、销售者在产品中掺杂、掺假，以假充真，以次充好或者以不合格产品冒充合格产品，销售金额 5 万元以上不满 20 万元的，处 2 年以下有期徒刑或者拘役，并处或者单处销售金额 50%以上 2 倍以下罚金；销售金额 20 万元以上不满 50 万元的，处 2 年以上 7 年以下有期徒刑，并处销售金额 50%以上 2 倍以下罚金；销售金额 50 万元以上不满 200 万元的，处 7 年以上有期徒刑，并处销售金额 50%以上 2 倍以下罚金；销售金额 200 万元以上的，处 15 年有期徒刑或者无期徒刑，并处销售金额 50%以上 2 倍以下罚金或者没收财产。

1.《解释》第15条规定，生产、销售不符合食品安全标准的食品添加剂，用于食品的包装材料、容器、洗涤剂、消毒剂，或者用于食品生产经营的工具、设备等，符合《刑法》第140条规定的，以生产、销售伪劣产品罪定罪处罚。

生产、销售用超过保质期的食品原料、超过保质期的食品、回收食品作为原料的食品，或者以更改生产日期、保质期、改换包装等方式销售超过保质期的食品、回收食品，适用前款的规定定罪处罚。

2.《解释》第17条规定，在畜禽屠宰相关环节，对畜禽使用食品动物中禁止使用的药品及其他化合物等有毒、有害的非食品原料，虽不足以造成严重食物中毒事故或者其他严重食源性疾病，但符合《刑法》第140条规定的，以生产、销售伪劣产品罪定罪处罚。

通过考察危害食品安全犯罪的罪名和司法解释的相关条款，不难发现，危害食品安全犯罪的物证主要包括：

（1）致病性微生物；

（2）农药残留；

（3）兽药残留；

（4）生物毒素；

（5）重金属；

（6）食品添加剂；

（7）非法添加的非食品原料；

（8）不符合标准的包装物；

（9）不符合安全标准的食品添加剂；

（10）畜禽禁用药品及其他化合物；

（11）过期食品、回收食品；

（12）各种掺假物（如鸭肉冒充羊肉、猪血冒充鸭血等）。

在现有的司法审判过程中，无论是关于有毒、有害食品罪的认定，还是不符合安全生产标准的食品罪的认定，都需要有对有害物质种类成分和含量的检验鉴定过程。

《解释》第24条规定，“足以造成严重食物中毒事故或者其他严重食源性疾病”“有毒、有害的非食品原料”等专门性问题难以确定的，司法机关可以依据鉴定意见、检验报告、地市级以上相关行政主管部门组织出具的书面意见，结合其他证据作出认定。必要时，专门性问题由省级以上相关行政主管部门组织出具书面意见。

上述物证将连同《刑事诉讼法》第50条规定的其他证据，如物证，书证，证人证言，被害人陈述，犯罪嫌疑人、被告人供述和辩解，鉴定意见，勘验、检查、辨认、侦查实验等笔录，视听资料、电子数据等，共同作为案件的立案判定证据。

第二节　危害食品安全的犯罪物证检验技术

食品安全犯罪物证检验是行政机关、公安机关定性涉案证据，为案件诉讼提供支撑的关键手段。检验技术的发展、检验手段的先进稳定、检验标准的及时与规范，共同承载着危害食品安全的犯罪物证检验。

食品物证检验是指依据物理、化学、生物学的基本理论与应用技术，按照制定的技术标准，对原料、辅助材料、成品的质量进行检验，以达到某种目的的专业技术行为。食品检验检测的传统方法主要有五大类，即感官检验法、化学分析法、仪器分析法、微生物分析法和酶分析法。在鉴别食品是否变质方面，感官感应不失为一种高效的检测方法。但食品添加剂多样化、食品犯罪技术高端化的趋势，导致传统方法已难以满足精确检测、高效稳定的要求。近年来，伴随着检测仪器的更新与科学理论的进步，“现代仪器分析技术，计算机视觉技术，食品物性的电学、力学、声学检测技术，电子传感技术，生物传感技术，核酸探针检测技术，PCR 基因扩增技术，免疫学检测技术”等八类技术成为在当前食品检验检测中较为先进稳定的技术手段。

食品安全快速检验技术和实验室标准化检验技术成为保护餐桌安全的技术防线。检测方法的统一和检测技术的提高，在政府食品安全监督和企业食品质量安全控制方面发挥着重要的支撑作用。

一、食品物证快速检验技术

关于食品物证快速检测技术，理化检验方法一般能在两个小时内出结果的即可视为快速方法；微生物检验方法与常规方法相比，能够缩短 1/2 或 1/3 的时间并出具具有判断性意义结果的方法，即可视为快速方法；现场快速检测方法一般能在 30 分钟内出结果，如果能够在十几分钟内甚至几分钟内出具结果的即是较好的方法。

快速检测技术的检验主要依赖常规生化显色方法和免疫学方法。食品安全快速检验技术的主要形式有如下几种：

（一）非仪器类

主要应用一些以化学反应为主的理化试剂盒、以免疫反应为主的免疫胶体金卡以及酶联免疫试剂盒等，对食品中的有毒、有害物质进行筛查。

1. 试纸法：用试纸直接显色来作为限量定性指示，如检测农药等。用试纸层析显色或层析后胶体金显色来作为限量定性指示，如检测苏丹红、瘦肉精等。用试纸显色的深浅来检验，如确认食用油酸价、过氧化值等。

2. 免疫试剂盒法：将标记抗体制备固定在试剂盒中，在实验过程中利用抗原抗体特异性反应原理，在检测限或测量限观测到肉眼可见的交叉反应结果。使用免疫胶体金试剂盒检测的项目涵盖多种致病细菌，包括李斯特氏菌、沙门氏菌、霍乱弧菌等。

3. 试管法：用速测管显色来定性，如检测毒鼠强、生豆浆等。用速测管显色的深浅来检验，如检测亚硝酸盐、甲醇、二氧化硫等。比色定量可以目视，也可以使用便携式光度计。

4. 滴瓶法：将标准溶液放在滴瓶中，根据消耗的滴数来判定被检物质的含量，如食醋中的乙酸、酱油中的氨基酸态氮等。

（二）便携式仪器类

便携式仪器主要是将实验室中的光度仪微型化，根据光谱吸收行为定性分析，也可以用比色法进行定量检测。便携式仪器将定性官能团或定量用线性斜率和截距输入仪器，现场检测时可直接得出样品结果。便携式仪器有单一项目检测仪，如拉曼光谱仪，对一些保健食品中的非法添加物进行认定十分快速。便携式仪器有多项目检测仪，如微生物检测仪、全自动食品安全检测仪等。其中，全自动食品安全检测仪设有分光光度模块、胶体金检测模块、新型农残检测模块、数字化管理模块、无线通讯模块等，可以实现同一软件下所有不同项目，如蔬菜药物残留、动物激素残留、抗生素残留、食品添加剂、色素、水产品安全、动植物检疫等的检测，并在同一窗口展示检测结果。便携式设备还有现场检测专用仪器，如消毒间紫外线辐照度计、食用油极性组分测定仪、农药残留速测仪、甲醇速测仪、物体表面洁净度 ATP 荧光度仪、环境温度瞬间测定仪、食品中心温度计、酸度计电导仪、肉类水分测定仪等。

便携式仪器快速检测技术在食品日常监督抽检以及刑事案件前期情报收集和证据固定方面有较好的实践应用。依赖不同快速检测设备组成的“组合套餐”，仅用 10 分钟即可对可疑食品进行初检，准确率达 80%以上，提升了打击食品安全犯罪的准确性和实效性，便于在基层民警中推广应用。便携式仪器快速检测技术的优点体现在分析快速、操作方便，但其通常用于筛查分析，各个产品在检测结果判定标准上有差别，因而其检测结果作为司法诉讼证据在证明力上有一定的局限性。

二、实验室经典化学检验技术

经典化学检验技术利用物质成分的基本化学特性进行分析检测，可用于食品中常量物质成分的定性和定量分析。化学检测技术的特点是方法简单，需要设备少、成本低、易操作、准确度高；缺点是所用药品和器皿多，从食品基质中分离出待测成分的前处理过程相对复杂，分析时间长。经典化学检测技术可以概括为两类，即重量分析法和容量分析法。

（一）重量分析法

重量分析法简称重量法，是指利用沉淀反应、气化、萃取和柱分离等方式，将被测组分与试样中的其他组分分离，转化为一定的沉淀形式干燥后称量，再根据沉淀质量计算该组分含量的定量分析法，主要包括分离和称量两个过程。重量法是化学分析中最基本、最直接的定量方法，常作为检验其他方法的基础方法。其优点是不需要昂贵的仪器和标准物质，检测数据直接由分析天平称量得出，用于高含量组分的测定准确度较高；不足是操作烦琐、费时较长，测定低含量组分时测定误差较大。

食品煎炸过程中食用油极性组分项目检测采用重量法，食品安全标准为 GB 5009.202-2016《食品安全国家标准　食用油中极性组分（PC）的测定》。该方法通过柱层析技术，将油脂试样分为非极性组分和极性组分两部分，其中非极性组分首先被洗脱并蒸干溶剂后称重，油脂试样扣除非极性组分的剩余部分即为极性组分。极性组分是食用油在煎炸或高温加热条件下发生热氧化反应和水解反应，裂变成的含有酮基、羟基、过氧化氢基和羧基的不对称结构物质，其含量越高，说明食用油高温变质越严重。

（二）容量分析法

该方法的检测过程是将一种已知准确浓度的试剂滴加到被测物质的溶液中，或者将被测物质的溶液滴加到标准溶液中，所加的试剂与被测物质按化学计量定量反应，根据指示剂的颜色变化判断滴定终点，然后根据消耗标准滴定溶液的浓度和体积，计算被测物质的含量。其通常用于测定高含量或中含量组分。容量分析法比较准确，而且操作简便、快速，仪器普通易得。最常见的有酸碱滴定法、氧化还原滴定法和沉淀滴定法。

1. 酸碱滴定法。酸碱滴定法是指利用酸和碱在水溶液或乙醇溶液中以质子转移反应为基础的滴定分析方法。例如，根据 GB 5009.229-2016《食品安全国家标准　食品中酸价的测定》，酸价反映的是食品中游离脂肪酸的含量，是脂肪酸水解程度的标志，一般酸价越低，油脂的质量越好。根据 GB 5009.228-2016《食品安全国家标准　食品中挥发性盐基氮的测定》，动物性食品在酶和微生物的作用下，蛋白质变质分解产生氨及胺类物质，是反映动物食品新鲜程度的主要指标。

2. 氧化还原滴定法。氧化还原滴定法是以氧化还原反应（通过电子转移）为基础的滴定分析方法。其中最常见的是碘量法，即以碘为氧化剂，或以碘化物为还原剂的滴定法。根据 GB 5009.227-2016《食品安全国家标准　食品中过氧化值的测定》，食品中过氧化值越大，食品氧化变质的程度越高。根据 GB 5009.34-2016《食品安全国家标准　食品中二氧化硫的测定》，少量摄入的二氧化硫会转化成硫酸盐排出体外，过量摄入则可能引起呼吸系统的疾病和多组织损伤。

3. 沉淀滴定法。沉淀滴定法是以沉淀反应为基础的滴定分析方法。沉淀滴定法有如下要求：沉淀物溶解度要小，且能定量完成；反应速度大；有适当指示剂指示终点；吸附现象不影响终点观察等。可参考 GB 5413.24-2010《食品安全国家标准　婴幼儿食品和乳品中氯的测定》。

经典化学检测技术对常量物质的分析应用较多，但对于刑事案件中有毒、有害食品所含的微量物质成分的检验稍逊一筹。

三、光谱检验技术

光谱检测技术是食品分析检测技术中的重要组成部分，它根据物质吸收或发射的特定波长进行定性分析，对特定波长的吸光度值进行测定，能够得出物质的结构和浓度等信息。常用的光谱检验技术有分子光谱法中的紫外-可见分光光度法、荧光分光光度法、红外吸收光谱法，以及原子光谱法中的原子吸收光谱法、电感耦合等离子体发射光谱法。

（一）分子光谱法

1. 紫外-可见分光光度法。紫外-可见分光光度法应用中的定性分析较少，绝大多数是借助显色反应来定量测定食品中某些成分的含量。例如，GB 5009.33-2016《食品安全国家标准　食品中亚硝酸盐和硝酸盐的测定》、GB 5009.36-2016《食品安全国家标准　食品中氰化物的测定》、GB 5009.275-2016《食品安全国家标准　食品中硼酸的测定》、GB 5009.87-2016《食品安全国家标准　食品中磷的测定》、GB 5009.16-2014《食品安全国家标准　食品中锡的测定》、GB 5009.14-2017《食品安全国家标准　食品中锌的测定》、NY/T1283-2007《香菇中甲醛含量的测定》等。

以上标准方法中规定了肉制品、乳制品、粮食、水产品等各类食品中上述物质的检测，但要注意的是，由于食品的基质复杂，需要进行去除杂质的前处理，并且为了提高紫外-可见分光光度法检测的灵敏度，可借助特殊的颜色反应来消除基质干扰。

紫外-可见分光光度法的发展趋势是便携式简易分光光度计，其在超市、批发市场的常规检测和监督中将发挥重要作用，可以实现快速检测的需求。全自动分光光度计的自动化程度更高，可以实现高通量筛选测定，一次可分析多个参数，批量检测最高可达200个样品，在一些现场食品安全检测车上可配备使用。

2. 荧光分光光度法。荧光分光光度中荧光的波长范围在200~780纳米，荧光范围窄、灵敏度较高，但容易受到其他物质的影响发生淬灭，限制了其在食品检测中的应用。其中，氢化物发生的原子荧光分光光度法，可以对一些不稳定、具有荧光性的元素进行检测。例如，GB 5009.93-2017《食品安全国家标准　食品中硒的测定》、GB 5009.17-2014《食品安全国家标准　食品中总汞及有机汞的测定》、GB 5009.16-2014《食品安全国家标准　食品中锡的测定》、GB 5009.11-2014《食品安全国家标准　食品中总砷及无机砷的测定》、GB 23200.87-2016《食品安全国家标准　乳及乳制品中噻菌灵残留量的测定　荧光分光光度法》、GB 11895-1989《水质苯并（a）芘的测定　乙酰化滤纸层析荧光分光光度法》等都采用了荧光分光光度法分析。

3. 其他分子光谱法。红外光谱法（IR）、拉曼光谱法（Roman）同属于分子光谱法，可以对稻谷中的水分子、粗蛋白分子、粗脂肪等进行测定，例如，GB/T 24896-2010《粮油检验　稻谷水分含量测定　近红外法》、GB/T 24897-2010《粮油检验　稻谷粗蛋白质含量测定　近红外法》。也可以对牛奶中乳糖、油菜籽中的生育酚、油料中的油酸等成分进行测定。

X射线荧光光谱法（XRF）正在成为食品分析的重要手段，其发展潜力十分巨大，如LS/T 6115-2006《粮油检验　稻谷中镉含量快速测定　X射线荧光光谱法》。

（二）原子光谱法

1. 原子吸收光谱法。原子吸收光谱法主要应用于食品中一些金属铁、锌、锰、铜元素的分析，包括含量较高的K、Ca、Na、Mg等，也包括微量的Fe、Zn、Mn、Cu等，还包括痕量的金属污染物如Pb、Cd、Hg、Cr、As（类金属）等。食品中的微量元素对人体健康有益，在食品检验中食品应该有的微量元素若含量不足，则达不到其营养指标；而食品中的金属污染物含量超标，会造成有害元素累积，引起慢性中毒或急性中毒。

可参见 GB 5009.12－2017《食品安全国家标准　食品中铅的测定》、GB 5009.12-2017《食品安全国家标准　食品中铅的测定》、GB 5009.15-2014《食品安全国家标准　食品中镉的测定》、GB 5009.123-2014《食品安全国家标准　食品中铬的测定》、GB 5009.92-2016《食品安全国家标准　食品中钙的测定》、GB 5009.241-2017《食品安全国家标准　食品中镁的测定》、GB 5009.14-2017《食品安全国家标准　食品中锌的测定》、GB 5009.13－2017《食品安全国家标准　食品中铜的测定》等。

原子吸收光谱法每次只能测定一种元素，工作效率较低，但仪器价格相对便宜。目前，有关食品中金属元素的测定主要采用电感耦合等离子体发射光谱法分析。

2. 电感耦合等离子体发射光谱法（ICP-AES）。原子发射光谱也适用于食品中金属元素的分析，ICP 是一种重要光源，它可以发射连续谱线，从而对食品中的多元素同时进行分析，可以大大提高工作效率和准确度。当 ICP 与质谱法（MS）联用时，具有分析范围广、灵敏度高、快速分析多种元素的特点，能够满足常规食品中多种痕量元素的快速检验。例如，GB 5009.268-2016《食品安全国家标准　食品中多元素的测定》。

四、色谱检验技术

色谱法是公认的分离混合物最好的方法，相较于化学法灵敏度更高。色谱法根据流动相的差别分为气相色谱法和液相色谱法。

（一）气相色谱法

气相色谱法对于低沸点、易挥发、可气化的物质具有较好的分析能力。食品中的有机磷农药残留、水产品中的菊酯类农药残留、食品加工过程中产生的可挥发性有机污染物，以及食品催熟使用的化学添加剂等，均可以采用气相色谱法进行定性、定量分析。例如，GB 23200.16-2016《食品安全国家标准　水果蔬菜中乙烯利残留量的测定　气相色谱法》、GB 23200.55-2016《食品安全国家标准　食品中 21 种熏蒸剂残留量的测定　顶空气相色谱法》、GB 23200.116-2019《食品安全国家标准　植物源性食品中 90 种有机磷类农药及其代谢物残留量的测定　气相色谱法》等。

（二）液相色谱法

液相色谱法适用于高沸点、难挥发、大分子的化学物质的分析。液相色谱法中的检测器有不同选择，分为紫外检测器、二级阵列管-紫外检测器、荧光检测器、光散射检测器等。液相色谱法以不同固定相及不同检测器的多种组合应用，可以对食品中的抗生素、细菌、真菌毒素、农药、激素、食品中的化学有机污染物等多种成分进行分析。例如，GB 29694-2013《食品安全国家标准　动物性食品中13种磺胺类药物多残留的测定　高效液相色谱法》、GB 5009.24-2016《食品安全国家标准　食品中黄曲霉毒素M族的测定》、GB 5009.27-2016《食品安全国家标准　食品中苯并（a）芘的测定》等。

五、色谱-质谱联用检验技术

色谱-质谱联用技术是目前实验室中关于食品安全中有毒、有害物质检验的最主要分析技术，是解决某些分析难题最普适、最强有力的手段，可适用于食品中大多数物质的定性和定量分析。色谱-质谱联用技术分为气相色谱-质谱联用技术（GC-MS）和液相色谱-质谱联用技术（LC-MS）两大类。

（一）GC-MS法

GC-MS法在食品中农药残留物检测方面发挥较大作用。例如，GB 2763-2016《食品安全国家标准　食品中农药最大残留限量》、GB 23200.10-2016《食品安全国家标准　桑枝、金银花、枸杞子和荷叶中488种农药及相关化学品残留量的测定　气相色谱-质谱法》明确规定了食品中农药最大残留限量，同时指定了相应的标准检验方法，这些标准方法大部分采用GC-MS技术。

（二）LC-MS法

随着LC-MS设备的推广使用，从近些年发布的食品安全国家标准来看，LC-MS法在食品检测方法中的应用越来越多。就检测对象而言，涉及肉及肉制品、乳及乳制品、蜂蜜、稻谷、水果、蔬菜、酒、茶叶、食用菌、果汁、饮用水、畜禽肉、水产品等各类食品，涵盖范围广。从检测物质而言，LC-MS法主要适用于食品中农药残留、兽药残留以及毒素、激素、非法添加物、食品添加剂等几乎所有检测方向。目前，该技术方法已经占据食品分析领域的主流地位。例如，GB 23200.12-2016《食品安全国家标准　食用菌中440种农药及相关化学品残留量的测定　液相色谱-质谱法》、GB 23200.14-2016《食品安全国家标准　果蔬汁和果酒中512种农药及相关化学品残留量的测定　液相色谱-质谱法》等。

色谱-质谱联用检测技术具有高灵敏、高分辨、高通量等特点，其自动化程度较高，检材需要量小，因此目前使用范围非常广泛。

（三）多维色谱-质谱联用的蛋白质组学技术

这种技术是将不同分离模式的色谱柱以串联分离的方式合并于同一根色谱柱

中进行检测。这样整个色谱分离过程就包括了一系列台阶梯度洗脱和线性梯度洗脱，多肽流出后直接进入质谱分析，通过二维、三维的质谱及算法计算，分析进行化学物质原体及代谢物的代谢组学分析，可以区分内源性或外源性危害物质，更好地对食品安全风险性进行评估分析。目前，该技术在食品科学领域有一些应用，包括在鉴别真伪检测中的应用、在品质分析中的应用、在转基因检测中的应用、在过敏原检测中的应用、在食源性致病菌及毒素检测中的应用及在农药、兽药残留检测中的应用。其中，鉴伪检测中针对药食同源的人参、冬虫夏草，以及肉类、蜂蜜、乳制品、鸡蛋的真伪等能进行分析。该技术具有较大的发展前景。

六、生化检验技术

随着食品检测技术的发展，结合免疫学、代谢组学、分子生物学、生物物理学、生物化学等学科的发展，现代快速检测技术应运而生。核酸法、免疫法、质谱法、生物传感器法、生物芯片等方法和技术，因为具有高灵敏性、高特异性、快速准确等特点，在标准检验方法中的应用越来越多。

（一）免疫学快检法

1. 荧光免疫法。其是在酶联免疫原理的基础上建立起来的检测方法。样品中的目标菌抗原与试剂中的抗体结合，经过洗脱后加入荧光标记的底物进行反应，最后通过指定的荧光激发装置观察结果。在食品快速检测领域，有系列全自动荧光酶标免疫分析仪，检测项目包括单核细胞增生李斯特氏菌、沙门氏菌、大肠杆菌 O157、空肠弯曲杆菌、金黄色葡萄球菌肠毒素等。我国也发布了 GB/T 22429-2008《食品中沙门氏菌、肠出血性大肠埃希氏菌 O157 及单核细胞增生李斯特氏菌的快速筛选检验　酶联免疫法》，出入境检验检疫行业标准 SN/T 0973-2010《进出口肉及肉制品中肠出血性大肠杆菌 O157：H7 检验方法》等多项标准。

2. 免疫胶体金法。其是以胶体金作为示踪标志物应用于抗原抗体的免疫标记技术，应用比较广泛的有各类免疫胶体金检测试剂条。单克隆抗体包被在试剂条的检测线处，抗金标抗体包被在对照线处，金标抗体吸附在固相载体无纺纱上。利用抗原抗体特异性结合的免疫反应原理，在检测线处形成抗体—待测抗原—金标抗体复合物，在对照线处形成抗金标抗体—金标抗体复合物，通过检测线和对照线的显色反应，简便直观地判读检测结果。免疫胶体金检测试剂条有携带方便、操作简单的优点，而且无须额外的检测设备，短时间内即可得出检测结果。免疫胶体金检测方法的检测项目涵盖单核细胞增生李斯特氏菌、沙门氏菌、霍乱弧等多种致病菌，并且适用于不同的基质和检测条件，非常适合现场检测。

我国也发布了 SN/T 0184.4-2010《食品中李斯特氏菌检测　第 4 部分：胶体金法》的检测标准。

3. 酶联免疫法。酶联免疫法是利用抗原与抗体特异性结合的原理，含待测抗体或抗原的样品和酶标抗原或抗体按一定程序与结合在固相载体上的抗原或抗体起反应形成抗原或抗体复合物，经洗涤去除反应液中其他物质，加入酶反应底物后，底物即被固相载体上的酶催化变为有色产物，最后通过目视比色或仪器判读数据得出检测结果。酶联免疫法具有反应灵敏、适用范围广、可进行定量检测等优点，目前已通过美国分析化学家协会（AOAC）、美国食品药品监督管理局（FDA）、法国标准化协会（AFNOR）、新西兰食品安全局（NZFSA）、澳大利亚 Evalutest 等机构的认可。此类产品常见的有 Tecra 系列检测试剂盒、GeneQuence 大肠杆菌 O157：H7 酶联免疫检测试剂盒。

（二）PCR 技术

PCR 的全称为聚合酶链式反应（Polymerase Chain Reation），是利用 DNA 在高温时可以发生变性解链，当温度降低后又可以复性成为双链的特性，通过温度控制 DNA 的变性和复性，加入设计引物，DNA 聚合酶、脱氧核糖核苷三磷酸（dNTP）就可以完成特定基因的体外复制。

目前市面上的 PCR 检测设备和试剂盒多基于实时荧光 PCR 技术，常见的有 life technologies 公司的 Applied Biosystems 实时荧光 PCR 仪、罗氏公司的 LightCycler 系列实时荧光 PCR 仪、杜邦公司的 BAX 全动致病菌检测系统等。

PCR 技术被引入食品微生物检验领域后，得到了全世界范围内的认可，并进行了标准化。目前，包括国际标准化组织（ISO）、AOAC、FDA、德国标准化学会（DIN）、AFNOR 等在内的机构均发布了基于 PCR 技术的食品微生物检测标准。我国也发布了一系列基于 PCR 技术的检测标准，如 SN/T 1869-2007《食品中多种致病菌快速检测方法 PCR 法》、SN/T 1059.7-2010《进出口食品中沙门氏菌检测方法　实时荧光 PCR 法》、SN/T 1635-2005《贝类中诺沃克病毒检测方法　普通 RT-PCR 方法和实时荧光 RT-PCR 方法》等。

（三）环介导等温扩增技术

环介导等温扩增（Loop-mediated isothermal amplification，LAMP）技术，主要是根据 DNA 在 65℃左右处于动态平衡状态，任何一个引物向双链 DNA 的互补部位进行碱基配对延伸时，另一条链就会解离变成单链的特性，开发出的一种新的核酸等温扩增方法。

LAMP 在反应过程中会产生大量的焦磷酸，与反应体系中游离的镁离子结合形成焦磷酸镁白色沉淀，肉眼观察液体的浑浊变化，即可判定反应是否发生。LAMP 方法具有灵敏度高、特异性强的特点，通过肉眼观察白色浑浊或在紫外灯下是否激发绿色荧光来判断结果，简便快捷，适合各种条件下的快速检测，因此在食品安全快速检测领域应用范围越来越广泛。我国已发布了多个针对该技术应用的致病菌检测分析方法，如 SN/T 2754 -2011《出口食品中致病菌环介导恒温扩增（LAMP）检测方法》系列标准就是基于 LAMP 方法制定的。基于 LAMP 方法开发出的检测试剂盒检测项目已涵盖了包括沙门氏菌、金黄色葡萄球菌、副溶血性弧菌、单核增生李斯特氏菌等常见的致病菌以及诸如病毒等病毒。

（四）基因芯片法

基因芯片法是在固相载体上原位合成寡核苷酸或者直接将大量 DNA 探针以显微打印的方式有序地固化在载体表面，然后与标记的探针样品杂交，通过对杂交信号的检测分析，获得样品的遗传信息。因其固相载体常用硅玻片或硅芯片，故被称为基因芯片技术，具有高通量、高灵敏度和高特异性等优点。可以对食品中的致病菌实行常见的基于基因芯片法的试剂盒有 GENE-TRAK 的 GeneQuence 沙门氏菌检测试剂盒、GENE-TRAK 的 GeneQuence 李斯特氏菌检测试剂盒等。基因芯片法已成为美国 AOAC 官方方法，我国也发布了基于该方法的出入境检验检疫行业标准 SN/T 1543-2005《食源性致病菌基因芯片鉴定方法》，但现已废止。

（五）电阻抗检测法

微生物在生长过程中，利用培养基中低电导率的大分子物质（如蛋白质、多肽及碳水化合物等）进行新陈代谢，生成低分子带电荷的分解物，增强了溶液的电导率，从而降低了培养基的阻抗。电阻抗检测法通过实时监控培养基阻抗变化，将阻抗电信号经过仪器放大后显示并记录，绘制成检测曲线，通过函数计算得出样品中是否含有目标微生物及其含量。

电阻抗检测法已被用于食品中细菌总数、大肠杆菌、沙门氏菌、酵母菌、霉菌和支原体等的检测。电阻抗检测法有检测步骤简单、不需要将样品进行梯度稀释、不需要人工数、不需要划线选择性平板分离培养、灵敏度高等特点，大部分检测 24 小时即可得出检测结果，适合各种需要快速出具结果的检测场合。

生化检测技术主要应用于容易引起疾病暴发的微生物检验，用传统的细菌培养法及平板细菌计数法来控制食品的卫生状况，这一方法目前仍在使用。

目前，食品类涉案物证在检验技术方面尽管有了较快的发展，但在检验鉴定实践中还面临着诸多问题。例如，标准缺失问题，许多危害物质目前还没有较为完善的检测方法，也未出台检验技术方法或检验标准，这一问题使得具有未知性和多样性的食品犯罪物证得不到应有的检验和检测；还有不同部门制定的检验技术方法和检验标准之间存在矛盾不统一的问题，这使得检验鉴定机构可能出现结论不统一，这对判明案件性质存在一定困难，成为制约此类案件侦查的瓶颈。危害食品安全的犯罪物证检验技术和检验实践工作都面临着巨大的工作挑战。

第三节　危害食品安全的物证检验一般工作程序

食品类犯罪物证检测是明确案件性质的关键，为充分体现食品物证检验检测在刑事诉讼中的价值，对涉案物证的采集、保存、取样、送检、检验等工作的程序都要按照法律规定规范操作。

一、食品物证检材的采集、包装和保存

按照《刑事诉讼法》对物证的要求，物证具有合法性、客观性、关联性等特征。物证的采集是法定程序，因此食品证据取得的法定要求或证据来源形式的要求，证据取得的形式、程序必须合法。

（一）食品物证检材的采集

检材是判明食品安全问题的原始证据，应妥善进行检材的收集、采集、包装、储存和运送。食品类案件的物证检材种类较多，有生鲜、冷冻、加工等食品，有生产食品使用的辅料、食品添加剂等天然物质和化学物质。食品类物证采集除了要做到有代表性、充足、洁净，还要注意以下问题：

1. 采样必须注意样品的生产日期、批号、代表性和均匀性（掺伪食品和食物中毒样品除外）。采集的数量应能反映该食品的卫生质量并满足检验项目对样品量的需要，一式三份，供检验、复验、备查或仲裁，一般散装样品每份不少于0.5千克。

2. 采样容器根据检验项目，选用硬质玻璃瓶或聚乙烯制品。

3. 外埠食品应结合索取卫生许可证、生产许可证及检验合格证或化验单，了解发货日期、来源地点、数量、品质及包装情况。例如，在食品厂、仓库或商店采样时，应了解食品的生产批号、生产日期、厂方检验记录及现场卫生状况，同时应注意食品的运输、保存条件、外观、包装容器等情况。要认真填写采样记录，无采样记录的样品不得接受检验。

4. 液体、半流体饮食品如植物油、鲜乳、酒或其他饮料，若用大桶或大罐盛装，应先充分混匀后再采样。样品应分别盛放在三个干净的容器中。

5. 粮食及固体食品应自每批食品上、中、下三层中的不同部位分别采取部分样品，混合后按四分法对角取样，再进行几次混合，最后取有代表性样品。

6. 肉类、水产等食品应按分析项目要求，分别采取不同部位的样品或混合后采样。

7. 罐头、瓶装食品或其他小包装食品，应根据批号随机取样。同一批号取样件数，250 克以上的包装不得少于 6 个，250 克以下的包装不得少于 10 个。

8. 掺伪食品和食物中毒的样品采集，要具有典型性、代表性。

（二）食品物证检材的包装

所有采集食品物证检材应逐件分别用大小合适的洁净包装物盛装、密封，采样容器根据检验项目，选用硬质玻璃瓶或聚乙烯制品（生物组织或其他半固体检材，可用干净的玻璃瓶盛装，固体检材可用塑料袋或纸袋包装），贴上标签或辨别标志。所用标签应分别注明：检材名称、来源、数量、采取日期、案件名称、地点、采取人、送检日期等。封口要加盖印章或有负责人的封签。

对于微生物项目检测，还要求食品检材用灭菌容器密封包装，在送检运输途中不能随意打开灭菌容器，并在检验前对无菌容器的外部进行必要的杀菌消毒处理。

（三）食品物证检材的保存

对于所有采取、包装妥当的检材应及时送检。对于容易发生腐败的生鲜、加工类食品检材，应将检材设法放入冰箱置于-10℃至-20℃环境中冷冻保存。在送检运输途中，应采用冷链环境，防止食物因腐败变质可能对检测带来的影响。检验后的一般样品在检验结束后，应保留一个月，以备需要时复检。易变质食品不予保留，保存时应加封并尽量保持原状。检验取样一般皆只取可食部分，以所检验的样品计算。

二、食品物证的一般检验程序

（一）送检和委托检验

现场勘查人员采取物证并做妥善包装后，所有检材需由办案人员或专人送往有鉴定资质的检验机构，委托或聘请有鉴定资质的理化物证检验专业技术人员进行检验。

在送检物证的过程中，必须按照公安部《刑事科学技术鉴定材料送检规则》的规定办理，附交委托公函，写明案由、检验要求、检材和比对样品的清单，填写《委托鉴定登记表》。送检人应是熟悉案情、了解现场勘查和物证采集的人员，并要向检验人员详细地介绍案情和其他重要情节，说明物证的发现和采集情况、物证是否被破坏和有无改变、污染的现象等。如果是复核检验，应提供原来的检验报告。

在委托过程中应提出明确的检验要求，委托物证检验还应做到主动、及时、全面。对案件中采取的理化物证必须及时送检，随着时间增长发生的各种不同变化会影响到检验结论的准确性和可靠性。同时要注意，当几个物证均可以证明事实时，应把这些物证全部送请检验，不可图省事而只检验其中某一物证。只有全面检验物证，才可以相互印证，有利于作出正确的结论。

（二）检验的受理

从事检验的专门机构，根据实验室仪器设备的情况以及鉴定人员的技术水平，准备接受委托的，在检验受理过程中需要详细核实委托人的委托公函和能证明送检人身份的有效证件；要全面详细听取送检人的案情介绍和检验要求；要严格核对检材情况，关于检材数量、外观、包装、损坏情况等要逐一核实；要与委托单位明确沟通检材是否可以全部用完及剩余检材如何处理的情况。确定受理后，填写《受理鉴定登记表》，受理单位给委托单位开具《受理检验回执》。

（三）实验室检验程序

食品物证的检验工作应以方案制定周密，分析方法科学合理，分析方案切实可行，分析结果准确可靠为原则。实验室检验过程的先后顺序，应根据送检的要求和检材的具体情况来确定。食品物证检验具有研究对象极其广泛、检材情况十分复杂的特点，因此，在理化物证检验过程中，检验人员可采用先缩小范围的快速筛选方法，再使用具体的确证检验，以便缩小检验范围，提高检验效率。

1. 检材前处理。食品物证是组分极其复杂的混合物证，此类物证中含有大量的脂肪、油、糖、盐等，而其中农药、兽药等危害成分的残留量又较少，因此食品物证大部分样品的基质及组分相当复杂，一般需要借助一定的前处理方法把样品中少量的待测物提取和浓缩，去除基质干扰。样品前处理占整个分析过程总时间的60%以上，其效果直接影响最后的分析结果。在仪器分析条件一定的情况下，方法的灵敏度与样品前处理过程有着重要的关系，而检测方法的分析速度也与前处理有关。在样品前处理过程中，应尽量避免待测组分的损失，去除干扰组分，并且不引入新的杂质。

2. 检验。食品检验内容十分丰富，包括食品营养成分分析、食品中污染物质分析、食品辅助材料及食品添加剂分析、食品感官鉴定等。分析化学的发展为食品安全检验提供了准确可靠的分析方法，检验方法主要有感官检验法和理化检验法。食品检验的指标主要包括食品的一般成分分析、微量元素分析、农药残留分析、兽药残留分析、霉菌毒素分析、食品添加剂分析和其他有害物质分析等。根据被检验项目的特性，每一项指标的检验对应相应的检验方法。

（1）食品感官检验。食品感官检验是凭借人体自身的感觉器官，具体地讲就是眼、耳、鼻、口（包括唇、舌头）和手，对食品的质量状况作出客观的评价。也就是通过用眼睛看、鼻子嗅、耳朵听、用口品尝和用手触摸等方式，对食品的色、香、味和外观形态进行综合性的鉴别和评价。感官检验不仅能直接发现食品感官性状在宏观上出现的异常现象，而且当食品感官性状发生微观变化时也能很敏锐地察觉到。例如，当食品中混有杂质、异物，发生霉变、沉淀等不良变化时，人们能够直观地鉴别出来并作出相应的决策和处理，而不需要再进行其他的检验分析。尤其重要的是，当食品的感官性状只发生微小变化，甚至这种变化轻微到有些仪器都难以准确发现时，通过人的感觉器官，如嗅觉等都能给予应有的鉴别。可见，食品的感官质量鉴别有着理化和微生物检验方法所不能替代的优越性。在食品的质量标准和卫生标准中，第一项内容一般都是感官指标，通过这些指标不仅能够直接对食品的感官性状作出判断，而且还能够据此提出必要的理化和微生物检验项目，以便进一步证实感官检验的准确性。

（2）食品理化检验。食品理化检验是指应用物理和化学的检测法来检测食品的组成成分及含量。目的是对食品的某些物理常数（密度、折射率、旋光度等）、食品的一般成分分析（水分、灰分、酸度、脂类、碳水化合物、蛋白质、维生素）、食品添加剂、食品中矿物质、食品中功能性成分及食品中有毒、有害物质进行检测。随着科学技术的迅速发展，食品检验技术已能达到百万分之一甚至十亿分之一的准确度。除传统的常规化学分析方法外，仪器分析方法逐渐成为食品物证检验的主要手段。检验方法按照检验项目，大致可以分为无机成分分析方法和有机成分分析方法。检验无机成分使用的仪器分析方法主要包括原子光谱法、分光光度法、电化学法、离子色谱法等。有机成分的分析一般由气相色谱或高效液相色谱法以及红外分子光谱法、拉曼分子光谱法完成。

3. 检验结果分析。为保证鉴定结果的准确无误，必须根据实验事实，通过客观的理性分析对检验结果作出科学判断，不允许根据推理延伸或主观臆测来判断检验结果。所有送请检验或鉴定的案件都应按照档案管理规划建立档案，将检验过程的全部文字材料（检验记录、检验报告、鉴定书等）、图片及实验结果归档保存备查。

检验记录应详细、真实、完整地记载案件相关情况与实验工作的全部过程。

在实验记录中记录与实验工作有关的全部过程，包括分析方案的拟订和实施、所用检验方法、仪器型号、标准品（对照品）的来源、溶剂的厂家和规格、操作步骤、现象和结果等。

根据检验结果出具鉴定文书，且撰写应规范。鉴定文书是食品犯罪案件中的危害性成分直接或间接认定的最重要证据。鉴定文书是作为证据的正式法律文件，其基本内容包括：鉴定文书名称和发文字号；正文：正文通常有序言、检验、论证、结论、说明和署名六个部分；附件包括照片、图谱、图表和复印件等。鉴定文书应保证内容完整、文字简练、描述准确，结论应科学、客观、准确，附件应清晰完整，能反映物证检材的真实情况。

第三章　危害食品安全的生物因素

危害食品安全的生物因素是指微生物危害、寄生虫危害、昆虫危害。微生物包括细菌、病毒、真菌和少数藻类等。大多数微生物体积小，肉眼难以观察。微生物的生长繁殖速度极快。一些有益的微生物与人类相伴生活，为人体正常生命代谢、食品发酵生产、药品生产提供原料，但一些有害致病的微生物会导致食品腐败、发霉、变质，破坏食品安全性，其致病性导致食品对人类和动物的健康危害。

第一节　细菌及真菌危害

一、食品中微生物危害的来源

（一）内生毒素污染

生活中微生物无处不在，微生物在合适的环境下，生长繁殖速度极快。食品保存不当，将给微生物繁殖提供环境，致病微生物所产生的毒素会引起食品内源性细菌污染。同时，大量繁殖的微生物会迅速造成食品中的蛋白质、氨基酸等成分发生分解，转化成一些有毒胺类物质。动植物在生长过程中，自身会形成内源性污染，如畜禽的病原细菌。沙门氏菌、布氏杆菌、炭疽杆菌等病原微生物自身及其代谢过程中产生的代谢产物（如毒素）也会对食品形成污染，这种污染被称为一次污染，能造成对人类或动物的危害。

（二）外源性污染

外源性污染来源于食品的生产加工、运输、贮藏、销售、食用过程，也被称为第二次污染（次生污染）。土壤和水、空气和尘埃、人和动物、饲料、加工设备、容器和包装等途径都会使生物性有害物质混入，成为致病微生物传染的媒介。致病微生物通过接触、转移，传递到其他食物上引起其他食物的二次污染，污染影响食品安全。大气对流为微生物的转移制造了条件，水质循环使用可能造成畜禽粪便中微生物的污染和转移传播问题，人体和动物的脱落物、呼吸道的呼出物、消化道的排泄物都有可能带来致病菌的长期存在和传播。有资料表明，80%的苍蝇粪便中带有痢疾杆菌，而鼠类粪便中带有沙门氏菌，因此可以说消除“四害”十分必要。动物饲料也会被家禽和其他动物引发沙门氏菌污染，从而牵扯到家禽产蛋、产奶等食品产品的细菌污染。

因此，微生物危害的传播途径可以说是非常广泛的，并且是在生态循环闭合链上，从人到动物、从动物到人，从人到物品、从物品到人，只要是食品接触过的生产、养殖、加工、储藏、运输等环节，微生物都有其传播的途径。

二、食品中常见的致病细菌

细菌（Bacteria）是生物中数量最多的一类，个体非常小，形状相当多样，只能在显微镜下看到。细菌是污染食品和引起食品腐败变质的主要微生物类群，细菌性危害食品安全涉及面广，影响最大、问题最多。因此，控制食品的细菌性危害是目前食品安全问题的主要内容。

致病细菌（Pathogenic bacteria）能产生毒素，种类繁多，现已发现的细菌毒素有 300 多种，而且每年都有新的毒素被发现。细菌毒素按其来源、性质和作用的不同，可分为外毒素（Exotoxin）和内毒素（Endotoxin）两大类。外毒素是细菌在生长过程中分泌到菌体外的毒性物质。外毒素的化学成分是一种毒性蛋白质，大多数革兰氏阳性菌能产生外毒素，且毒性强。例如，纯化的肉毒杆菌外毒素毒性最强，1mg 可杀死 2000 万只小白鼠；破伤风毒素对小白鼠的致死量为 6mg~10mg；白喉毒素对豚鼠的致死量为 3mg~10mg。内毒素存在于菌体内，只有当菌体自溶或用人工方法使细菌裂解后才释放，大多数革兰氏阴性菌都有内毒素，如沙门氏菌、痢疾杆菌、大肠杆菌、奈瑟氏球菌等。内毒素为致热源，易引起发热反应。

一般常见的引起食物中毒的细菌有：沙门氏菌、金黄色葡萄球菌、致病性大肠杆菌、单核细胞增生李斯特氏菌、副溶血性弧菌、葡萄球菌、变形杆菌、肉毒梭状芽胞杆菌、蜡样芽孢杆菌、志贺氏菌等。

（一）沙门氏菌

沙门氏菌（Salmonella）分类属肠杆菌科，是主要的肠道致病菌，可引起人类的伤寒、副伤寒、感染性腹泻、食物中毒，并导致动物发生沙门氏菌病。据世界卫生组织不完全统计，沙门氏菌每年导致大约 1600 万病例，死亡约 60 万人。

1. 形态：直杆菌，多数具有周生鞭毛，能运动。

2. 菌株：有多种，如鸭沙门氏菌、鼠伤寒沙门氏菌、猪霍乱沙门氏菌、鸡伤寒沙门氏菌等。

3. 特性：为兼性厌氧菌，适宜温度为37℃，但在18℃～20℃时也能繁殖。对热的抵抗力弱，60℃环境中20～30分钟即可杀死，70℃环境中2分钟即可杀死。

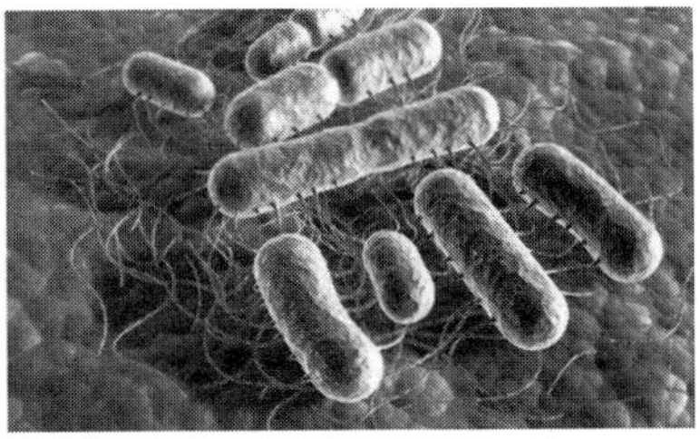

图3-1　沙门氏菌

4. 中毒食物：天然存在于哺乳类、鸟类、两栖类、爬行类动物的肠道内，甲壳类、鱼类、软体类动物体内不含沙门氏菌，但可以通过二次污染环境带入，中毒食品有肉类、鱼类、蛋类和乳类。

5. 中毒症状：感染型中毒——急性胃肠炎。毒素型中毒——中枢神经系统症状，出现体温升高、痉挛等。一般病程为3～7天，死亡率较低，约为0.5%。

（二）金黄色葡萄球菌

该细菌隶属于葡萄球菌属（staphylococcus），因堆积成葡萄串状而得名，是最为常见的脓性球菌。金黄色葡萄球菌无处不在，广泛分布于空气、水、尘埃、污物中，50%～60%健康人的鼻腔、口腔、咽喉、皮肤等都有此病菌。动物体脓性感染部位有大量分布。

1. 形态：球菌，呈葡萄串状排列，无鞭毛，无芽孢，不能运动，革兰氏阳性菌。

2. 菌株：典型致病菌，菌株产生肠毒素、溶血素和酶。

3. 特性：为兼性厌氧菌，适宜生长温度为35℃～37℃，耐盐性较强，在含7.5%～15%氯化钠的培养基中仍能生长。不耐热，60℃环境中30分钟即可杀死，但在冷藏环境中不易死亡。产生毒素的抗热力很强，煮沸1～1.5小时仍保持其毒力，也不受胰蛋白酶影响。120℃环境中20分钟仍不能完全破坏。

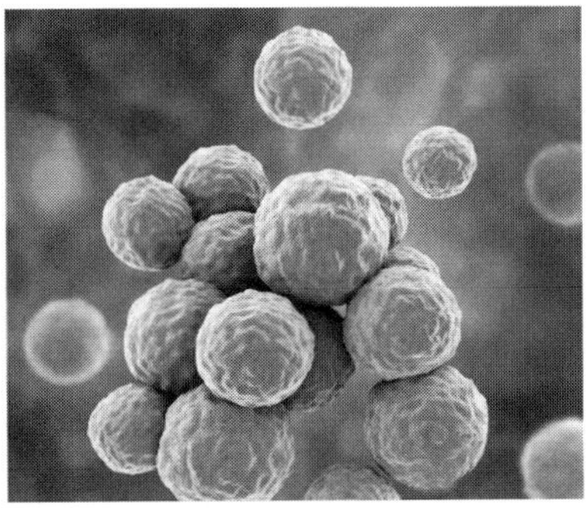

图3-2　金黄色葡萄球菌

4. 中毒食物：存在于患有乳房炎症的奶牛所产的奶品，肉、蛋、鱼等动物性食品，以及剩饭、剩菜、米酒等食物中。

5. 中毒症状：急性胃肠炎症状，恶心、呕吐、腹部痉挛、水性或血性腹泻、发烧。

（三）致病性大肠杆菌

致病性大肠杆菌主要是指出血性大肠杆菌（Enterohemorrhagic E. coli, EHEC），可引起出血性结肠炎、溶血性尿毒综合征。1982 年，美国首次发现 O157：H7；1996 年，在日本引起万人的食物中毒。此外，美国、加拿大、瑞典、澳大利亚、英国等国家和地区也相继报道了 EHECO157：H7 的感染和暴发流行。

1. 形态：短小杆菌，不产生芽孢，有周生鞭毛，革兰氏阴性菌。

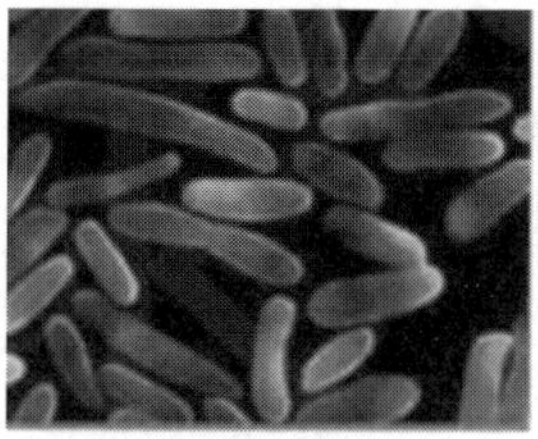
图 3-3　大肠杆菌

2. 菌株：O157：H7（出血性大肠杆菌），产生大量的 Vero 毒素。

3. 特性：最适生长温度为 37℃，但在 15℃～45℃环境中均可生长。最适 pH 值为 7.4～7.6，繁殖一代时间仅 17～19 分钟。在土壤和水中可存活数月，对氯气敏感，在含浓度为 0.5mg/L～1.0mg/L 氯气的水中可很快死亡。

4. 中毒食物：生的或半生的肉、鸡肉及其制品、生乳及其制品、蔬菜、水果及其制品均可能被污染。

5. 中毒症状：潜伏期 3～10 天，病程 2～9 天，毒素能引起肠炎、腹痛、水样腹泻。大肠杆菌不产生毒素，主要侵犯结肠，形成肠壁溃疡，出血性大肠杆菌造成肠出血。

（四）单核细胞增生李斯特氏菌

单核细胞增生李斯特氏菌（Listeria monocytogenes）能在低温条件下生长，且患者死亡率高，为 20%～30%，它被看作人畜共患和经食物传播的病原菌，只有 20 多年的历史。除人类外，至少有 42 种野生和家养的哺乳动物和 17 种禽类携带单核细胞增生李斯特氏菌。其适合在腐生环境下生存，可以通过粪源、昆虫、食品传播给动物和人。

1. 形态：短杆菌，无芽孢，具鞭毛，能运动，革兰氏阳性菌。

2. 菌株：LIPI-1，LIPI-2。

3. 特性：需氧兼性厌氧，生长的 pH 值为 5.2～9.6，在 0℃～50℃条件下均能生长，最佳生长温度为 30℃～37℃。

4. 中毒食物：乳制品、蔬菜、肉、禽、熟的即食食品。

5. 中毒症状：细菌的基因产物是分泌性蛋白或细菌表面蛋白，黏附在消化道和呼吸道，随后扩散到淋巴结，最后到达内脏器官，引起脑膜炎、流产、败血症、死亡。

三、食品中常见的致病真菌

真菌（Fungi）是一种具有真核的、产孢的、无叶绿体的，以腐生或寄生方式生存繁殖的微生物。真菌广泛存在于自然界，种类繁多，数量庞大，与人类关系密切。大多数真菌对人体有益无害，但有些因为能够产生真菌毒素而对人类有害。人类对真菌毒素的认识已有几个世纪，公元前 1 世纪就有腐败的谷物会导致怀孕妇女流产或出现畸胎的记载。霉变的饲料可使家畜的生长减缓，导致其出现畸胎并引起其死亡。20 世纪 60 年代，人们认识到有些真菌毒素不仅具有很强的毒性，而且也是主要的致癌物质。目前已知的真菌毒素有 200 种以上，其中相当一部分具有较强的致毒和致畸性。

真菌毒素的形成与真菌生长繁殖的环境条件密切相关，菌株产毒需要一定的基质种类、水分、温度、湿度及空气流通等条件。大部分真菌在温度 25℃～33℃、相对湿度 85%～95%的环境最适合生长和繁殖，也最容易形成真菌毒素。一种菌种或菌株可以产生几种不同的毒素，而同一真菌毒素也可由几种真菌产生，并非所有菌株都能产生毒素。目前，已知可污染粮食及食品并发现具有产毒能力的主要有曲霉、青霉、镰刀霉菌属菌。

（一）黄曲霉毒素

黄曲霉毒素（Aflatoxin）是由曲霉属的黄曲霉和寄生曲霉产毒菌株所产生的有毒代谢产物。曲霉在自然界分布极为广泛，对有机质分解能力很强。黄曲霉毒素是引起食物中毒的最重要的一种严重生物危害。

黄曲霉毒素中毒是人畜共患疾病之一。20 世纪 50 年代末在英国发生了 10 万只火鸡死亡事件，被称为“火鸡 X 病”。研究发现火鸡饲料花生粉中含有一种荧光物质，该物质被证实为黄曲霉的代谢产物，是导致火鸡死亡的病因，故命名为黄曲霉毒素。

1. 理化性质。黄曲霉毒素的化学结构为二氢呋喃氧杂萘邻酮的衍生物，即双呋喃环和氧杂萘邻酮（又称香豆素）。黄曲霉毒素微溶于水，易溶于油和一些有机溶剂，如氯仿、甲醇、丙酮、乙醇等，不溶于乙烷、石油醚和乙醚。黄曲霉毒素较稳定，耐热性强，280℃时才发生裂解，在中性及酸性溶液中稳定，但在 pH 值为 9～10 的强碱溶液中则可迅速分解、破坏，紫外线辐射时容易降解。目前已明确结构的有 20 种以上。

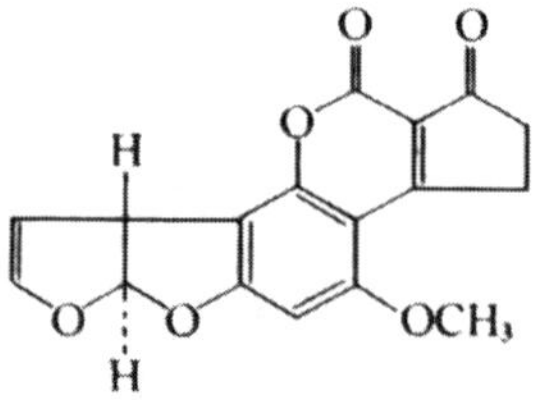

黄曲霉毒素B_1

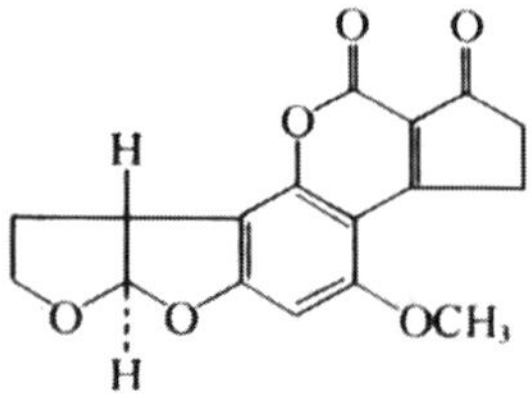

黄曲霉毒素B_2

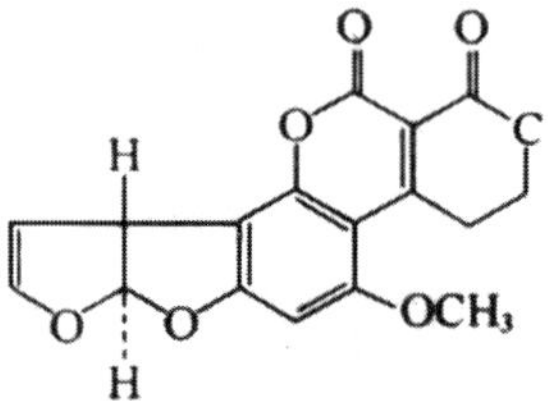

黄曲霉毒素G_1

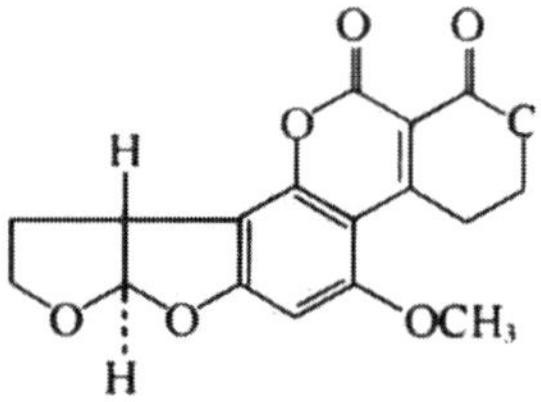

黄曲霉毒素G_2

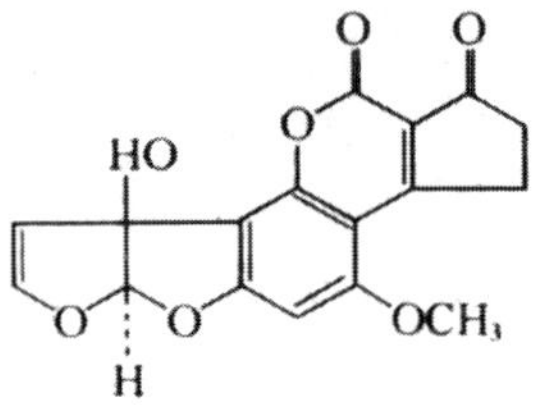

黄曲霉毒素M_1

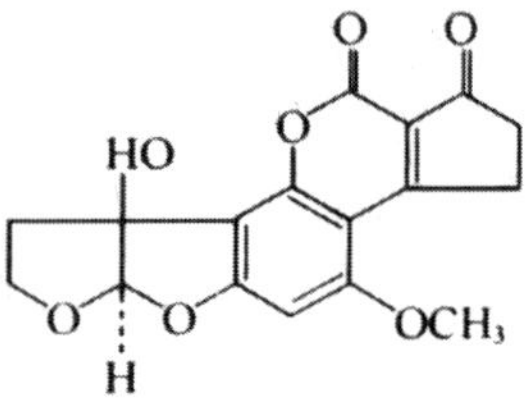

黄曲霉毒素M_2

图 3-4　黄曲霉毒素的化学结构

2. 毒性。黄曲霉毒素根据其在紫外线中发出蓝色或绿色荧光的颜色特性，以及层析分析时相对迁移率（R_f）值的不同，可分为黄曲霉毒素 B_1（AFB_1）、黄曲霉毒素 B_2（AFB_2）、黄曲霉毒素 G_1（AFG_1）和黄曲霉毒素 G_2（AFG_2），其中 AFB_1 的毒性最强，致癌性也最强。牛乳中可分离出两种黄曲霉毒素的代谢产物 M_1、M_2。黄曲霉毒素及其代谢物的毒性顺序分别为 $B_1>M_1>G_1>B_2>M_2>G_2$。黄曲霉是分布最广的菌种之一，遍及全世界，在食品检测中以 AFB_1 作为污染指标。

黄曲霉毒素是剧毒物，对家畜、家禽及动物有强烈的毒性，按毒性级别分类，应列入超剧毒级。它的毒性比氰化钾强 10 倍，比砒霜强 68 倍。据计算，黄曲霉毒素 B_1 的致癌力为二甲亚硝胺的 75 倍，奶油黄（二甲基偶氮苯）的 900 倍。黄曲霉毒素是一种强烈的肝脏毒，对肝脏有特殊亲和性并有致癌作用。它主要强烈抑制肝脏细胞中 RNA 的合成，破坏 DNA 的模板作用，阻止和影响蛋白质、脂肪、线粒体、酶等的合成与代谢，干扰动物的肝功能，导致突变、癌症及肝细胞坏死。同时，饲料中的毒素可以蓄积在动物的肝脏、肾脏和肌肉组织中，人食入后可引起慢性中毒。

3. 中毒症状。人、畜中毒症状分为以下三种类型。

（1）急性和亚急性中毒：短时间内摄入黄曲霉毒素量较大，可迅速造成肝细胞变性、坏死、出血以及胆管增生，在几天或几十天后死亡。

（2）慢性中毒：持续摄入一定量的黄曲霉毒素，使肝脏出现慢性损伤，生长缓慢，体重减轻，肝功能降低，出现肝硬化，在几周或几十周后死亡。

（3）致癌性：实验证明，许多动物小剂量反复摄入或大剂量一次性摄入皆能引发癌症，主要是肝癌。

4. 食品中黄曲霉毒素的来源。黄曲霉是一种常见的腐生真菌，菌落生长较快，结构疏松，表面呈灰绿色，背面无色或略呈褐色。黄曲霉和寄生曲霉产生毒素需要适宜的温度、湿度及氧气和含糖、少量氮、矿物质的基质，如在湿度80%~90%、温度25℃~30℃、氧气1%以上的花生、大米、玉米、小麦等植物，以及含糖的饼干、面包、粮食等食品上生长，在天然食品中更易繁殖。我国华中、华南和华东等高温、高湿地区的产毒菌株多，产毒量也高，粮油及制品常受到黄曲霉毒素的污染。其中污染最严重的是棉籽、花生、玉米及其制品，其次是稻米、小麦、大麦、高粱、芝麻等，大豆是污染最轻的农作物之一。

污染的玉米做成饲料饲喂奶牛，会造成牛奶中黄曲霉毒素 M_1 超标。2011 年12 月，国家质检总局查出××乳业一批次牛乳产品黄曲霉毒素 M_1 超标，使中国乳业市场又一次遭受了打击。食品中黄曲霉毒素的增高，使人们摄入的黄曲霉毒素量增多，原发性肝癌的发病率也随之增高。

图 3-5　黄曲霉及其污染的玉米、花生等食物

（二）展青霉素

展青霉素（Patulin）又称展青霉毒素、棒曲霉素、珊瑚青霉毒素，是青霉属、曲霉属和丝衣霉菌属的菌种代谢产生的一种真菌毒素。它是一种神经毒物，且具有致畸性和致癌性。

1. 理化特性。其化学分子式为 $C_7H_6O_4$，相对分子质量为 154，熔点为 110℃～112℃，在酸性环境中非常稳定，加热也难以被破坏，巴氏杀菌对它无效。化学结构式如图 3-6。

以乙醇配制的展青霉素溶液在紫外光下仅有单一的最大吸收值，波长为 275nm（e=25，773），含巯基化合物反应。

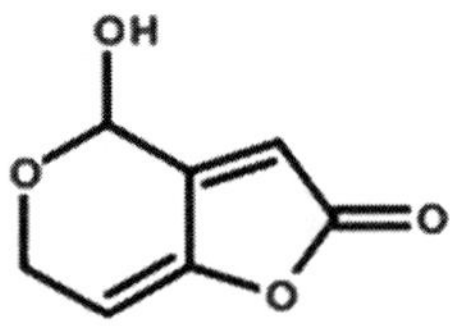

图 3-6　展青霉素的化学结构式

2. 毒性。产生展青霉素的主要菌种有扩张青霉（P. ex-palnsum）、展青霉（P. patulium）、棒曲霉（A. clavatus）、巨大曲霉（A. giganteus）、土曲霉（A. terreus）、娄地青霉（F. rogueforti）等。有研究认为，其产毒能力由强到弱依次为棒曲霉>展青霉>娄地青霉>圆弧青霉>扩张青霉>土曲霉>产黄青霉>巨大曲霉。特别是前五种菌，产毒阳性率均在 50%以上，产毒量大，均大于 10mg/L。

3. 中毒症状。展青霉素是一种神经毒素，可导致呼吸和泌尿等系统的损害，使人神经麻痹、肺水肿、肾功能衰竭。特殊毒理实验表明，该毒素具有致畸性、致基因突变性和致癌性，影响胚胎的发育，同时对人体的免疫系统影响较大。

4. 食品中展青霉素的来源。展青霉素主要存在于霉烂苹果和苹果汁中，变质的梨、谷物、面粉、麦芽饲料和其他食物中也存在。在酸性环境中展青霉素非常稳定，加热也不被破坏；果酒和果醋中没有发现展青霉素，因为在发酵过程中它会被破坏。热处理能适当降低展青霉素的含量，但巴氏杀菌对它无效。

英国食品、消费品和环境中化学物质致突变委员会已将展青霉素划为致突变物质。在联合国粮食及农业组织和世界卫生组织下的食品添加剂联合专家委员会的一份研究报告表明，展青霉素没有可再生作用或致畸作用，但是对胚胎有毒性，同时伴随有母本毒性。

（三）其他毒素

曲霉属中可产生毒素的有黄曲霉（A. flavus）、赭曲霉（A. ochraceus）、杂色曲毒（A. versicolor）、烟曲霉（A. fumigatus）、构巢曲毒（A. nidulans）和寄生曲霉（A. parasiticus）等。

青霉属（Penicillium）中的产毒菌株有岛青霉（P. islandicum）、橘青霉

(P. citrinum)、黄绿青霉（P. citreo viride)、红色青霉（P. rubrum)、扩展青毒(P. expansum)、圆弧青霉（P. cyclopium)、纯绿青霉（P. verrucosum)、展青霉(P. patulum)、斜卧青霉（P. decumbens）等。

镰刀菌属（Fusarium）的产毒菌株有禾谷镰刀菌（F. graminearum)、三线镰刀菌（F. trincintum)、玉米赤霉菌（Gibberella zeae)、梨孢镰刀菌（F. poae)、无孢镰刀菌、雪腐镰刀菌（F. nivale)、串珠镰刀菌（F. maniliborme)、拟枝孢镰刀菌（F. sparotrichioides)、木贼镰刀菌（F. equisti)、粉红镰刀菌（F. roseum）等。

食品受真菌和真菌毒素污染的现象非常普遍。例如，面粉、甘蔗、小麦、水果、蔬菜等，用上述受真菌污染的食品原材料制成的食物，即使擦掉霉菌斑，真菌所产生的毒素成分仍存在其中，食用受到污染的食物，会造成各种急性或慢性身体损害。

真菌毒素结构复杂，由于种类、剂量不同，造成人体危害的表现也是多样的，可以是急性中毒，也可表现为肝脏中毒、肾脏中毒、神经中毒等慢性中毒。真菌毒素抑制生物蛋白质合成和 DNA 的复制，降低身体免疫应答，多数具有致癌作用。

食品受到致病性细菌和真菌的危害，不仅会造成粮食因霉变而产生巨大经济损失，更严重的是会引起人畜的毒素型食物中毒反应，危害人体健康。因此，多数食品卫生的微生物学标准都是针对致病菌制定的。食品卫生安全是食品安全的基础。

第二节　病毒危害

一、食品中病毒危害的来源

（一）病毒

病毒（Virus）是一类体积很小的非细胞型微生物，细胞内只含一种核酸(DNA 或 RNA)，自身不能繁殖，体内没有酶或酶系统极其不完全，不能进行独立的代谢活动，只有在活细胞中才能增殖复制，起病毒性作用。病毒对抗生素不敏感。最早的病毒发现于大肠杆菌中。病毒具有专一性、寄生性，直接污染动物源性食品或间接传播到水源、空气中，导致家畜传染病的流行。人经食物入口感染病毒，可导致肠道传染病和全身疾病的发生。近年来，随着流行病学和实验方法的发展，对病毒引起的生物性食品安全危害越来越受到重视。

病毒的种类很多，发展到今天，人们已经发现了 4000 多种。其中大约 150 种是可能引发食物中毒的病毒，这些病毒通过食品传播可能引发食物中毒。有人畜共患传染性病毒，如克雅病毒（疯牛病病毒，BSE）、SARS（“非典”）病毒、禽流感病毒、西尼罗病毒、星状病毒、口蹄疫病毒等；有非人畜共患的其他食源性病毒，如甲型肝炎病毒、乙型肝炎病毒、戊型肝炎病毒、轮状病毒、埃博拉病毒等。

（二）食品中病毒的来源及传播途径

食品中的病毒主要来源于环境污染，可通过多种途径传播。

1. 病人或病原携带者：对于大多数病毒而言，病人是重要的传播来源。病毒携带者处于传染病的潜伏期时，会在一定条件下向外排毒。临床出现症状的病人，其具有的病毒传播能力最强。携带病毒的人会造成食物原料或环境等的直接污染。也可以通过接触生产工具、生活物品等，在食品加工、运输、销售过程中造成病毒传播。

2. 受病毒感染的动物：随着人们对肉类、奶类等食物需求量的增加，畜牧业在世界范围内得到快速发展。但有些人畜共患病毒可通过各种途径传染人类、污染食品。感染病毒的动物可将病毒传播给健康的动物，可以导致动物性来源的食品病毒污染。染毒动物的粪便、尿液会污染水、土壤等，将病毒带入环境。

3. 环境及水产品中的病毒污染：有些病毒粒子可以在环境中的水、土壤、空气中存留较长的时间。病毒可以通过生态链污染蔬菜、谷物等食品，也可以造成水产品的病毒污染。若在食物加工过程中处理不当，会再通过食物链造成人类病毒感染。

（三）病毒污染食品的特点

病毒污染食品会出现程度性、时间性、地区性方面的特点，会经历散发、流行或暴发等三个不同的阶段。病毒的流行会出现季节性和周期性的变化，如每到夏秋季节，由肠道病毒和肝炎病毒引发的疾病就会经常发生。某些病毒对食品的污染可能每隔一段时间就会出现流行，但条件改变后又会消失。某些病毒的流行会限定在一定的地域范围内，这可能与病毒所需的自然条件、传播媒介以及当地居民的生活环境有关系。当然，也有些病毒随着交通运输、外贸交易等途径从一个地区输入到其他地区。

二、人畜共患传染性病毒

人畜共患传染性病毒有 100 多种，其中通过畜产品传播给人的有 30 余种。世界上经常出现的人畜共患传染性病毒主要有疯牛病、口蹄疫、流感和西尼罗热等，一旦形成疫情，且病毒控制措施不到位的话，往往会呈现暴发性增长，给人类带来灾难性的危害。

（一）疯牛病病毒

疯牛病病毒是20世纪80年代以来危害最大的人畜共患病毒。该病毒可侵犯人类和动物的中枢神经系统，表现为脑灰质的海绵状水肿，并引起脑干灰质部位出现空泡化，进而导致死亡。疯牛病是一种牛海绵状脑病（Bovine Spongiform Enchephalopathy，BSE），潜伏期长，病程短，死亡率100%。

1. 生物学特性：疯牛病病毒为朊病毒，对蛋白酶有抗性，具有很强的生命力和感染力，耐受高热，普通煮沸不能破坏，即使加热到360℃仍有感染力；耐受紫外线照射；对化学药物甲醛、强碱也有抵抗性。

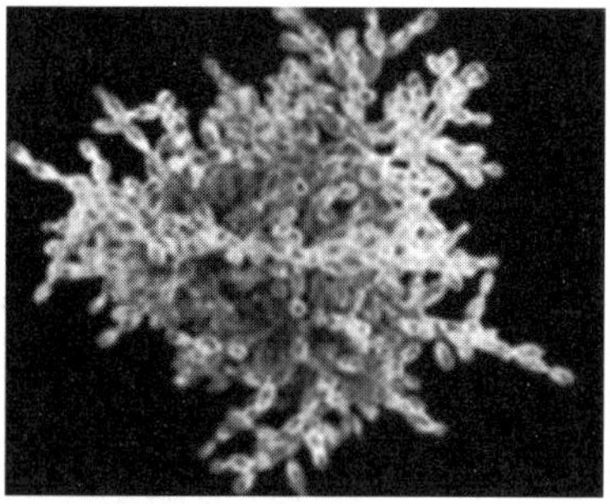

图3-7　疯牛病病毒

2. 临床症状：生物学变化都集中在中枢神经系统，出现脑组织的海绵体化、空泡化，无免疫反应。病程一般为14～90天，潜伏期长达4～6年。4岁左右的成年牛多发此病。最常见的是精神状态的改变，如恐惧、暴怒和神经质。3%的病例出现姿势和运动异常，通常为后肢共济失调、颤抖和倒下；90%的病例有感觉异常，表现多样，但最明显的是触觉和听觉减退。受感染的人会出现睡眠紊乱、失语、肌肉萎缩和进行性痴呆等症状，并且会在发病的1年内死亡。

3. 传染源：主要包括由受孕母牛通过胎盘传染给犊牛，或食用染病动物肉的骨髓加工成的饲料两种传染途径。目前，消费疑似疯牛病的母牛所产的牛乳仍然是被禁止的。

4. 人感染的可能途径：食用感染了疯牛病的牛肉及其制品会导致感染，特别是从脊椎剔下的肉（通常德国牛肉香肠都是用脊椎剔下的肉制成的）；或使用某些含有动物原料成分的化妆品，如胎盘素、羊水、胶原蛋白等。

（二）口蹄疫病毒

口蹄疫（Foot and Mouth Disease，FMD），俗称“口疮”“鹅口疮”“蹄黄”等，是发生于牛、羊、猪等偶蹄动物的一种急性、热性、高度接触性传染病。该病是一种由口蹄疫病毒病原体引起的人畜共患的急性接触性传染病。

1. 生物学特性：口蹄疫病毒不怕干燥，但对酸、碱敏感，耐热性差，80℃～100℃温度也可杀灭它。

2. 临床表现：牛、羊、猪等感染口蹄疫病毒后，一般经过1～7天的潜伏期后发病，表现为体温升高，精神萎顿，食欲减少或废绝，流涎，口腔黏膜形成水疱、糜烂，唇、蹄和乳房等部位发生水疱和糜烂等。本病无特效疗法，一般病程为1周左右。该病传染性很强，一旦在牲畜中出现了口蹄疫感染、发病，很快就会传播开来，在某些情况下病死率可达50%左右。

人感染口蹄疫病毒后，大约经过1周的潜伏期后突然发病，表现为发烧，口腔干热，唇、齿龈、舌边、颊部、咽部潮红，2~3天后，手指尖、手掌、脚趾、鼻翼等出现水疱，同时伴有头痛、恶心、呕吐或腹泻。水疱破裂后形成薄痂，逐渐愈合，不留疤痕。有时还会出现全身不适等类似感冒的症状，数天后痊愈，愈后良好，但老年人患此病后病情较重。

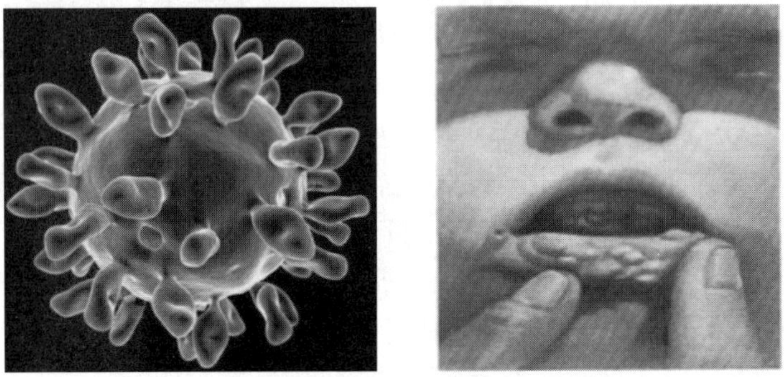

图3-8　口蹄疫病毒及人感染后的症状

3. 传染源：病毒主要通过动物的消化道、呼吸道、损伤的皮肤、黏膜等传播。通过被带病毒的家畜的分泌物、排泄物污染的空气、水、饲料等途径，会再次传染其他动物。

4. 人感染的可能途径：人感染口蹄疫有时呈地方性流行，通常在非洲、亚洲和南美洲流行严重，欧美国家也有发生。消化道、呼吸道、皮肤黏膜接触是感染的主要途径。饮食病畜牛、羊乳及乳制品，患病的人与人之间、人与动物之间的呼吸道传播，以及人们在挤乳等过程中，都可能感染口蹄疫病毒，但该病毒不会危及人类生命。

（三）禽流感病毒

禽流感病毒是能引起禽类烈性传染病的RNA病毒，分甲（A）、乙（B）、丙（C）3个型，其中禽甲型流感病毒某些亚型中的一些毒株引起的急性呼吸道传染病，可在野马、家禽、猪、鲸、马等动物体内迅速传播。高致病性禽流感因其在禽类中传播快、危害大、病死率高，被世界动物卫生组织列为A类动物疫病，我国将其列为一类动物疫病。

1. 生物学特性：禽甲型流感病毒表面的蛋白质分为 H 和 N 两大类。H 是血细胞凝（Hemagglutin），其作用如病毒的钥匙，用来打开及入侵人类或牲畜的细胞；N 是神经领酸（Neuraminidase），能破坏细胞的受体，使病毒在宿主体内自由传播。根据其表面蛋白质的不同，该病毒分为 16 个 H 亚型（H1～H16）和 9 个 N 亚型（N1～N9）。感染人的主要是 H5N1、H9N2、H7N7。病毒对热比较敏感，65°C 加热 30 分钟或煮沸（100°C）2 分钟以上可灭活。直射阳光下 40～48 小时即可灭活，常用消毒剂容易将其灭活。

2. 临床症状：高致病性禽流感是由 N 和 H7 亚毒株（以 H5N1 和 H7N7 为代表）引起的疾病，可出现跨物种间传播。早期表现类似于普通型流感，重症患者的病情发展迅速，可出现肺炎、急性呼吸窘迫综合征、肺出血、肾功能衰竭、败血症等多种并发症。

高致病性禽流感被人感染后，起病很急，早期表现类似于普通型流感。主要表现为发热，体温大多在 39℃以上，持续 1～7 天，一般为 3～4 天，可伴有流涕、鼻塞、咳嗽、咽痛、头痛、全身不适，部分患者可有恶心、腹痛、腹泻、水样便等消化道症状。除了上述表现，高致病性禽流感重症感染患者还可出现肺炎、呼吸窘迫等，甚至可导致死亡。

3. 传染源：禽流感病毒存在于受感染禽鸟的呼吸道及胃肠道中，也可存在于禽肉及禽蛋内。有证据证明，高致病性禽流感可出现跨物种间传播。

4. 人感染的可能途径：与受感染家禽或受此类家禽粪便污染的表面或物体的直接接触是人类感染的主要途径。食用感染的禽肉、蛋、打扫禽舍等过程，是病毒由家禽向人传播引起的直接感染风险，可能导致人类患上非常严重的疾病，而且并发肺炎的概率相当高。对于慢性病患者、老年人和少年儿童等自身抵抗力较弱的人群来说甚至会致命。此外，病毒有机会出现变异，成为对人类更具传染性的类型，在人与人之间迅速传播，这种变异将可能意味着全球病毒大流行的开始。

（四）轮状病毒

轮状病毒（Rotavirus，RV）是一种双链核糖核酸病毒，属于呼肠孤病毒科。轮状病毒每年在夏秋冬季流行，是引起婴幼儿腹泻的主要病原体之一。

1. 生物学特性：轮状病毒分为 7 个血清型（A～G），儿童感染多为 A 型所致，而 B 和 C 型则主要感染成年人。病毒在室温中可存活 7 个月，在粪便中可存活数日至数星期，耐酸，耐碱；55℃加热 30 分钟及甲醛可使其灭活。

2. 临床症状：轮状病毒感染途径为粪口途径，临床表现为急性胃肠炎，腹痛腹泻为主，乏力，伴恶心呕吐等，大便多为黄色水样便，含≥1000 亿病毒/g 粪便，感染剂量 10~100 个病毒。轮状病毒感染经历无症状、轻微发病到严重发病，严重时发生致命性胃肠炎、脱水及电解质平衡失调。轮状病毒胃肠炎的症状包括发烧、呕吐、腹痛以及无血色水样腹泻，严重时出现脱水，症状可持续 3~9 天。全世界几乎每个 5 岁以下的小孩都感染过一次，其主要感染小肠上皮细胞，从而造成细胞损伤，引起腹泻。

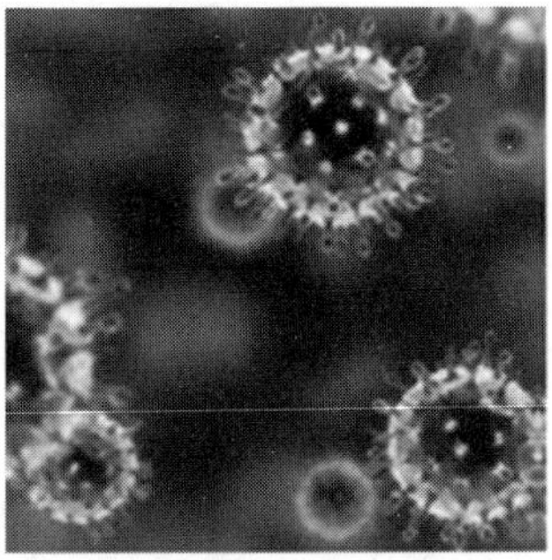

图 3-9　轮状病毒

3. 传染源：主要为感染的猪、牛、羊、鸡等动物性食品。

4. 人感染病毒途径：人食用了被病毒污染的食物，或通过粪口食物链传播，对人类健康造成影响。此外，轮状病毒也会感染动物，是家畜的病原体之一。

（五）西尼罗病毒

西尼罗病毒（West Nile Virus）最初是 1937 年从乌干达西尼罗地区一名发热的妇女血液中被分离和发现的，并因此得名。其属于黄病毒科黄病毒属，与乙型脑炎、圣路易脑炎、黄热病、登革热、丙型肝炎等病毒同属。西尼罗病毒是全球危害最广的由蚊子传播的病毒之一。

1. 生物学特性：病毒呈中等大小，直径 21nm~60nm，有囊膜，单链线形核糖核酸，RNA 为正链，有 10000~11000 个碱基对，具有感染性。

2. 临床症状：潜伏期一般为 3~12 天。绝大多数（80%）为隐性感染，不出现任何症状，少数人表现为西尼罗热，与流行性乙型脑炎病毒、登革热病毒相似，病人出现发热、头疼、肌肉疼痛、恶心、呕吐、皮疹、淋巴结肿大等类似感冒症状，持续 3~6 天。极少数人（1%）感染后表现为西尼罗病毒性脑炎、脑膜脑炎和脑膜炎。蚊子大量滋生的季节该病高发，一般发生于 6~11 月，8 月下旬为发病高峰期。老年人和免疫力弱者易发病、病死率高。

3. 传染源：病毒由蚊虫携带，通过叮咬，使人畜感染发病。自然界中，鸟类是西尼罗病毒的贮存宿主，中毒血液参与病毒的扩散和循环。目前，美国已查明有 60 多种蚊虫及数百种鸟类与该病毒传播有关。人、马等哺乳动物是终末宿主，并不参与病毒在自然界的循环。

4. 人感染病毒途径：被感染病毒的蚊虫叮咬。极少数病例是由于输血、器官移植及母婴传播引起的。但该病毒不会造成人与人之间的直接接触传播。

世界各国发生过多起人畜共患病毒引起的疾病。高传染性的 HIN1 甲型流感病毒、H5N1 亚型高致病性禽流感，以及冠状病毒 SARS，新型冠状病毒 COVID-19 等，均造成了全球范围内的人畜共患病，死亡人数持续上升。因此，应加大对动物接种疫苗力度，进行有效预防。一旦发现疯牛病病毒、禽流感病毒、口蹄疫病毒感染的动物，坚决予以宰杀并进行焚化深埋处理。对被污染的器具、动物舍或场地要进行全面消毒、封锁。

三、其他食源性病毒

还有一些食源性病毒，虽然不是人畜共患型病毒，但一旦通过消化道进入人体，则较少量就可引起感染，并在人与人之间通过空气、粪口等途径迅速传播致病。

（一）肝炎病毒

该病毒是指引起病毒性肝炎的病原体。一共有 8 种，即甲型、乙型、丙型、丁型、戊型、已型、庚型及非甲非乙型肝炎病毒。肝炎病毒除了甲型和戊型通过肠道感染，其他类型均通过密切接触、血液和注射方式传播。肝炎病毒引起解毒器官肝部的病变，其中对人类危害最大的是甲型和乙型肝炎病毒。

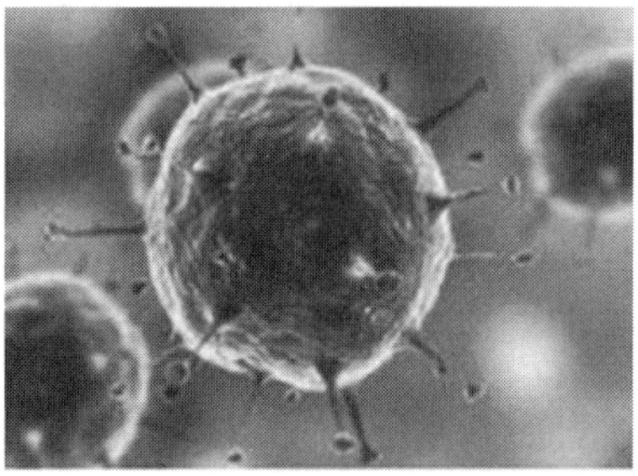

图 3-10　乙型肝炎病毒

1. 生物学特性：甲肝病毒（HAV）耐热，60℃环境中 1 小时不被灭活，对酸处理有抵抗力。甲型肝炎的传染源为病人。乙肝病毒（HBV）在体外抵抗力很强，紫外线照射、60℃环境中 4 小时及一般浓度的化学消毒剂（如苯酚、硫柳汞等）均不能使之灭活，在干燥或冰冻环境下能生存数月到数年；加热至 60℃持续 10 小时，煮沸（100℃）20 分钟，高压蒸汽 122℃持续 10 分钟或用 0.5%过氧乙酸消杀 7.5 分钟以上才可以灭活。戊肝病毒（HEV）为直径 27nm～34nm 的小 RNA 病毒。在氯化铯中不稳定，在蔗糖梯度中的沉降系数为 183S。在 4℃或-20℃环境中易被破坏，镁或锰离子的存在可保持其完整性，在碱性环境中较稳定。

2. 临床症状：肝炎病毒引起的临床症状可分为急性、慢性和重症肝炎。急性期的黄疸前期起病急，多有发热、全身乏力、食欲不振、厌油、恶心、呕吐，少数患者以发热、头痛、上呼吸道症状为主；黄疸期发热减退后可出现肝大，有压痛及叩击疼，然后进入恢复期。慢性肝炎病性较轻，有肝功指标异常。重症肝炎中严重者出现肝坏死。甲型肝炎传染性强，发病率高，潜伏为期 20～45 天，症状可轻可重，有突感不适、黄疸、食欲减退、呕吐等，病程一般为 2 天到几周，死亡率较低。戊型肝炎的临床表现为隐性感染及急性肝炎，不致慢性肝炎等，与甲型肝炎相似，15~39岁的青年和成人高发。

3. 传染源：水生贝壳类如牡蛎、贻贝、蛤贝等，凉拌蔬菜，水果及水果汁，乳及乳制品，冰激淋，饮料。

4. 人感染病毒途径：甲肝病毒通常随病人粪便排出，通过污染的手、水、食物、餐具等经口传染，形成由人—口—粪途径传播的急性传染病。生食污染源性食物，以及个人卫生习惯不好，不注重饭前便后洗手，可引起病毒感染。

（二）诺瓦克病毒

1968年，科学家在美国诺瓦克市暴发的一次急性腹泻的患者粪便中分离出一种病毒病原，后来人们把引起非细菌性急性胃肠炎的杯状病毒属病毒统称为诺如病毒，也称诺瓦克病毒。诺如病毒变异快、环境抵抗力强、感染剂量低，感染后潜伏期短、排毒时间长、免疫保护时间短，且传播途径多样、全人群普遍易感。因此，诺如病毒具有高度传染性和快速传播能力。

1. 生物学特性：诺如病毒分为5个基因组（GⅠ~GⅤ），其中只有GⅠ、GⅡ和GⅣ可以感染人，而GⅢ、GⅤ分别感染牛和鼠。我国目前最常见的诺如病毒为GⅡ、GⅠ型。耐酸、耐乙醚，对热稳定，60℃环境中30分钟不能完全灭活，在pH值为2.7的环境中可存活3小时。

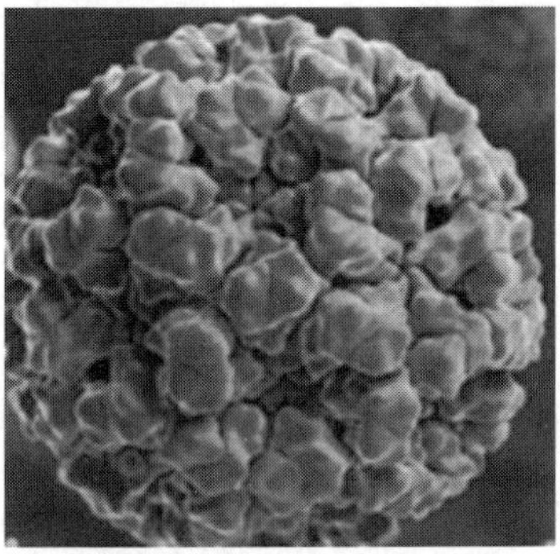

图3-11　诺如病毒

2. 临床症状：诺如病毒的潜伏期相对较短，通常为12~48小时。发病以轻症为主，最常见症状是腹泻和呕吐，其次为恶心、腹痛、头痛、发热、畏寒和肌肉酸痛等。病程通常较短，症状持续时间平均为2~3天，但高龄人群和伴有基础性疾病患者恢复较慢。

3. 传染源：牡蛎等贝类海产品和生食的蔬果类是引起病毒暴发的常见食品。

4. 人感染病毒途径：诺如病毒传播途径包括人传人、经食物和经水传播。人传人可通过粪口途径（包括摄入粪便或呕吐物产生的气溶胶）或间接接触被排泄物污染的环境而传播。食源性传播通过食用被诺如病毒污染的食物，污染环节可出现在感染诺如病毒的餐饮从业人员在备餐和供餐中污染食物，也可出现在食物生产、运输和分发过程中被含有诺如病毒的人类排泄物或其他物质（如水等）所污染。

对于容易从粪口途径传播的病毒，应加强传染源的管理，对饮用水加强管理；对从事直接入口食品加工的员工要进行定期健康体检；在饮食中尽量做到生熟分开，少吃生食；在人员聚集的地方有效防止交叉感染，养成健康卫生的生活习惯，坚持增强体质和身体抵抗力。

食源性病毒虽不属于人畜共患病毒，但其一旦通过消化道进入人体，则较少量就可引起感染，并在人与人之间通过空气、粪口等途径迅速传播致病。

第三节　寄生虫与昆虫危害

一、食品中寄生虫危害的来源

（一）寄生虫

寄生虫（Parasite）是具有致病性的低等真核生物，可作为病原体，也可作为媒介传播疾病。寄生虫可以改变寄主的行为，以达到自身更好地繁殖生存的目的。寄生虫及其虫卵在寄生宿主内生存，通过争夺营养、机械损伤、栓塞脉管及分泌毒素给宿主造成伤害。据世界卫生组织报道，近年来全球平均每年有1700多万人死于传染病。在重点防治的七类热带病中，除麻风病、结核病外，其余五类都是寄生虫病。

（二）食源性寄生虫的分类

寄生虫按其污染食品的种类分为肉源性寄生虫、水生动物源性寄生虫、水生植物源性寄生虫和蔬菜水果源性寄生虫等。

1. 肉源性寄生虫。旋毛虫、猪（牛）/囊尾蚴、肝片吸虫、弓形虫、肉孢子虫、细粒棘球蚴等常寄生于牲畜体内。含有寄生虫幼虫或虫卵的生的或未经彻底加热的食品，如通过烧、烤、涮等方法吃带着血丝未煮熟的猪、牛、羊、鸡、鸭、兔肉和野生动物，易感染肉源性寄生虫病。

2. 水生动物源性寄生虫。某些水生动物如养殖淡水鱼、贝类、泥鳅、虾、蟹、螺类可分别传播华支睾吸虫、卫氏并殖吸虫、棘颚口线虫、猫后睾吸虫、无饰线虫、横川后殖吸虫、阔节裂头绦虫、广州管圆线虫等；海产品中，鳕鱼、鲐鲅鱼可携带异虫。到目前为止，已知30余种食源性寄生虫病的感染与进食生的（如生鱼片、鱼生粥、醉虾蟹和螺、喇蛄酱等）或未经彻底加热的上述水生动物有关。特别是有吃“生鱼”习惯的地区，发病率上升幅度更大。

3. 水生植物源性寄生虫。例如，姜片虫常寄生于菱角、荸荠、茭白、藕等水生植物的表面，人类生食或进食未彻底加热的上述植物会引起感染。

4. 蔬菜水果源性寄生虫。由于广大农村地区用新鲜粪便施肥，使蔬菜、水果（如草莓等）成为寄生虫（尤其是土源性寄生虫）传播的主要途径。例如，感染性蛔虫卵、鞭虫卵、猪带绦虫卵和钩虫的感染期幼虫以及原有包囊等，皆可以由食用未洗净或未煮熟的蔬菜而传播。

5. 其他寄生虫：螨类。

（三）食源性寄生虫的传播途径

因生食或半生食含有感染期寄生虫的食物而感染的寄生虫病，称为食源性寄生虫病（Food-bornepara sitosis）。寄生虫从传染源排出，借助于某些传播因素，进入另一宿主的全过程是其传播途径。人体寄生虫病常见的传播途径有以下几种。

1. 经口传播。饮用水、食物、植物生长的环境土壤一旦受到了寄生虫虫卵或幼虫的污染，会通过食用入口直接或间接感染。经口传播是最主要的传播途径，较易经口传播的寄生虫有蚴蛔虫、鞭虫、蛲虫等。例如，蛔虫卵在土壤中育为感染性卵或幼虫，能在浅层土壤中生存数年，通过蔬菜、水果等传播给人类。华支睾吸虫寄生于鱼、虾、贝等水产品中，生食水产品极易感染寄生虫病。猪、牛等家畜体内有时寄生有绦虫，吃了带有绦虫包囊的肉，可染上绦虫病。某些水产品是肝吸虫等寄生虫的中间宿主，食用这些带有寄生虫的水产品也可造成食源性寄生虫病。经饮水传播的寄生虫病，具有病例分布与供水范围一致，不同年龄、性别、职业者均可发病等特点。

2. 经空气传播。有些寄生虫的感染期卵可借助空气或飞沫传播，如蛲虫卵、棘阿米巴等可在空气中飘浮，并可随呼吸进入人体进而引起感染。

3. 经皮肤、人体直接传播。经皮肤感染的寄生虫有钩虫、血吸虫等。一些昆虫等作为寄生虫传播的媒介，在寄生虫病传播中起着特殊而重要的作用。例如，蚊子传播疟病和丝虫病、白岭传播黑热病等。疥螨可通过直接接触患者皮肤而传播。

4. 经胎盘传播。有些寄生虫经胎盘感染，对胎儿影响极大。弓形虫具有世界性分布的特点，人和许多动物都能感染。全世界有25%~30%的人受感染，中国阳性感染率为5%~20%，部分地区高达30%以上。[①] 弓形虫在怀孕期经血传播胎儿。据统计，美国每年被感染的新生儿约有3300名。此外，疟原虫也可通过胎盘、输血传播影响胎儿。

---

① 陈家旭，蔡玉春，艾琳．我国重要人体寄生虫病防控现状与挑战．检验医学，2021，36（10）：993-1000.

（四）寄生虫病的特点

寄生虫病的流行情况受自然因素、生物因素和社会因素的影响，表现出一定的流行特点即季节性、地区性和自然疫源性。

1. 季节性。自然因素中季节、气候的变化，寄生虫及其中间宿主和媒介节肢动物种群数量的消长，会影响寄生虫病的流行。例如，钩虫感染多见于春、夏季，急性血吸虫病往往发生在夏季。疟疾和黑热病的传播与感染季节同其媒介节肢动物出现的季节一致。

2. 地区性。生物因素中寄生虫的中间宿主和最终宿主的状态，使得寄生虫有明显的地区性特点。这种特点与当地的气候条件、中间宿主或媒介节肢动物的地理分布、人群的生活习惯和生产方式有关。例如，钩虫病在我国淮河及黄河以南地区广泛流行，但在气候干寒的西北地带则很少；血吸虫病的流行区与钉螺的分布一致，具有明显的地区性；有些食源性寄生虫病，如华支睾吸虫病、旋毛虫病等的流行，与当地居民的饮食习惯密切相关；在我国西北畜牧地区流行的包虫病，则与当地的生产环境和生产方式有关。

3. 自然疫源性。有些人体寄生虫病可以在人和动物之间自然地传播，这些寄生虫病被称为人畜共患寄生虫病。在人迹罕至的原始森林或荒漠地区，这些人畜共患寄生虫病可在脊椎动物之间相互传播。人进入该地区后，这些寄生虫病则可从脊椎动物传播给人，这种地区被称为自然疫地。寄生虫病的自然疫源性不仅反映了寄生于人类的寄生虫绝大多数是由动物寄生虫进化而来的，同时也说明某些寄生虫在流行病学和防治方面的复杂性。在涉及野外活动，如地质勘探、探险和开发新的旅游区时，了解当地寄生虫病的资源疫源性是必要的。

寄生虫病在某些地区的流行也与当地的经济发展水平、居民生活饮食习惯、医疗卫生条件等社会因素有关。

二、常见的食源性寄生虫病

寄生虫对人类危害极大，除由病原体引起的疾病以及因此造成的经济损失外，还可作为传播媒介引起疾病的传播。寄生虫侵入人体，在移行、发育、繁殖和寄生过程中，对人体组织和器官造成的主要损害有三个方面：一是夺取营养。寄生虫在人体寄生过程中，从寄生部位吸取蛋白质、碳水化合物、矿物质和维生素等营养物质，使感染者出现营养不良、体重减轻等症状，严重时发生贫血（如感染钩虫）。二是机械性损伤。寄生虫侵入机体、移行和寄生等生理过程均可对人体的组织和器官造成不同程度的损伤，如钩虫寄生于肠道，可引起肠黏膜出血。三是毒素引起免疫损伤。有些寄生虫可产生毒素，损害人体的组织器官。寄生虫的代谢产物、排泄物或虫体的崩解物也能损害组织，导致人体发生免疫病理反应，使局部组织出现炎症、坏死、增生等病理变化。

（一）囊尾蚴病

1. 性状：囊尾蚴（Cysticercus）是扁形动物门绦虫纲幼虫的一种类型。囊尾蚴是寄生在人体小肠中的猪有钩绦虫和牛无钩绦虫的幼虫，可引起猪、牛的囊虫病，猪囊尾蚴也能引起人的囊虫病。猪肉绦虫和牛肉绦虫的囊尾蚴，都是由六钩蚴发育而成的。囊尾蚴体呈卵圆形，在白色的囊内含有囊液和一个凹入的头节，又称“囊虫”。为米粒大至黄豆大白色半透明包囊，囊内充满无色囊液。囊壁为一层无色薄膜，上有一个乳白色小结节，大小如粟粒，为囊虫头节。主要寄生在横纹肌纤维之间，数量多少不一，镜检可见四个吸盘和围在头节周围的两圈角质钩。

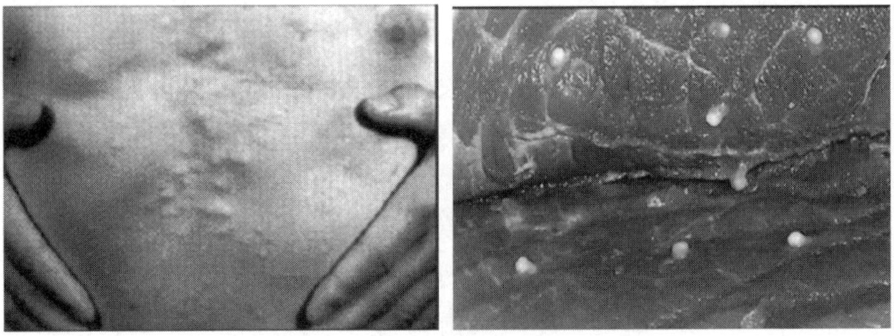

图 3-12　人绦虫病及肉绦虫外观

2. 感染途径：人既是猪肉绦虫的唯一终宿主，又是其中间宿主。寄生于人体的囊尾蚴寿命一般在 3~10 年，长者可达 20 年或更久，虫体死后多发生纤维化和钙化。

人感染食猪肉绦虫卵经口为主要传播途径。感染方式有以下三种：①外源性异体感染。系由于个人卫生或饮食卫生不当而经口感染，此为主要传播途径。②外源性自身感染。系病患者手受自身粪便中的虫卵污染后经口感染。③内源性自身感染。猪带绦虫病患者因呕吐引起胃肠道逆蠕动，使虫卵或妊娠节片随肠内容物反流入胃或十二指肠中导致感染。我国凡有猪肉绦虫病流行的地区均有囊虫病发生，东北、西北、华北等地较多。一般农村高于城市。

3. 临床症状：人感染后的临床表现为癫痫发作、颅内压升高及其他神经症状。皮下和肌肉囊虫病表现为肌肉酸胀无力、发胀、麻木。脑囊尾虫病表现为癫痫、抽搐、精神症状，痴呆、偏瘫、失明等症。眼囊尾虫病表现为视力障碍，重者失明。

（二）华支睾吸虫病

1. 性状：华支睾吸虫又称肝吸虫（Liver Fluke）、华肝蛭。成虫寄生于人体的肝胆管内，可引起华支睾吸虫病（Clonorchiasis），又称肝吸虫病。华支睾吸虫成虫体形狭长，背腹扁平，前端稍窄，后端钝圆，状似葵花子，体表无棘。虫体大小一般为体长 10~25mm，体宽 3~5mm，口吸盘略大于腹吸盘，前者位于体前端，后者位于虫体前 1/5 处。幼虫形似芝麻，淡黄褐色，一端较窄且有盖，卵盖周围的卵壳增厚形成肩峰，另一端有小疣。卵甚小，大小为体长 27~35μm，体宽 12~20μm。从粪便中排出时，卵内已含有毛蚴。

2. 感染途径：终宿主为人及肉食哺乳动物（狗、猫等）；第一中间宿主为淡水螺类，如豆螺、沼螺、涵螺等；第二中间宿主为淡水鱼、虾。成虫寄生于人和肉食类哺乳动物的肝胆管内，虫多时可移居至大的胆管、胆总管或胆囊内，也偶见于胰腺管内。1875 年首次在加尔各答一华侨的胆管内发现肝吸虫，1908 年我国才证实该病存在。考古证明，华支睾吸虫病在我国至少已有 2300 年的历史。

3. 临床症状：肝吸虫轻度感染时不出现临床症状或无明显临床症状，患者的症状往往要经过几年才逐渐出现，一般以消化系统的症状为主。重度感染时，在急性期主要表现为过敏反应和消化道不适，包括发热、胃痛、腹胀、食欲不振、四肢无力、肝区痛、血液检查嗜酸性粒细胞明显增多等，但大部分患者急性期症状不是很明显。严重感染者伴有头晕、消瘦、浮肿和贫血等，在晚期可造成肝硬化、腹水，甚至死亡。儿童和青少年感染华支睾吸虫后，临床表现往往较重，死亡率较高。除消化道症状外，常有营养不良、贫血、低蛋白血症、浮肿、肝肿大和发育障碍，以至于出现侏儒症。肝吸虫病与肝癌、胆管癌有一定的流行病学关系。

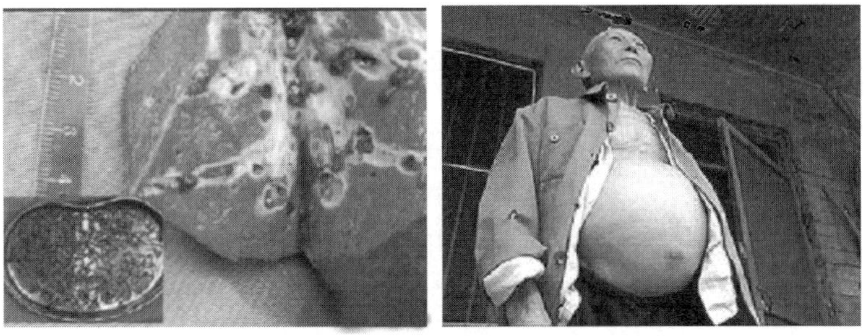

图 3-13　肝吸虫及肝吸虫感染症状

（三）旋毛虫病

1. 性状：旋毛虫幼虫寄生于肌纤维内，一般形成囊包，囊包呈柠檬状，内含一条略弯曲似螺旋状的幼虫。囊膜由二层结缔组织构成。外层甚薄，具有大量结缔组织；内层透明玻璃样，无细胞。成虫体小，向前端渐细，雌虫长 3~4 毫米，雄虫不及 2 毫米。

2. 感染途径：旋毛虫是寄生于人体最小的线虫，可导致人畜共患的寄生虫病，流行于哺乳动物之间。人因食入含有旋毛幼虫囊包的生哺乳动物（主要为猪）肉而染病。旋毛虫比较特殊，成虫和幼虫寄生于同一个宿主。幼虫寄生于肠内，成虫寄生于肌肉内，但完成生活史必须要更换宿主，其宿主有鼠、猫、猪、犬以及多种野生动物。

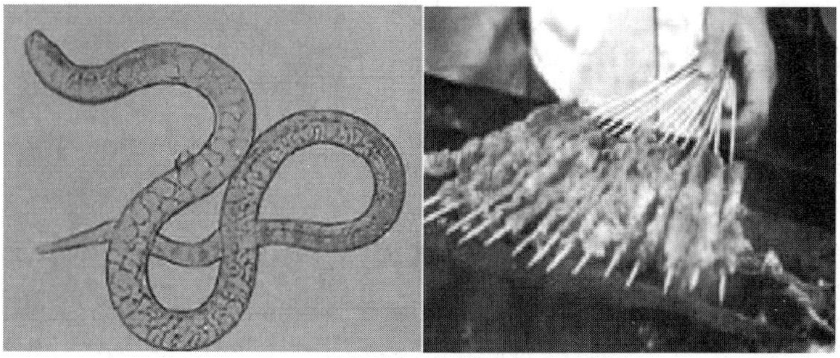

图 3-14　旋毛虫雌虫外观及食物感染

3. 临床症状：旋毛虫在侵入期可引起胃肠道症状，病人有腹痛、腹泻、恶心、呕吐等症状，持续 3~5 天自行缓解。幼虫移行期随体循环到达全身各器官、组织及体腔，能引起横纹肌、小血管及其周围的间质发生炎性反应，病人感到肌肉疼痛，以四肢肌肉为著。重者出现咀嚼、吞咽及发音困难。若幼虫侵及心脏及中枢神经系统，可引起心律失常、心包炎、抽搐和昏迷等严重症状。这些症状可持续 1~2 个月，肌肉疼痛有时持续数月。成囊期严重者出现败血症、心肌炎，甚至死亡。

（四）弓形虫病

1. 性状：弓形虫（Toxoplasma Gondii）也叫三尸虫，是细胞内寄生虫，主要通过食用孢子化的软囊和另一种动物体内的孢囊来滋养繁殖。它是专性细胞内寄生虫，球虫亚纲、真球虫目、等孢子球虫科，弓形体属，是引起人畜共患疾病的寄生虫。

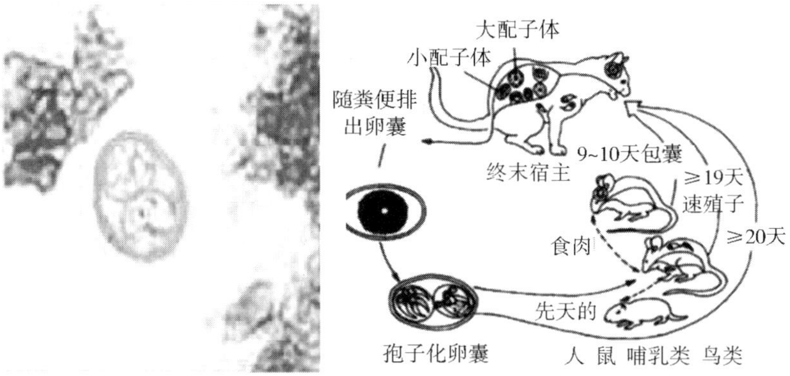

图 3-15　弓形虫外观及弓形虫生活史

2. 感染途径：生活周期需要两个宿主，中间宿主包括爬虫类、鱼类、昆虫类、鸟类、哺乳类等动物和人，终宿主则有猫和猫科动物。寄生虫可经口、胎盘、皮肤、飞沫等途径感染，有先天性感染和获得性感染。孕妇通过胎盘传染给婴儿即先天性感染。弓形虫寄生于细胞内，随血液流动，到达全身各部位。

3. 临床症状：主要侵犯眼睛、脑部、心脏、肝脏、淋巴等，致使人的免疫力下降，患各种疾病。包囊破裂可引起机体速发型超敏反应，导致坏死和强烈的肉芽肿样炎症反应。坏死性脑膜炎最先出现，弥漫性脑膜炎、脑血管炎症和积水坏死、肺内结节、脾脏肿大坏死等症均有发生。孕妇一旦感染，可通过胎盘影响胎儿发育，产生畸形胎儿。

寄生虫病不仅影响患者的健康和生活质量，而且会给社会经济发展带来巨大的损失。寄生虫病使得畜牧业遭受巨大的经济损失，阻碍畜牧业国家和地区的经济发展。同时，人感染寄生虫病会丧失劳动能力，降低工作效率，疾病治疗的额外花费较高。在联合国开发计划署和世界卫生组织要求防治的六类主要热带疫病中，有五类是寄生虫病。在世界范围内，特别是在热带和亚热带地区，寄生虫所引起的疾病一直是普遍存在的公共卫生问题。发展中国家由于经济和生活条件相对落后，寄生虫病的流行情况远较发达国家严重。寄生虫对人类的危害包括对人类健康的危害和对社会经济发展的影响。

三、昆虫危害

（一）昆虫

昆虫（Insect）属于无脊椎动物中的节肢动物，是地球上数量最多的动物群体，踪迹几乎遍布世界的每一个角落。昆虫的繁殖力强，可以四处活动，其所携带的微生物细菌、病毒、虫卵，可以随其活动转移，成为危害食品安全的媒介，对农业生产和人类健康造成重大影响。据报告，苍蝇每次产卵 100~150 粒，一年内可繁殖 10~12 代。苍蝇可传播的疾病多达几十种，常见的有痢疾、甲型肝炎、急性胃肠炎、食物中毒、沙眼、小儿麻痹、蛔虫、霍乱、伤寒、炭疽、破伤风、脊髓灰质炎、病毒性肝炎、囊虫病、蛔虫病等。蚊子能传播疟疾、乙型脑炎、丝虫病、登革热、黄热病等疾病。

（二）昆虫引起食品安全危害的途径

1. 自身携带病原微生物。多数昆虫可以四处活动，携带其他病原微生物，所到之处可传播多种疾病。经研究发现，苍蝇能携带 60 多种细菌，一只苍蝇的体表可沾有百多万个细菌，最多的可携带 5 亿个左右。蚊子能传播疟疾、乙型脑炎、登革热、黄热病等疾病。可以传播疾病的昆虫还包括蟑螂、跳蚤等。

2. 作为病原体和中间寄主。有些昆虫作为某些疾病的媒介，从而携带寄生虫。例如，黑热病可通过昆虫白蛉作为宿主。

3. 储藏环境中的螨类。世界上发现的螨虫（mite）有 50000 多种，种类仅次于昆虫。螨虫体型小，大多数种类小于 1 毫米，可叮人吸血、侵害皮肤。螨类也可以携带病原微生物，污染食品引起人畜健康危害，常见的包括粉螨、肉食螨、革螨。

生物在自然界广泛存在，细菌、真菌、病毒、寄生虫、昆虫等，一旦处于其适宜的环境条件就会迅速生长繁殖，造成食品的腐败变质。食品变质影响了食品的安全性，会严重损害人体健康。其中，胃肠型食物中毒在临床上最为常见。有些神经型食物中毒若抢救不及时，死亡率很高。此外，食品变质还会造成粮食的严重浪费，产生经济损失。因此，在食品安全的各个环节都应首先注意生物因素的影响。

第四节　转基因食品

食品安全中还有一个不容忽视的因素就是转基因食品问题。转基因属于生物技术，又称 DNA 重组技术，其在食品原料育种选育中起到重要作用，不仅为粮食增产和抗病提供了重要作用，还为食品种类的丰富多样提供了选择。但对于转基因食品的范围和安全性问题，还有很多的研究工作要开展。转基因食品的安全性要经过长期且漫长的时间来验证，目前仍处在研究中。

一、转基因食品及其分类

（一）转基因食品

转基因食品（Genetically Modified Food，GMF），又称基因改性食品，是指利用转基因生物技术制造或生产的食品、食品原料及食品添加剂等。它通过一定的遗传学技术，将有利的基因转移到另外的微生物、植物或动物细胞内，从而使它们获得有利特性，如增强动植物的抗虫害能力、提高营养成分等，由此可增加食品的种类、提高产量、改进营养成分的构成、延长货架期等。通俗地说，就是将植物、动物或微生物的基因从细胞中取出并插入别的生物细胞中，以获得某些有利特性的新生物，由这些生物制成的食品或食品添加剂就是转基因食品。

（二）分类

根据转基因食品原料的不同，可分为植物性转基因食品、动物性转基因食品和微生物转基因食品。当前，转基因食品以植物性转基因食品为主。

1. 微生物转基因食品。直接用作食品的转基因微生物市场上还未出现，但转基因微生物发酵生产的产品却并不鲜见，如啤酒、酱油等。

2. 动物性转基因食品。此类研究与开发主要用于医药领域，在食品方面几乎没有。

3. 植物性转基因食品。主要有转基因大豆、玉米、番茄、马铃薯、油菜及其产品。另外，全世界范围内还有大量作为食品来源的转基因植物等待批准进入市场。

根据食品中转基因功能的不同，还可以分成以下六种类型：增产型的转基因食品、控熟型的转基因食品、保健型的转基因食品、加工型的转基因食品、高营养型的转基因食品、新品种型的转基因食品。

转基因食品是现代生物技术的产物，转基因农作物产业化和商业化推广有严格制定的国家技术规程。

二、转基因食品的发展现状

自古以来，人们就从不断繁衍的动物、植物中有选择地获取自己所需要的食物。通过有性杂交、观察，选择具有优良性状的动物、植物品种进行扩大繁殖、改良，以满足人们摄取更高水平食物的需要。传统的杂交育种工作耗费时间长，一般需要 8~10 年的时间。例如，中国工程院院士袁隆平研究成功世界首创的杂交水稻，就用了整整 10 年时间。世界可耕地面积持续减少，而人口却以每年 0.8

亿~1.0亿的速度增长，因此，能够提高食物的产量和品质、增加营养物含量的新技术越来越受到广泛的关注。

自1953年沃森（Watson）和克里克（Crick）揭示遗传物质DNA双螺旋结构以来，现代分子生物学的研究进入了一个新的时代。20世纪60年代末，斯坦福大学的伯格（Berg）等人尝试用来自细菌的一段DNA与猴病毒SV40的DNA连接起来，获得了世界第一例重组DNA。世界各国和国际组织约定，基因工程改良技术研究须受限于人类的道德伦理规范。在确定了生物性状是由特定基因决定的理论基础后，生物改良基因工程技术得到了快速发展。利用转基因技术定向改造作物，大大加速了优良作物的筛选和培育过程。到目前为止，基因工程已经在动植物和微生物的基因改良中广泛应用。转基因食品由此产生、发展，并成为食品领域的新热点。

1983年，世界上出现了第一株转基因植物，一种对抗生素产生抗体的烟草；1990年，第一例转基因棉花种植试验成功；1993年，美国食品药品管理局（FDA）批准Calgene公司研制的Flavr savr延熟番茄商业化；1994年，一种可以抵御番茄环斑病毒病的西红柿被FDA批准在美国上市销售；1996年，美国人最早将部分转基因食品（大豆、玉米、油菜、马铃薯和番茄）推上商业化的进程。2008年，美国共有43种动植物转基因产品通过了食品药品管理局的认证，世界上众多国家（其中包括发达国家和发展中同家）也都紧随美国之后，开始对转基因食品进行研究。截至2013年，全世界共有36个国家和地区（35个国家+欧盟27个成员国）涉及27种转基因作物、336个转基因事件的2833项监管审批得到监管机构批准，其中1321项审批关于转基因作物用于食品（直接使用或进行加工处理），918项审批关于转基因作物用于饲料（直接使用或进行加工处理），599项审批关于转基因作物种植或释放到环境中。2018年全球共有87项转基因作物被批准，转基因作物正在形成可观的产业规模。

转基因食品商业化开始于20世纪90年代，美国的转基因作物种植面积占世界的40%。其中94%左右的大豆、90%左右的玉米和90%的油菜为转基因品种。美国国内生产和销售的以转基因大豆、玉米、油菜、番茄和番木瓜等植物为来源的转基因食品超过3000个种类和品牌，美国市场销售的含转基因成分的食品则超过5000种。

我国是最早开展转基因作物研究的国家之一，20世纪80年代初即开始将生物技术用于科技发展计划。目前，我国转基因技术水平仅次于美国和加拿大，研究的转基因生物有49种，其中作物11种，涉及的基因种类超过100种。种植的品种主要有大豆、烟草、棉花、番茄、水稻、玉米、小麦、白菜、甜瓜、木瓜、花生、广藿香等，其中种植面积较大的为抗蚜虫棉花。农业部自1997年开始受理农业转基因生物的安全性评价，当年批准了第一个转基因植物——耐储藏番茄的商品化生产，成为第三个将转基因番茄投放市场的国家。截至2003年6月，农业部共收到转基因植物类申请821项，批准582项。其中，中间试验325项、环境释放154项、生产性试验48项、生产应用安全证书55个。至2005年，我国已批准6种转基因植物进行商品化生产：耐储藏番茄与抗病毒番茄、观赏矮牵牛、保铃棉与抗虫棉、抗病毒甜椒等。2009年，农业部批准了转植酸酶基因玉米和转Bt基因水稻两种转基因粮食作物的生产应用安全证书。基因工程疫苗、植酸酶基因重组酵母等12个动物用或植物用微生物产品也已批准商品化生产。我国在转基因动物方面也开展了大量工作，有的已处于国际领先水平，许多有价值的蛋白质、多肽类激素如胰岛素、干扰素、生长素等都能在基因动物中表达。1984年，我国科学家朱作言等将人的生长激素导入鱼中，培育出世界上第一批转基因鱼。现已培育出生长加速的红鲤、普通鲫鱼、银鲫和白鲫鱼等转基因鱼。

转基因技术之所以能够快速发展，主要是转基因生物可以增加食品的种类，改进食品的营养成分，延长货架期，增加作物抗虫害、耐严寒、抗高温、耐盐碱、抗倒伏的能力，从而为解决人类未来将要面临的食物短缺、能源危机、环境危机等问题提供了有效的办法。

三、转基因技术在食品生产和加工中的应用

转基因技术在食品生产和加工中有广泛的应用，不仅使食品原料品质得以改良，而且可以提高营养价值，简化生产工序。

（一）改造食品微生物

1. 改造发酵食品和活菌制剂的菌株。最早成功应用的基因工程菌是面包酵母。人们把具有优良特性的酶基因转移至该食品微生物中，使该酵母含有的麦芽糖透性酶及麦芽糖酶含量大大提高，提高加工时二氧化碳的气体量。用这种菌制造出的面包膨发性能良好、松软可口。1990年，英国已经批准使用这种酵母。人们将大麦中的α-淀粉酶基因转入啤酒酵母中并实现高效表达，这种酵母可直接利用淀粉进行发酵，无须利用麦芽生产α-淀粉酶的过程，可缩短啤酒生产流程、简化工序，推动啤酒生产的技术革新。将霉菌的淀粉酶基因转入大肠杆菌中，并将此基因进一步转入单细胞酵母中，可以省掉酒精生产中的高压蒸煮工序，直接利用淀粉生产酒精，大大缩短了生产周期，节约60%的能源。乳酸菌发酵产品应用的乳酸菌基本上为野生菌株，本身含有多种抗生素。利用基因工程技术可选育无耐药基因菌株，当然也可去除生产中已应用菌株的耐药质粒，保证食

品用乳酸菌和活菌制剂菌株的安全性。

2. 改造食品添加剂或加工助剂用的生产菌株或酶制剂等。食品添加剂或加工助剂，如氨基酸、维生素、增稠剂、有机酸、乳化剂、表面活性剂、食用色素、食用香精及调味料等，都可以采用基因工程菌发酵生产得到，如氨基酸的生产。日本的味精公司利用细胞融合和基因工程的方法改造菌株，将改造工程菌正式投产，使谷氨酸的产量提高了几十倍。黑曲霉是柠檬酸的生产菌，国外通过基因工程，用酵母和细菌来生产柠檬酸，工程菌的使用使乳酸、苹果酸等有机酸的产量也逐年增加。凝乳酶是一种酶制剂，它是第一个应用基因工程技术把小牛胃中的凝乳酶基因转移至细菌或真核微生物生产的一种酶。1990 年，美国 FDA 已批准在干酪生产中使用这种酶。由于这种酶产生的寄主基因工程菌不会残留在最终产物上，被认定是安全的，无须标识。

（二）改善食品原料的品质

1. 动物性食品原料的改良。为了提高乳牛的产乳量，增加动物的生长速度，利用转基因技术将牛的生长激素注射到母牛体内，可提高母牛产乳量。利用基因重组的猪生长激素，注射到猪体内，便可使猪瘦肉型化，有利于改善肉食品质。将两种生长激素基因和激活该生长激素基因的基因移入大西洋鲜鱼体中，转基因鲜鱼的生长速度可达正常鱼的 10 倍。在肉的嫩化方面，可利用该技术对动物体内的肌肉生长发育基因进行调控。

2. 改造植物性食品原料。植物性食品原料可用转基因技术进行改良。例如，豆油中富含反式脂肪酸或硬脂酸，摄入后会增加冠心病的发生率。美国研究人员利用基因工程技术，挑选出合适的基因和启动子，改造豆油的组分构成。经转基因技术改造后的大豆、芥花菜，其植物油组成中不饱和脂肪酸的比例较高，可提高食用油的品质。转基因技术可改善农作物种子的蛋白质质量，使作物有更高的营养价值。例如，对小麦、玉米等谷物种子植入其缺乏的赖氨酸，对豆类作物种子植入其缺乏的蛋氨酸；将巴西坚果或豌豆蛋白基因转入大豆中，得到含有较高量的含硫必需氨基酸的转基因大豆，提高了大豆的营养价值。转基因技术改造过的马铃薯可以提高抗褐变的能力。将红葡萄酒中的白黎芦醇、花青素、儿茶酸等聚合物基因转入提子中，就可使其得到与葡萄酒相同的保护心血管的功能。

3. 改善园艺产品的采后品质。近年来，采用基因工程方法调控细胞壁代谢、乙烯生物合成、延缓果蔬成熟、控制果实软化、提高抗病和抗陈化能力，均已得到广泛应用。

（三）改进食品生产工艺

关于食品加工工艺，可通过转基因微生物发酵技术来提高产量，减少副产物的产生，也可以通过转基因技术提高产品的稳定性。合成高产氨基酸的菌株、高分解淀粉能力的酶等，可用于相关企业生产增味剂、抗氧化剂、营养补充剂等食品添加剂。

（四）生产功能性食品

将药物蛋白基因转入羊、牛体内，可使其乳汁中含有"药"，这种利用转基因动物生产功能性蛋白质的方法，将是全新的药物生产模式。2003 年 10 月 4 日，我国成功获得了世界上第一头转有人岩藻糖转移酶基因的体细胞克隆牛，其牛乳中含有岩藻糖抗原，可以用来防治各种胃病，具有重要的医学价值和经济社会价值。

将编码有效免疫原的基因导入可食用植物细胞的基因中，免疫原即可在植物的可食用部分稳定地表达和积累，人类和动物通过摄食达到免疫接种的目的。例如，用马铃薯表达乙型肝炎病毒表面抗原已在动物试验中获得成功。德国科学家最近培育出了可产生乙肝疫苗的转基因胡萝卜。这类疫苗尚在初期研制阶段，它具有可口服、易被儿童接受等优点。

转基因技术可改善果蔬的营养成分，使其具有保健功能。例如，具有保护心血管功能的红葡萄酒、含功能蛋白质——乳铁蛋白的基因重组番茄、高维生素 A 和铁的水稻新品种等。

四、转基因食物的安全性

转基因食品的安全性与转基因食品的安全评价分不开。我国对转基因食品安全评价的主要内容包括转基因作物及其产品的关键成分分析和营养学评价、转基因作物及产品的毒理学评价、基因来源及外源基因表达产物的致敏性评价以及肠道微生物健康评价等。简单地讲，转基因食品在批准商业化生产前，必须要进行营养学、毒理学、致敏性等方面的安全性评价。

（一）营养学评价

转基因食品均是通过外源基因表达产生与基因受体外观相似的新品种，应将对传统食物和转基因食物的营养成分和化学性质进行基本等同的分析作为第一项研究任务。营养学评价主要针对蛋白质、淀粉、纤维素、脂肪、氨基酸、脂肪酸、碳水化合物、维生素、矿物元素等与人类健康营养密切相关的物质，以及抗营养因子（植酸、蛋白酶抑制剂、单宁等）。若与传统食物相比，产生了统计学差异，还应该充分考虑这种差异是否在这一类食品的参考范围内。另外，可以通过观察动物对转基因食品的采食量和消化率等进行营养学评价。

（二）毒理学评价

毒理学评价主要包括对外源基因表达产物的评价和全食品的毒理学检测。对外源基因表达产物的评价主要通过生物信息学分析。与已知的毒性蛋白的氨基酸序列进行比对，查看其同源性，随后进行模拟肠胃液消化和热稳定性试验，以及急性毒性啮齿动物试验。根据外源基因产生的表达产物的情况，必要时可以对其急性毒性、遗传性毒性（三致试验：精子畸形试验、骨髓微核试验、Ames 试验）、亚慢性毒性以及慢性毒性、免疫毒性等进行试验。对全食品的毒理学评价主要采用 90 天动物喂养试验，以考察转基因食品对人类健康的长期影响。目前所用到的动物一般有大鼠、小鼠、猪、羊、鸡、猴等，考虑到饲养条件与动物价格，通常选用大鼠进行 90 天亚慢性毒性试验。一般来讲，转基因食品的亚慢性毒性试验如果无特殊异常反应，就认为此种食品在长期的使用过程中不会对人体健康造成不良影响。

（三）致敏性评价

1988 年，国际食品生物技术委员会建立了包括致敏性在内的转基因食品安全性的评估标准和程序。目前，国际上公认的转基因食品中外源基因表达产物的过敏性评价策略是 2001 年由 FAO/WHO 颁布的过敏评价程序和方法。对转基因食品进行过敏性评价的主要原因是，转基因食品中含有由外源基因表达的特定蛋白质，无论外源基因编码蛋白是已知的过敏原，还是与被确定的已知过敏蛋白的氨基酸序列有明显同源性或其所属的蛋白家族中有过敏蛋白，都有可能使转基因食品产生过敏反应。致敏性评价的主要方法包括与已知过敏原氨基酸序列同源性的比较、血清筛选试验、模拟肠胃液消化试验和动物模型试验等。最后，综合判定该外源基因产生的蛋白的潜在致敏性。评价内容与方法根据外源基因的供体有所不同。

（四）其他评价

转基因食品的安全性评价还包括非期望效应、外源基因水平转移及肠道菌群影响等，还处于科学研究阶段，暂未被列入转基因食品的安全评价指标中。这些科研的开展，将深入揭示转基因技术对生物体本身以及人类与动物健康的影响，为转基因技术的发展提供更加全面的科学数据。

第四章　危害食品安全的化学因素

随着我国城乡居民人均可支配收入水平的不断提高，人们在对食品营养膳食结构的调整需求过程中，催生了对蔬菜、水果及肉类消费的巨大需求，同时也对食品外部感官有了更高的要求。因此，为了促使经济作物产业的增长和养殖业生产规模的逐年扩大，直接推动农药、兽药需求的不断增长。为了满足改善食品性质和外观的需求，以及方便食品的运输、储存和保鲜，食品加工企业使用了各种食品添加剂。

事实证明，人们的生活离不开各种化学物质，但化学因素对食品安全的危害性可能是长期的、慢性的。化学因素的危害是范围最广的一类因素。化学物质的大量使用，严重影响了食品安全和食品出口贸易。只有合理使用化学物质，才能最大限度地减少化学物质通过食品途径对人体健康造成的危害。

第一节　农药残留

一、农药和农药残留

（一）农药

农药（Pesticide），广义是指用于预防、消灭或者控制危害农业、林业的病、虫、草和其他有害生物以及有目的地调节、控制、影响植物和有害生物代谢、生长、发育、繁殖过程的化学合成，或者来源于生物、其他天然产物及应用生物技术产生的一种物质或者几种物质的混合物及其制剂。狭义上是指在农业生产中为保障、促进植物和农作物的成长，所施用的杀虫、杀菌、杀灭有害动物（或杂草）的一类药物统称，特指在农业上用于防治病虫以及调节植物生长、除草等药剂。

在农业生产中使用农药，可以有效地提高作物的产量和质量，农药的使用可以使世界农作物所遭受的损失减少1/3。但农药是一些化学药剂，对高等动物有一定的毒害作用。当这些化学物质被体内吸收达到足够量时，会产生毒性。

（二）农药残留

农药残留（Pesticide residues），是农药使用后一个时期内没有被分解而残留于生物体、收获物、土壤、水体、大气中的微量农药原体、有毒代谢物、降解物和杂质的总称。施用于作物上的农药，其中一部分附着于作物上，一部分散落在土壤、大气和水等环境中，环境残存的农药中的一部分又会被植物吸收。残留农药直接通过植物果实或水、大气到达人畜体内，或通过环境、食物链最终传递给人畜。①

农药残留是随着农药大量生产和广泛使用而产生的。我国是农药生产和使用的大国，农药产量从1949年的64吨上升到1983年的33万吨，再上升至2014年的374.4万吨。多年来，中国农药产量一直位居世界第二位。2012~2014年，我国年均农药使用量为31.1万吨，使用增长率年增速接近10%。② 农药在生产和使用中的违规和失控，带来了环境污染和食品农药残留问题，使得我国70.6%的农田土地不同程度地受到污染。农药直接或间接污染了食物，农药超标的食物直接引起人体危害的占比90%；受污染的土地中生产的食品，再次进入人体约占农药残留危害的10%。农残危害是食品安全的主要危害之一。③

（三）农药的分类

农药品种越来越多，至今已有1500多个商品农药在市面上流通，常用的也有三四百种。按照用途可将农药分为杀虫剂、杀菌剂、除草剂、杀鼠剂、植物生长调节剂和杀螨剂、杀线虫剂、杀软体动物剂等几个大类。

1. 杀虫剂。杀虫剂是农药品种中占比最多的一类。按照理化性质的不同，杀虫剂可以分为无机杀虫剂、有机杀虫剂、生物杀虫剂。其中，无机杀虫剂是以天然矿物质为原料的无机化合物；有机杀虫剂可以分为有机磷类杀虫剂、氨基甲酸酯类杀虫剂、拟除虫菊酯类杀虫剂、沙蚕毒素类杀虫剂、有机氯类杀虫剂、有机氟类杀虫剂，以及生物杀虫剂，如植物性杀虫剂、昆虫生长调节剂等。

这些杀虫剂可单独使用，如常用的溴氰菊酯对棉蚜的杀伤力很强。也可以混合使用，交替使用硫丹与菊酯类农药可控制棉铃虫产生抗性，灭多威与菊酯类混

---

① 王润涵. 国际背景下我国农药使用及行业现状分析和发展趋势研究. 浙江大学2013年硕士学位论文.

② 段又生，毕超，邵姗姗. 2014年中国农药行业运行情况，中国农药工业协会/2015-05-07/http://www.agroinfo.com.cn/news_detail_5262.html.

③ 尤玉如. 食品安全与食品质量控制（第二版）. 北京：中国轻工业出版社，2015.

配使用可以延缓害虫的抗性等。其中有机氯类杀虫剂多属于环状二烯烃类化合物，结构稳定，药效持久，曾经广为使用，但滴滴涕（DDT）、滴滴伊（DDE）等DDT［2，2-双（4-氯苯基）-1，1，1-三氯乙烷］类的衍生化合物，六六六、硫丹、三氯杀虫酯等农药，在食品及环境中十分稳定，残留严重。

2. 杀菌剂。杀菌剂又称杀生剂、杀菌灭藻剂、杀微生物剂等，通常是指能有效控制或杀死水系统中微生物（细菌、真菌和藻类等）的化学制剂。在国际上，通常是作为防治各类病原微生物的药剂的总称。杀菌剂可分为无机杀菌剂和有机杀菌剂。无机杀菌剂中有升汞、波尔多液、硫酸铜等。有机杀菌剂种类繁多，可分为有机磷类、有机砷类、有机锡类、有机硫类、取代苯类、杂环类等。

有机砷类杀菌剂，如福美砷、福美甲砷、福美双，上述三种成分混合使用具有广谱杀菌性，通常被用在蔬菜、水果、果树上，安全间隔期在20~30天，这说明超量使用该类药物，或施药后没有达到间隔期上市的蔬菜、水果，都会存在杀菌剂超标的问题。取代苯类杀菌剂，如百菌清（4-氯间苯二氰）在正常条件下很稳定，只有在强碱性条件下会分解产生有刺激性的气体，该药的安全间隔期超过10天，我国规定水稻上的残留不超过0.2mg/kg。五氯硝基苯属于有机杀菌剂，化学性质稳定，耐储存，残留时间长。上述杀菌剂均可以产生一定的残留，影响食品安全。

3. 除草剂。除草剂又称杀草剂，是能杀死杂草或有害植物，而不影响农作物正常生长的化学药剂。除草剂近些年发展比较快，应用面积广，品种多。除草剂按照作用效果可分为选择性除草剂和灭生性除草剂。选择性除草剂常见品种有酰胺类、氨基甲酸酯类、磺酰脲类、三氮嗪类、苯氧羧酸类、二苯醚类、咪唑啉酮类等，灭生性除草剂主要有有机磷类、吡啶杂环类、酚类等。除草剂应根据作物生长的需要来选择。

通常水溶性较好的除草剂容易进入土壤和水环境中，造成除草剂蓄积产生急性、慢性中毒。通常水溶性除草剂危害较大的灭生性除草剂有吡啶鎓离子类的百草枯、敌草快等；酚类除草剂如五氯酚、五氯酚钠；具有生长素作用的苯氧羧酸类除草剂2，4-滴、二甲四氯、2，4-滴丁酯等。此外，除草剂使用不当、错用等问题均会影响食品安全。

4. 杀鼠剂。杀鼠剂主要是用来控制鼠害的药物。饵料（粮谷等食物）与药剂配制成毒饵，经口进入鼠体，由肠胃道吸收而发挥作用者称为胃毒剂。一些易于挥发成气体的药剂，经呼吸道进入动物体内引起中毒死亡的称为熏蒸剂。还有绝育剂、驱鼠剂等。

杀鼠剂按化学成分，可分为急性杀鼠剂和慢性杀鼠剂两大类。常用的磷化毒鼠磷、甘氟等为急性杀鼠剂，而氟乙酰胺、氟乙酸钠、毒鼠强、毒鼠硅等已被国家明令禁止使用。杀鼠灵、敌鼠、杀鼠迷等第一代抗凝血杀鼠剂和溴敌隆、大隆等第二代抗凝血剂均为慢性杀鼠剂。慢性杀鼠剂对人畜相对比较安全，灭鼠效果好。不过，考虑到食品安全性，食品加工企业应禁用任何杀鼠剂。

5. 植物生长调节剂。这类药对植物能起到化学调控作用，使植物的生长发育按人们的意愿发展，如矮化植物、抑制生长、防止倒伏、增加产量；促进植株、插条生根，抑制烟草腑芽、马铃薯块茎芽；蔬菜水果防止采前落果，并可催熟增糖、防腐保鲜等。例如，有的能刺激生长，如赤霞素；有的能抑制生长，如矮壮素；有的能改善植物内在或外在质量，如乙烯利可用于催熟。植物生长调节剂具有见效快、用量少、低毒、高效、不易残留、不易产生抗药性等特点。

6. 杀螨剂、杀线虫剂、杀软体动物剂。这类药剂专用于防治螨类或线虫类、软体动物类。杀螨剂主要有速螨酮、三氯杀螨醇、三唑锡等；杀线虫剂主要有涕灭威、甲基异柳磷等；杀软体动物剂有蜗牛敌等。

二、农药毒性分级标准

农药的种类繁多，其用法、用量、危害程度均不同。1975 年，世界卫生组织推荐的农药危害分级标准通过了立法会议，其主要根据急性经口和经皮 LD_{50}（大鼠，下同），分固体和液体两种存在形态对农药产品的危害进行分级（如表 4-1 所示）。

表 4-1 世界卫生组织的农药危害分级标准

毒性分级	级别符号语	经口服半数致死量（mg/kg）		经皮半数致死量（mg/kg）	
		固体	液体	固体	液体
Ia 级	剧毒	≤5	≤20	≤10	≤40
Ib 级	高毒	>5~50	>20~200	>10~100	>40~400
Ⅱ级	中等毒	>50~500	>200~2000	>100~1000	>400~4000
Ⅲ级	低毒	>500	>2000	>1000	>4000

美国在世界卫生组织的基础上，增加了农药产品对眼睛、皮肤的刺激试验结果，把剧毒和高毒合并到了一类中，并明确提出了微毒级农药（如表 4-2 所示）。

表 4-2　美国农药毒性分级标准

毒性分级	级别符号语	经口服半数致死量（mg/kg）	经皮半数致死量（mg/kg）	吸入半数致死量（mg/L）	眼睛刺激	皮肤刺激
Ⅰ级	高毒、剧毒	≤50	≤200	≤0.2	不可恢复的角膜混浊	腐蚀性
Ⅱ级	中等毒	50~500	20~200	0.2~2	在7天内可恢复的角膜混浊，持续7天的刺激	72小时重度刺激
Ⅲ级	低毒	500~5000	200~2000	>2.0~20	没有角膜混浊，7天内可恢复的刺激	72小时中度刺激
Ⅳ级	微毒	≥500	≥20000	≥20	无刺激	72小时轻度或中度刺激

欧盟对农药等级的区分，考虑了农药产品的形态。其分为三个等级（如表4-3所示）。

表 4-3　欧盟农药毒性分级标准

级别符号语	经口服半数致死量（mg/kg）		经皮半数致死量（mg/kg）		急性吸入半数致死量（mg/L）
	固体	液体	固体	液体	气体及液化气体
剧毒	≤5	≤25	≤10	≤50	≤0.5
有毒	>5~50	>25~200	>10~100	>50~400	>0.5~2
有害	>50~500	>200~2000	>100~1000	>400~4000	>2~20

注：液体包括固体的饵剂或片状农药，气体及液化气体包括微粒直径不超过50μm的粉剂农药

我国农药等级的划分也是按照WHO的标准，并结合我国的管理、使用等情况共分为五级（如表4-4所示）。

表 4-4 我国农药毒性分级标准

毒性分级	级别符号语	经口服半数致死量（mg/kg）	经皮半数致死量（mg/kg）	吸入半数致死量（mg/m^2）
Ⅰa 级	剧毒	≤5	≤20	≤20
Ⅰb 级	高毒	>5～50	>20～200	>20～200
Ⅱ级	中等毒	>50～500	>200～2000	>200～2000
Ⅲ级	低毒	>500～5000	>2000～5000	>2000～5000
Ⅳ级	微毒	>5000	>5000	>5000

农药中的高毒农药，主要有甲拌磷（3911）、苏化 203、对硫磷 1605、甲基 1605、内吸磷 1059、杀螟威、久效磷、磷胺、甲胺磷、异丙磷、三硫磷、氧化乐果、磷化锌、磷化铝、氰化物、呋喃丹、氟乙酰胺、砒霜、杀虫脒、西力生、赛力散、溃疡净、氯化苦、五氯酚、二溴氯丙烷、大蒜素 401 等。有研究表明，有机氯农药会在人体脂肪中蓄积，诱导肝脏的酶类，是肝硬化并肿大的原因之一。有机磷农药使用广泛，长期食用受污染蔬菜，是导致癌症、动脉硬化、心血管病、胎儿畸形、死胎、早夭、早衰等疾病的重要原因。高毒农药流失到环境中，将造成严重的环境污染，有时甚至造成极其危险的后果。因此，我国农药行业的发展瞄准对低毒高效的农药品种的研制和使用。

三、食品中农药残留的来源

我国农药消费量占世界的 20%，而耕地只占世界的 7%。我国 70.6%的农田土地不同程度受到农药残留污染。① 食品中农药残留的来源有以下几个途径。

（一）施药后直接污染

直接施药对蔬菜和水果的污染最为严重。直接将药喷洒于农作物表面或根茎等部位会造成农作物表皮、根茎等部位的农药残留超标。另外，农药被植物吸收后，经生理转运或生理代谢也会残留在农作物中。

直接施药造成的农药残留主要取决于农药的性质，农药的剂型和施用方法，农药的施药浓度、时间及次数，气象条件等因素。有机氯农药通常结构稳定，不易分解，如果施药间隔时间短，会造成农作物的农药残留。农药的剂型分为乳油

① 尤玉如．食品安全与食品质量控制（第二版）．北京：中国轻工业出版社，2015.

剂、水剂、颗粒剂等多种形式，其中乳油剂农药难溶于水，农作物表面残留量高于农作物内部。农药的施药浓度大、次数频繁、间隔时间短等会造成农药残留。关于气象因素的影响，大多数农药会随着光照高温发生降解；而喷洒农药时若遇到少晴、多雨、多风等气候，农药会发生转移，污染周边环境及作物，造成其他作物的农药残留问题。

兽医临床上，在畜禽饲养场所及畜禽身上使用广谱驱虫药物（有机磷、拟除虫菊酯、氨基甲酸酯类等制剂）杀灭动物体表寄生虫时，如果药物用量过大被动物吸收或舔食，在一定时间内可造成畜禽产品中农药残留，造成动物性食品的污染。

（二）从环境中吸收

农作物会从药物残留污染的环境中再次吸收农药。由于施肥和农药生产企业工业三废的污染，大量农药会直接进入空气、水和土壤，成为环境污染物。有资料表明，农田、草场和森林施药后，有40%~60%的农药降落至土壤，5%~30%的药剂扩散至大气中。[①] 农作物长期从污染的环境中吸收农药，尤其是从土壤和灌溉水中吸收农药，逐渐积累，通过多种途径进入生物体内，致使农产品、畜产品和水产品出现农残留问题。

农作物通过根茎部在土壤中吸收养分的同时，也吸收了被土壤粒子吸附的残留农药，引起植物性食品中的农药残留。在通常情况下，化学性质稳定、难挥发和脂溶性的农药在土壤中残留时间长，污染程度相对也最大。我国自1983年开展了针对有机氯类农药的禁产禁用工作。但是该类药物中的六六六、DDT、DDE等化学物质，由于稳定性强、难以降解，在土壤中的污染影响至今没有消除。

用含农药的工业废水灌溉农田或水田，也可导致农产品中的农药残留，甚至造成地下水和水体污染，直接影响畜禽及鱼、虾、贝和藻类等水生生物，因为其水体觅食造成农药吸收，引起组织内农药残留。2006年8月初，世界各大媒体均报道的印度可乐杀虫剂含量超标事件，就是农药残留的典型事例之一。在对出产的11种软饮料进行的57份抽检中，结果均发现3~5种农药成分，其中百事可乐平均超标30倍，可口可乐平均超标27倍；71%的样本中七氯农药残留量超过标准值3倍，六六六、六氯环己烷超出标准值54倍。据初步分析应与其过度使用农药，造成地下水农残超标有很大关系。

大气中的农药残留受空气流动、降雨等自然现象影响，造成很远距离的土壤

---

① 尤玉如. 食品安全与食品质量控制（第二版）. 北京：中国轻工业出版社，2015.

和水源的污染。人们发现，即使在远离农业中心的南北极地区，也能检测出微量的 DDT，进而影响栖息在陆地和水体中的生物。

（三）通过食物链污染

动物吞食有微量残留农药的作物或生物，会出现农药在生物体间转移的现象。生物体从生活环境中不断吸收低剂量的农药，并逐渐在体内积累起来的过程被称为生物富集。农药污染了环境，经食物链传递时可发生生物富集、生物积累和生物放大，致使农药的轻微污染造成食品中农药的高浓度残留，农药残留浓度会提高数百倍甚至数万倍。

（四）其他途径

其他途径包括加工和储运过程中的污染、意外污染和非农用杀虫剂的污染等。在食品储藏中，为防霉、防鼠使用熏蒸剂或施用农药等采取的措施，会造成农产品直接污染。在食品加工、运输过程中，食品和农药的混放、混装均可造成农药污染。虽然事故性污染不常发生，但其危害性远超过普通喷洒农药残留的危害。1972 年，伊拉克暴发了甲基氯中毒，造成 6530 人住院，459 人死亡。其发生原因是，误将曾用有机氯农药处理过的小麦种子磨成面粉制成的面包当作粮食。

此外，非农用杀虫剂污染各种驱虫剂、灭蚊剂和杀蟑剂，逐渐进入食品厂、医院、家庭、公共场所，使人类食品受农药污染的机会增多，范围不断扩大。

四、食品中农药残留对人体的危害

农药可通过皮肤、呼吸道和消化道三种途径进入人体。食品中的农药残留有 90%以消化道吸收而发生毒害，危害性更大。全世界每年约有 200 万人因农药污染致病，4 万~22 万人因此死亡。大量流行病学调查和动物实验研究结果表明，农药对人体的危害可包括以下几个方面。

（一）急性中毒（Acute Toxicity）

急性农药中毒多见于事故，大多是误食被农药严重污染的食物引起的。急性中毒因食用了喷洒高毒农药不久的蔬菜和瓜果，或者食用因农药中毒而死亡的畜禽肉和水产品或者皮肤接触及由呼吸道进入体内等引起，在短期内出现不同程度的中毒症状，如头昏、恶心、呕吐、抽搐痉挛、呼吸困难、大小便失禁等神经系统功能紊乱和胃肠道中毒症状，若不及时抢救有生命危险。

目前，我国高毒农药品种多、产量高、用量大，因农产品农药残留量超标引发的食物中毒时有发生，仅在 1999 年 9 月，因农药残留引起的中毒事件就达 31 起，死亡 59 人。2010 年，某地发生了毒韭菜造成 9 人中毒的事件，之后在批发市场查获了 1930 公斤有机磷农药残留超标的韭菜。中毒者因食用韭菜后出现恶心、呕吐、胸闷等症状而住院治疗。有机磷和氨基甲酸酯类农药中存在部分高毒和剧毒品种，如甲胺磷、对硫磷、涕灭威、克百威、水胺硫磷等，如果被施用于生长期较短、连续采收的蔬菜，则很难避免因残留量超标而导致人畜急性中毒。

（二）亚慢性中毒（Subchronic Toxicity）

亚慢性中毒者多有长期连续接触一定剂量农药的过程。中毒症状的表现往往需要一定的时间，但最终表现往往与急性中毒类似。现已被禁用的有机砷、汞等农药，由于其代谢产物砷、汞最终无法降解而残存于环境和植物体中，蓄积到一定量就会产生中毒现象。

还有一些低毒农药残留不会引起人体急性中毒，但长期食用农药残留超标的食品，对人体健康仍有一定影响。2020 年，山东省菏泽市市场监督管理局发布：单县某副食门市部的韭菜，腐霉利检验值为 1.30mg/kg，而标准值为≤0.2mg/kg，农残超标达 6 倍。腐霉利是一种低毒内吸性杀菌剂，对眼睛与皮肤有刺激作用。

（三）慢性中毒（Chronic Toxicity）

慢性农药中毒则是经常食入一些被轻微农药污染的食品，长期食用引起农药有害成分的蓄积，而导致机体免疫力下降，诱发癌症。这些易引起慢性中毒的农药性质稳定，不易分解消失，长时间污染环境和食物，并且在农作物及环境中消解极其缓慢。例如，六六六、滴滴涕等有机氯农药及它们的代谢产物就属于此类容易诱发慢性中毒的农药。若长期食用农药残留量较高的食品，农药就会在人体内逐渐积累，最终导致机体生理功能发生变化，引起神经系统、内分泌系统、生殖系统、肝脏和肾脏的损害，使机体免疫功能降低，出现皮肤病、不育、贫血等疾病症状。慢性中毒过程较为隐蔽，短时间内中毒症状不是很明显，容易被人们所忽视，但其潜在的危害性很大。

（四）特殊毒性（Special toxicity）

关于特殊毒性，目前动物实验已证明，有些农药具有致癌、致畸和致突变作用，或者具有潜在的“三致”作用。农药产生的毒素日积月累在身体内囤积，会造成肝、肾和胰腺等器官的慢性损伤，直至身体无法承受。例如，长期接触含量超标的杀虫剂成分，有可能导致癌症、肾脏和肝脏损坏、免疫力下降及神经系统紊乱等健康问题，孕妇食用会导致出生婴儿有先天性缺陷。动物实验累积的大量证据证明，化学农药还会产生免疫系统机能障碍。尤其值得忧虑的是，用于大量代替有机氯的有机磷农药，可能会导致某些不可逆转的神经性疾病，还会在记忆、情绪与抽象思维方面产生不良影响。同时已证实的是，即使在急性中毒症状消失以后，持续的毒性仍然存在。有机磷农药中毒性较大的甲拌磷，水胺硫磷为高毒，这些农药能引起小鼠精子形态、活力计数的改变，大鼠在实验中出现的淋巴细胞增殖、染色体变换等致突变性，我国在 20 年前就已明令禁止生产有机氯农药，1998 年开始禁止使用甲拌磷农药，但仍有无良厂商不顾老百姓的健康继续生产、使用并因此获刑。

五、食品中农药残留的监管

农药在保证产量、增产丰收、消灭虫害等方面具有重要作用，为了尽可能减少食品中农药残留的问题，应系统性地加强监管，可以从农药购买使用管理、日常食品中农药残留检验监督管理，法律法规和检验方法完善等方面系统性地进行全链条监督。

我国农药使用量大，长时间一直存在农药残留问题，应加强农药使用管理。要符合农药杀虫的适用范围，不可超量超范围使用。选用其他物理杀虫方法，减少农药的使用量。禁用高毒农药，安排合理的安全间隔期，采用综合防治、减少农药用量的方法。

2021 年 11 月 23 日发布的《农药管理条例》、GB 2763-2021《食品安全国家标准　食品中农药最大残留限量》规定了国家明令禁止使用的农药品种，以及在蔬菜、果树、茶叶、中药材上禁止使用和限制使用的农药品种，要求对新农药品种的批准应遵循严格的安全性评价制度。规定了食品中 2，4-滴丁酸等 564 种农药 10092 项最大残留限量。在对农药残留量进行日常监督和检验的基础上，制定了农药每日允许摄入量（ADI），指导人们饮食健康。

《食品安全法》第 11 条第 2 款规定："国家对农药的使用实行严格的管理制度，加快淘汰剧毒、高毒、高残留农药，推动替代产品的研发和应用，鼓励使用高效低毒低残留农药。"第 49 条第 1 款规定："食用农产品生产者应当按照食品安全标准和国家有关规定使用农药、肥料、兽药、饲料和饲料添加剂等农业投入品，严格执行农业投入品使用安全间隔期或者休药期的规定，不得使用国家明令禁止的农业投入品。禁止将剧毒、高毒农药用于蔬菜、瓜果、茶叶和中草药材等国家规定的农作物。"第 123 条第 3 款规定，违法使用剧毒、高毒农药的，除依照有关法律、法规规定给予处罚外，可由公安机关依照第 1 款的规定给予拘留。

我国正在着力建设法律法规、检验方法，形成行之有效的监管体系，完成“从种到食”和“从农田到餐桌”的安全。当然，在过去经济高速发展的20年，农药超量使用带来的严重后果不是短时间内能够消除的，这就更需要从检测方法、日常检验监督中将农残危害降到最低，保证食品安全。

第二节　兽药残留

1972~1978年《国际兽医学年鉴》记载，世界上主要的畜禽传染病有52种，严重危害人畜健康的人畜共患寄生虫病尚有40多种。目前，部分传染病得到了一定控制，但许多寄生虫病仍在威胁着畜禽的生长繁育，损伤动物皮毛，严重影响蛋、肉、奶、皮、毛等的质量和产量，造成巨大经济损失。因此，在禽畜养殖中使用兽药是各国预防和治疗危害动物传染病的基本手段。但兽药的过量使用会造成兽药残留的危害，有必要研究与开发广谱、高效、低毒的体内外抗寄生虫病的兽药品种。

一、兽药及兽药残留

（一）兽药

兽药（Veterinary Drug），是指用于预防、治疗、诊断畜禽等动物疾病，有目的地调节其生理机能，并规定作用、用途、用法、用量的物质（含饲料药物添加剂）。

兽药不同于一般药物，具有以下特点：

1. 兽药主要用于预防、治疗、诊断动物疾病，或用于改善动物环境；

2. 兽药包装规格较大，这是为了使用的安全有效和保存运输的方便，会制成有包装规格的药品或兽药制剂，可以通过饲料或饮用水给药；

3. 兽药使用对象有严格限制，其具有选择性，使用对象的反应差别较大，如反刍动物对麻醉药十分敏感，牛对汞制剂耐受性很低，呋喃类药物容易引起禽类中毒等；

4. 动物种类多、差异大、生理性能迥异，因此兽药的品种繁多、剂型多样、给药途径也有较大差别；

5. 兽药要求其较快排出动物体内；

6. 兽药和人药不能混用，兽药的生产工艺、质量标准、剂量都与人药不同，兽药当人药使用会造成不良后果。

（二）兽药残留

兽药残留（Veterinary Drug Residue）又称药物残留，是指给畜禽等动物使用药物后蓄积或储存在动物细胞、组织和器官内，以及可食性产品（如蛋、奶）中的药物或化学物的原形、代谢产物和药物杂质。广义上的兽药残留除了由于防治疾病用药引起外，也可由于使用药物饲料添加剂、动物接触或环境中的污染物如重金属、霉菌毒素和农药等引起。兽药残留包括原药，也包括在动物体内的代谢产物和在兽药生产中所伴生的杂质。

根据兽药监督管理、兽药使用的安全性规定，农业部出台了 GB 31650-2019《食品安全国家标准　食品中兽药最大残留限量》国家标准。农业部发布了中华人民共和国农业部令第 8 号（2017 年），修改和废止了部分规章、规范性文件，制定了兽药停药期规定（2003 年 5 月 22 日农业部公告第 278 号）。2015 年和 2016 年农业部分别发布的禁限用兽药清单、兽药休药期规定和兽用处方药品种目录公告中禁止洛美沙星、培氟沙星、氧氟沙星、诺氟沙星四种人兽共用的抗菌药用于动物抗病，禁止硫酸粘菌素预混剂用于动物促生长。2019 年，农业部对一些动物性食品中危害较大的兽药残留量的标准检测方法进一步进行了发布。可以说，兽药残留问题的治理工作刻不容缓。

（三）兽药分类

兽药按照成分可分为血清、菌苗、诊断液等生物制品，兽用的中药材，化学药品，抗生素，生化药品，放射性药品，外用杀虫剂、消毒剂等。

按照兽药的用途分类，兽药可分为抗生素药、抗病毒药、抗寄生虫药、消毒防腐类药和其他类药物。

1. 抗生素药。抗生素药是目前动物疾病治疗中广泛应用的一类药，主要包括：内酰胺类、氨基糖苷类、四环素类、大环内脂类、酰胺醇类、林可胺类、多肽类、多糖类等。兽药中的常用品种有安乃近、阿莫西林、氟苯尼考、头孢噻呋、土霉素、金霉素、杆菌肽、盐霉素、莫能霉素、粘菌素等 20 多种。60%的抗生素用于化学治疗，其中 40%不仅有预防传染病的作用，还有促进畜禽生长、提高饲料利用率的作用。

2. 抗病毒药。主要是一些中成药与生物制剂，如黄芪多糖、大青叶、板蓝根、植物血凝素、聚肌胞、干扰素、白细胞介素等。

3. 抗寄生虫药。抗球虫药：常用的有球痢灵、氯羟吡啶、盐霉素、拉沙洛菌素等；抗滴虫药：常用的有甲硝唑、地美硝唑等；抗锥虫药：常用的有萘磺苯酰脲、氯化氮氨啡啶、喹嘧氯胺等；抗梨形虫药：常用的有三氮脒、硫酸喹啉脲等；驱线虫药：常用的有芬苯达唑、左旋咪唑、伊维菌素氟苯达唑、奥芬达唑、哌嗪等；抗绦虫药：常用的有喹诺酮、氯硝柳胺、硫双二氯酚等；抗吸虫药：常用的有硝氯酚、溴酚磷等。

4. 消毒防腐类药。酚类：常用的有苯酚、复合酚、煤酚皂溶液、克辽林复方煤焦油酸溶液等；酸类：常用的有胡酸、乳酸、醋酸、水杨酸、苯甲酸、十一烯酸、过醋酸等；碱类：常用的有苛性钠、苛性钾、生石灰等；醇类：常用的有酒精等；醛类：常用的有福尔马林、多聚甲醛、戊二醛等；氧化剂：常用的有双氧水、高锰酸钾等；卤素类：常用的有碘、碘伏、速效碘、次氯酸钠、抗毒威等；染料类：常用的有龙胆紫、利凡诺、亚甲蓝等；表面活性剂：常用的有新洁尔灭、洗必泰、消毒净、度米芬、创必龙、百毒杀等。

5. 其他类药物。主要有生物制品、强心药、止血药、抗凝血药、抗贫血药、体液补充剂、健胃药、助消化药、催吐药与止吐药、泻药与止泻药、祛痰药、镇咳药、平喘药、利尿药、脱水药、子宫收缩药、性激素与促性激素、中枢神经兴奋药、麻醉药、镇静催眠药、安定药、抗惊厥药、解热镇痛抗风湿药、拟胆碱药、抗胆碱药、拟肾上腺素药、抗肾上腺素药、维生素等。生化免疫制品主要用于预防动物炭疽病、布氏杆菌病、鼻疽病、沙门氏杆菌病，以及多种病毒传染病。

二、食品中常见的兽药残留

目前，动物源性食品中的兽药残留较为常见的有抗生素类、镇静药类、激素类、兴奋剂类、抗寄生虫类。

（一）抗生素类

抗生素（Antibiotics）是指由微生物（包括细菌、真菌、放线菌属）或高等动植物在生活过程中所产生的具有抗病原体或其他活性的一类次级代谢产物，能干扰其他生活细胞发育功能的化学物质。临床常用的抗生素有微生物培养液中的提取物以及用化学方法合成或半合成的化合物。抗生素有抑菌和杀菌作用，在低浓度下对细菌、真菌、立克次氏体、病毒、支原体、衣原体等特异性微生物有抑制生长和杀灭作用。按照其化学结构可分为喹诺酮类抗生素、β-内酰胺类抗生素、大环内酯类、氨基糖苷类抗生素等几大类。

为了动物的抗病、治病、防病，抗生素的使用在动物养殖中应用非常广泛。治疗用抗生素主要品种有青霉素类、四环素类、杆菌肽、庆大霉素、链霉素、红霉素、新霉素和林可霉素等。为了预防疾病发生，抗生素被作为动物饲料添加剂低水平连续饲喂。常用饲料药物添加剂有盐霉素、马杜霉素、黄霉素、土霉素、金霉素、伊维霉素、庆大霉素和泰乐菌素等。尽管使用抗生素作为饲料添加剂有许多副作用，但是由于抗生素饲料添加剂除防病治病外，还具有促进动物生长、提高饲料转化率、提高动物产品的品质、减轻动物的粪臭、改善饲养环境等功效，事实上抗生素作为饲料添加剂已很普遍。

据统计，抗生素用量呈上升趋势，食源性动物中的兽药残留问题不可避免会存在。美国曾检出12%的肉牛、58%的犊牛、23%的猪、20%的禽肉有抗生素残留，日本曾有60%的牛和93%的猪被检出有抗生素残留，我国蜂蜜制品中检测出的抗生素比例也很高。

(二) 磺胺类药物

磺胺类药物（Sulfanilamides）是一类具有广谱抗菌活性的化学合成药物，广泛应用于兽医临床。20世纪30年代后期，磺胺类药物开始用于治疗人的细菌性疾病，40年代开始用于家畜，50年代广泛应用于畜牧业生产，用以控制某些动物疾病的发生并促进动物生长。磺胺类药物对立克次氏体无作用，细菌与药物反复接触后，对药物的敏感性下降甚至消失，易产生抗药性，尤其在用量或疗程不足时更易出现。人们在加大磺胺类药物的用药量时，也造成了该类药物的残留。

在近15~20年内，动物食品中的磺胺类药物残留超标现象很严重。例如，给猪内服1%推荐剂量的氨苯磺胺，在休药期后也可造成肝脏药物残留超标，除了磺胺类药物使用量超标的原因，还由于磺胺类药物大部分以原体自机体排出后，在自然环境中不易被生物降解，从而导致再污染。猪接触排泄在垫草中的低浓度磺胺类药物后，非内服也可测出此类药物残留超标。

磺胺类药物有用于全身感染的肠道易吸收的磺胺药，如磺胺嘧啶、磺胺甲基嘧啶、磺胺二甲嘧啶、磺胺噻唑、磺胺甲恶唑（新诺明）、磺胺间甲氧嘧啶、磺胺喹恶啉、磺胺氯吡嗪等；用于肠道感染、内服难吸收的磺胺药物和用于局部的磺胺药，如磺胺脒、酞磺胺噻唑、琥珀酰磺胺噻唑、磺胺醋酰、醋酸磺胺隆、磺胺嘧啶银等。磺胺类药物在体内代谢持续时间较长，按治疗量给药后，药物在体内残留时间一般为5~10天。肝、肾中的残留量通常大于肌肉和脂肪，进入乳中的浓度为血液浓度的1/10~1/2。

(三) 促生长剂（激素）类药物

激素（Hormone）是由高度分化的内分泌细胞合成并直接分泌入血液的化学信息物质，可影响机体机能活动并协调机体各个部分的作用，起促进生长、发育、繁殖等重要的调节作用。按化学结构可分为类固醇（主要有肾上腺皮质激素、雄性激素、雌性激素等）和多肽或多肽衍生物（主要有垂体激素、甲状腺素、甲状旁腺素、胰岛素、肾上腺素等）两类。按来源可分为天然激素和人工激素，天然激素为动物体自身分泌的激素；合成激素则是用化学方法或其他生物学方法人工合成的一类激素，包括雄性激素、醋酸曲勃龙、十六亚甲基甲地孕酮以及乙烯雌酚、乙雌酚、醋酸甲地孕酮、醋酸甲羟孕酮等。一般人工合成的激素较天然激素效力更高。

20 世纪人们发现激素，也发现激素可以促进畜禽生长。生长激素是由动物脑垂体分泌的单链多肽分子，对蛋白质合成、糖代谢、水代谢和提高细胞对氨基酸的通透性均有促进作用，促生长效果明显。因此，激素类生长促进剂在畜牧业上得到应用。在畜禽饲养上应用激素制剂有许多显著的生理效应，如加速催肥，还可提高胴体的瘦肉与脂肪比例。使用激素处理肉牛可提高氮的存留量，从而提高增重率和饲料转化率。20 世纪 60 至 70 年代，美国 80%～90%的奶用了激素。但激素残留不利于人体健康，儿童食用含有生长激素的食品可以导致性早熟。另外，激素通过食物链进入人体会产生一系列其他的健康效应，如导致与内分泌相关的生长发育障碍、出生缺陷和生育缺陷等，给人类健康带来深远的影响，因此有许多种类的激素现已禁用。我国农业部规定，禁止所有激素类及有激素类作用的物质作为动物促进生长剂使用，但在实际生产中，违禁使用者还很多，给动物性食品安全带来很大威胁。

β-兴奋剂（β-Agonist）是一类化学结构与肾上腺素相似的类激素添加剂物质，该类药物的主要种类有双氯醇氨、克伦特罗、克喘素、氨哮素、息宁、来克多巴胺、沙丁胺醇、阿布叔醇、舒喘宁等 10 余种。20 世纪 80 年代，美国率先将其应用在畜禽饲养中。人们发现 β-兴奋剂可以促进动物营养的再分配，应用效果表现为动物生长加快、肌肉瘦肉率很高，故该类药物被广泛地使用。2011 年 3 月 15 日，我国河南“瘦肉精”事件曝光。瘦肉精的主要成分为 β-兴奋剂盐酸克伦特罗，之后我国加强了对肉及肉制品中该药物的检测。该类物质被禁止添加在食品中，一旦添加则按照生产有毒、有害食品罪论处。

（四）镇静类药物

镇静类药物在临床中使用广泛，可以减少某些器官和组织的活性，作用部位主要是中枢神经。镇静剂可以使人困倦，引起全身麻醉，还可以使人缓解焦虑、缓解抑郁，对于精神紧张具有非常好的抑制作用。α_2 受体激动剂，包括常用的替扎尼定、赛拉嗪、溴莫尼定、安普乐定、可乐定（右美托嘧啶）等，称为肾上腺素能受体激动剂，具有对中枢神经的镇静、抗焦虑、镇痛等作用。1975 年，人们发现了 α_2 受体激动剂中的可乐定具有降压、麻醉、镇静的作用，能治疗矮小症，于是在饲料中添加可乐定，结果能显著提高猪的瘦肉率和眼肌面积，降低背部肥膘。2009~2010年，北京相继出现可乐定中毒事件。我国于2010年发出了预警提示，禁止在饲料中添加该类物质。2019年出台了关于α_2受体激动剂的检测方法，如GB 31660.6-2019《食品安全国家标准　动物性食品中5种α_2-受体激动剂残留量的测定　液相色谱-串联质谱法》、GB 31660.7-2019《食品安全国家标准　猪组织和尿液中赛庚啶及可乐定残留量的测定　液相色谱-串联质谱法》，将有效控制该类药物残留对人体的危害。

（五）抗寄生虫类药

寄生虫病可分为原虫病和蠕虫病。原虫病包括疟疾、阿米巴病、利什曼病等，蠕虫病包括吸虫病、丝虫病和线虫病等。因此，抗寄生虫病药可分为抗原虫药和抗蠕虫药。抗寄生虫病除了使用抗生素，许多人工合成的有类似抗生素作用的药物均可用来抵抗寄生虫类的危害，如呋喃类、咪唑类、吡喹酮类、噻嘧啶类等。化学合成药物的抗菌驱虫作用强但促生长效果差，且毒性较强，长期使用不但有不良作用，而且有些还存在残留与耐药性问题，甚至有致癌、致畸、致突变的作用。化学合成药物添加在饲料中主要用于防治疾病和驱虫，也有不少毒性低、副作用小、促生长效果较好的抗菌剂可作为动物生长促进剂在饲料中加以应用。

三、食品中兽药残留的来源

人们在有限空间内追求畜禽产量，势必要采用集约化饲养的生产方式。集约化饲养密度高，疾病极易蔓延，致使兽药用药频率增加。同时，为改善营养、促进生长和防病的需要，在天然饲料中添加一些化学控制物质来改善饲喂效果，成为养殖业的惯用方式。2016年，我国兽药产值突破900亿元，并在2017年以后基本上按照每年10%~16%的平均速度增长。兽药使用量增减造成兽药残留在动物组织中，影响食品安全。食品中兽药残留的来源主要有以下几个途径。

（一）畜禽滥用药物

1. 不按规定执行应有的休药期。畜禽屠宰前或畜禽产品出售前需要停药，停止的药物包括兽药和药物添加剂，通常规定的休药期为4~7天。但是，相当一部分养殖场（户）使用含药物添加剂的饲料，很少按规定落实休药期，随意延长用药时间，容易造成兽药残留量超标。

2. 不按照兽医师处方、药物标签和说明书用药。每种兽药的适应症、给药途径、用量、疗程等均有明确的规定，应在兽医师的指导下使用。但有的使用者并未按照规定用药，用药方法错误或未做用药记录，在用药剂量、给药途径、用药部位和用药动物的种类等方面不符合用药规定，极容易造成重复用药、错误用药的现象，从而导致兽药残留在动物体内。

3. 非法使用违禁药物及未批准药物。违禁药物是证明有安全性危害的药物，是不能添加在食品中的，但一些养殖户出于增加瘦肉产出率的目的，使用了违禁或淘汰药物，用违禁药物如克伦特罗（瘦肉精）等作为促生长添加剂或人工合成的类生长激素类药物，造成动物性食品中的兽药和有害物质残留。还有一些兽药尚未审批，一般没有准确的用法、用量和休药期规定，用药后极易产生残留超标。

4. 屠宰前用药。活禽屠宰前突击使用兽药，一方面用来注水增加重量，另一方面屠宰前使用兽药可以掩饰有病畜禽临床症状，逃避宰前检验，很可能造成肉用动物的兽药残留。另外，在水产品的运输和贩卖过程中，为了延长水产动物的存活时间，常常使用某些中枢神经抑制药物，如氯丙嗪、阿托品等，上述违禁兴奋类兽药是严格禁止使用的，会造成兽药残留。

（二）饲料中添加使用违禁或淘汰药物

饲料中随意添加某些药物，未按规定使用药物饲料添加剂以及在饲料加工过程中造成兽药污染；有的人在饲料中添加药物，但又没有在标签（说明书）中注明品种和浓度，造成饲养者重复用药，使兽药残留超标。

若将有些不允许使用的药物当作添加剂使用，往往会造成残留量大、残留期长、对人体危害严重等后果。因此，凡未被列入《饲料药物添加剂使用规范》附录一和附录二中的药物品种均不能当饲料添加剂使用。但事实上违规现象很多，β-兴奋剂（如瘦肉精）、类固醇激素（如己烯雌酚）、镇静剂（如氯丙嗪、利血平）等是常见的被滥用违禁药品。

（三）擅自增加用量

随意加大药物用量或把治疗药物当成添加剂使用造成兽药残留超标的现象普遍存在。由于抗生素耐药菌的存在，为了达到抗病效果超量添加药物，有时甚至把治疗量当作添加剂量长期使用。土霉素用于治疗疾病时，可在饲料中添加0.1%，使用期一般为3~5天，而用作饲料添加剂时则为10g/t~15g/t。部分养殖户任意加大兽药剂量，或者任意使用复合制剂，导致兽药残留的问题十分突出。

（四）其他因素

兽药的使用场合包括厩舍、粪池、药物容器、饲料堆放、药物消毒等，这些地方都会使残留兽药随着环境中的土壤、水，再次循环进入农田、草场和森林。

施药后，有 40%~60%的农药降落至土壤，5%~30%的药剂扩散至大气中。兽药残留逐渐积累，通过生态链、食物链，产生的污染可由多种途径再次进入生物体内，致使农产品、畜产品和水产品出现兽药残留问题。

四、食品中兽药残留对人体的危害

兽药被吸收进入动物及人体后，会随着血液循环分布到几乎全身各个器官，其中肝脏中药物残留较多，肌肉和脂肪中则分布较少，最终通过粪便排出体外，也可通过分泌乳汁和产蛋过程而残留在乳和蛋中。兽药和违禁药品的残留造成的影响主要表现在以下几个方面。

（一）一般毒性作用

许多兽药或添加剂都有一定的毒性作用，人若长期摄入含有药物残留的动物性食品，将造成药物在体内蓄积，可能产生急性或慢性毒性作用。例如，氨基酸糖苷类抗生素有较强的肾毒性和耳毒性等；磺胺类药物可引起肾损害，特别是乙酰化磺胺在酸性尿中溶解度降低，析出结晶损害肾脏。大多数药物残留会产生慢性中毒作用，但由于某些药物毒性大或药理作用强，再加上对添加兽药没有严格的控制，部分人因食入药物残留超标的动物组织而发生急性中毒。例如，1997年我国香港地区数人因吃了含有盐酸克伦特罗（瘦肉精）的猪肺而发生急性中毒。

（二）特殊毒性作用

特殊毒性作用一般指致畸作用、致突变作用、致癌作用和生殖毒性作用等。在兽药中，喹乙醇、卡巴氧、砷制剂等有致癌作用。残留于食品中的雌激素有致癌作用。苯并咪唑类药物是兽医临床上常用的广谱抗寄生虫病药物，可持久残留于肝内并对动物具有潜在的致畸性和致突变性。氯羟吡啶等有致畸和致突变作用。1973~1982 年，人们先后发现，丁苯咪唑、丙硫咪唑和苯硫苯氨酯等药物可导致绵羊胎儿及幼崽出现骨骼畸形。同时，洛硝哒唑通过沙门氏菌回复突变试验（Ames）证明有很高的致突变性。这类物质残留无疑会对人产生潜在的危害，特殊毒性作用对人体健康危害更大。

（三）过敏反应和变态反应

长期食用一些低剂量抗生素药物残留的食品，能使易感的个体出现过敏反应。这是由于抗生素具有抗原性，刺激机体内抗体的形成，造成过敏反应，严重者可引起休克，短时间内出现血压下降、皮疹、喉头水肿、呼吸困难等严重症状。容易引起过敏反应的药物包括青霉素、四环素、磺胺类药物及某些氨基糖苷类抗生素等。青霉素类药物引起的变态反应，轻者表现为接触性皮炎和皮肤反应，严重者表现为致死的过敏性休克。四环素药物可引起过敏和荨麻疹。磺胺类药物的过敏反应表现为皮炎、白细胞减少、溶血性贫血和消化道粘膜损伤。呋喃类引起人体的不良反应主要是胃肠反应和过敏反应，表现为以周围神经炎、药热、嗜酸性粒细胞增多为特征的过敏反应。

（四）造成人类病原菌耐药性增加

抗菌药在动物性食品中的残留可能使动物病原菌产生耐药性。耐药基因可能通过转化、转导、接合、易位等方式在细菌之间传播，也可能通过食物链等途径扩散耐药基因，使细菌的耐药基因在人类、动物中和生态系统间互相传递，由此导致人类致病菌（如沙门氏菌、大肠杆菌等）的耐药性增加。

经常食用含抗菌药物残留的动物性食品，体内敏感菌株将受到选择性的抑制。会产生耐药性的能引起人畜共患病的病原菌大量增加，还会带有药物抗性的耐药因子传递给人类病原菌的危害。迄今为止，具有耐药性的微生物通过动物性食品转移到人体内而对人体健康产生危害的问题尚未得到解决。“超级细菌”就是典型的案例，人受耐药菌株感染往往会给临床治疗带来很大的困难，延误正常的治疗过程，造成死亡。

在国内，磺胺类、四环类、青霉素、氯霉素、卡那霉素、庆大霉素等药物使畜禽大量产生抗药性，临床效果越来越差，使用剂量正在大幅度增加。例如，青霉素在刚进入临床应用时使用剂量仅为几十个单位，到 20 世纪 60 至 70 年代，临床肌肉注射治疗剂量已增加到 10 万个单位。2000 年前后，临床上的使用剂量增加到了 80 万个单位，但效果甚至还不如从前。

（五）菌群失调

兽药残留会对人类胃肠道的正常菌群产生不良的影响，致使平衡被破坏，病原菌大量繁殖，损害人体健康。人体肠道内的菌群由于在多年共同进化过程中与人体相互适应，能对人体健康产生有益的作用，如某些菌群能抑制其他有害菌群的过度繁殖，某些菌群能合成 B 族维生素和维生素 K 以供机体使用。但是，过多应用药物会使这种平衡发生紊乱，不仅使人畜肠道内具有抗生素抗性的细菌增加，同时可以杀死肠道中包括有益细菌在内的其他敏感菌，从而造成菌群失调、生理功能紊乱，导致长期腹泻、维生素缺乏反应，甚至疾病的产生。另外，胃肠道菌群在残留抗菌药的选择压力下可能产生耐药性，是胃肠道成为细菌耐药基因的重要贮藏库。菌群失调造成病原菌的交替感染，使得具有选择性作用的抗生素及其他化学药物失去效果。

（六）激素样作用

使用雌激素、同化激素等作为动物的促生长剂，其残留物除有致癌作用外，还会对人类产生其他有害作用。超量激素残留可能干扰人类的内分泌功能，破坏人体激素平衡，甚至致畸、引起儿童性早熟、罹患肥胖症等。

人们长期食用含低剂量激素的动物性食品，由于积累效应，有可能干扰人体的激素分泌体系和身体正常机能，特别是类固醇类和β-兴奋剂类在体内不易被代谢破坏，其残留对食品安全威胁很大。美国曾有600多个孕妇因使用孕激素（黄体酮），而使其女婴外生殖器男性化。我国江西20世纪80年代有个曾风靡全国的产品“鸡胚宝宝素”就因含激素可能导致儿童早熟而停产。牛初乳因含有不明激素类物质，于2012年9月1日起被国家禁止加入婴儿食品中。由于这类激素的残留和对人体健康的影响，美国1979年下令停止使用己烯雌酚作为肉牛饲料添加剂。1980年，FAO/WHO决定全面禁止在畜牧生产中使用甾体类激素。

五、食品中兽药残留的监管

由于兽药残留对人体健康有严重危害，有必要建立有效的兽药残留监管体系，宣传依法用药、规范用药、在指导下用药。同时，也要从刑事侦查角度加大对违法行为的查处，从法律层面加强对严重违法行为的追究，共同抓好食品安全问题。

首先，建设兽药残留标准体系。我国农业部从1993年起就组织大量人力致力于兽药残留方面的研究工作，组织制定了相关标准。我国最高残留限量标准是农业部于2002年12月24日发布的《动物性食品中兽药最高残留限量》（农业部公告第235号）。附录一是动物性食品允许使用，但不需要制定残留限量的药物，共89种；附录二是已批准的动物性食品中最高残留限量的药物，共94种；附录三是允许作治疗用，但不得在动物性食品中检出的药物，共9种；附录四是明文禁止使用的药物，共31种。此公告将兽药具体细分为4类，确定可用与不可用兽药的详单，制定兽药最高残留限量，为兽药残留的监控管理提供了明确的科学依据。对于禁用兽药的种类，我国一直在不断地改进和完善。2010年，农业部发布了第1519号公告《禁止在饲料和动物饮水中使用的物质》，新增11种药物。2019年，农业部出台了GB 31650-2019《食品安全国家标准　食品中兽药最大残留限量》国家标准。

其次，完善兽药休药期标准。休药期的长短因动物种类、药物种类、制剂类型、用药剂量、给药途径等的不同而存在差异，一般为若干小时、数日至数周。

在《兽药典》和农业部颁发的《兽药质量标准》以及公告第 278 号中，对兽药和饲料药物添加剂的休药期，都有明确的规定。

最后，建立兽药残留检测体系。农业部从 1998 年开始建立兽药残留检测体系，在国家层面建立了兽药残留基准实验室，开展标准检验方法的研究和制定。随着新检测仪器的出现，出台了 GB 31660.1-2019《食品安全国家标准　水产品中大环内酯类药物残留量的测定　液相色谱-串联质谱法》、GB 31660.2-2019《食品安全国家标准　水产品中辛基酚、壬基酚、双酚 A、已烯雌酚、雌酮、17α-乙炔雌二醇、17β-雌二醇、雌三醇残留量的测定　气相色谱-质谱法》、GB 31660.3-2019《食品安全国家标准　水产品中氟乐灵残留量的测定　气相色谱法》、GB 31660.4-2019《食品安全国家标准　动物性食品中醋酸甲地孕酮和醋酸甲羟孕酮残留量的测定　液相色谱-串联质谱法》、GB 31660.5-2019《食品安全国家标准　动物性食品中金刚烷胺残留量的测定　液相色谱-串联质谱法》、GB 31660.6-2019《食品安全国家标准动物性食品中 5 种 α2-受体激动剂残留量的测定　液相色谱-串联质谱法》、GB 31660.7-2019《食品安全国家标准　猪组织和尿液中赛庚啶及可乐定残留量的测定　液相色谱-串联质谱法》、GB 31660.8-2019《食品安全国家标准　牛可食性组织及牛奶中氮氨菲啶残留量的测定　液相色谱-串联质谱法》、GB 31660.9-2019《食品安全国家标准　家禽可食性组织中乙氧酰胺苯甲酯残留量的测定　高效液相色谱法》。兽药残留检测方法的密集出台，说明兽药残留问题相对普遍且较为严重。

第三节　食品添加剂

国内外由于食品添加剂引发的食品安全问题层出不穷，部分企业或个体经营者在生产中超标、违规使用食品添加剂，甚至违法使用有毒、有害物质，使食品的安全风险大大增加。有些企业为了迎合百姓的心理，在食品标签上明示“本产品不加任何防腐剂”“不加任何食品添加剂”“0 添加”，侧面反映出食品添加剂在食品安全中存在一定的问题。

一、食品添加剂

（一）定义

根据我国 1995 年《食品安全法》的定义，食品添加剂指为改善食品品质和色、香、味以及为防腐、保鲜和加工工艺的需要，而加入食品中的人工合成或者天然物质。按照 GB 2760-2014《食品安全国家标准　食品添加剂使用标准》的规定，是指为改善食品品质和色、香、味，以及为防腐和加工工艺的需要而加入食品中的化学合成或者天然物质，包括营养强化剂、食品用香料、食品加工助剂、胶基物质。

世界各国对食品添加剂的定义也不尽相同，联合国粮农组织和世界卫生组织联合食品法规委员会将食品添加剂定义为有意识地一般以少量添加于食品，以改善食品的外观、风味、组织结构或贮存性质的非营养物质。因此，从食品添加剂的概念来看，其可以起到提高食品质量和营养价值，改善食品感观性质，防止食品腐败变质，延长食品保质期，便于食品加工和提高原料利用率等作用，是允许在食品中添加使用的，但应少量添加。

食品添加剂不等于违法添加剂，食品添加剂可以理解为允许少量添加在食品中的物质。那么在食品中添加规定之外的化学物质就是违法添加物。例如，三聚氰胺、苏丹红、吊白块、孔雀石绿就是不允许添加的化学物质。同时，不按照规定超量超范围使用允许的食品添加剂成分也是禁止的，如亚硝酸盐在熟食制品中超量使用是不允许的。

（二）分类

目前，我国的食品添加剂有 23 个类别，2000 多个品种。

1. 按照添加剂的使用功能可分为：酸度调节剂、抗结剂、消泡剂、抗氧化剂、漂白剂、膨松剂、着色剂、护色剂、酶制剂、增味剂、营养强化剂、防腐剂、甜味剂、增稠剂、香料等。

2. 按照添加剂的来源可分为：天然和化学合成两大类。天然的食品添加剂是指以动植物或微生物的代谢产物为原料加工提纯而获得的天然物质，如食用天然色素、天然骨胶、糖等。化学合成的食品添加剂则是指采用化学手段，通过化学反应合成的人造物质，以有机化合物类物质居多。目前使用的食品添加剂中，化学合成物居多。

3. 按照添加剂的目的和用途可分为：为了提高和增补营养价值的，如营养强化剂；为了保持新鲜度的，如食品保鲜剂、防腐剂、抗氧化剂；为了改善食品感官品质的，如着色剂、甜味剂、增稠剂、漂白剂、膨松剂等；为了方便加工操作的食品加工助剂，如消泡剂、凝固剂、润湿剂、助滤剂、吸附剂、脱模剂等；以及胶基物质和食用酶制剂。

食品添加剂大大促进了食品工业的发展，被誉为现代食品工业的灵魂，它给食品工业带来了许多好处。食品添加剂是食品工业中研发最为迅速的内容之一，但食品添加剂的毒性作用也会给身体带来一定的危害，要正确看待食品添加剂的使用问题。

二、食品中的非法添加剂

（一）非法添加剂

食品中的非法添加剂是国务院食品安全委员会根据日常工作中监督发现，并根据物质风险检测确定的禁止在食品中使用的物质。这些物质包括添加的非食用物质、滥用的食品添加剂以及在饲料、水产养殖中使用的违禁药物等。

食品中的非法添加物质和易滥用物质名单在不断更新，目前已公布的有151种，包括47种可能在食品中“违法添加的非食用物质”、22种“易滥用食品添加剂”和82种“禁止在饲料、动物饮用水和畜禽水产养殖过程中使用的药物和物质”（详见附录一）。

（二）非法添加剂的来源

1. 滥用工业化工品作为食品添加剂。

一是工业化工品的滥用。工业化工品在工业生产中作为原料、还原剂、氧化剂等物质经常被使用，为非食用化学物质，用错了地方的工业化工品会对食品安全产生极其严重的危害。最典型的例子为在乳及乳制品中添加三聚氰胺。三聚氰胺只能提高乳品蛋白质测定的检测值，但不具备任何营养价值，食用这样的乳品将导致儿童营养物缺乏，引发疾病甚至死亡。

二是漂白剂的滥用。在食品加工中，一些氧化剂、还原剂应用甚广。双氧水、吊白块、亚硫酸盐类物质作为改变食品颜色、掩盖食品变质的物质被非法添加，从而造成食品安全问题。在一些肉松、椰果、肉类、海产品等食品中，均能检测到氧化剂、双氧水的成分。

三是防腐剂的滥用。某些腐竹、米粉、面制品企业存在使用甲醛和福尔马林等非食品级的工业原料来强行杀菌、保鲜防腐的严重违法行为。

四是增色保鲜剂的滥用。部分黑作坊在加工处理牛百叶、大肠等含油较多的内脏时，常常使用工业级氢氧化钠来去除油脂；还有企业在对食品增色保鲜中，使用工业硫黄熏制银耳、生姜、大料等。竹笋、雪耳、粉丝、腐竹、米粉、海带等颜色新鲜或白嫩的食物，很多都添加了保鲜剂。

2. 超范围使用食用添加剂。各国都有对各种食品添加剂的严格规定，这一规定包括食品添加剂是否能使用、使用范围和最大使用量。有关使用范围的限定规定，在一些食品如婴幼儿食品、保健食品、功能食品、新鲜食品中不能添加某类食品添加剂。在使用食品添加剂以前，相关部门都会对添加成分进行严格的质量指标及安全性检测，但总有些企业为了降低生产成本、追求经济利益，而置百姓的生命安全于不顾。

例如，上海的染色馒头案件。按照 GB 2760-2011《食品安全国家标准　食品添加剂使用标准》的规定，柠檬黄色素可按一定剂量添加到冰激淋、雪糕和一些饮料中，但将柠檬黄加入馒头则属于超食品品种范围的非法添加。类似的案件还有：潍坊市某公司在加工风味散装鲅鱼、银鱼产品过程中，超范围使用食品添加剂日落黄。2020 年，青岛市某企业加工生产食用植物调和油，正常的调和油一般是由 2 种以上油品组成，但该企业私自加入乙基麦芽酚作为芝麻油的增香成分从而减少纯植物油的用量。乙基麦芽酚作为可以使用的食品添加剂允许在调味料、肉制品、冰激淋等食品中使用，但在此案件中，调和油中添加乙基麦芽酚成分属于超范围使用食品添加剂的行为。

3. 超剂量使用。“剂量决定危害。”过量使用食品添加剂均会造成不良的影响。比如，食盐作为一种食品添加剂不可缺少，但如果一次性大剂量食用食盐也有可能造成人的急性致死。

食品添加剂的复配可使各种添加剂之间产生增效的作用，这在食品行业中被称为“协同效应”。“协同”的结果已不仅是相加，在大多数情况下可以产生“相乘”的结果，能够显著减少食品中食品添加剂的使用量，降低成本。但食品添加剂的复配是在科学研究和实践研究的前提下完成的。现在部分食品生产企业缺乏食品安全意识，根本不注重用量问题，极容易出现食品添加剂超标使用的情况。

例如，罐头制品中超量使用合成色素，可使食品看起来颜色鲜艳不褪色。酸奶制品中超量使用增稠剂、甜味剂和防腐剂，可使食品看起来浓稠并降低成本。饮料、蜜饯、糖果等食品中存在盐量超标和人工甜味剂超标，而甜味剂糖精钠的甜度相当于蔗糖的 650 倍。以降低生产成本、改善口味为目的的食品添加剂超量使用，是食品安全危害的重要原因。

4. 使用质量不合标准的食品添加剂。合格的食品添加剂也有一定的安全要求。为了保障食品安全、加强对食品添加剂生产的监督管理，根据《产品质量法》《食品安全法》及其实施条例和《工业产品生产许可证管理条例》等有关法律法规，原国家质量监督检验检疫总局于 2010 年 3 月 10 日颁布了《食品添加剂生产监督管理规定》，自 2010 年 6 月 1 日起施行。该规定于 2020 年 7 月 13 日废止，但废止并不是不管理，而是把食品添加剂纳入《食品安全法》中进行更加严格的管理。

法律规定，食品添加剂的生产企业应负责卫生、质量、安全等全过程管理，只有合格的食品添加剂才能流入市场并在标签上醒目标明食品添加剂字样。食品企业不得购入标识不规范、来源不明的食品添加剂，但有些企业会使用过期、来源不明确、卫生不达标的食品添加剂，其后果可想而知。

国家严厉打击的是食品中的违法添加行为，严肃查处超范围、超限量等滥用食品添加剂的行为。专家也提醒群众，对食品添加剂无须过度恐慌，随着国家相关标准的陆续出台，食品添加剂的生产和使用必将更加规范。当然，应该加强自我保护意识，多了解食品安全相关知识，尤其不要购买颜色过艳、味道过浓、口感异常的食品。

三、食品添加剂对人体的危害

（一）非法添加物的毒性

针对食品的非法添加行为性质恶劣，对群众身体健康危害极大。涉嫌生产销售有毒、有害食品等犯罪，依照法律要受到刑事追究，造成严重后果的，直至判处死刑。食品中的非法添加物种类较多，每种物质化学性质不同，产生的毒理作用也不相同。但凡是被列为非法添加的物质，均被证明是具有毒性作用的。

例如，吊白块又称雕白粉，以福尔马林结合亚硫酸氢钠再还原制得，化学名称为甲醛次硫酸氢钠，常被印染工业用作拔染剂和还原剂，生产靛蓝染料、还原染料等。吊白块不能用作食品漂白添加剂，严禁入口。吊白块进入人体后，可能作用于某些酶系统，并可能引起机体细胞变异，从而损害肺、肝、肾，以致引发癌症。人经口服甲醛次硫酸氢钠的致死量为 10 克。在食品加工条件下，吊白块会分解产生甲醛、二氧化硫和硫化氢。2005 年，甲醛被国际癌症研究机构（IARC）确定为 1 类即确认人类致癌物；二氧化硫可在人体内转化成致癌物质——亚硝胺；硫化氢有与高价铁结合的特性，在体内与细胞呼吸酶的三价铁结合，会抑制酶的活性，造成呼吸抑制。又如，在亨氏儿童辅助食品中曾经检出的苏丹红，是一种具有偶氮结构的萘类有机化合物。它常被用作化学染色剂，染色后的食品颜色非常鲜艳且不易褪色，可以引起人们强烈的食欲。但苏丹红不是食品添加剂，具有明确的致癌性，并对人体的肝肾器官具有明显的毒性作用。

（二）超量超范围使用添加剂的毒性

正常使用食品添加剂是相对安全的，但超量超范围使用以及使用工业化学品作为食品添加剂对人体造成的毒害则非常严重。食品添加剂随着食物长期摄入体内，由于物质的累积超量，也会对人体造成直接或潜在的威胁。

人工合成色素多是以煤焦油、苯等芳香烃化合物为原料制备合成。人工合成色素在儿童体内蓄积毒素，对肝脏等器官造成损害，更有可能影响神经系统的发育，导致孩子出现任性好动、情绪不稳定、自制力差的问题，甚至会出现过激行为。人工合成色素会影响儿童的智力发育。英国南安普敦大学研究结果发现，包括酒石黄和日落黄在内的 7 种人工色素可能会使儿童智商下降 5 分。食用人工色素还会导致腹泻、腹胀、腹痛、营养不良和多种过敏症，还可引起支气管哮喘、荨麻疹、身体浮肿等症状。苏联在 1968~1970 年曾对苋菜红这种食用色素进行了长期的动物试验。结果发现，其致癌率高达 22%，并可能导致生育力下降、畸胎等。

再如，甜味剂中的糖精（糖精钠）是由人工合成的，可引起皮肤瘙痒症、日光过敏性皮炎。FAO/WHO 于 1997 年公布的每人每千克体重的糖精日允许摄入量（ADI）为 0~5mg。甜味剂中的甜蜜素，经水解后能形成有致癌威胁的环乙胺。环乙胺主要从膀胱代谢，对膀胱致癌的危险性最大。美国国家科学研究委员会和美国国家科学院（NRC/NAS）于 1986 年报告了甜蜜素有促进和可能致癌的问题，故至今在美国联邦法规中仍规定“禁止直接加入或用于食品”。

又如，长期服用防腐剂超标的产品，会引发肠胃炎等疾病；长期食用亚硝酸盐超标的酸奶还会给肝、肾等人体重要器官带来危害，甚至引发癌症。

食品添加剂的安全性需经过毒理学评价，一般包括急性毒性、致突变试验及代谢试验、亚慢性毒性和慢性毒性四个阶段的试验，这四个阶段的试验结果是制定食品添加剂使用标准的重要依据。凡是新研究出来的化学物质或提取物质，只有在这四个阶段的测试中表明无害或低毒后，方可作为食品添加剂来使用。也就是说，没有经过试验验证，没有经过法规所允许的化学物质，均不可以作为食品添加剂来使用。

四、食品添加剂的监管

（一）食品添加剂的生产管理要求

我国对食品添加剂的管理有一套完整的法律法规体系，符合国家要求生产的食品添加剂是安全的。食品添加剂的生产企业应严格按照《食品安全法》《食品添加剂使用标准》《食品营养强化剂使用标准》《食品添加剂监督管理规定》《食品添加剂新品种管理办法》《食品生产通用卫生规范》《复配食品添加剂通则》《预包装食品标签通则》的规定进行产品操作，必须获得生产许可证后，方可按质量标准组织生产，并建立企业生产记录和产品留样制度。产品包装必须按规定进行标识并提供产品说明书，还要在标识上明确标示“食品添加剂”字样。

食品添加剂的使用必须符合 GB 2760-2014《食品安全国家标准　食品添加剂使用标准》或 GB 14880-2012《食品安全国家标准　食品营养强化剂使用标

准》规定的品种及使用范围、使用量。禁止以掩盖食品腐败变质或以掺杂、掺假、伪造为目的而使用食品添加剂。禁止经营无卫生许可证、无产品检验合格证明的食品添加剂。卫生行政部门应加强对生产食品添加剂的企业和使用食品添加剂的企业进行监督执法，加大对滥用食品添加剂的处罚力度。

（二）食品添加剂的使用要求

食品添加剂的使用要求具体是：

1. 经过食品毒理学安全性评价，证明在使用限量内长期使用对人体安全无害；

2. 应有卫生部颁布并批准执行的使用卫生标准和质量标准；

3. 对营养成分不应有破坏作用；

4. 食品添加剂摄入人体后，最好能参与人体正常的物质代谢或能被正常解毒过程解毒后全部排出体外；

5. 在达到一定的使用目的后，能够经过加工、烹调或储存被破坏或排除；

6. 禁止以掩盖食品腐败变质或以掺杂、掺假、伪造为目的而使用食品添加剂；

7. 不得经营和使用无卫生许可证、无产品检验合格证及污染变质的食品添加剂；

8. 未经卫生部门允许，婴儿及儿童食品不得加入食品添加剂。

（三）食品添加剂的日常监督检测

在日常监督工作中，应该建立食品添加剂的登记管理制度，仔细查看标签、说明书、配料表等，认真落实对样品留样的备查。对食品添加剂的检验标准化方法要尽快建立和完善。此外，应将食品添加剂和非法添加物的监督管理作为长效工作来落实。

2015 年实施的 GB 2760-2014《食品安全国家标准　食品添加剂使用标准》规定，我国目前允许使用的食品添加剂有 2397 种，共 23 大类，有标准检验方法的占总数的一半。在日常工作中，可能容易添加在食品中的非法添加物从 2008 年开始，已经公布了 1~6 批目录（见附录一）。说明食品中非法添加剂的使用问题正在从法制层面加以约束，用严格执法来保证食品安全已成为常态。

第四节　重金属污染

一、重金属和重金属污染

（一）重金属

重金属（Heavy metals），是指密度大于 4.5g/cm^3 的金属。自然界中存在大量金属元素及其化合物，其中常见的重金属元素约有 45 种。金属元素包括铜、铅、锌、铁、钴、镍、钒、铌、钽、钛、锰、镉、汞、钨、钼、金、银等。尽管锰、铜、锌等重金属是生命活动所需要的微量元素，但是大部分重金属如铅（Pb）、镉（Cd）、铬（Cr）、汞（Hg）等并非生命活动所必需。这些重金属进入人体且含量超过一定浓度时会对人体有害，干扰人体正常生理功能，危害人体健康，因此这类重金属被称为有毒重金属。

自然界中的重金属不能被生物降解，同时具有生物累积性，可以直接威胁生物及人类的健康。进入人体的一些重金属往往不易被察觉，在体内需经过一段时间的积累才显示出毒性，引起机体的慢性损伤。还有一些重金属有致畸、致残或突变作用。重金属造成的急性或慢性中毒作用，给食品安全和人体健康带来极大威胁。

（二）重金属污染

重金属污染（Heavy metal pollution），指由重金属或其化合物造成的环境污染。主要由采矿、废气排放、污水灌溉和使用重金属超标制品等人为因素所致。重金属在工业生产中具有重要作用，但生产过程中产生的金属污染物也会被带入环境中。自然环境里的空气、尘埃、水、泥土中均含有重金属。在环境污染方面，重金属和类金属很难被生物降解，使得水体和土壤及农作物成为其主要污染对象。同时，重金属会在食物链中产生生物放大、生物蓄积作用。水体中的金属污染物能通过生物体、水生生物成千百倍地富集。重金属通过生态链污染粮食、蔬菜、水果、鱼肉。重金属以不同形式结合于动植物体内并难以去除，再经过食物链途径最终进入人体。随着重金属蓄积量的增加，其在人体内能和蛋白质及酶等发生强烈的相互作用，使生物体内的酶失去活性，造成人体生理机能出现障碍，健康受到严重威胁。

近几年，食品中重金属污染事件不断发生，此类污染实际上离我们并不遥远。随着工业的不断发展，加之人们环保意识的淡薄，让在环境中只有化学形态变化而不能被生物降解的重金属造成环境污染，并经食物链传递成为危害食品安全的重要污染物。2003 年调查显示，我国十大流域水体重金属污染问题十分突出：江河湖库底质的污染率高达 80.1%，重金属超标断面的污染程度均为超 V 类。其中，大连湾 60%测站沉积物的镉含量超标，苏州河中的铅全部超标、镉有 75%超标、汞有 62.5%超标。①

二、食物中重金属污染的来源

重金属在环境中无处不在，造成污染一定是环境中污染物含量较高，且最容易引发食品污染的途径，主要有以下几个方面。

（一）来自高本底值的自然环境

自然环境是自然界中的生物群体和一定空间环境共同组成的具有一定结构和功能的综合体，在一定的空间和时间范围内，依靠生物及其环境本身的自我调节来维持相对稳定的生态系统。但工业化的发展打破了生态平衡，造成自然环境污染物的增加。

1. 工业废气、废水、废渣、废料及汽车尾气等。工矿企业在生产加工过程中产生废水、废渣、废气等“三废”物质，严重污染自然环境。我国重金属废水主要来源非常广泛，电镀、金属表面处理、电沉积、阳极氧化处理、研磨、蚀刻等行业的废水中通常会含有铬元素、镉元素、铜元素、镍元素、砷元素、铅元素、锌元素、钒元素、铂元素、银元素和钛元素等；印刷电路板制造业，会用到铅、镍焊接盘；木材加工业产生含砷废水；无机颜料制造业产生含铬和镉的废水；石油加工中会产生镍、铬和钒；摄影中用到的电影胶卷会产生大量的银和亚铁氰化物。工业生产中产生的“三废”需要经过无害化处理才能排放到环境中，但一些企业不按照要求任意排放“三废”污染物到自然环境，若不加以控制，其对环境所造成的危害将无法估量。

2. 生活垃圾、污水、排泄物。人们使用过的手机、电池、电子产品等废旧物品的电子元器件中含有铅、镉、汞等重金属，如果随意丢弃或混合在生活垃圾中，会造成金属物质的释放，通过环境中的水再次进入食物链。工业废料中释放出来的汞约有 50%进入环境，这些汞很快被生物有机体吸收、富集。中药保健食品中常见的雄黄和朱砂分别含有砷和汞，以元素汞、二价汞的化合物和烷基汞三种形式存在。

---

① 周怀东，彭文启等．水污染与水环境修复．化学工业出版社，2005：3.

3. 微生物分解。水产养殖过程中鱼虾等的排泄废物直接沉入底泥，使其含有丰富的微生物。环境中毒性低的无机汞在微生物的作用下，能转化成毒性高的甲基汞。甲基汞溶于水，在水生生物中易于富集，因此微生物分解作用对于水产品的污染较金属汞和二价汞化合物更为严重。食品当中的汞有相当一部分来自水产品，水产品也可进入食物链再次造成食品污染。

（二）含金属的化学物质使用

含金属的化学物质主要指农药、化肥、化学试剂、添加剂等。含铅农药的使用会造成农作物的铅污染，如非法使用砷酸铅作为果园杀虫剂，使得水果皮含铅量较高。含铅的食品添加剂或加工助剂的使用，如皮蛋在传统加工中需加入氧化铅，金属会残留在成品中。污染的土壤也使农作物受到污染。

（三）食品加工过程中的污染

为了增加美观性和包装性能，陶瓷、搪瓷、铅合金、马口铁等材料制成的食品容器、食具和包装材料等，在其涂层、颜料和镀层等的制作过程中，添加了铅、砷、镉、铬等重金属。在某种情况下，如盛放酸性食品时，铅、砷等金属物质会溶出污染食品。

（四）其他

文化用品如儿童使用的铅笔、色彩斑斓的油彩画册、大版面及多版面的报纸等均含有较高的铅，用手翻阅后不洗手，直接取食物进餐会导致食品铅污染。

三、食品中重金属残留对人体的危害

食品中有毒重金属主要有汞、砷、镉、铅、铬，以下将分别介绍每种重金属对人体伤害的表现。

（一）汞

汞引起人体中毒最典型的事件要属20世纪50年代日本发生的怪病——“水俣病”，症状表现为：轻者口齿不清、步履蹒跚、面部痴呆、手足麻痹、感觉障碍、视觉丧失、震颤、手足变形；重者神经失常，或酣睡，或兴奋，身体弯弓高叫，直至死亡。据1972年统计，日本曾经发生过3次水俣病，患者达900余人，受到潜在危害的有2万人。

引起“水俣病”的原因是汞的排放污染。日本当时的生产企业在制造氯乙烯和醋酸乙烯的过程中要使用含汞的催化剂，这使排放的废水中含有大量的汞，当汞在水中被动植物吸收、生物食用后，会在体内转化成毒性更大的有机汞（甲基汞、醋酸苯汞)。甲基汞会引起生物体 DNA 的损伤，抑制细胞合成，引起细胞凋亡，细胞的死亡则是致癌、致畸、致突变的主要因素。

科学试验证实，人体血液中汞的安全浓度为 1μg/10mL，当到达 5~10μg/10mL 时，就会出现明显中毒症状，超过此剂量会引起强烈中毒。经计算，如果一个人每天食用 200g 含汞 0.5mg/kg 的鱼，所摄入的汞在此安全范围内。但长期饮用含有微量汞的水，或食用被汞污染的海产品等食物，会引起汞蓄积，引起汞慢性中毒。慢性中毒症状有头昏、头痛、失眠、多梦等，会出现局部直至全身的肌肉震颤，齿龈肿胀出血，牙齿松动和脱落，体重减轻，肾功能损伤，眼睛出现“汞晶状体炎”等。

（二）镉

急性镉中毒一般是职业性吸入高浓度镉烟雾所致。食品来源的急性镉中毒主要是因食入镀镉容器内的酸性食物所致，经数分钟至数小时出现症状，酷似急性胃肠炎：恶心、呕吐、腹痛、腹泻、全身乏力、肌肉酸痛，并伴有头痛、肌肉疼痛，可因失水而发生虚脱，甚至引发急性肾功能衰竭而死亡。

长期过量接触镉可引起慢性镉中毒，主要引起肾脏损害，极少数严重的晚期病人可出现骨骼病变。慢性镉中毒的症状被命名为“痛痛病”。根据研究，痛痛病的症状主要是来自镉对肾脏和骨骼的破坏。镉会在肾脏中累积，使肾中 VD3 的活性被抑制，干扰正常代谢，从而妨碍钙在骨质上的正常沉着。同时也妨碍骨胶原的正常固化成熟，损害肾小管，使肾的再吸收发生障碍，可出现蛋白尿、氨基酸尿和糖尿，最后导致肾衰竭。对骨骼的影响是尿中排泄钙，致使机体发生负钙平衡，导致骨软化、四肢弯曲、脊柱变形和骨质疏松。长期接触更大剂量（WHO 规定的安全线的 3 倍以上）的镉还可能会导致消化道的障碍。镉除在肠道内阻碍铁的吸收外，还导致尿中的铁增加，抑制骨髓血红蛋白的合成，引起贫血。在动物实验中，这种剂量的镉还显示出对生殖和发育系统的影响。镉还会引起高血压、动脉粥样硬化、睾丸损害、前列腺癌和睾丸肿瘤。不过，对于人类是否有同样影响还没有可靠数据。2013 年 5 月，广州市抽检大米及米制品的合格率最低，抽检的 18 批次中合格率为 55.56%，不合格的 8 批次原因都是镉含量超标，镉超标大米产自湖南，该事件一度引起轰动。[①]

（三）铅

铅是典型的慢性或积累性毒物，一旦进入人体很难排出。当人体内含有低剂

---

① 广州抽检大米产品四成镉超标，超标大米主要来自湖南．广州市食品药品监督管理局网站，http://jjckb.xinhuanet.com/2013-05/19/content_445811.htm.

量铅时，一般观察不到其对人体健康造成的影响，但铅对人体的危害最大。

铅主要会对人体的神经、心血管、造血系统和肾脏造成危害，损害骨髓造血系统，引起贫血、脑缺氧、脑水肿，出现运动和感觉异常。铅对神经系统的损害表现为直接伤害人的脑细胞，特别是胎儿的神经，可造成先天大脑沟回浅，智力低下；对老年人则造成痴呆、脑死亡等。铅对造血系统的影响，会引起血红蛋白合成中的重要中间酶卟啉代谢障碍，使人出现贫血或溶血症状。铅对心血管系统的影响，可使体内的氧自由基增多，产生脂质过氧化损伤，导致心肌细胞功能紊乱，造成血压升高、中毒性心肌炎和心肌损害等。铅能置换骨骼中的钙并储存在骨中，可对人的中枢和外周神经系统、血液系统、肾脏、心血管系统和生殖系统等多个器官和系统造成损伤，造成认知能力和行为功能改变、遗传物质损伤、诱导细胞凋亡等，引发痛风、慢性和急性肾衰竭、严重腹绞痛、铅脑病、多发性神经炎、溶血性贫血等，而且具有一定的致突变和致癌性。

我国尿铅正常值上限为 0.08mg/L。儿童是铅污染的最易感人群。幼儿和儿童体内铅含量过高，直接影响其体格和智力的发育。这种影响是全身性的，具有不可逆性。

（四）铬

铬的毒性与其存在的价态有关，金属铬对人体几乎不产生有害作用，未见引起工业中毒的报道。三价铬是对人体有益的元素，而六价铬是有毒的。六价铬比三价铬毒性高 100 倍，并易被人体吸收且在体内蓄积。铬可在肝、肾、肺积聚，三价铬和六价铬可以相互转化。

进入人体的铬被积存在人体组织中，代谢和被清除的速度缓慢。铬进入血液后，主要与血浆中的铁球蛋白、白蛋白、r-球蛋白结合。六价铬还可透过红细胞膜，15 分钟内可以有 50% 的六价铬进入细胞，进入红细胞后与血红蛋白结合。铬的代谢物主要从肾排出，少量经粪便排出。六价铬对人主要是慢性毒害，它可以通过消化道、呼吸道、皮肤和黏膜侵入人体，在体内主要积聚在肝、肾和内分泌腺中。通过呼吸道进入的则易积存在肺部。六价铬有强氧化作用，所以慢性中毒往往以局部损害开始，逐渐发展到不可救药。经呼吸道侵入人体时，开始侵害上呼吸道，引起鼻炎、咽炎和喉炎、支气管炎。铬对皮肤、黏膜、消化道有刺激和腐蚀性，致使皮肤充血、糜烂、溃疡、鼻穿孔，罹患皮肤癌。

（五）砷

砷广泛分布在自然界中，与其化合物被运用在农药、除草剂、杀虫剂，以及许多种合金中，几乎所有土壤中都存在砷。砷的无机化合物一般具有毒性，三价砷的毒性较五价砷大。三氧化二砷被称为砒霜，是一种毒性很强的物质。砷化合物毒性的大小顺序为砷化氢>砷无机物>有机砷，而且毒性的大小随化合物的不同而不同，其毒性顺序为砷化氢（AsH_3）>氧化亚砷（As_2O_3）>亚砷酸>砷酸>砷的有机化合物。有机砷的毒性一般比无机砷小得多，甚至有些形态几乎安全无毒。

砷的急性中毒主要由误食等意外事故导致，主要表现为胃肠炎症状。胃肠道黏膜可能会进一步发炎、坏死，造成胃穿孔、出血性肠胃炎、带血腹泻。严重者可因中枢神经系统麻痹而死亡，并出现七窍出血。

砷的慢性中毒是长期少量经口摄入食物引起的积累性毒性作用，中毒后可引起皮肤病变，神经、消化和心血管系统障碍，破坏人体细胞的代谢系统。慢性砷中毒主要表现为神经衰弱综合征、皮肤色素异常（白斑或黑皮症）、皮肤过度角化及末梢神经炎等症状。有研究者追踪长期饮用砷污染牛奶的儿童，发现其发生严重失聪、心智发育迟缓、癫痫等脑部伤害的概率比没有接触砷的儿童高。

目前，已证实多种砷化物具有致突变性，能导致基因突变、染色体畸变并抑制 DNA 损伤的修复。流行病学调查表明，无机砷化合物与人类皮肤癌和肺癌的发生有关。食品中砷的摄入会对人体产生危害，当人体摄入砷后，砷会很快分布到身体所有的器官和细胞组织中，可能会和 α-球蛋白络合成为一种蛋白质络合物。

四、食品中重金属残留的监管

食品中重金属的危害主要来源于环境污染，因此，提高对重金属污染持久性、危害性、严重性和灾害性的认识，是治理和控制重金属污染的关键所在。

（一）严把环境污染关

对工矿企业生产过程中产生的废水、废气、废渣处理要严格把关，对工矿企业的选址和生产要进行严格的环境安全性评价，严防企业生产对河流、农田、土壤的污染问题。

（二）实施食品生产全过程的质量控制

食品原材料生产过程中的环境因素、农药化肥使用的质量问题均对食品原材料的质量有重要影响，应加强对食品原材料相关链条中的重金属监督检测。在对食品加工企业的监管中，应注重食品企业选址安全，对食品企业的食品原料要进行重金属污染的检测，防止在食品运输、储存、加工过程中带入重金属污染。最终，实施食品从农田到餐桌的全过程管控。

（三）加强对食品中重金属的限量控制

食品中重金属的限量检测是产品质量控制的最后一道防线，对食品产品要按照食品安全国家标准，进行重金属限量的检测。GB 2762-2017《食品安全国家标准　食品中污染物限量》规定了食品中铅、镉、汞、砷、锡、镍、铬、亚硝酸盐、硝酸盐、苯并（a）芘、N-二甲基亚硝胺、多氯联苯、3-氯-1，2-丙二醇的限量指标。该标准的应用原则提到，无论是否制定污染物限量，食品生产和加工者均应采取控制措施，使食品中污染物的含量达到最低水平。

第五节　有机污染物

1999 年 5 月比利时发生的食品污染事件中，受到二噁英污染的食品包括鸡肉、鸡蛋、牛肉、猪肉、牛奶及数以百计的衍生产品。受污染的动物饲料波及比利时、法国、荷兰和德国的 10 多家饲料工厂，这些工厂又把污染的饲料卖给数以千计的饲养场，因此导致畜禽产品及乳制品含有高浓度二噁英，从而在欧洲引发食品恐慌。2001 年 5 月，世界上 90 多个国家在斯德哥尔摩签署旨在控制和消除持久性有机污染物污染影响的国际公约。人们已经逐渐认识到有机污染物对环境、食品造成危害的严重性。

一、持久性有机污染物及其分类

（一）持久性有机污染物

持久性有机污染物（Persistent Organic Pollutants，POPs）是人工合成的能持久存在于环境中，通过生物食物链的累积，并对人类健康造成有害影响的化学物质。近几十年来，化学在为人们创造物质文明的同时，也带来了严重的有机污染。持久性有机污染物包含人工合成的有机氯类杀虫剂、工业化工品，以及非故意地在生产过程中产生的副产品化合物。例如，有机氯类杀虫剂中的艾氏剂、氯丹、滴滴涕、狄氏剂等，工业化工品中的多氯联苯、六氯苯等，以及副产品化合物二噁英、呋喃、氯酚等化合物。这些物质尽管已经被禁止生产和使用，但曾经使用后造成的污染危害，直到今天仍未完全消除。这些物质在过去的使用中被有意或无意地排放到环境中，可直接通过空气和水危害人体健康，也可以在生物体内聚积，经过食物链等多种途径进入人体，造成危害。

（二）特性

持久性有机污染物具有显著的特征，主要有以下几个方面。

1. 极高毒性。有机污染物可令人类和动物患癌，损害神经系统以及生殖和免疫系统。

2. 持久性和长期残留性。这些物质长时间残留在环境中，需要经过数年甚至数十年才能分解为危险性较低的物质。例如，二噁英系列物质在气相中的半衰期大于 8 天，在水相中为大于 116 天，在土壤沉积中约为 14 年。

3. 具有一定的半挥发性。

4. 远距离迁徙性。可经空气、水远程传播，因而散布在世界上不同的地方，包括从来没有使用过这些化学物质的地区。

5. 生物蓄积性。由于该类化合物疏水亲油的性质，使其在生物的脂肪组织内积聚，很长时间难以排出体外，并通过食物链造成危害。

（三）分类

1. 多环芳烃。多环芳烃（Polycyclic Aromatic Hydrocarbons，PAHs）是指由两个以上苯环连在一起所构成的化合物，如联苯、蒽、菲、苯并（a）芘等。多环芳烃是一大类广泛存在于环境中的有机污染物，也是最早被发现和研究的化学致癌物。虽然多环芳烃的基本单位是苯环，但苯环的数目和连接方式变化很大，这使其与苯的化学性质也不尽相同。

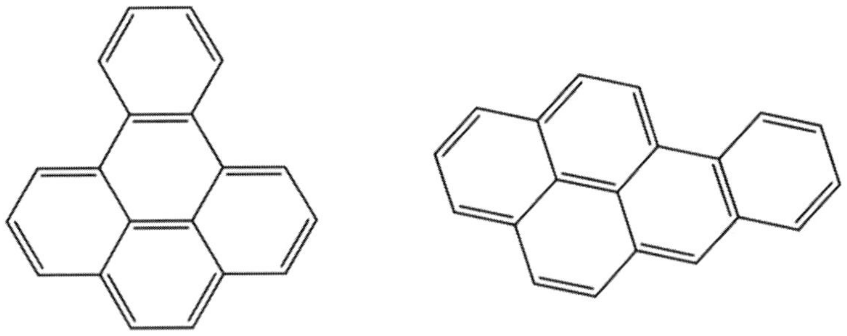

图 4-1　多环芳烃苯并（e）芘和苯并（a）芘的化学结构式

多环芳烃随其分子质量和结构的不同而具有不同的物理和化学性质。在室温下，所有的多环芳烃均为固体，并具有高沸点、高熔点和蒸气压低，易溶于苯、石油醚等有机溶剂等特点。由于苯并（a）芘是第一个被发现的环境化学致癌物，而且致癌性很强，故常以苯并（a）芘作为多环芳烃的代表，它占全部致癌性多环芳烃的 1%~2%。国际癌症研究机构（IARC）1976 年列出 94 种对实验动物致癌的化合物，其中 15 种属于多环芳烃，大多数多为 4 环~6 环的稠环化合物。

2. 多氯联苯和二噁英。多氯联苯（polychlorinated biphenyls，PCBs）是一系

列由两个苯环组成且含氯量不同的同系物的混合物，即联苯分子中的一部分或全部氢原子被氯原子取代后形成的各种异构体混合物的总称。

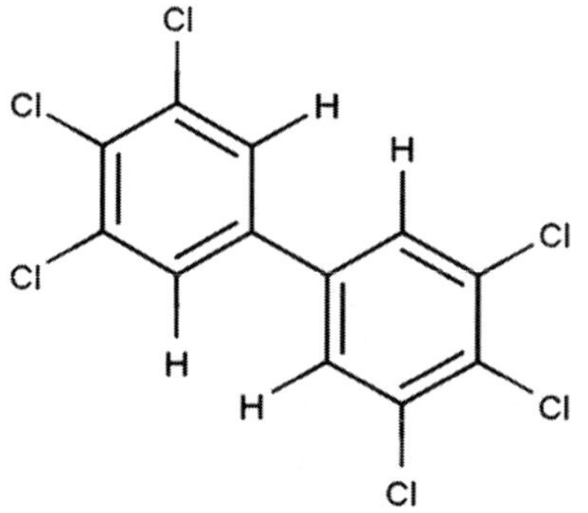

图 4-2　多氯联苯的化学结构式

多氯联苯（PCBs）的理化性质随着苯环中氯的含量不同而不同，氯含量越高，脂溶性和稳定性越高。该类化合物热稳定性好，分解温度为 800℃ 以上，耐强碱、强酸，难以氧化，绝缘性好，半衰期长，具有耐酸、耐碱、耐腐蚀、耐高温、不易被生物降解等特性，在润滑油、增韧剂、可塑剂、涂料等行业中使用。多氯联苯在生物体内很难降解，容易发生远距离迁移。食品中多氯联苯的主要来源是已发生的环境污染，其次是固体废弃物焚烧污染空气进而污染食品。在各类食品中，海产品的多氯联苯含量最高。

二噁英（Dioxins）是 2，3，7，8-四氯二苯并二噁英（PCDDs）的简称。一般来说，在多氯联苯加工过程中，温度达到 300℃～1000℃ 时，就会产生多氯二苯并二噁英（PCDDs）和多氯二苯并呋喃（PCDFs）。因此，二噁英是化学结构类似的多氯联苯芳香族一大类化合物的总称，这类化合物共有 210 种，都是三环芳香族化合物，具有相似的物理和化学性质。多氯联苯类化合物有 209 种，其中某些化合物也具有类似二噁英的毒性，因此都称为类似二噁英化合物。

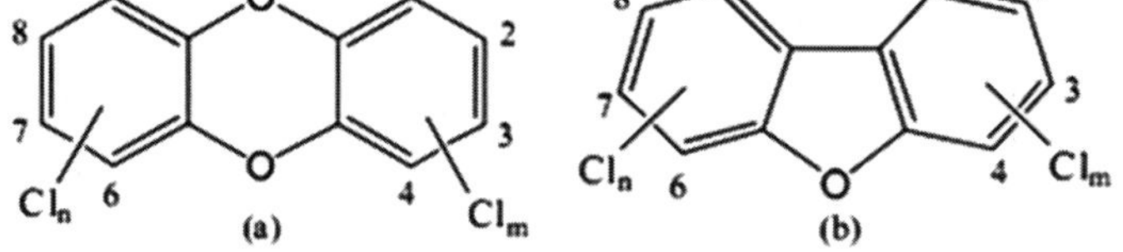

(a)　PCDDs　　(b)　PCDFs

图 4-3　二噁英的化学结构式

无论是多氯联苯还是二噁英，从物质的结构来看，它们都具有对称性。由于形成大的共轭体系，使得化合物具有很强的稳定性，因而在环境中难以降解。

3. 杂环胺。杂环胺（Heterocyclic Amines）是一类化学结构上带杂环的伯胺。食品中的杂环胺来源于蛋白质的热解。当食物加热至100℃~300℃时，其中的氨基酸和肌酸酐就会在失水高温条件下产生杂环胺类物质。杂环胺主要分为氨基咪唑氮杂芳烃和氨基咔啉两大类。具体还可分为5类，包括吲哚类、咪唑并喹啉类、咪唑并喹喔啉类、咪唑吡啶类、苯并恶嗪类。

20世纪70年代末，人们发现从烤鱼或烤牛肉炭化表层中提取的化合物咪唑喹啉和甲基咪喹啉具有致癌、突变性并能造成心肌损伤，这类物质主要是复杂的杂环胺类化合物。由于杂环胺具有较强的致癌性，且已被证明可诱发试验动物产生多种组织肿瘤，所以它对食品的污染以及对人体健康的危害已日益引起人们的关注。

4. N-亚硝基化合物。N-亚硝基化合物是氮原子上连有亚硝基的一类有机物。它包括亚硝胺和亚硝酰胺两种，是亚硝酸与胺类特别是仲胺合成的一大类化学物质。大多数N-亚硝基化合物具有不同程度的致癌作用，因而会对人类健康造成极大危害。

自然界存在的N-亚硝基化合物并不多，但其前体物质亚硝酸盐和胺类化合物却普遍存在。食品中含有丰富的蛋白质、脂肪以及人体必需的氨基酸，这些营养物质在腌制、烘焙、油煎、油炸等加工过程中，会产生一定数量的N-亚硝基化合物；另外，食品中的某些营养物质在人体胃液环境中可能自行合成N-亚硝基化合物，从而造成对人体的伤害。食品中N-亚硝基化合物的来源包括加工过程产生以及内源性的自行合成。

5. 其他常见的有机污染物。甲醛（Formaldehyde）是一种有机化合物，35%~40%的甲醛水溶液俗称福尔马林，在农业、林业、畜牧业、生物学、医学上普遍用作消毒剂、防腐剂和熏蒸剂。不少不法商贩违规使用甲醛浸泡水产品和水发产品。甲醛和亚硫酸氢钠结合后还原生成甲酸次硫酸氢钠，俗称吊白块，又称雕白粉，是一种工业漂白剂，易溶于水，加热或遇酸碱即可分解为甲醛、二氧化硫。有人违法用吊白块使米面制品漂白增鲜，造成食品危害。

食品中的三氯丙醇（Chloropropanol）主要来自调味品酱油。在生产过程中，为了加快或确保氨基酸的高效转化，投入大量的高浓度盐酸，结果在蛋白质发生水解的同时，原料中的甘油也可能与氯离子发生取代反应，生成三氯丙醇，可引起肝、肾、甲状腺及口腔癌变。为了减少三氯丙醇的危害，我国在酱油生产企业中积极推行纯酿造法，同时加强对三氯丙醇的监测，对酱油实行市场准入制度。

丙烯酰胺（Acrylamide）是一种无色无臭水溶性有机物，淀粉类食物中的天冬氨酸是丙烯酰胺的主要前体，会在高温油炸时与还原糖在美拉德反应中形成丙烯酰胺。丙烯酰胺很容易被生物体的消化道、皮肤、肌肉或其他途径吸收，引起人体以中枢神经损害症状为主的急性、亚急性中毒反应。慢性中毒以周围神经损害症状为主，导致周围神经病变和小脑功能障碍。经流行病学观察表明，长期低剂量接触丙烯酰胺会出现嗜睡、情绪和记忆改变、幻觉及震颤等症状。近年来，许多动物试验、体外细胞培养试验均表明，丙烯酰胺有一定的致癌性和致突变性。

在以双键（烯键）结合的不饱和脂肪酸中，两氢原子分别在双键两侧的为反式脂肪酸（Trans-fatty Acid）。反式脂肪酸的油脂多为固态或半固态，熔点较高。在食品加工过程中为了改变油脂的物理性能，调节植物油的熔点，会进行氢化处理，加氢过程中将产生一定量的反式脂肪酸结构。

二、食品中有机污染物的来源

持续性的有机污染物由于具有难降解和远距离迁移的特点，因此食品中的有机污染物主要来源于环境，其次来源于高温加热、烧烤、腌渍等食品加工过程。

（一）环境污染

1. 污染排放。多环芳烃类和多氯联苯类物质在工业生产中应用广泛。煤的汽化和液化过程、石油裂解过程、轮胎橡胶生产过程都能产生多环芳烃。欧盟指令2005/69/EC中规定，橡胶中的8种多环芳烃含量总和不得超过10mg/kg，苯并（a）芘含量不得超过1mg/kg。

冶金、水消毒、生产纸张的漂白过程和一些无机化工中，以及润滑油、绝缘油、涂料、增韧剂、可塑剂等工业生产中大量使用多氯联苯，产生的多氯联苯和二噁英等物质随着废气、废液、废物排放到环境中，造成环境污染。火灾、火山爆发、垃圾若不经过分类，其焚烧过程中多氯化合物产生的二噁英会直接污染空气、土壤和水体，并通过长距离迁移污染食品。

2. 意外事故污染。在食品加工过程中，由于意外事故导致二噁英污染食品。众所周知的日本“米糠油”事件，就是在使用多氯联苯作为脱臭工艺的加热介质生产米糠油时，因管道泄漏，使多氯联苯进入米糠油中，最终导致2000多人中毒。1999年，比利时发生了“二噁英污染危机”，该国的奶类和家禽类制品验出含量很高的二噁英。意大利也发生过水牛芝士受二噁英污染的事故。可见，意外事故造成的有机污染物污染食物时有发生。

（二）食品加工过程

食品中的多环芳烃主要来源于食品加工过程中发生的裂解、热聚反应以及被污染的环境。在食品加工过程中，特别是在烟熏、火烤、烘烤、晾晒、腌渍过程中，油脂能发生裂解和热聚反应，产生苯并（a）芘。实验研究表明，食品在高温烹制条件下，容易形成杂环胺。200℃的油炸、煎烤食物，杂环胺在前5分钟形成。除了肉类食品，葡萄酒和啤酒也含有杂环胺。晒干、烟熏或是装罐等均可导致仲胺的含量增加，会随着加工分解成亚硝胺。

自然界存在的硝酸还原菌可以把硝酸盐转化为亚硝酸盐，其中蔬菜中的硝酸盐在储存过程中可产生大量亚硝酸盐。例如，大白菜在采收当天硝酸盐和亚硝酸盐的含量分别为2600mg/kg与87mg/kg，但在常温下存放3天后，硝酸盐和亚硝酸盐含量分别变为1700mg/kg和420mg/kg。此外，在蔬菜的腌制过程中，亚硝酸盐的含量也会增高，而后趋于稳定。鱼和肉制品的亚硝酸盐来源于人为添加，亚硝酸盐能抑制一些腐败菌的生长，特别是可抑制肉毒梭状芽孢杆菌的生长，还可使肉制品呈现鲜艳的红色。所以，利用亚硝酸盐作为发色剂应用于肉制品中，可达到发色与防腐的目的。

环境中的多环芳烃污染会造成粮食、水果和蔬菜受到污染。人们在沥青铺成的马路上晾晒粮食，可造成粮食的多环芳烃污染。

（三）食品包装材料

各种各样的食品包装材料在生产过程中会被带入各种化学物质。例如，一些纸张在氯漂白过程中产生二噁英，作为软饮料和乳品包装材料能够发生有机污染物的迁移，从而造成食品污染。塑料制品中的塑化剂、双酚A等有机化合物也被证明是可以发生迁移的。

三、食品中有机污染物对人体的危害

有机污染物对人体最典型的危害就是其特殊毒性，即致癌、致畸、致突变的“三致”毒性。有资料表明，有机污染物严重的地区，居民癌症发生率高于周边地区。

（一）多环芳烃类有机污染物

多环芳烃已经被多国列入优先污染物的黑名单，这是因为多环芳烃具有致癌性、致畸性和致突变性，对人体的呼吸系统、循环系统、神经系统造成损伤，对肝脏、肾脏等造成损害。林道辉等人的研究报道称，在多环芳烃浓度高的环境下，当地居民的病死比例和癌症死亡比例的平均值为32.2%和25.6%，高于周围地区的23.3%和16.0%。多环芳烃损伤的靶器官是肺部，肺癌高发认为与此有关。流行病学研究表明，长期呼吸含有多环芳烃的空气，饮用或食用受多环芳烃污染的水和食物，会造成DNA损伤，引起慢性中毒并诱发各种癌症。苯并（a）芘可通过皮肤、呼吸道、消化道被人体吸收，诱发皮肤癌、肺癌、直肠癌、白血病、胃癌和膀胱癌等，并可透过胎盘屏障，造成子代肺腺癌和皮肤乳头状瘤。人们发现，石油泄漏污染海域的海鸥会出现体温下降、脱水、身体衰弱等情况。职业中毒调查表明，长期接触沥青、煤焦油等富含多环芳烃的工人，易发生皮肤癌。

（二）多氯联苯类有机污染物

多氯联苯的毒性作用表现为对皮肤、牙齿、神经行为、免疫功能、肝脏有影响，有致癌性、生殖毒性、神经毒性、干扰内分泌系统毒性等。严重的多氯联苯慢性中毒会使动物产生腹泻、血泪、运动失调、进行性脱水和中枢神经系统抑制等症状，甚至死亡。

二噁英已被国际癌症研究中心列为人类一级致癌物。WHO于1998年建议二噁英每日的内授量标准为1～4pg/kg（$1pg=10^{-12}g$），这比剧毒品氰化物限量标准（0.005mg/kg）的1/10还要低。一次摄入或接触较大剂量可引起人急性中毒，出现头痛、头晕、呕吐、肝功能障碍、肌肉疼痛等症状，严重者可导致残废甚至死亡。长期摄入或接触较少剂量的二噁英会导致慢性中毒，可引起皮肤毒性、痤疮增加、肝毒性、免疫毒性、生殖毒性、发育毒性以及致畸致癌性等。一些专家指出，人类暴露于被二噁英污染的环境中，可能引起男性生育能力丧失、不育症，女性青春期提前，胎儿及哺乳期婴儿疾患，免疫功能下降，智商降低，精神疾患等。喜欢吃烟熏食物的人群中胃癌发病率较高，这也与烟熏加工过程产生的二噁英物质有关。

（三）杂环胺类化合物

主要危害是致突变性和致癌性，一些杂环胺会在非致癌靶器官心脏形成高水平的加合物，产生心肌毒性。在进行杂环胺的动物实验中发现，经口摄入咪唑喹啉和甲基咪喹啉的动物出现心肌组织镜下改变，包括灶性细胞坏死伴慢性炎症、肌原纤维融化和T小管扩张等。心肌损伤的严重程度与杂环胺的累积剂量高度相关，与其他致癌物相比，杂环胺的毒性较强。例如，咪唑喹啉在实验大鼠体内的LD_{50}仅为0.7（μg/g）/d。在进行的杂环胺致癌试验表明，杂环胺致癌的主要靶器官是肝脏，但大多数还可诱发其他多部位的肿瘤。除了经口外，经皮肤涂抹、经膀胱灌输和经皮下注射杂环胺的致癌实验，也都得到阳性结果。

（四）N-亚硝基化合物

不同种类的N-亚硝基化合物毒性大小差别很大，大多数亚硝基化合物属于低毒和中等毒，个别属于高毒甚至剧毒。化合物不同，毒性作用机理也不尽相同。其中肝损伤最为多见，也有肾损伤、血管损伤等。

许多动物实验证明，N-亚硝基化合物具有致癌作用，但N-亚硝胺是前致癌物，在人体代谢活化后才具有致癌作用。在遗传毒性研究中发现，许多N-亚硝基化合物可以通过机体代谢或直接作用诱发基因突变、染色体异常和DNA修复障碍。N-亚硝酰胺能引起子鼠产生脑、眼、肋骨和脊柱的畸形。某些国家和地区流行病学资料表明，喜欢吃咸菜和咸鱼的人群中胃癌高发。这是由于亚硝酸盐在体内会转化成亚硝胺，亚硝胺具有诱发肿瘤的作用。此外，值得注意的是N-亚硝基化合物可突破胎盘屏障传给后代引起肿瘤。动物实验表明，动物在胚胎期对N-亚硝基化合物的致癌作用敏感性明显高于出生后或成年。这也提示孕妇应避免过量地食用含有较高致癌物的食品。

（五）甲醛

具有较高的毒性，能与核酸中的氨基或羟基结合，使之失去活性，影响代谢机能。人一次误服10mL~20mL甲醛即可导致死亡。世界卫生组织确定甲醛为致癌和致畸形物质，是公认的变态反应源，也是潜在的强致突变物之一。

持久性有机污染物以及其他类型的有机污染物来源广泛，存留时间长，对食品的危害是长期的。人们除减少毒性较大的有机化工品的使用外，还应该在有机生产合成过程中控制生产工艺，减少有机污染物的释放。加强对食品中有机污染物的检测，以及改善食品烹饪方式、饮食习惯和卫生习惯，都可以有效地控制有机污染物的危害。

农药和兽药残留、食品添加剂的过量使用、环境中重金属污染，以及有机污染物等化学因素，严重影响食品的安全问题。大量研究报告指出，农药的广泛使用不仅造成环境的污染，同时对人体健康造成危害。习惯性头痛、头晕、乏力、多汗、脱发、体弱等均是有毒蔬菜的隐性作用。癌症的发病率越来越高，且日趋年轻化，在很大程度上与食用受污染蔬菜有关。动物长期食用兽药会造成生物体的急性、慢性中毒，引起致癌、致畸、致突变等毒理作用，同时会使生物体产生过敏反应、菌群失调、细菌性耐药性等问题。重金属镉污染曾导致居民大范围出现严重的“痛痛病”。镉的半衰期是10~30年，其危害更是长期的。几乎所有的合成色素都不能向人体提供营养物质，某些合成色素甚至会危害人体健康。在食品添加剂中，反式脂肪、精制谷物制品、食盐、高果糖浆四种成分是加工食品中最多见的，这几种成分长期食用都会危害人体健康。人们在日常烹饪加工过程中不经意间产生有毒有害的化学成分，如多环芳烃类化合物，二噁英、亚硝酸盐等，这些物质损伤人体肝肾组织，致癌性极高。危害食品安全最主要、最复杂的因素是化学因素。化学工业的发展带给人们生活巨大的改变，但绿色的、可持续的化学工业发展，以及在食品生产、加工过程中合理地使用化学物质才能更好地保障食品安全。

第五章　危害食品安全的天然毒素

自然界有着种类丰富的植物和动物。人类在长期的生存实践中不断认识自然、了解自然，并从自然界的植物、动物中获得了生存的食物食材。大多数作为食物和食材的动植物，其毒性并不高，但有些动物、植物中的天然毒素含量较高。储存、加工和食用不当，均会导致天然毒素的含量超过人体所能承受的范围，造成人体不同程度的中毒。我们常见食品中，蚕豆、四季豆、生豆浆、木薯、黄花菜、发芽的马铃薯，以及鱼类、贝类、动物肝脏类食物等都有天然毒素。

第一节　天然植物毒素

世界上有30多万种植物，可用作人类主要食物的不过数百种。植物的毒性取决于植物中所含的毒素成分或致癌的化学成分。尽管作为食物的植物毒素含量很少，却严重影响了食品的安全性。

一、常见食物中的植物毒素

植物毒素是植物中天然产生的物质，对植物自身有保护的作用，对其他植物有生长抑制作用，对人和动物也有一定的毒性。目前，世界上有毒植物约2000种。我国有大约1300种有毒植物，分属140科。植物毒素中，蓖麻毒素、相思子毒素和蒴莲根毒素等具有剧毒，如乌头碱对人的致死量为3mg~5mg，鱼藤酮为3.6g~20g。一般作为食物的植物，其毒素含量不高，但个别情况下毒素含量超过了人体正常耐受值就会引起中毒。人们按照毒素化学成分的不同，将天然毒素分为生物碱类毒素、苷类毒素、有毒多肽蛋白类毒素、酚类及其衍生物毒素、酶类毒素、非蛋白神经毒素类等。

（一）生物碱类

生物碱（Alkaloids）是一种含氮的有机化合物，有类似碱的性质，以有机酸盐、无机酸盐、游离状态、酯、苷等形式存在，大部分具有复杂的环状结构。生物碱的种类很多，分属于100多个科的植物中，如罂粟科、茄科、豆科、夹竹桃科等。食用植物中的生物碱主要为龙葵碱、秋水仙碱及吡啶烷生物碱，其他常见的有毒的生物碱有烟碱、吗啡碱、罂粟碱、麻黄碱、黄连碱和颠茄碱（阿托品与可卡因）等。

生物碱具有明显的生理作用，其生理作用差别很大，引起的中毒症状也不同。在医药中常有独特的药理活性，如镇痛、镇痉、镇静、镇咳、收缩血管、兴奋中枢、兴奋心肌、散瞳和缩瞳等作用。有时有毒植物和药用植物之间的界限很难区分，只是用量的差别。

1. 龙葵碱。龙葵碱（Solanine）又称龙葵素或茄碱，最早从龙葵中分离出来，是由葡萄糖残基和茄啶组成的一种弱碱性糖苷，是一类胆甾烷类生物碱，分为α、β、γ三种，毒性较强。马铃薯植株和块茎中主要是茄碱（α-solanine）和卡茄碱（Chaconine）两大类，分子式为$C_{17}H_{23}NO_3$，不溶于水、乙醚、氯仿，能溶于乙醇，与稀酸共热生成茄啶及一些糖类。

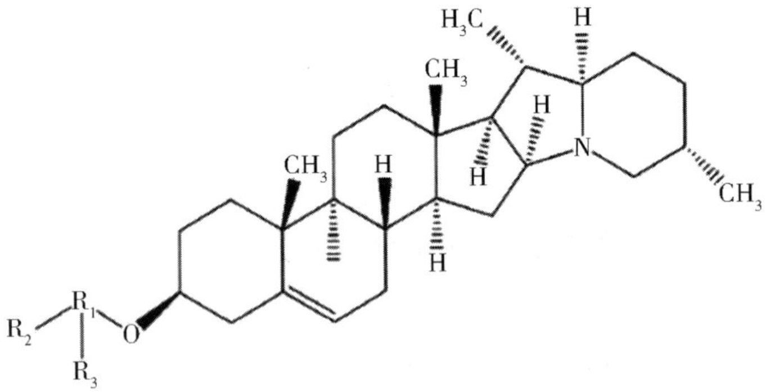

成分	R_1	R_2	R_3	相对分子质量
α-茄碱	半乳糖	葡萄糖	鼠李糖	867
β-茄碱	半乳糖	葡萄糖		721
γ-茄碱	半乳糖			559
α-卡茄碱	葡萄糖	鼠李糖	鼠李糖	851
β-卡茄碱	葡萄糖	鼠李糖		705
γ-卡茄碱	鼠李糖			559

图5-1　一些龙葵素的化学结构式

龙葵碱广泛存在于马铃薯、番茄及茄子等茄科植物中。龙葵碱毒素含量因植物品种和季节的不同而有差别，一般为0.005%~0.01%，幼芽和芽眼部分高达0.3%~0.5%。但是，发芽马铃薯中龙葵碱芽眼部位含量约占生物碱总量的40%。

马铃薯中龙葵碱的安全标准是20mg/100g，但发芽、表皮变青和光照均可使马铃薯中龙葵碱的含量增加数十倍，可达5000mg/kg，大大超过安全标准，食用这种马铃薯是非常危险的。

龙葵碱有较强的毒性，人食入0.2g~0.4g即可引起中毒，其主要通过抑制胆碱酯酶的活性、刺激黏膜和溶血作用，致使人体产生中毒反应。胆碱酯酶是可将乙酰胆碱水解为乙酸盐和胆碱的酶，乙酰胆碱存在于触突的末端囊泡中，是重要的神经传递物质。龙葵碱对胃肠道黏膜有较强的刺激作用，对呼吸中枢有麻痹作用，并能引起脑水肿、充血，进入血液后有溶血作用。此外，龙葵碱的结构与人类的甾体激素如雄激素、雌激素、孕激素等性激素相类似，孕妇若长期大量食用含生物碱量较高的马铃薯，该类毒素蓄积在体内会产生致畸效应。

2. 秋水仙碱。秋水仙碱（Colchicine）是不含杂环的生物碱，提取于百合科植物秋水仙、食用鲜黄花菜等植物中。纯品为灰黄色针状结晶体，易溶于水、乙醇和氯仿，味苦，有毒。对热不稳定，煮沸10~15分钟可充分被破坏，是黄花菜致毒的主要化学物质。

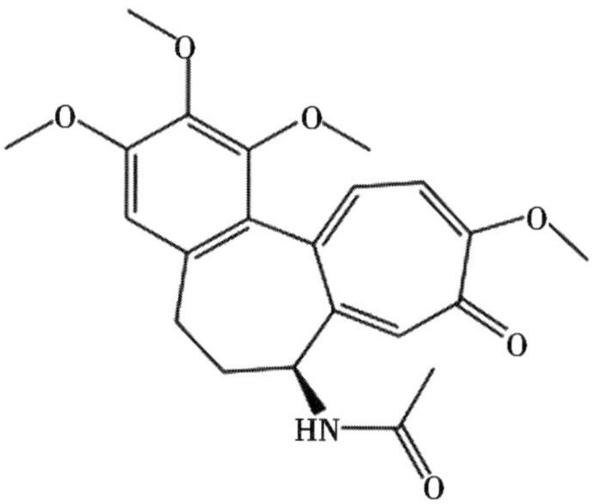

图5-2 秋水仙碱的化学结构式

秋水仙碱本身并无毒性，但当它进入人体并在组织间被氧化后，会迅速生成毒性较大的二秋水仙碱，这是一种剧毒物质，对人体胃肠道、泌尿系统具有毒性并产生强烈刺激作用，引起中毒。成年人如果一次食入0.1mg~0.2mg秋水仙碱（相当于50g~100g鲜黄花菜）即可引起中毒，中毒症状与砷中毒类似；一次摄入3mg~20mg可导致死亡。

3. 毒蝇碱。毒蝇碱（Musearine）主要存在于丝盖伞属和杯伞属蕈类（蘑菇）中，在某些毒伞属（如毒蝇伞、豹斑毒伞）等中也存在。本身为简单的胺，溶于酒精及水，不溶于乙醚。

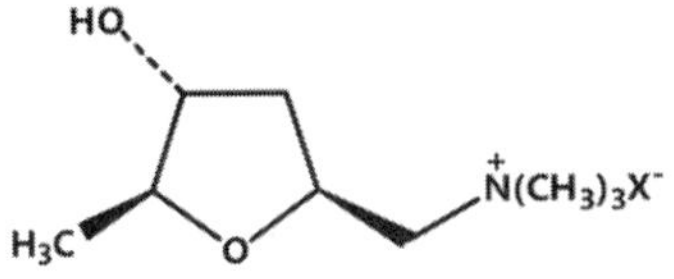

L(+)毒蝇碱（muscarine）

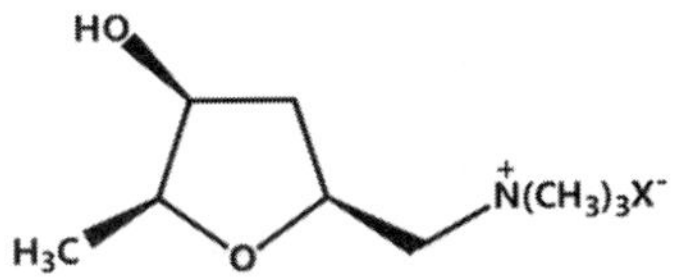

epi 毒蝇碱（muscarine）

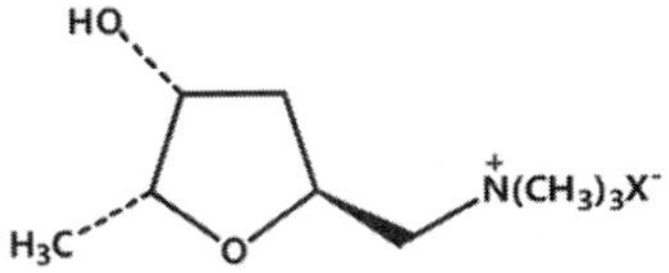

epi-allo 毒蝇碱（muscarine）

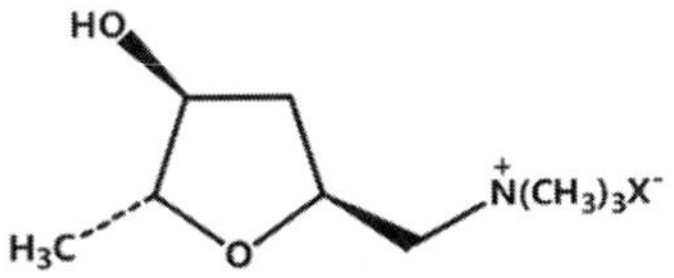

allo 毒蝇碱（muscarine）

图 5-3　毒蝇碱的化学结构式

毒蝇碱的分子式为 $C_9H_{20}NO_2$，结构式有四种排列形式（如图 5-3 所示），在几种异构体中 L（+）毒蝇碱活性最大，一般在食用后 15～30 分钟出现症状，但导致重症和死亡的较少。①

（二）苷类

在植物中，糖分子中环状半缩醛形式的羟基和非糖类化合物分子中的羟基脱水缩合，形成具有环状缩醛结构的化合物称为苷。苷类一般味苦，可溶于水及醇中，极易被酸或共同存在于植物中的酶水解，水解最终产物为糖及苷元。苷元是苷中的非糖部分，由于苷元化学结构类型不同，所生成的苷的生理活性也不相同。据此，可将苷分成多种类型，其中氰苷、皂苷常引起食物中毒。

1. 氰苷。氰苷（Cyanophoric glycoside）在植物中分布较广，禾本科、豆科和一些蔷薇科果树的种子、幼枝、花等部位均含有氰苷。食源性植物有苦杏仁、苦桃仁、木薯、枇杷和豆类等，还有苹果、李子等果核，以及玉米和高粱的幼苗。

氰苷主要是指化学结构具有 α-羟基腈的苷。氰苷一般味苦，易溶于水、醇。这种苷在不同条件下易被稀酸和酶催化水解，生成的苷元 α-羟基腈很不稳定，可立即分解为醛（酮）和氢氰酸。氰苷本身并没有毒性，水解后生成的氢氰酸（HCN）和醛酮化合物产生毒性。少量氢氰酸可以麻痹咳嗽中枢，有平喘镇咳等效果。大量的氢氰酸如果被吸收后，氰根离子能够迅速与氧化型细胞色素氧化酶

① 秦琪，田恩静、包海鹰．蘑菇毒素分类及其结构式．菌物研究，2022（2）：128-140.

中的三价铁离子结合，使其无法还原成二价铁离子，导致细胞因不能再利用血液中的氧而迅速窒息，阻断细胞呼吸时氧化与还原的电子传递，使细胞代谢停止，最终导致呼吸麻痹死亡。氰化物系剧毒物质，人体口服氰化物的急性中毒剂量为0.5mg/kg~3.5mg/kg，生氰糖苷对人的致死剂量为18mg/kg。

氰苷类植物通过咀嚼，在体内糖苷酶作用下，也可引起慢性氰化物中毒现象，含氰苷植物的毒性主要决定于氰苷含量的高低，还与摄食速度、植物中催化氰苷水解酶的活力以及人体对氢氰酸的解毒能力大小有关。

2. 皂苷。皂苷（Saponin glycoside）是苷元为三萜或螺旋甾烷类化合物的一类糖苷，主要分布于陆地高等植物中，也少量存在于海星和海参等海洋生物中。许多中草药如人参、远志、桔梗、甘草、知母和柴胡等主要有效成分中都含有皂苷。含有皂苷的植物有豆科、五加科、蔷薇科、菊科、葫芦科和茄科植物。

皂苷是一类比较复杂的苷类，为无定型粉末或结晶，由于其与水混合振摇时可生成持久性的似肥皂泡沫状物，故名皂苷，又称皂素。其外观呈白色至浅黄棕色粉末，或茶棕色至棕黑色糊状体。皂苷有一定的溶血作用，对黏膜尤其是鼻黏膜的刺激较大。内服量过大可伤害肠胃，引起呕吐，并可导致中毒。观赏植物夹竹桃的枝、叶、树皮和花中都含有夹竹桃苷，误食其叶片或在花期中的花下进食，受花粉、花瓣污染均可引起中毒。

3. 硫苷。硫苷（Sulfur glycoside）是糖端基碳直接与苷元的硫原子连接形成的苷。其存在于十字花科的植物中，如食物中的卷心菜、花茎甘蓝、萝卜、芜菁、甘蓝和芥菜等。各种天然含硫糖苷中已被鉴定的品种大约有70种，这些蔬菜的种子中含有的硫苷含量是茎、叶的20倍以上。含硫苷成分的植物种子制成的饲料会对动物生长产生不利的影响。

（三）有毒蛋白类和复合蛋白类

蛋白质是生物体内最复杂也是最重要的物质之一。异体蛋白质注入人体组织可引起过敏反应。植物中的红血球凝集素、胰蛋白酶抑制剂、蓖麻毒素、巴豆毒素、刺槐毒素等都属于有毒蛋白质。由于蛋白质的相对分子量大，在水溶液中呈胶体溶液，加热处理可使其凝固，致蛋白质变性，降低毒性作用。

1. 外源凝集素。外源凝集素（Lectins），又称植物性血细胞凝集素，是一类可使红血球凝集的非免疫来源的多价糖结合蛋白或蛋白质，广泛存在于各种豆类（如大豆、菜豆、蚕豆、豌豆、刀豆等）和某些植物的种子（如蓖麻）中。外源凝集素是由结合多个糖分子的蛋白质亚基组成，分子量很大，是天然的红细胞抗原。外源凝集素可分为大豆凝集素、菜豆凝集素和蓖麻毒蛋白等。这类凝集素比较耐热，80℃环境中数小时不能使之失活，但100℃环境中1小时可破坏其活性。

外源性凝集素的毒性可引起溶血作用，破坏蛋白质合成，从而引起营养缺乏、生长抑制甚至死亡。

巴豆中的有毒成分主要是巴豆素（Crotin），它是一种毒性球蛋白，对胃肠黏膜具有强烈的刺激、腐蚀作用，可引起恶心、呕吐与腹痛，但其耐热性差，遇热后失去毒性。巴豆、相思豆、刀豆、青蚕豆等植物中含有此类毒素。巴豆毒素有强烈的腹泻作用，严重可致死。相思豆的叶、根和种子均含有毒素，以种子最毒。红豆毒素这种毒蛋白在浓度非常低（1：1000000）时，可使细胞发生凝聚反应。存在于刀豆和青蚕豆中的有毒氨基酸及其衍生物主要有β-氰基丙氨酸、刀豆氨酸和L-3，4-二羟基苯丙氨酸等，刀豆氨酸能阻抗体内的精氨酸代谢，L-3，4-二羟基苯丙氨酸能引起急性溶血性贫血症，食后5~24小时发病，急性发作期可长达24~48小时。人们过多地摄食青蚕豆（无论生熟或是去皮与否）都可能导致中毒。

蓖麻毒素的毒性是豆类凝集素的1000倍。蓖麻毒素是一种细胞毒，毒素进入体内后，会使真核细胞的核糖体抑制失活，从而抑制蛋白质的合成，大量摄入可以致死。中毒后数小时出现精神不振、恶心呕吐，腹痛、腹泻、便血等症状，继而脱水、血压下降、休克嗜睡，严重者可抽搐、昏迷、牙关紧闭。该毒素易损伤肝、肾等实质器官，导致出血、变性、坏死病变，并能凝集和溶解红细胞，抑制麻痹心血管和呼吸中枢，是致死的主要原因之一。人的致死量为7mg~30mg，成人误食10余粒蓖麻籽就可致死。

2. 蛋白酶抑制剂。其是指与蛋白酶分子活性中心上的一些基团结合，使蛋白酶活力下降甚至消失，但不使酶蛋白变性的物质，是多肽类化合物。其常存在于豆类、谷类、马铃薯等食品中，比较重要的有胰蛋白酶抑制剂和淀粉酶抑制剂两类。前者在豆类和马铃薯块茎中较多，后者见于小麦、菜豆、芋头和生香蕉、芒果等食物中，其他食物如茄子、洋葱等也含有此类物质。这类物质实质上是植物为繁衍后代、防止动物啃食的防御性物质。蛋白酶抑制剂稳定性较差，可通过加热去除。

目前，已从多种豆类（大豆、菜豆和花生等）及蔬菜种子中纯化出各种胰蛋白酶及胰凝乳蛋白酶的抑制剂。胰蛋白酶抑制剂可以与胰蛋白酶或胰凝乳蛋白酶结合，因而抑制了酶水解蛋白质的活性，使胃肠消化蛋白质的能力下降。同时，它又能促使胰脏大量地制造胰蛋白酶，造成胰脏肿大，严重影响健康。用含有胰蛋白酶抑制剂的生大豆脱脂粉喂饲实验动物，可导致其明显的生长停滞、胰腺肥大、增生及胰腺瘤的发生。淀粉酶抑制剂可以使淀粉酶的活性钝化，影响人体对糖类的消化作用，从而引起消化不良等症状。

3. 毒肽。毒肽（Phallotoxins）多存在于鹅膏菌毒素和鬼笔菌毒素等蕈类毒素当中。蕈类，俗称蘑菇，是真菌植物。我国已知的毒蕈有100种左右，其中毒性很强者有10余种，如褐鳞环柄菇、肉褐麟环柄菇、白毒伞（白帽菌）、毒伞（绿帽菌）、鳞柄白毒伞（毒鹅膏）、秋生盔孢伞（焦脚菌）、包脚黑褶伞、毒粉褶菌（土生红褶菇）、残托斑毒伞、鹿花菌、马鞍蕈等。毒肽主要来源于鹅膏菌毒素、鬼笔菌毒素、毒伞素等，易误食而中毒。

鹅膏菌毒素是环辛肽，有六种同系物；鬼笔菌毒素是环庚肽，有五种同系物。它们毒性机制基本相同，前者作用于肝细胞核，后者作用于肝细胞微粒体。从毒性作用的大小上来讲，前者的毒性大于后者。在鹅膏菌中，两种毒肽的含量大致相等，每100g鲜蘑菇中两种毒肽的含量为10mg~23mg，质量约50g的毒蘑菇所含的毒素足可杀死1个成年人。

毒肽易溶于水，化学性质均比较稳定，耐高温、耐干燥和耐酸碱。一般的烹调加工不能破坏其毒性。在我国，鹅膏菌中毒占误食野生蕈菌致死数的95%。

（四）酚类及其衍生物类

酚类及其衍生物类毒素主要包括简单酚类、黄酮、异黄酮、香豆素等多种类型化合物，是植物中最常见的成分。例如，棉花的叶、茎、种子中所含有的棉子酚（也称棉酚）是一种细胞原浆毒，对心、肝、肾及神经、血管等均有毒性。

1. 棉酚。棉酚（Gossypol）存在于棉花的叶、茎、根和种子中，是一种黄色多酚羟基双萘醛类化合物。其中，棉籽含游离棉酚0.15%~2.8%，而棉籽油的毒性取决于游离棉酚的含量。

棉酚有毒，可使生殖系统受损进而影响生育能力，使男性睾丸受损，令多数病人精液中无精子或精子减少；使女性闭经，子宫萎缩，并导致不育症。动物实验表明，当棉籽油中含有0.02%游离棉酚时对动物的健康是无害的，含有0.05%时对动物有害，而高于0.15%时则可引起动物严重中毒。食用含棉酚较多的毛棉油后会引起中毒，患者皮肤潮红，有难以忍受的灼烧感，并伴有心慌、气喘、头晕、无力等症状。但是棉酚的具体致毒机制尚不十分清楚。急性中毒潜伏期，短者1~4小时，一般2~4天，长者6~7天。慢性中毒初期主要表现为皮肤潮红干燥，日光照射后更明显。女性和青壮年发病率高，治疗不及时可引起死亡。治疗棉酚中毒无特效解毒药，棉籽直接榨油得到的毛棉油毒性大，勿食。GB 2716-2010《食用植物油卫生标准》规定，棉籽油中游离棉酚含量不得超过0.02%，棉酚超标的棉籽油严禁出售和食用。

2. 大麻酚。大麻酚是从大麻叶中提取的一种酚类衍生物。大麻叶中含有多种大麻酚类衍生物，目前已能分离出15种以上，比较重要的有大麻酚、大麻二酚、四氢大麻酚、大麻酚酸、大麻二酚酸、四氢大麻酚酸。

大麻酚及其衍生物都属麻醉药品，并且毒性较强。吸食大麻会使人的脑功能失调，导致记忆力消退、健忘，注意力很难集中。吸食大麻还可破坏男女的生育能力，而且由于大麻中焦油含量高，其致癌率也较高。

（五）其他

1. 血管活性胺。一些植物如香蕉和鲜梨本身含有天然的生物活性胺，如多巴胺（Dopamine）和酪胺（Tyramine），这些外源多胺对动物血管系统有明显的影响，故称血管活性胺。多巴胺是重要的肾上腺素型神经细胞释放的神经递质。该物质可直接收缩动脉血管以明显提高血压，故又称增压胺，可导致高血压，严重者出现颅内出血和死亡。酪胺是哺乳动物的异常代谢产物，它可通过调节神经细胞的多巴胺水平间接提高血压。啤酒中也含有较多的酪胺，糖尿病、高血压、胃溃疡和肾病患者往往因为饮用啤酒而导致高血压的急性发作。

2. 甘草酸和甘草次酸。甘草（Glycyrrhiza uralensis）是常见的药食两用食品。甘草提取物作为天然的甜味剂广泛用于糖果和罐头食品。甘草的甜味来自甘草酸和甘草次酸。甘草次酸具有细胞毒性，长时间大量食用甘草糖（100g/d）可导致严重的高血压和心脏肥大，临床症状表现为钠离子贮留和钾离子的排出，严重者可导致极度虚弱和心室纤颤。

3. 硝酸盐和亚硝酸盐。叶菜类蔬菜中含有较多的硝酸盐和极少量的亚硝酸盐。一般来说，蔬菜能主动从土壤中富集硝酸盐，其硝酸盐含量高于粮谷类，尤其是叶菜类的蔬菜含量更高。人体摄入的 NO_3^- 有 80%以上来自所吃的蔬菜。蔬菜中的硝酸盐在一定条件下可还原成亚硝酸盐，当其蓄积到较高浓度时，食用后就能引起中毒。

4. 草酸和草酸盐。草酸在人体内可与钙结合形成不溶性的草酸钙。不溶性的草酸钙可在不同的组织中沉积，尤其在肾脏，人食用过多的草酸也有一定的毒性。常见的含草酸多的植物主要有菠菜等。

5. 酶。蕨类植物中（蕨菜的幼苗、蕨叶）的硫胺素酶可破坏人和动物体内的硫胺素，引起人和动物的维生素 B_1 缺乏症。大豆中存在破坏胡萝卜素的脂肪氧化酶，食入未经热处理的大豆可使人体血液和肝脏内维生素 A 的含量降低。

二、食物中植物毒素中毒及毒性作用

常见的植物毒素引起的食物中毒可以概括为：一是对野生食物辨别不清，造成的误采、误食。例如，野生蘑菇、野生芹菜、蕨菜、野生黄花菜等。二是对蔬菜、粮食、油品等食物加工不当，内含毒素去除不彻底造成含量超标引起的中毒。例如，青蚕豆、芸豆等豆类中毒、棉籽油的食用等。三是食物保存不当产生内生性毒素和次生毒素。例如，腌渍菜品的亚硝酸盐中毒、发芽土豆的龙葵毒素中毒等。

植物性毒素会通过溶血、肝损伤、蛋白质破坏等毒性作用，损害人体的呼吸系统、循环系统、中枢神经系统，最终造成中毒和死亡。

（一）蘑菇中毒及毒性作用

1. 食用蘑菇中毒。我国蘑菇资源很丰富，每年高温、多雨的夏秋季节是蘑菇采摘的主要季节，也是误食引起食物中毒的高发季节。据统计，全世界已知的毒蘑菇种类有2000多种，中国有近200种，其中危害较大的40余种，可致人死亡的30余种。对野生蘑菇辨识不清，是造成中毒的最主要原因。

毒蘑菇种类不同，所含毒素成分复杂，要么一种毒蘑菇含有多种毒素，要么数种蘑菇含有相同的一种或几种毒素，蘑菇毒素也会因时间和地区的差别造成毒素含量的不同。毒蘑菇引起中毒的临床表现各异，起病时多有呕吐腹泻症状，常易被误诊为肠胃炎、菌痢或一般食物中毒等。故遇到此类症状的病人时，尤其在夏秋季节出现一户或数户同时发病时，应考虑到毒蘑菇中毒的可能性。

2. 毒性作用。蘑菇毒素引起的毒性作用主要有肝损害型、神经致幻型、溶血型和胃肠中毒型四类。已知的毒肽和毒伞肽两大类毒素是肝损害型毒素，中毒者6~24小时出现肝痛、肝肿大、黄疸、出血，精神兴奋或抽搐，时而烦躁不安、谵妄或抽搐，时而嗜睡或昏迷，不思饮食。此类毒素毒性作用潜伏期长，病死率高。

含有毒蝇碱成分的蘑菇产生神经致幻型损害，进食后10分钟~2小时发病。毒素使副交感神经系统兴奋，表现为精神兴奋、精神错乱、精神抑制等症状相互交替出现，呕吐腹泻，出现幻视、幻觉、狂笑、精神错乱等神经兴奋等症状。同时还有流涎、大量流汗、流泪、瞳孔缩小、血压下降、心率减慢、呼吸困难等，有时出现幻觉，但重病例和死亡者较少。

鹿花菌、梭柄马鞍菌蘑菇产生鹿花菌素或马鞍菌酸可引起溶血型毒性作用，此类型潜伏期一般为6~12小时。中毒者出现胃肠炎与头痛、疲倦、痉挛等神经症状。在1~2天内由于红细胞被大量破坏，进而引起急性溶血性贫血，大量溶血可于短时间内出现黄疸、红血蛋白尿及血红蛋白血症，可见肝、脾肿大及心、肾受累等，严重者可至昏迷或抽风，并死于衰竭或休克。可因续发尿毒症而死亡，死亡率2%~4%。

胃肠中毒型发病快，潜伏期短，一般为10分钟~6小时。中毒后出现剧烈恶心、呕吐、腹痛、腹泻，也有疲倦、昏厥、说胡话的。病程短，一般病死率很低，严重者偶有死亡。

（二）豆类食物中毒和毒性作用

1. 豆类食物中毒。豆科植物中存在蛋白酶抑制剂、植物红细胞凝集素、致甲状腺肿素、抗维生素因子、多种苷类和酮类等化学物质。蛋白酶抑制剂能抑制角蛋白酶、糜蛋白酶、胃蛋白酶等某些蛋白质水解酶的生理活性作用。植物红细胞凝集素能凝集人和动物红细胞，可引起细胞溶血，动物缺乏营养，抑制生长。致甲状腺肿素能导致甲状腺肿大。大豆中含有抗维生素 D，扁豆中有抗维生素 E 等因子。如食用未熟透豆类，这些毒素成分可直接或潜在地对人类产生危害。

2. 毒性作用。豆类毒素中毒发病快，潜伏期 0.5~1 小时，最快 3~5 分钟。中毒表现为恶心、呕吐、腹胀、腹泻、腹痛、肠绞痛、胃部烧灼感、头晕和乏力，重者可出现四肢麻木、胸闷、呕血等症状。严重中毒者可因昏迷、呼吸与循环衰竭及急性肾功能衰竭而死亡。

豆类毒素中的各种毒素会影响酶功能。另外，豆类中的氰苷在水解时可产生氰化氢，氰根离子能抑制组织细胞内 42 种酶的活性，但对细胞色素氧化酶最为敏感，造成氰根离子能迅速与氧化型细胞色素氧化酶中的三价铁离子结合，阻止其还原成二价铁离子，使传递电子的氧化过程中断，组织细胞不能利用血液中的氧而造成内窒息。豆类中的皂苷对人体消化道具有强烈的刺激性，可引起出血性炎。豆类中的蓖麻毒素中毒潜伏期较长，一般为 1~3 天，多在食用后 18~24 小时发病。病人首先感到喉咙强烈刺激及灼热感，严重者可出现便血、昏迷、血压下降，最后因肝、肾、心力衰竭而死亡。

（三）发芽食物中毒及毒性作用

1. 发芽食物中毒。发芽的马铃薯块茎食用后，毒素潜伏期多为 2~4 小时。开始为咽喉抓痒感及灼烧感，并伴有上腹部灼烧感或疼痛，其后出现胃肠炎症状，如恶心，呕吐，呼吸困难、急促，伴随全身虚弱和衰竭，腹泻导致脱水、电解质紊乱和血压下降。轻者 1~2 天自愈，重症者可因心脏衰竭、呼吸麻痹而致死。3mg/kg 体重的摄入量可引起嗜睡、颈部瘙痒、敏感性提高和潮式呼吸，更大剂量可导致腹痛、呕吐、腹泻等胃肠炎症状。

2. 毒性作用。发芽植物中含有的龙葵素、龙葵碱有较强的毒性，主要通过抑制胆碱酯酶的活性、刺激黏膜和溶血作用，致使人体产生中毒反应。胆碱酯酶是可将乙酰胆碱水解为乙酸盐和胆碱的酶。乙酰胆碱存在于触突的末端囊泡中，是重要的神经传递物质。龙葵碱对胃肠道黏膜有较强的刺激作用，对呼吸中枢有麻痹作用，并能引起脑水肿、充血，进入血液后有溶血作用。

（四）苷类食物中毒及毒性作用

1. 苷类食物中毒。苷类中毒主要是有些食物中含有有机苷类物质，如食用未处理的木薯和苦杏仁食物容易造成食物中毒。生食或食入未煮透的木薯或煮木薯的汤，一般食用 50g 会产生症状，食用 150g~300g 生木薯即能引起严重中毒或死亡。木薯中毒一般多发生在食后 5~6 小时，有的 2~3 小时就会有症状。中毒的早期轻度症状主要有恶心、呕吐、腹痛、头痛、头晕、心悸、脉快、无力、嗜睡等；中毒严重者可出现呼吸困难、躁动不安、心跳加快、瞳孔散大，对光反应迟钝或消失，以致昏迷，最后抽搐、缺氧、休克或呼吸衰竭。

生食含有苦杏仁苷的水果核仁，特别是苦杏仁、苦桃仁、白果可引起中毒。儿童吃 6 粒苦杏仁即可中毒，也有自用苦杏仁治疗小儿咳嗽（祛痰止咳）引起中毒的例子。中毒症状主要是口中苦涩、流涎、头晕、头痛、恶心、呕吐、心悸、四肢乏力等，重症者胸闷、呼吸困难，严重者意识不清、昏迷、四肢冰冷，最后因呼吸麻痹或心跳停止而死亡。生食白果 10~50 粒会引起中毒，表现为恶心、呕吐，继有腹痛、腹泻、食欲不振等消化系统症状。当人体皮肤接触种仁或肉质外皮后，可引起皮炎、皮肤红肿。

2. 毒性作用。木薯中氰苷本身不含有毒性，但在加工过程中，当根部组织被破坏时，会释放内源性酶，在潮湿和常温的环境中，亚麻苦苷会被酶分解生成氰醇，该化合物会在一定条件下生成氢氰酸（HCN）。尽管日晒、浸泡、水煮等加工过程可以去除 80%~95%的氰苷化合物，但仍有一部分会留存在食物中。如果长期食用，会对人的健康造成危害。

苦杏仁苷中的氰苷含量甚至可以达到 6%。苦杏仁苷由龙胆二糖和扁桃腈组成，属于二糖氰苷。扁桃腈会自发或经羟基腈裂解酶产生氢氰酸，当误服该类内核时，体内的酶会酶解生成氢氰酸，有可能导致中毒。

食用木薯、苦杏仁、白果中毒的原因是由上述食材水解后生成氢氰酸和醛酮化合物产生毒性。大量的氢氰酸如果被吸收后，氰根离子能够迅速与氧化型细胞色素氧化酶中的三价铁离子结合，使其无法还原成二价铁离子，使细胞不能再利用血液中的氧而迅速窒息，阻断细胞呼吸时氧化与还原的电子传递，使细胞代谢停止，最终导致呼吸麻痹而死亡。

（五）鲜黄花菜中毒及毒性作用

1. 鲜黄花菜中毒。黄花菜又称萱草，每年六七月是其成熟的季节，也是中毒高发的季节。中毒原因主要是由于食用烹调方法不当造成的，如未经焯水、浸泡，且急火快炒新鲜黄花菜等，极易引起食用中毒。一般在食用 4 小时内出现中毒症状，轻者表现为口渴、喉干、心慌、胸闷、头痛、呕吐、腹痛、腹泻（水样便），重者出现血尿、血便、尿闭与昏迷等症状。

2. 毒性作用。鲜黄花菜中含有秋水仙碱成分，当它进入人体并在组织间被氧化后，迅速生成毒性较大的二秋水仙碱，这是一种剧毒物质，对人体胃肠道、泌尿系统具有毒性并产生强烈刺激作用，引起中毒。中毒症状与砷中毒类似，口渴、喉咙有烧灼感、发热、呕吐、腹泻、腹疼和肾衰竭，并伴有呼吸衰竭，进而引起死亡。秋水仙碱的口服致死量为8mg/kg~65mg/kg，食用100克鲜黄花菜即可引起中毒。鲜黄花菜只有通过干制去除和破坏秋水仙碱，食用后才不会引起中毒。

第二节　天然动物毒素

一、常见食物中的动物毒素

动物毒素来源于动物体内。人们已知有1000多种海洋生物是有毒或能分泌毒液的，毒素毒液多用于动物的自我防护。一旦动物被人们当作食物，自然也摄入了其体内的动物毒素。动物类食物中天然毒素的类型可分为动物肝脏中的毒素、海洋鱼类中的毒素、河豚毒素以及贝类毒素等。

（一）胆酸毒素

牛、羊、猪等动物的肝脏是动物体内重要的代谢废物及外源性毒素的“处理厂”，该组织含有大量的蛋白质、维生素A、叶酸、胆固醇、胆酸及各种微量元素。其中，胆酸是胆汁中的重要成分。胆酸（Cholic acid）是一种有机物，其分子式为$C_{24}H_{40}O_5$，纯品为无色片状物或白色结晶粉末。胆酸存在于牛、羊、猪等动物的胆汁中，有些苦味，尝后又有些甜的感觉，具有很强的溶血作用。通常食草性动物牛、羊的胆酸含量比杂食性动物猪的胆酸含量高。如果大量食用肝脏，或肝脏处理不当，以及生吞动物肝，会引起中毒症状的发生。有研究表明，胆酸的代谢物之一脱氧胆酸还会促使结肠癌、直肠癌发病率的提高。

（二）河豚毒素

河豚是一种肉味鲜美但内脏和血液有剧毒的鱼类，品种甚多，全球有200多种，我国有70多种，盛产于我国沿海及长江下游一带。河豚中的有毒物质称为河豚毒素。河豚毒素（Tetrodotoxin，TTX）分子式为$C_{11}H_{12}N_3O_8$，相对分子量为319，为无色针状结晶，不属于生物碱，但是结构与生物碱类似，是氨基全氢喹唑啉型化合物。其易溶于稀乙酸，微溶于水和乙醇，不溶于油脂和脂溶性有机溶剂，化学性质和热性质均很稳定，在 pH 值 7 以上及 pH 值 3 以下条件中不稳定，可分解成河豚酸，但毒性并不消失。盐腌、日晒、油炸、炖、烧、煮等一般烹调加工手段均不能将其破坏。河豚毒素在 pH>7 的碱性条件下不稳定，220℃ 加热 20~60 分钟可使毒素全部被破坏。

河豚毒素也因部位及季节不同而有差异。雌河豚的毒素含量高于雄河豚。河豚的肝脏和卵巢有剧毒（绝对不可割破），其次是肾脏、血液、眼睛、鳃和皮肤。大多数肌肉可认为无毒。但如果鱼死后较久，内脏毒素溶于体液则能逐渐渗入到肌肉中，仍不可忽视。每年春季为河豚的卵巢发育期，此时毒性很强；6~7 月产卵退化，毒性减弱，肝脏亦以春季产卵期毒性最强。此外要注意的是，河豚毒素不仅存在于河豚中，在一些两栖类动物，如水蜥、加利福尼亚蝾螈的皮肤中也存在。

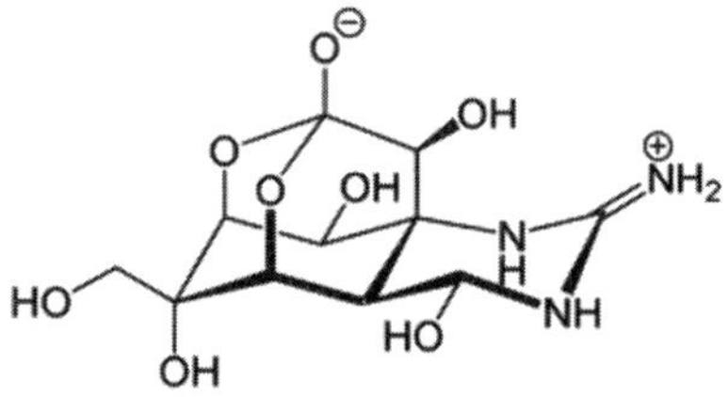

图 5-4　河豚毒素的化学结构式

（三）鱼体组织胺

组织胺（Histamine）是一种活性胺化合物，是鱼体中的有力组氨酸在组氨酸脱羧酶的作用下，发生脱羧反应而形成的物质。由于鱼的蛋白质非常丰富，使其动物组织更容易腐败，对细菌等微生物的侵入也更加敏感。组织胺也称组胺、1H-咪唑-4-乙胺、2-（4-咪唑基）乙胺，其分子式为 $C_5H_9N_3$，分子量为 111.15，沸点为 167℃，结构如图 5-5 所示。组织胺在体内由组氨酸在组氨酸脱羧酶的催化下，发生脱羧反应而形成。组胺外观为黄色晶体，溶于水、甲醇、热氯仿等溶剂。

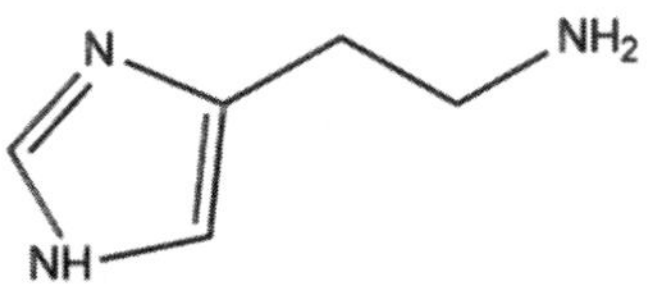

图 5-5　组胺的化学结构式

组胺作为身体内的一种化学传导物质，是一种强生物活性物质，它可以引起许多细胞发生反应，摄入后会引起中毒反应，是食品中较为重要的不安全因素之一。组胺会引起过敏、发炎反应和胃酸分泌等症状，还可以影响脑部神经传导。组胺存在于肥大细胞内，亦存在于肺、肝及胃的黏膜组织内。鱼体组胺的形成与鱼的种类和微生物有关。容易形成组胺的鱼类活动能力强，皮下肌肉血管发达，血红蛋白高，有“青皮红肉”的特点，一般青鱼、鲭鱼、金枪鱼等品种容易产生组胺。鱼死后在常温下放置较长时间后，易受到含有组氨酸脱羧酶的微生物污染而形成组胺，组胺无色杆菌、摩氏变形菌等细菌会造成组胺含量的升高。

（四）贝类毒素

海洋毒素是由海洋中的有毒藻类通过食物链传递给食藻的鱼、虾及贝类等生物，并在其体内蓄积形成的有毒高分子化合物。海洋毒素种类繁多，其中贝类毒素是危害较大者之一。在日常监管中，常将贝类毒素按照中毒症状分为麻痹性贝类毒素（PSPs）、腹泻性贝类毒素（DSP）、神经性贝类毒素（NSP）和健忘性贝类毒素（ASP）。2004 年，FAO/IOC/WHO 共同完成的报告建议基于贝类毒素的化学结构进行分类，主要分为石房蛤毒素组、软骨藻酸组、大田软海绵酸毒素组、短裸甲藻毒素组、氮杂螺环酸组、蛤毒素组、虾夷扇贝毒素组和环亚胺类毒素八大类。

贝类毒素的危害具有突发性和广泛性。由于其毒性大、反应快，无适宜解毒剂，给防治带来了许多困难。

1. 麻痹性贝类毒素。麻痹性贝类毒素因人食用了含这种毒素的贝类后会引起对细胞钠通道的阻断，造成神经系统传输障碍，产生外周神经肌肉系统麻痹为初始症状的中毒效应而得名，是贝类毒素中毒性最强的一种，其毒性与河豚毒素相当，危害也最大。

麻痹性贝类毒素是一类四氢嘌呤三环化合物毒素的总称（如图 5-6 所示），由石房蛤毒素及其衍生物组成。衍生物种类繁多，结构复杂多样，且在特定条件下可以发生相互转化，并对生物体内的代谢产生影响。它们由 20 多种结构不同的甲藻（赤潮生物种）产生的毒素组成，可在热带水域及温带水域生长。这种毒素溶于水，对酸对热稳定，在碱性条件下易分解失活，一般加热不会使其毒性失效。PSPs 是一类剧毒的含氯杂环有机化合物，根据基团的相似性，可分为四类：氨基甲酸酯毒素、N-磺酰氨甲酰基毒素、脱氨甲酰基毒素、脱氧脱氨甲酰基毒素。麻痹性贝类毒素（PSPs）衍生物还包括 N-羟基衍生物、鞘丝藻毒素（LWTX1-6）、Zetekitoxin AB、安息香酸盐衍生物（GC1-6、GC1-6a、GCb1-6b），以及 PSTs 在贝类体内的新型代谢产物（M1-M12）等，其中毒性最高的一类为氨基甲酸酯类毒素。PSTs 的结构中碳骨架较为稳定，C_{11} 上的 R_2、R_3 取代基存在同分异构现象，毒性较小的 PSTs 也可转化为毒性较大的类似物（如 C-毒素→GTXs 类），反之亦然。氨基甲酸酯类毒素如石房蛤毒素、新石房蛤毒素和膝沟藻毒素。

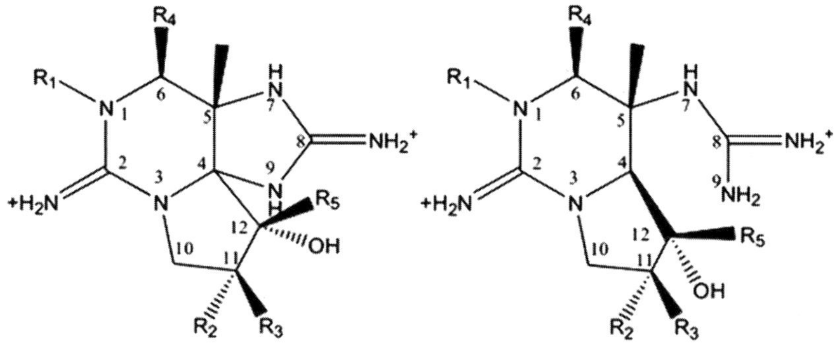

A型　　　　B型

图 5-6　麻痹性贝类毒素的化学结构式

麻痹性贝类毒素的毒理主要是通过对细胞钠通道的阻断，造成神经系统传输障碍而产生麻痹作用。

2. 腹泻性贝类毒素。腹泻性贝类毒素是从紫贻贝的肝胰腺中分离出来的一种脂溶性毒素，因被人食用后产生以腹泻为特征的中毒效应而得名。主要来自鳍藻属、原甲藻属等藻类，它们在世界许多海域都可生长。

腹泻性贝类毒素由三种不同的聚醚化合物组成：软海绵酸及衍生物鳍藻毒素-1 与鳍藻毒素-3、扇贝毒素（大环内酯化合物栉膜毒素）、硫化物毒素。其中，软海绵酸主要作用于小肠，可导致腹泻及吸收上皮细胞的退化，同时也是很强的肿瘤促进剂。栉膜毒素通过小鼠实验被证明是一种肝脏毒素，当对小鼠进行腹膜内注射时会导致肝脏坏死。而硫化物毒素会对小鼠的心肌造成损伤。

3. 神经性贝类毒素。神经性贝类毒素因人类一旦食用这些染毒贝类便会引起以麻痹为主要特征的食物中毒，或在赤潮区吸入含有有毒藻类的气雾，会引起气喘、咳嗽、呼吸困难等中毒症状而得名。神经性贝类毒素是贝类毒素中唯一可以通过吸入导致中毒的毒素。神经性贝类毒素属于高度脂溶性毒素，结构为多环聚醚化合物，主要为短裸甲藻毒素、剧毒冈比甲藻毒素。国家规定，对新鲜的、冷冻的或罐装制品的牡蛎、蛤类和贻贝的神经性贝类毒素最大允许限量为 20MU/100g。

4. 健忘性贝类毒素。健忘性贝类毒素是一种强烈的神经毒性物质，因可导致记忆功能的长久性损害而得名。健忘性贝类毒素主要来自软骨藻酸，软骨藻酸被证明是一种强烈的神经毒性物质，是与红藻酸（2-羧甲基-3-异丙烯基脯氨酸）相关的兴奋性氨基酸类物质。软骨藻酸是谷氨酸盐的拮抗物，可作用于中枢神经系统红藻酸受体，导致去极化、钙的内流以及最终导致细胞的死亡。而且软骨藻酸与其他兴奋性氨基酸如谷氨酸的协同作用可使提取物的毒性更强。

（五）蟾蜍毒素

蟾蜍毒素（Bufotoxin）是蟾蜍腮腺和皮肤腺分泌的毒素，成分复杂，有30多种。蟾蜍毒素也称蟾酥，其分子式为 $C_{26}H_{34}O_6$，分子量为442.55，沸点为595.4℃，味初甜而后有持久的麻辣感，该化合物结构如图5-7所示，水溶部分含吲哚。蟾蜍毒素耐热性较强，水解可生成蟾蜍配质、辛二酸及精氨酸。蟾蜍配质基本结构与强心甙原相似，主要作用于心脏，是导致恶性心率失常的主要毒素。

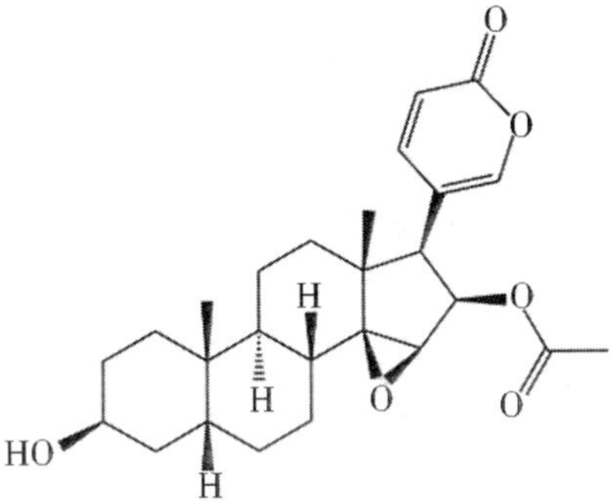

图5-7　蟾蜍毒素的化学结构式

蟾蜍毒素中毒的死亡率较高，而且无特效的治疗方法，所以主要是预防。严格讲以不食蟾蜍为佳，若需用于治病，应遵医嘱且用量不宜过大。

二、食物中动物毒素中毒及毒性作用

常见的动物性食物中毒的原因主要有：一是误食有毒动物或动物的某一部分，引起动物性毒素增加引起的中毒反应。人们会把带有天然有毒素成分的动物当作食物，如河豚。二是不当的饮食行为，如生食鱼胆、生吞动物胆汁等。三是食用会激发产生毒素的鱼类、贝类等海产品引起中毒。例如，青皮红肉鱼类的鲐鱼、金枪鱼、鲭鱼、黄鳝等含有高组胺类毒素，贝类会产生麻痹性贝类毒素。一些敏感人群食用不新鲜的鱼类、贝类等食材易引起中毒。

（一）河豚毒素中毒及毒性作用

1. 河豚毒素中毒。河豚毒素中毒一般会在进食后的20分钟出现。口唇、舌头、指尖的轻微麻木为早期症状，随后麻痹感蔓延至脸部及四肢，出现运动障碍、头痛头晕、恶心呕吐、血压下降、呼吸困难，严重者会出现呼吸衰竭甚至死亡。河豚毒素中毒的潜伏期与进食量、胃空盈、机体状态等因素有关。无毒的河豚极少，有毒的河豚内脏绝对不可食用。

2. 毒性作用。河豚毒素是强烈的神经毒素之一，其毒性比氰化钠高1000倍，人经口的最小致死量是40μg/kg。河豚毒素经过消化道进入血液后，产生类似箭毒样作用。河豚毒素是细胞膜钠离子通道选择阻断剂，可导致细胞膜去极化，对产生神经冲动所必需的钠离子向神经或肌肉细胞的流动具有专一性的堵塞作用，特异性干扰神经—肌肉的传导过程，使人的神经中枢和神经末梢发生麻痹。河豚毒素对胃肠道有局部刺激作用，吸收后迅速作用于神经末梢和中枢神经，致使神经呈麻痹状态。首先是麻痹感觉神经，然后是运动神经，严重者脑干麻痹，导致呼吸衰竭、血压下降，还可阻断心脏窦房传导，导致心律不齐。

（二）含高组胺鱼类中毒及毒性作用

1. 鱼类组胺中毒。主要发生于沿海地区及习惯食用海鱼的人群和地区。含高组胺的鱼类主要是海产鱼中的青皮红肉鱼，包括鲐鱼、青鱼、鲭鱼、金枪鱼、池鱼（学名为蓝圆鲹）。当鱼体不新鲜或腐败时，细菌分解鱼体中的组氨酸为组胺，使组胺含量升高，摄入后可以引起过敏性食物中毒。中毒临床表现是发病急，症状轻，恢复快。一般在进食后0.5~1小时发病，食用组胺含量高的鱼类可引起人体过敏性食物中毒症状，如呼吸急促、心率增加、恶心、呕吐、腹泻、头痛。在我国和日本的食品相关规定中，组织胺含量的允许量是100mg/100g以下。

2. 毒性作用。组胺的中毒机理是其使人胃肠道和支气管的平滑肌有兴奋作用，导致血管扩张和支气管收缩，主要表现为脸红、头晕、头疼、心跳、脉快、胸闷和呼吸促迫、血压下降等症状，个别人出现哮喘。部分病人有眼结膜充血、瞳孔散大、脸发胀、唇水肿、口舌及四肢发麻、荨麻疹、全身潮红、血压下降等症状。但多数人症状轻、恢复快，一般1~2天内可恢复，死亡者较少。一般引起人体组胺中毒的摄入量为1.5mg/kg。

（三）贝类中毒及毒性作用

1. 贝类中毒。贝类中毒以麻痹性贝类毒素和腹泻性毒素中毒最为常见。麻痹性贝类毒素中毒潜伏期较短，一般为数分钟或数小时。中毒发生时，唇、舌、指尖首先麻木，进而出现四肢末端和颈部麻木，步履蹒跚，并伴有发音障碍、流涎、头痛、口渴等，但大多数人意识比较清楚。随着病程发展，呼吸困难逐渐加重，严重者常在2~3小时内因呼吸麻痹而死亡，死亡率为5%~18%。经过24小时免于死亡者，则愈后良好。

目前常见的麻痹性贝类主要有紫贻贝、巨石房蛤、扇贝、巨蛎、蛤仔、织纹螺、香螺、东风螺、乌螺等。麻痹性贝类毒素除蓄积含量有物种特异性外，在不同组织中的毒性分布也具有特定性。一般情况下，贝的消化腺或内脏团是贝体内麻痹性贝类毒素累积最多的部位，蓄积含量最高可占贝类体内总毒素的98%。通常食用贝类出现中毒症状，且在剩余食物中检出石房蛤毒素及其衍生物，可以认定为食用贝类毒素中毒。

2. 毒性作用。麻痹性贝类毒素在多种不同的贝类毒素中毒事件中属最严重，因其强烈毒性，经常造成食用者中毒死亡事件。其毒性作用与河豚毒素类似，主要是通过对钠离子通道的影响而抑制神经的传导，1毫克岩蛤毒素即可使人中度中毒。神经性贝类毒素的毒理与麻痹性毒素相似，作用于钠通道，作用位点与石房蛤毒素的不同，引起钠通道维持开放状态，从而引起钠离子内流，造成神经细胞膜去极化。根据毒素类型不同，中毒症状不尽相同，有些病人伴有头痛、头晕、恶心、呕吐、腹泻，有些病人出现记忆丧失、意识障碍、肝损伤和日光性皮炎等。

（四）蟾蜍毒素中毒及毒性作用

1. 蟾蜍毒素中毒。误服蟾蜍或过量服含蟾蜍中药者，进食煮熟的蟾蜍（特别是头和皮），服用过量的蟾蜍制剂，或伤口遭其毒液污染均可引起中毒。蟾蜍毒素中毒一般在食后0.5~4小时发病，先表现为消化系统的变化，如剧烈恶心、呕吐、腹痛、腹泻、腹水、休克；进而是呼吸及循环系统的变化，出现胸闷、心悸、发绀、心律不齐，心电图可出现类洋地黄中毒的ST、T改变及传导阻滞。重者可导致休克、心房颤动、呼吸和循环衰竭；神经系统同时出现头晕、头痛、嗜睡、出汗、口唇及四肢麻木、惊厥等症状。蟾毒误入眼内，可引起眼睛红肿，甚至失明。偶有剥脱性皮炎。出现上述中毒症状应考虑是蟾蜍毒素中毒。

2. 毒性作用。蟾蜍毒素的毒理作用主要是兴奋迷走神经，直接作用于心肌，导致心律失常。除了直接影响心肌外，尚有刺激胃肠道、抗惊厥和局麻的作用。还有收缩血管和升压作用，可引起幻觉，对周围神经有类似蕈碱样等多方面的症状表现。蟾蜍毒素在体内排泄迅速，无蓄积作用。

关于食品中动物毒素中毒的预防，应加强对与水产品收购、加工、供销的监督管理。应对海产品中鱼虾、贝类等养殖环境进行监管，并对水体质量进行监督。对容易过敏的人群应加强提醒，减少过敏食物的摄入。

第六章　危害食品安全的物理及环境因素

食品从农田到餐桌是一个过程，除了前文提到的生物性危害及化学性危害的主要因素，食品加工、包装、运输、储存等操作中的物理因素所带来的影响也不容忽视。物理因素影响食品质量及安全。通常危害食品安全的物理因素被描述为外界来的物质或异物，包括在食品中非正式性出现的能引起疾病、致人受伤的任何物理物质。食品的放射性污染必须作为重要物理因素加以考虑并进行控制。

第一节　食品的放射性危害

随着核工业、核医学、核兵器等的不断发展，人类利用放射性核素越来越频繁，放射性核素对食品造成污染的风险也随之增强。此外，随着辐照保藏技术在延长食品保质期上的应用，放射剂量和残留也成为食品安全中需要检测和控制的危害因素。

一、食品的放射性污染

食品的放射性污染是指食品吸附或吸收外来的（人为的）放射性核素，使其放射性高于自然本底或超过国家规定的标准。食品中放射性核素主要包括天然放射性核素和人工放射性核素。绝大多数动植物性食品中都不同程度地含有天然放射性物质，即食品的天然放射性本底。

（一）食品放射性污染的来源

食品的天然放射性含量较低，一般不会对人体造成危害，而食品中的人工放射性元素污染，将直接产生危害。人工放射性元素核素的来源主要有以下几个方面。

1. 核工业。核工业是对核能开发、利用的综合性新兴工业，包括放射性地质勘探、核燃料元件制造、核电站、核武器制造等的生产和科研。放射性核素在医学、冶金、化工等科学研究和工农业生产中得到广泛应用。核工业的意外事故或废物排放，在一定程度上会污染食品。

2. 核试验。核试验会产生一定的核废物，核废物排放造成的全球性污染要比核工业造成的污染严重得多。地面、空中特别是水下核试验产生的大部分放射性核素被直接排放到陆地或海洋中，沉降到大陆上的放射性核素有一部分也会随着雨水经河流进入海洋。

3. 核爆炸。核爆炸是核武器或核装置在几微秒的瞬间释放出大量能量的过程。核爆炸中的核素释放，可在空中、水中、地面、地下、水下等造成环境污染，从而间接污染食品。

（二）食品放射性污染的途径

人工放射性核素可从三个途径造成食品的污染。

1. 直接污染。核素一般通过重力或降雨等自然作用而沉降到地面或海洋，直接污染动物性食品及水产品。

2. 间接污染。间接污染主要是指大气、水和土壤等生长环境中的放射性核素直接被动植物吸收而使食品受到污染的过程。空气中的放射性物质沉降可污染地面和露天生长的蔬菜等食品。空气中放射性物质的浓度越高，沉降到地面和露天生长的蔬菜表面的放射性物质就越多。雨雪天气可加速空气中放射性物质的沉降。既往核事故中蔬菜放射性污染监测经验表明：露天生长的大叶、表面有微小绒毛的蔬菜容易吸附空气中沉降的放射性物质。我国卫生部门于 2011 年 4 月 5 日从北京、天津和河南地区露天种植的菠菜中抽检发现微量的放射性碘-131，对公众健康无影响。

3. 食物链转移。受到核素污染的动植物在食物链中被其他的动物食用，从而造成农产品或水产品的核污染。

（三）放射性污染对人体的危害

1. 急性损伤。在大剂量的照射下，放射性物质对人体和动物存在某种损害作用。如果人在短时间内受到大剂量的 x 射线、γ 射线和中子的全身照射，轻者有脱毛、感染等症状，严重者会出现腹泻、呕吐等肠胃损伤。在极高的剂量照射下，将发生中枢神经损伤直至死亡。有实验研究表明，放射性辐射吸收在 400 拉德（rad）的照射下，受照射的人有 5%死亡。若照射 650rad，则人 100%死亡。照射剂量在 150rad 以下，死亡率为零，但并非无损害作用，往往需 20 年以后，一些症状才会表现出来。因此，放射性核素对生物的危害是十分严重的。

2. 慢性损伤。慢性损伤要经历一段时间，如果长期、大量地摄入被放射性污染的食物，当进入人体的放射性物质达到一定浓度时，便能对人体产生损害。

长期的放射性损伤最终会导致人体患放射性疾病，轻者产生头痛、头晕、记忆力减退、食欲下降、睡眠障碍及白细胞减少等症状，严重者体内积累的放射物能引起淋巴细胞染色体的异常变化，导致白血病、肿瘤、代谢病的发病率增加，遗传变异甚至死亡等。

放射性物质会损伤遗传物质，引起基因突变和染色体畸变，加速细胞凋亡，令细胞生长受阻，诱发细胞变异，癌症概率增加等。受到放射性物质过量辐射后的变异受精卵如果分裂成长为新的个体，这个新的个体就会是具有明显变异的个体，其危害将使一代甚至几代受害。例如，碘-131 进入人体后迅速蓄积于甲状腺，甲状腺要比其他器官或组织中的含量高几百倍甚至几千倍，近期可引起甲状腺炎、甲状腺功能减退，远期可发生甲状腺结节和癌变，对儿童的危害性尤其大。铯-137 极易被胃肠道吸收，吸收率约为 100%，各组织会受到体内铯-137 均匀地照射，引起多器官放射性损伤。

放射性物质会产生放射性废物，采用一般的物理、化学及生物学方法都不能将其消灭或破坏，只有通过放射性核素的自身衰变才能使放射性衰减到一定的水平。因此，对于已受放射性污染的食品需要加强监测，制定食品中放射性物质限制浓度标准并采取放射性核素净化等各种措施，在最大限度上保障食品的安全性，防止已受放射性污染的食品对人体产生危害。

二、辐照食品

（一）辐照食品的概念

辐照食品不是放射性污染食品，而是利用辐照加工帮助保存的食品。辐照是一种新的灭菌保鲜技术，以辐射加工技术为基础，运用 x 射线、γ 射线或高速电子束等电离辐射产生的高能射线对食品进行加工处理，达到杀虫、杀菌、抑制生理过程、提高食品卫生质量、保持营养品质及风味、延长货架期的目的。中国的相关食品产量已占全球总量的 1/3。经过 40 多年的研究，现在有 36 个国家的大约 50 多种食物辐照得到承认。据 2011 年的统计，全球已有 70 个国家和地区批准了 548 种食品和调味品可用辐照处理，其中 1986 年以后被批准的达到 392 种。正如世界卫生组织得出的结论：“辐照食品就像用巴斯德杀菌法消毒的

图 6-1　辐照食品标识

食物一样安全，而且有益健康。”

（二）辐照食品的辐照源

用于食品辐照的射线既要有足够的穿透力能直达食物内部，也要不产生多余的放射性，以免破坏食品分子和原子结构。目前，只有四种辐射能适合于食品辐照。其中两种由机器产生，两种由放射性元素产生。前者包括由加速器产生的5MeV的x射线和10MeV的加速电子，后者包括由Co（钴60）（1.17MeV和1.3MeV）和Cs（铯137）（0.66MeV）产生的γ射线。大量卫生安全实验证明，在10kGy（1兆拉德）剂量以内辐射任何食品，辐射后的食品均安全可供食用，不会引起营养和微生物方面的问题。

（三）辐照食品的主要品种

辐照加工是一种“冷处理”，它不会显著地提高被处理食物的温度，更有利于食物保持新鲜。

1. 以辐照保藏为目的所需处理的食品品种有畜禽肉类、水产品、蛋类、果蔬类、谷物及其制品等，具体可分为：

（1）特殊食品：病人食用的无菌食品。

（2）脱水类食品：洋葱粉、八角粉、虾粉、青葱、辣椒粉、蒜粉、虾仁等。

（3）延长货架期的食品：月饼、袋装肉制品、果脯等。

（4）冻品：冻鱿鱼、冻虾仁、冻蟹肉、冻蛙腿等。

（5）保健品：减肥茶、洋参、花粉、灵芝制品、袋泡茶、口服美容保健食品。

2. 以改变食品品质为目的的辐照食品加工，处理后的辐照食品能立即被运输、储备或者进食，具体可分为：

（1）黄豆：减少发芽后的肠内胀气因子。

（2）小麦：改善面粉品质。

（3）葡萄：提高出汁率。

（4）白酒：辐照陈化。

（四）辐照食品的安全性

辐照的安全与卫生是其应用于食品的先决条件。辐照食品的安全性问题争议较多，十多年来，国内外对辐照食品的安全与卫生做了大量的研究工作。联合国粮农组织、国际原子能机构和世界卫生组织联合专家委员会于1980年10月在日内瓦召开会议，确认辐照在低剂量下（<1kGy）大多数维生素的损失不明显，剂

量为 1kGy 可能会因条件不同对维生素有些影响，但是没有毒性。这次会议为辐照食品的推广起了很大的作用。

美国 FDA 修订并于 2012 年 11 月 30 日生效的最终规则是，最大吸收剂量为 4.5kGy 的电离辐射可以安全使用，以降低未冷藏（及冷藏）的未煮熟肉类、肉类副产品和某些肉类食品的食源性病原体水平，延长保质期。

在 1986 年，中国出台了《辐照食品卫生管理规定（暂行）》，并陆续发布了粮食、蔬菜、水果、肉及肉制品、干果、调味品六大类允许辐照食品名录及剂量标准。1996 年 4 月 5 日又颁布了《辐照食品卫生管理办法》，规定辐照食品必须严格控制在国家允许的范围和限定的剂量标准内，如超出允许范围须事先提出申请，批准后方可进行生产。其中第 19 条规定，辐照食品在包装上必须贴有卫生部统一制定的辐照食品标识。强制性国家标准 GB 7718-2011《食品安全国家标准　预包装食品标签通则》中也明确要求，经电离辐射线或电离能量处理过的食品，应在食品名称附近标明“辐照食品”。《辐照香辛料类卫生标准》中也列明，辐照香辛料的包装上应注明“辐照香辛料”字样，最小包装上要统一粘贴辐照食品标志。目前，国内外对于辐照食品都是认可的，暂时也没出现因食用辐照食品导致人体健康出现问题的个案。

第二节　食品加工过程中的杂质危害

食品加工过程是影响食品安全的一个重要环节。从食品原料、添加剂、包装容器和材料、加工设备、工具、生产工艺到食品生产场所和环境，无论哪一方面不符合要求，造成杂质混入，都直接影响食品的安全性。

一、食品生产规范中的基本术语

根据《食品安全法》和《食品安全国家标准管理办法》的规定，经食品安全国家标准审评委员会审查通过，发布 GB 14881-2013《食品安全国家标准　食品生产通用卫生规范》。标准分 14 章，内容包括：范围，术语和定义，选址及厂区环境，厂房和车间，设施与设备，卫生管理，食品原料、食品添加剂和食品相关产品，生产过程的食品安全控制，检验，食品的贮存和运输，产品召回管理，培训，管理制度和人员，记录和文件管理。

1. 污染：在食品生产过程中发生的生物、化学、物理污染因素传入的过程。

2. 虫害：由昆虫、鸟类、啮齿类动物等生物（包括苍蝇、蟑螂、麻雀、老鼠等）造成的不良影响。

3. 食品加工人员：直接接触包装或未包装的食品、食品设备和器具、食品接触面的操作人员。

4. 接触表面：设备、工器具、人体等可被接触到的表面。

5. 分离：通过在物品、设施、区域之间留有一定空间，而非通过设置物理阻断的方式进行隔离。

6. 分隔：通过设置物理阻断如墙壁、卫生屏障、遮罩或独立房间等进行隔离。

7. 食品加工场所：用于食品加工处理的建筑物和场地，以及按照相同方式管理的其他建筑物、场地和周围环境等。

8. 监控：按照预设的方式和参数进行观察或测定，以评估控制环节是否处于受控状态。

9. 工作服：根据不同生产区域的要求，为降低食品加工人员对食品的污染风险而配备的专用服装。

食品加工场所密闭性差，容易在大风天气时受到灰尘和烟尘的污染；粮食收割时常有不同种类的草籽混入；动物在宰杀时会受到血污、毛发及粪便对畜肉的污染；加工过程中设备的陈旧或故障会引起加工管道中金属或碎屑对食品的污染。食品生产加工过程中混入食品中的杂质超过规定的含量，或混入直接会对人体造成伤害的玻璃、针头、金属碎片、石头、塑料、木屑等。因此，生产过程要贯彻规范中应避免的因素，保障规范中规定的合理因素，从而从生产环境、生产加工、包装等过程保障食品安全。

二、食品加工过程中生产环境基本要求

生产环境应从厂区选址及厂区环境、厂房和车间的设计和布局、生产所用设施设备、卫生管理等方面进行全面控制。

（一）厂区选址

厂区不应选择对食品有显著污染的区域；不应选择有害废弃物以及粉尘、有害气体、放射性物质和其他扩散性污染源不能有效清除的地址；厂区不宜选择易发生洪涝灾害的地区，难以避开时应设计必要的防范措施；厂区周围不宜有虫害大量孳生的潜在场所，难以避开时应设计必要的防范措施。

（二）厂区环境

应考虑环境给食品生产带来的潜在污染风险，并采取适当的措施将其降至最低水平。厂区应合理布局，各功能区域划分明显，并有适当的分离或分隔措施，

防止交叉污染。厂区内的道路应铺设混凝土、沥青或者其他硬质材料；空地应采取必要措施，如铺设水泥、地砖或铺设草坪等，保持环境清洁，防止正常天气下扬尘和积水等现象的发生。厂区绿化应与生产车间保持适当距离，植被应定期维护，以防止虫害的孳生。厂区应有适当的排水系统。宿舍、食堂、职工娱乐设施等生活区应与生产区保持适当距离或分隔。

（三）厂房和车间的设计和布局

厂房和车间的内部设计和布局应满足食品卫生操作要求，避免食品生产中发生交叉污染，预防和降低产品受污染的风险。厂房和车间应根据产品特点、生产工艺、生产特性以及生产过程对清洁程度的要求合理划分作业区，并采取有效分离或分隔。例如，通常可划分为清洁作业区、准清洁作业区和一般作业区；或清洁作业区和一般作业区等。一般作业区应与其他作业区域分隔。

厂房内设置的检验室应与生产区域分隔。厂房的面积和空间应与生产能力相适应，便于设备安置、清洁消毒、物料存储及人员操作。

（四）生产所用设施与设备

生产场所要有符合要求的供水、排水、通风、照明、仓储、温控等设施。要配备与生产能力相适应的生产设备，并按工艺流程有序排列，避免引起交叉污染。

（五）卫生管理

卫生管理包括与食品生产相关的卫生环节管理制度，包括卫生管理制度、厂房及设施卫生管理、食品加工人员健康管理与卫生要求、虫害控制、废弃物处理、工作服管理等。

（六）食品原料、食品添加剂和食品相关产品

应建立食品原料、食品添加剂和食品相关产品的采购、验收、运输和贮存管理制度，确保所使用的食品原料、食品添加剂和食品相关产品符合国家有关要求。不得将任何危害人体健康和生命安全的物质添加到食品中。

总之，生产环境、车间生产布局对食品卫生和质量影响很大，既要便于各个生产环节之间的相互衔接，保证生产顺利进行，又要注意避免生产过程的交叉污染。一般可以按照生产工艺流程的先后顺序安排各道工序，避免在流程中出现逆向和交叉。在车间适当的位置设置下料专用出口，出口应配有严密的盖板和防蝇设施，下料最好能直接倒入车间外面的容器。产品的包装区域应与其他的工作区域隔离，尤其是熟制品的包装，应在专设的密封包装间内进行。室内温度和湿度

要符合工艺要求。冷冻产品的包装间应与冷库相连接。包装材料存放间应与包装间相连，便于存放近期使用的包装材料，并经过必要的消毒处理和组装后送入包装间使用。

三、食品加工技术基本要求

食品加工技术本身的缺陷或运用不当，会导致很多安全隐患。食品加工是食品生产的一个重要环节，它不仅涉及食品安全问题，还直接关系到农畜产品资源的充分利用和增值。

（一）食品加工的基本原则

食品加工过程的无污染原则。食品加工从原料入库到产品出库的每一个环节和步骤都要严格控制，以免因加工造成二次污染。需要注意以下几个方面：

1. 加工设备无污染。食品加工设备应选用对人体无害的材料制成，特别是与食品接触的部位，避免对食品造成污染。食品设备大多用不锈钢材料制造。

2. 加工工艺合理。尽量选用天然食品添加剂及无害的洗涤剂，避免交叉污染。

3. 选用适宜的储藏和运输方法。选用安全的储藏和运输方法及容器，减少因混装等造成的污染。

4. 原料来源明确。绿色食品加工的主要原料应经过专门的认证机构认可，辅料也尽量使用已经得到认证的产品。

5. 企业管理完善。绿色食品加工企业要求管理严格，并经过认证人员考察。

食品加工过程还要遵循可持续发展原则，注重食品营养物质最小损失原则以及无环境污染原则。充分保证食品加工过程中的节约、营养损失少和环境污染小。

（二）加工技术对食品安全的影响

在食品加工过程中常会用到一些分离技术（如过滤技术、萃取技术、絮凝技术以及膜分离技术）、干燥技术（如空气对流干燥、滚筒干燥、真空干燥、冷冻干燥、泡沫干燥等技术）、油炸熟化技术、蒸馏技术以及焙烤和冰激淋用的氢化油技术、发酵技术、加工助剂技术和清洗技术等。这些技术本身或食品加工过程中多少都会存在一些对食品安全的影响。

加工技术方面产生的危害以化学污染为主：絮凝技术中加入铝、铁盐和有机高分子类的化学试剂；过滤除菌中使用的石棉纤维；萃取中使用苯、氯仿、四氯化碳等毒性较强的溶剂；膜分离生产工艺中，膜材料助剂填料杂质脱落；高温干燥过程中伴随发生的美拉德化学反应；油炸熟化技术中油炸马铃薯产生丙烯酰胺；酒精发酵过程中形成的甲醇、杂醇油等。这些化学污染包括重金属污染、农药残留、化学试剂污染、挥发性有机污染物等。但食品加工技术同样会出现杂质等物理污染，以及发酵中的微生物、细菌等生物污染。进一步完善食品加工的技术并正确使用各种加工技术，解决其中的安全隐患问题变得日趋重要。

四、食品包装材料基本要求

为了方便食品的储存和流通，需要一定的包装材料。常见的食品包装物有纸类包装材料及制品、塑料包装材料及制品、金属包装材料及制品、玻璃包装材料及制品、陶瓷与搪瓷包装材料及制品以及橡胶制品等材料。

（一）纸类包装材料及制品

纸可以制成纸袋、纸箱、纸杯、纸罐等容器，作为传统的包装材料历来占据主导地位。纸制品包装材料的基本要求是：

1. 纸张加工处理时，纸浆中的化学残留物（包括碱性和酸性两大类）、纸板间的黏合剂、涂料和油墨等应符合标准；

2. 不得用废纸、废纸浆为原料加工纸类食品包装材料；

3. 不得使用荧光增白剂。

（二）塑料包装材料及制品

塑料包装物使用广泛。塑料本身是高分子化合物，使用中存在的安全问题表现为：

1. 塑料微分子聚合物；

2. 塑料中改善其性能的各种添加剂辅料，包括增塑剂定剂、着色剂、润滑剂、胶黏剂等；

3. 制作油墨所使用的染料，包含重金属、苯胺或稠环化合物等有毒物质。

塑料包装材料中的丙烯腈塑料的单体是强致癌物，在一些国家该种材料被禁用。台湾地区因塑化剂问题引发的食品安全事件影响颇为严重。

（三）金属包装材料及制品

目前，最常用的是马口铁、无锡钢板、铝和铝箔等。金属包装物对酸性食物敏感，有些使用金属包装的食品在放置一定时间后，涂层溶解，金属离子析出，接触食品后会发生迁移，污染罐内食品，影响产品的质量。

（四）玻璃包装材料及制品

食品包装用的玻璃主要是钠—钙—硅系玻璃，主要分为两类：细口和广口容器，其中约80%的容器为广口瓶和罐。一般来说，广口瓶用于盛装粉状、粒状、膏状或块状食品，细口瓶用于盛装液体类食品。玻璃材料本身不存在安全性问题，但这类包装材料一般都是循环使用的，在循环使用过程中瓶内可能存在异物和清洗消毒剂的残留。

(五) 陶瓷与搪瓷包装材料及制品

用于酒类、调味品以及传统食品包装的陶瓷与搪瓷包装材料本身并没有什么害处，但该类材料表面会经过上釉处理，涂料、釉料多是化学品（釉含硅酸钠和金属盐铅、镉等），容易挥发、析出化学污染物，给食品带来安全隐患。

(六) 橡胶制品

橡胶可分为天然橡胶与合成橡胶两大类。天然橡胶是天然的长链高分子化合物，本身对人体无害，其主要的食品安全问题在于生产不同工艺性能的产品时所加入的各种添加剂。合成橡胶是由单体聚合而成的高分子化合物，影响食品安全性的问题主要是单体和添加剂残留。

因此，食品包装材料的选择必须清洁卫生。直接接触产品的材料必须无毒、无异味，各项卫生指标需符合国家的有关卫生标准要求和进口国的有关规定。外包装纸箱、标签用纸也应该符合相应规定。

五、食品储运过程基本要求

食品的储藏与保鲜是把食品或其原料，经过从生产到消费的整个环节保持其品质不降低的过程。在储藏、流通期间，由于其中一些食品的保藏方法存在微生物细胞并未完全杀灭和酶也非完全钝化的情况，若环境条件改变则这些微生物和酶还能重新活动。

《食品安全法》2015年修订食品储运过程规定，即贮存、运输和装卸食品的容器、工具和设备应当安全、无害，保持清洁，防止食品污染，并符合保证食品安全所需的温度等特殊要求，不得将食品与有毒、有害物品一同运输。

食品储藏和运输过程中可能发生的安全性问题，主要是指蔬果粮食储运不当，以及冷链运输过程不完整造成的食品安全危害。在储藏过程中，马铃薯块茎受光，皮层表面逐渐变成绿色，马铃薯的芽及其周围的皮层组织中存在有毒的龙葵素，如果食入超量就会产生恶心、腹泻、腹痛等胃肠障碍，还会产生头眩、胸闷、轻度神经症状等，严重时甚至危及生命。马铃薯收获后的储藏方法与龙葵素的生长关系极大。储存马铃薯的温度最高不能超过10℃，并且要严格避光。应该冷链运输的食品如果未达到冷藏条件或在冷藏条件下超过保质期，食品中的微生物就会大量繁殖，可能导致食物中毒的发生。冰箱中超过保质期的鲜乳、酸乳、开盖后冷藏超过7天的果汁饮料等都不能食用。食品储运过程中的食品安全问题，以来自生物因素的危害为主。

第三节　危害食品安全的环境因素

环境是人类进行生产和生活的场所以及人类生存与发展的物质基础。由于人为因素使环境的构成或状态发生变化，资源过度利用，环境素质下降，从而扰乱和破坏了生态系统和人类的正常生产和生活条件。

环境污染是自然的或人为的破坏，污染物质因为进入环境的速率远远大于环境对其分解转化的自净速率而迅速积累。环境污染按环境要素分为大气污染、水体污染、土壤污染。按属性分为显性污染和隐性污染。按人类活动分为工业环境污染、城市环境污染、农业环境污染。按环境污染的性质来源分为化学污染、生物污染、物理污染（噪声污染、放射性污染、电磁波污染等）、固体废物污染、液体废物污染、能源污染。

环境污染的特点包括：一是公害性。环境污染不受地区、种族、经济条件的影响，一律受害。二是潜伏性。许多污染不易及时被发现，一旦暴发后果严重。三是长久性。许多污染长期连续不断的影响，危害人们的健康和生命，并不易消除。环境污染可以导致直接污染，也会产生二次污染（污染物与其他物质发生物理和化学反应）。这些污染对食品所造成的危害可以是单独作用，也可以是加和作用、乘积作用、拮抗作用等。

一、大气污染及对食品安全的影响

大气污染（Air pollution）指人类活动向大气排放的污染物或由它转化的二次污染物在大气中的浓度达到了有害程度的现象。大气污染物的种类有很多，其理化性质非常复杂，毒性也各不相同。

（一）大气污染来源及污染物

1. 天然污染源。自然界中某些自燃现象会向环境排放有害物质，造成有害影响，这是大气污染物的重要来源。有时天然污染源比人为污染源影响更大。有人曾对全球的硫氧化物和氮氧化物的排放作了估计，认为全球氮氧化物排放中的93%、硫氧化物排放中的60%来自天然污染源。

2. 人为污染源。

（1）工业污染源：矿物燃料（如煤和石油等）燃烧和工业生产排放是最主

要的工业污染源。燃料燃烧，如火力发电厂、工业和民用炉窑的燃料燃烧等，主要污染物为一氧化碳、二氧化硫、氮氧化物等。其他如钢铁冶金、有色金属冶炼以及石油、化工、造船等工矿企业在生产过程中产生的污染物，主要有粉尘、碳氢化合物、含硫化合物、含氮化合物以及卤素化合物等，约占总污染物的20%。工业生产过程中产生的污染物特点是数量大、成分复杂、毒性强。

（2）生活污染源：是指家庭炉灶、取暖设备燃烧所产生的污染。我国北方居民在春秋季燃烧秸秆，在冬季采暖期烧煤等行为，在一定时期内排放出大量烟尘和一些有害气体，对大气造成污染，有时危害甚至超过工业污染。另外，城市垃圾的堆放和焚烧也会向大气排放污染物。

（3）交通污染源：交通运输过程中车辆尾气排放，汽油（柴油）等燃料产生的尾气油料泄漏等，经常含有有毒的一氧化碳、飘尘，以及烷烃、烯烃和四乙基铅等有机化合物。由于交通运输污染源是流动的，有时也称为流动污染源。

（4）农业污染源：是指农业机械运行时排放的尾气，以及农药、化肥、地膜等，这些污染对农村生态环境的破坏十分严重。

大气中的污染物一般以气体或者颗粒物的状态飘浮在空气中。其中相对密度小的向上漂浮，相对密度大的向下沉降。由于温度及气流的影响，气体随气流方向以相等速度扩散。大气中的颗粒物特指悬浮在空气中的固体颗粒或液滴，分为雾、烟、尘等。雾气和烟气遇冷后形成凝集型气溶胶或烟，分散在大气中。但是尘的固体颗粒直径要大于烟雾。颗粒直径（以下简称直径）小于或等于10微米的颗粒物称为可吸入颗粒物（PM10），直径小于或等于2.5微米的颗粒物称为细颗粒物（PM2.5）。颗粒物能够在大气中停留很长时间，并可随呼吸进入体内，积聚在气管或肺中，影响人的身体健康。由二氧化硫、氮氧化物、挥发性有机物、氨等气态污染物通过化学反应形成的二次颗粒物在PM 2.5中的比例较高，部分区域超过了60%。目前，在婴幼儿配方乳粉生产许可审查时，更强调生产环境中悬浮颗粒的动态测量。

（二）大气污染对食品安全的影响

1. 有机物污染的影响。持久性有机污染物中的二噁英、多氯联苯、沥青烟雾等含有3，4-苯并芘等，此类化合物已经被证明与癌症的发生有重要关系。动物长期生活在持久性有机污染物污染的环境下，会造成食欲减退，疾病发生，病死率增加。

大气中的氟化物能够通过农作物叶片上的气孔进入植株体内，使叶尖和叶缘坏死，嫩叶、幼芽受害尤其严重。氟化氢气体对花粉粒发芽和花粉管伸长有抑制作用。氟化物还具有在植物体内富集的特点，在受污染的环境中生产出来的农作物，会通过动物食用进入食物链，对人的食品造成污染。研究表明，若饲料含氟量超过30~40mg/kg，则有95%以上沉积在骨骼里，家畜会得氟中毒症。氟在人体内的积累可引起氟斑牙（齿斑）和氟骨症（骨增大、骨质疏松、关节肿痛等）。饮用水、食品中含氟化物现行卫生标准限值是：饮用水为1.0mg/L，大米、面粉、豆类、蔬菜、蛋类均为1.0mg/kg，水果为0.5mg/kg，肉类为2.0mg/kg。

氯气进入植物组织后产生的次氯酸是较强的氧化剂。由于其具有强氧化性，会使叶绿素分解，出现急性中毒症状时，表现为叶尖黄白化，渐及全叶乃至坏死。伤斑不规则，边缘不清晰，呈褐色。氯气会导致农作物死亡或造成农作物产量降低。

2. 酸雨的危害。大气污染物中的二氧化硫气体被氧化成硫酸或三氧化二硫，再与水作用形成硫酸，随着雨滴飘落形成酸雨。酸雨通常是pH值小于5.6的大气降水（如雾、露、霜等），能使淡水湖泊和河流酸化。酸雨直接危害植物，植物叶片对酸雨反应最敏感。叶片受损后光合作用降低，抗病虫害能力减弱，林木生长缓慢或死亡，农作物减产。酸雨也会使种子发芽率降低，影响植株生长。间接导致以植物为食物的野生动物的生存受到威胁，整个生态系统的平衡被打破。

二、水体污染对食品安全的影响

水体污染（Water pollution）是指一定量的污水、废水、各种废弃物等污染物质进入水体，超出了水体的自净能力，从而导致水体及其底泥的物理、化学性质和生物群落组成发生不良变化，破坏了水中固有的生态系统，降低了水体使用价值的现象。

（一）水体污染来源及污染物

1. 污染源。水体污染来自人为或自然两种因素。特殊地质条件使某种化学元素大量富集、天然植物在腐烂时产生某些有害物质、雨水降到地面后挟带各种物质流入水体等造成的水体污染，都属于自然污染。工业废水和生活污水的大量排放、农业生产中化学物质的过量使用，以及空气中污染物的降落、船舶运输燃料废物、水上建筑金属腐蚀等均造成的水体污染，属于人为污染。人为污染占水体污染的大部分，是最主要的污染因素。GB 5749-2006《生活饮用水卫生标准》规定，细菌总数应小于100 cfu/mL，总大肠菌群不得检出。水体中检出的大肠菌群数，表明了水体被微生物污染的程度，是衡量水体污染的重要控制指标。我国渔业水质标准中淡水pH值为6.5~8.5，海水pH值为7.0~8.5；农田灌溉用水标准pH值为5.1~8.5。当水体长期污染，不能维持正常的pH值范围时，会导致水生生物数量及种群的巨大变化。

2. 水体主要污染物。

（1）无机污染物：包括各类重金属和氯化物等。工业生产中的一些矿物质在废矿排水过程中形成的酸及汞和镉等重金属。还有无机土粒、沙粒和从土地冲刷下来的无机矿物质的沉淀物，或淤塞在水库和海港底部的贝类动物及珊瑚。

（2）有机污染物：主要为苯酚、多环芳烃和各种人工合成的具有积累性的稳定的有机化合物，如多氯联苯和有机氯农药等。这些有机化合物随着污水排放产生的耗氧污染物进入水体，可生物降解的有机物质导致水体中的溶解氧浓度急剧下降，影响鱼类和其他水生生物的正常生活。农药的大量使用，会产生富营养化污染，大量的氮、磷、有机碳等植物营养素会引起藻类等浮游生物急剧增殖的水体污染。一般将海水表面上发生的富营养化现象称为“赤潮”，将陆地水体中发生的富营养化现象称为“水华”。当总磷和无机氮含量分别在 $20mg/m^3$ 和 $300mg/m^3$ 以上时，就有可能出现水体富营养化现象。

（3）病原体微生物：生活污水以及禽畜饲养场、生物制品厂、医院等排放的废水中会含有一些病毒、病菌和寄生虫等。如果不对废水进行正规的消毒处理，会造成病原体微生物在水体或水体生物中的富集、繁殖。

（4）放射性污染物：放射性矿石开采和加工、核能发电站、医院及核试验是使水体受到放射性污染的主要原因。2011 年 3 月 11 日，受大地震影响，日本福岛第一核电站发生核泄漏，造成周边海水核污染。这种放射性污染的危害至今仍未消除。

（二）水体污染对食品安全的影响

水体污染引起的食品安全问题，主要是通过污水中的有害物质在动植物中累积而造成的。对食品安全有影响的水体污染物主要有以下几种。

1. 酚类污染物。水体中的酚类化合物主要来源于含酚废水，如焦化厂、煤气厂、炼油厂以及木材干馏、合成树脂、合成纤维、染料、医药、香料、农药、玻璃纤维、油漆、消毒剂、化学试剂生产等产生的工业废水。一般含酚废水灌溉浓度控制在 50mg/L 以下时，对作物的生长没有什么毒害作用，但可使作物产生异味，萝卜、马铃薯等在收获后易腐烂，不易保存。

酚在植物体内的分布是不同的，一般茎叶类含量较高，其排列顺序是：叶菜类>茄果类>豆类>瓜类>根菜类。

污水中的酚对鱼类的影响是，低浓度时能影响鱼类的洄游繁殖，高浓度时能引起鱼类的大量死亡。水体中酚的浓度达 0.1～0.2mg/L 时，鱼肉会有酚味（有人称为柴油味）。

2. 石油污染物。石油污染物来自油田和炼油厂的工业废水。石油废水不仅对作物的生长产生危害，还会影响食品的品质。使用高浓度石油废水灌溉土地，生产的稻米煮成的米饭有汽油味，花生出的油有油臭味，生长的蔬菜有浓厚的油味。人食用这种受到石油废水污染而生产的食品会感到恶心。油废水中还含有致癌物3，4-苯并芘，这种物质能在灌溉的农田土壤中积累，植物能通过根系吸收，引起积累。研究表明，用未处理的含石油5mg/L的炼油废水灌溉农田，土壤中的3，4-苯并芘含量比一般农田高出5倍以上。

3. 芳香烃。芳香烃包括苯及其同系物。苯影响人的神经系统，剧烈中毒能麻醉人体，使人失去知觉，甚至死亡；轻则引起头晕、无力和呕吐等症状。

含苯废水浇灌农作物对食品安全的影响在于它能使粮食、蔬菜的品质下降，且在粮食、蔬菜中残留。例如，用含苯25mg/L的污水灌溉的黄瓜淡而无味，涩味增加，含糖量下降8%，且随着废水中苯浓度的增加，其涩味加重。试验表明，污水含苯量在5mg/L以下浇灌农作物和清水浇灌无差异，不会引起粮食、蔬菜污染。我国规定，灌溉水中苯的含量不得超过2. 5mg/L。

4. 重金属污染物。矿山、冶炼、电镀、化工等工业废水中含有大量重金属物质，如汞、镉、铜、铅、砷等。用未经过处理的或处理不达标的污水灌入农田，会造成土壤和农作物的污染。灌溉水中含2. 5mg/L的汞时，对水稻就产生明显的抑制生长的作用，表现为生长矮小、根系发育生长不良、叶片失绿、穗小空粒、产量降低等。籽粒含汞量超出食用标准（≤0. 2mg/kg，以Hg计），如汞浓度达到25mg/kg时，产量可减少一半。汞通过食物链富集在鱼体内的浓度比原来污水中浓度高出1~10倍，居住在这里的人们长期食用高汞的鱼类和贝类，导致其在人体中大量积累，引发破坏中枢神经的“水俣病”。

5. 病原微生物。许多人类和动物的疾病是通过水体或水生生物传播病原的，如肝炎病毒、霍乱、细菌性痢疾等。这些病原微生物往往由于医院废弃物未做处理或经过患者排泄物直接进入水系水体，或由于洪涝灾害造成动植物死亡、腐烂而大规模扩散。例如，1988年上海以及江浙一带暴发的甲肝大流行，即是由甲肝病毒污染水体及其水生毛蚶引起的。

6. 富营养化污染。氮、磷、有机碳等营养素（尤其是磷元素）超标会引起水体富营养化污染。我国近海时常受到“赤潮”的侵袭。赤潮是因海洋中的浮游生物暴发性急剧繁殖造成海水颜色异常的现象。近些年，内陆湖流也常有富营养化现象出现。例如，2007年5月下旬，太湖水由于周边工业和民用污水排放造成富营养化，引起蓝藻集中暴发，水质恶臭，致使无锡市居民断水数日。我国目前水污染问题比较严重，已经成为社会经济发展的重要制约因素。水污染问题严重影响了民众的生活、生产和身心健康，对其的整治已成为迫在眉睫的问题。

三、土壤污染对食品安全的影响

土壤污染（Soil pollution）主要是指土壤中收容的有机废弃物或含毒废弃物过多，影响或超过了土壤的自净能力，引起土壤质量恶化，从而在卫生学和流行病学上产生了有害的影响。

（一）土壤污染来源及污染物

1. 污染源。

（1）污水排放：工业污水和生活污水未经处理或未达到排放标准，将严重污染土壤。用污水灌溉农田是污染物进入土壤的主要途径，在灌溉渠系两侧形成污染带，属封闭式局限性污染。

（2）工业废气转化：工业废气排放的二氧化硫（SO_2）、一氧化氮（NO）等有害气体在大气中发生反应形成酸雨，以自然降水形式进入土壤，引起土壤酸化。冶金工业排放的金属氧化物粉尘、烟尘，在重力作用下以降尘形式进入土壤。土壤污染一般通过大气与水污染物的转化而产生，它们可以单独起作用，也可以相互重叠和交叉进行点源污染。

（3）过量施用农药、化肥：长期大量使用氮肥会破坏土壤结构，造成土壤板结，使其生物学性质恶化，影响农作物的产量和质量。农药施用不当，危害性更大。

（4）倾倒固体废弃物：工业废物、城市垃圾、各种塑料制品是土壤的固体污染物。这些固体废物既不易蒸发、挥发，也不易被土壤微生物分解，是一种长期滞留土壤的污染物。堆积场所的土壤直接受到污染。

2. 土壤污染物的种类。

（1）无机污染物：主要包括酸，碱，重金属，盐类，放射性元素铯、锶的化合物，含砷、硒、氟的化合物等。无机污染物中有一些来自工厂、矿山的固体废弃物，如尾矿、废石、粉煤灰和工业及民用垃圾等，属于物理污染物。存在于核原料开采和大气层核爆炸地区，以锶和铯等在土壤中生存期长的放射性元素为主的污染物，是放射性污染物。

（2）有机污染物：主要包括有机农药、酚类、氰化物、石油、合成洗涤剂、3，4-苯并芘以及由城市污水、污泥及厩肥带来的有害微生物等。各种化学农药、石油及其裂解产物，以及其他各类有机合成产物等随着废水或直接施放造成土壤污染。有害微生物则是来自城市垃圾和卫生设施（包括医院）排出的废水中携带的各种细菌、病毒等生物。

土壤污染包括重金属污染、农药和持久性有机化合物污染、化肥施用污染等。农作物从土壤中吸收和积累的污染物常通过食物链传递而影响人体健康。

（二）土壤污染对食品安全的影响

土壤污染对食品安全最直接的影响是导致农作物减产、农产品品质降低，有毒物质在食物中残留，直接或间接损害人体健康。

1. 有机污染物对食品安全的影响。最大的一类应用就是农药污染。农药具有一定的毒性，农药喷洒时会有40%~60%降落于地面，经地表流入水域或下渗进入土壤。农药施用后在土壤中的残留量为50%~60%，已经长期停用的六六六、滴滴涕目前在土壤中的可检出率仍然很高。我国农药总施用量比发达国家高出很多，特别是随着种植结构的调整，蔬菜和瓜果的播种面积大幅度增长，这些农作物的农药用量较粮食作物高出1~2倍，农药残留危害的事件多有报道。

过量施用化肥会造成巨大浪费和环境污染。过量未被吸收的化肥会随水土流失进入水体，再通过灌溉等途径渗入土壤。施氮过多的蔬菜中，硝酸盐含量是正常情况的20~40倍。人畜食用含硝酸盐的植物后，极易引起高铁血红素白血症，主要表现为行为反应障碍、工作能力下降、头晕目眩、意识丧失等，严重的会危及生命。

化工生产所产生的多环芳烃类持久性有机物稳定性好，不易被土壤降解，并容易被迁移。这些物质残留在食物中会影响人体健康，因为这些物质具有致癌、致畸和致突变效应。土壤中残留的酚能维持植物中较高水平的含酚积累，并且植物中的酚残留一般随土壤酚的增多而加大。

2. 无机污染物对食品安全的影响。我国受重金属污染的土壤面积达2000万公顷，占总耕地面积的1/6。① 其中西南、中南地区的土壤重金属超标范围较大。一些重金属并不是人体所需的，如铅、镉、铝、金、锡、汞、铍等，当摄入量达到一定数量时就会发生毒害作用。特别是汞、铅、镉、砷等毒性较强的元素，其中镉的含量在全国较大范围内普遍增加，在部分地区增幅超过50%。另外，废旧电子产品作为垃圾随意丢弃，也会造成溶出的重金属元素污染土壤，并在植物性、动物性食品或水产品中造成重金属的生物蓄积。

3. 生物污染对食品安全的影响。污泥中含有丰富的氮、磷、钾等植物营养元素、有机质及水分等，十分适合微生物的繁殖。有毒、有害物质，如寄生虫卵、病原微生物会利用污泥作肥料大量增殖，造成污泥腐化发臭，颗粒较细，密

---

① 刘腾飞，杨代凤，谢修等．我国耕地污染状况、成因及对策建议．环境与可持续发展，2017，42（103）：129-132.

度高且不易脱水。若处理不当任意排放，就会污染水体、土壤和空气，危害环境，影响人类健康。城市垃圾含有大量的有害物质，如其中的有机质会腐败、发臭，易滋生蚊蝇、老鼠。来自医院、屠宰场、生物制品厂的垃圾常含有各种病原菌，处理不当会污染土壤。这样的土壤所生产的食物危险性极高，会造成多种传染性疾病的发生。

中编

食品物证检验技术

第七章 食品中微生物检验技术

食品中微生物危害成为引起食源性疾病、危害公共健康的重要因素之一。据世界卫生组织统计，发达国家每年约有 1/3 的人感染食源性疾病。而在一些发展中国家，食源性疾病往往是致人非正常死亡的主要原因。根据不同来源的资料统计表明，全世界每年有 220 万人至 1000 万人因患食源性疾病而丧生，其中微生物引起的食源性疾病占一半以上的比例。

食品在生产、加工、储存、运输、销售等各个环节中都存在被微生物污染的风险。一旦食品被微生物污染，微生物便会大量繁殖引起食品腐败变质，最终导致食源性感染和食物中毒。部分食品的内源性微生物在生长过程中产生的毒素也会引起恶性中毒事件。因此，食品中微生物的检测至关重要。

食品中微生物的检验，可以通过微生物检验技术、酶联免疫吸附测定技术（ELISA）、聚合酶链式反应（PCR）检测技术等检测方法进行。传统的检测食品中微生物的方法存在检测周期较长、操作烦琐、对人工的需求量大等问题，而采用高度灵敏性、快速、准确、低劳动强度的新型快速检验技术，可以大大提高食品中微生物的检验效率，在公共卫生安全及商业战略上都有重要意义。

第一节 食品中微生物快速检验

微生物快速检验技术发展较快。这些快检技术包括在传统培养法的基础上，对培养基成分进行改进而形成的商品化快速检测，如即用型快速检测纸片；基于抗原抗体免疫学技术的快速检验技术，如酶联免疫试剂盒、胶体金检测试剂条等；传统生化反应及微生物检测技术与现代计算机技术相结合的集成式商品化快速分析系统，如各类全自动微生物鉴定仪器；基于分子生物学的快速检验技术，如各类荧光 PCR 定量检测方法、环介导等温扩增技术、基因芯片。此外，随着跨学科技术的联合应用，还出现了生物与化学检验技术相结合，利用气相色谱或液相色谱等化学仪器进行分析的快速检验技术；以及用培养基电化学性质变化来检测微生物的快速检测技术，如电阻抗检测方法等。

一、即用型纸片法

常见的商品化快速培养基有以 3M 公司出品的 Petriflm™ Plate 系列测试片、PCR Scientific Inc 公司出品的 Regdige l 系列、北京路桥公司出品的 Easy Test™ 系列测试片为代表的各类即用型快速检测纸片（见图 7-1）。此类产品的纸片分上下两层，上层薄膜可截留菌落产生的气体，下层的纸片覆盖有细菌生长所需的培养基，培养基成分含有冷水可溶性的凝胶剂及菌落显色指示剂。检测时只需在下层纸片上加入一定量的样品溶液，迅速溶解纸片上的培养基和凝胶后，盖上上层薄膜。培养基短时间内凝固，经过固定的培养时间，在指示剂作用下，菌落呈相应的颜色和形态。大部分即用型快速检测纸片对培养基的成分进行了改进，在培养基中加入了特异性成分，相比传统分析方法可以在培养时间上有不同程度地缩短。在生化确认方面更加操作简便，确认所需的时间仅为几个小时。

即用型快速检测纸片的应用已经涵盖了菌落总数、大肠菌群和大肠杆菌、乳酸菌、金黄色葡萄球菌、沙门氏菌、单核细胞增生李斯特氏菌、霉菌和酵母菌等常规的微生检测项目，无论是在检测的前期准备工作还是在后期菌落形态的观察和计数工作中，都极大地减少了检测人员的工作量，也在一定程度上降低了结果误判的可能性。

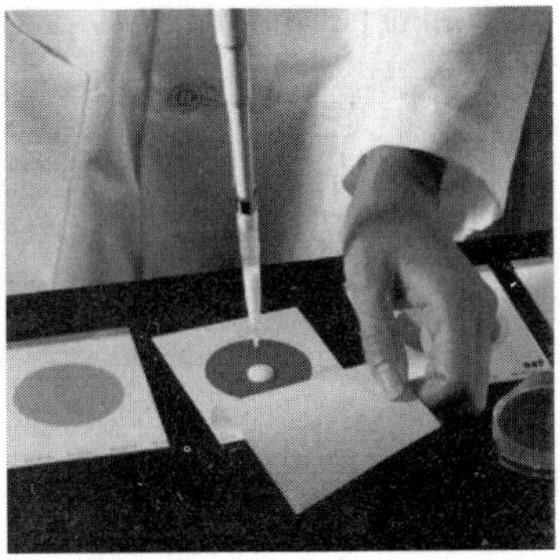

图 7-1 Petriflm™ 纸片

即用型快速检测纸片已获得美国 AOAC、FDA、USDA、法国 AFNOR、北欧食品分析委员会、德国 DIN、日本厚生劳动省等多个国家和国际组织的认可。在我国，基于 Petrifilm™ 或 Easy Test™ 测试片的快速检测方法已被正式列为出入境检验检疫行业标准。现已发布了 SN/T 4544. 1-2016《商品化试剂盒检测方法　菌落总数　方法一》、SN/T 4546-2017《商品化试剂盒检测方法　金黄色葡萄球菌　方法一》、SN/T 4547-2017《商品化试剂盒检测方法　大肠菌群和大肠杆菌　方法一》、SN/T 5090. 1-2018《商品化试剂盒检测方法　霉菌和酵母菌　方法一》等标准。

二、免疫分析技术

（一）免疫胶体金法

免疫胶体金技术（Immune colloidal gold technique）是以胶体金作为示踪标志物应用于抗原抗体的免疫标记技术。应用比较广泛的有各类免疫胶体金检测试剂条。在试剂条的检测线处包被单克隆抗体，在对照线处包被抗金标抗体，金标抗体吸附在固相载体无纺纱上。利用抗原—抗体特异性结合的免疫反应原理，在检测线处形成抗体—待测抗原—金标抗体复合物，在对照线处形成抗金标抗体—金标抗体复合物，通过检测线和对照线处的显色反应，肉眼可简便直观地判断和读取检测结果。其工作原理如图 7-2 和图 7-3 所示。

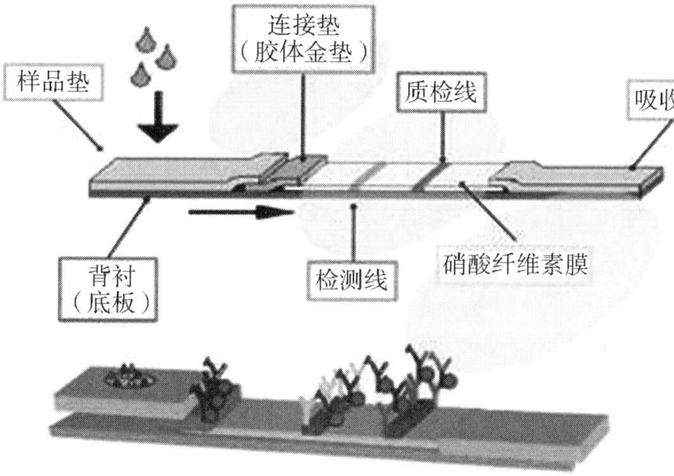

图 7-2　免疫胶体金试纸条示意图

免疫胶体金法在使用中具有较多优势：便于携带，使用方便，可在基层和现场使用，所有反应能在 15 分钟内完成；材料成本低，不需要特殊的仪器设备；应用范围广，可适应多种检测条件；可以进行多项检测，若阳性样本比较难获得，多项检测可以节省样品，降低成本；标记物稳定，标记样品在 4℃ 环境中贮存两年以上，无信号衰减现象；胶体金本身为红色，不需要加入发色试剂，省却了酶标的致癌性底物及终止液的步骤，对人体无毒害作用。

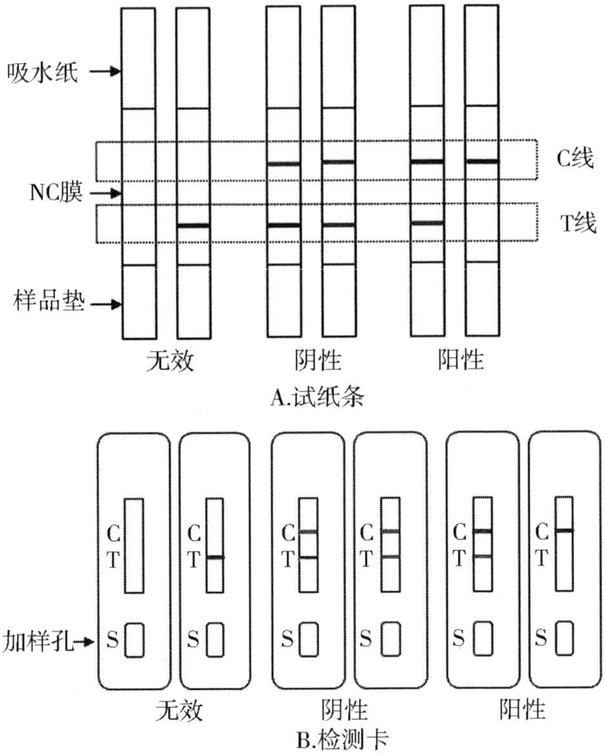

图 7-3 目视判定示意图

此类产品常见的有杜邦公司的 Lateral Flow System、Reveal 系列检测试剂盒，以及默克公司的 millipore 系列检测试剂盒。目前，免疫胶体金检测方法已经通过美国 AOAC、FDA 及法国 AFNOR 等机构的认可，检测项目涵盖单核细胞增生李斯特氏菌、沙门氏菌、霍乱弧菌等多种致病菌，并且适用于不同的基质和检测条件，非常适合现场检测。我国也发布了出入境检验检疫行业标准如 SN/T 0184.4-2010《食品中李斯特氏菌检测　第 4 部分：胶体金法》等标准。

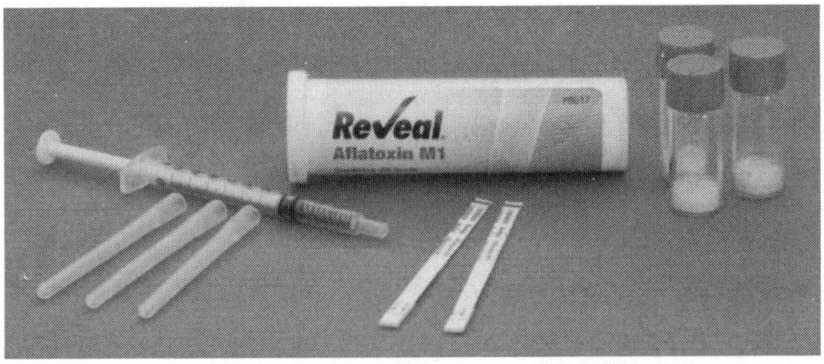

图 7-4 Reveal 快速检测试剂盒

（二）酶联免疫方法

酶联免疫吸附法（ELISA）是利用抗原与抗体特异性结合的原理，含待测抗体或抗原的样品和酶标抗原或抗体按一定程序与结合在固相载体上的抗原或抗体起反应形成抗原或抗体复合物，洗涤去除反应液中其他物质，加入酶反应底物后，底物即被固相载体上的酶催化变为有色产物，最后通过目视比色或仪器判读数据得出检测结果。

经过近 40 年的发展，该技术相对成熟。根据其性质不同，分为间接 ELISA、双抗体夹心 ELISA、双夹心 ELISA、竞争 ELISA、阻断 ELISA 及抗体捕捉 ELISA。目前，可以应用的检测品种高达 700 多种。根据酶联免疫吸附所用的固相载体可分为三大类型。

一类是采用聚苯乙烯微量板，我们通常称为微量板 ELISA。这种试剂盒一般与自动化的酶标检测仪配合使用，除了进行定性分析，还可以进行细菌及毒素含量的分析。另一类是用硝酸纤维膜为载体，称为斑点 ELISA。还有一类是采用疏水性聚酯布作为载体，称为布 ELISA。斑点 ELISA 和布 ELISA 一般会做成即用型试剂盒，分析时间快速，便于携带和使用，方便现场的快速检测。

酶联免疫法具有反应灵敏、适用范围广、可进行定量检测等优点，目前已通过美国 AOAC、FDA、AFNOR，新西兰 NZDB，澳大利亚 Evalutest 等机构的认可。此类产品常见的有美国 R&D Systems © ELISA 试剂盒、Tecra 系列检测试剂盒、GeneQuence 酶联免疫检测试剂盒（见图 7-5）。国产的 ELISA 试剂盒也有很多，涵盖了常见细菌，如金黄色葡萄球菌、大肠杆菌、布鲁氏菌、沙门氏菌等细菌的检测。

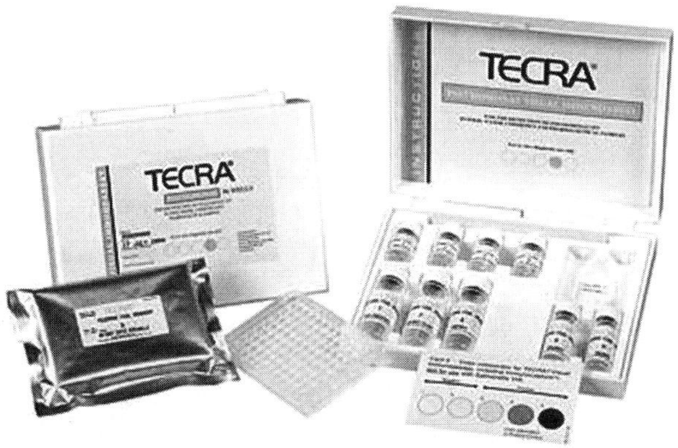

图 7-5　3M Tecra 沙门氏菌快速检测试剂盒

（三）荧光免疫分析技术

荧光免疫分析技术（Immunofluorescence technique）又称荧光抗体技术，是标记免疫技术中发展最早的一种。它以免疫学、生物化学和显微镜技术为基础，并在酶联免疫原理的基础上建立起来的检测方法。样品中的目标菌抗原与试剂中的抗体结合，经过洗脱后加入有荧光标记的底物进行反应，最后通过指定的荧光激发装置观察结果。该技术具有特异性强、敏感性高、速度快等特点，缺点是技术程序稍复杂，有部分非特异性染色问题的出现。

近些年荧光技术有了一定的改进，利用生物发光分析技术的化学发光法可测定被分析物质的浓度。所有生物体的磷酸核苷酸（ATP）含量是相对固定的，当萤火虫酶系统和 ATP 接触时，发生光生物学反应，就会发光。在荧光素和荧光酶过量时，荧光强度与 ATP 含量呈正比关系。用 ATP 生物发光技术可确定食品中细菌污染程度或进行食品器具的现场卫生学检测，以及生产加工设备的洁净度检测。

在食品快速检验领域应用较为广泛的有 VIDAS 系列全自动荧光酶标免疫分析仪，该产品已通过 AOAC、FDA、AFNOR、DIN 等多家机构认可，检测项目包括单核细胞增生李斯特氏菌、沙门氏菌、大肠杆菌 O157、空肠弯曲杆菌、金黄色葡萄球菌肠毒素等。我国也发布了基于 VIDAS 系统的国家标准 GB/T 22429-2008《食品中沙门氏菌、肠出血性大肠埃希氏菌 O157 及单核细胞增生李斯特氏菌的快速筛选检验　酶联免疫法》，出入境检验检疫行业标准 SN/T 0973-2010《进出口肉及肉制品中肠出血性大肠菌 O157：H7 检验方法》等多项标准（见图 7-6）。

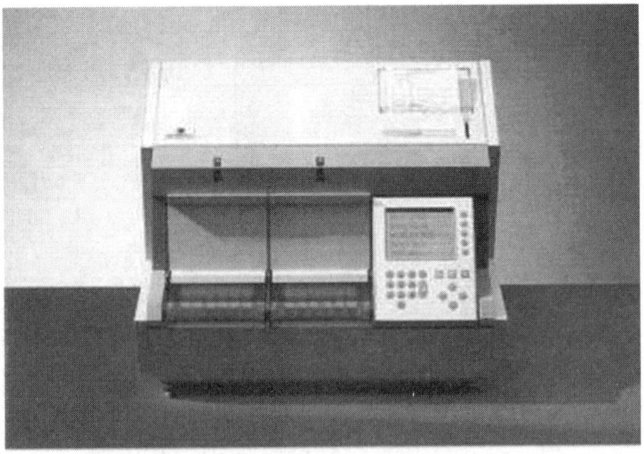

图 7-6　VIDAS 全自动荧光酶标免疫分析仪

三、全自动微生物快速分析系统

该系统是一种用于生物学领域的分析仪器，于 2009 年 10 月 30 日启用。此类产品基于传统的生化反应，将各类生化试剂或培养基脱水后固定在微孔中，通过样品与微孔中的脱水培养基发生反应，根据生化反应的总体结果在相应的数据库中进行检索比较，运用概率最大近似值模型最终鉴定出结果。此类产品的最大特点就是将传统生化反应与现代计算机技术进行结合，实现自动微生物检测，同时依靠庞大的信息检索数据库支持，能够鉴定的微生物种类多、范围广。全自动微生物分析系统仅仅需要 4~18 小时即可报告结果。此类产品常见的有法国梅里埃集团的 API 系列鉴定试剂条、VITEK 系列全自动生化鉴定系统。法国梅里埃集团出品的 Vitek AMS 全自动微生物分析仪、Phoenix 系列全自动微生物分析仪等，是目前世界上最为先进、自动化程度最高的细菌鉴定仪器之一，新一代设备试验 2~6 小时能出报告。此外，梅特勒、贝克曼等公司以及国内也有类似产品。目前，该产品已通过 AOAC、FDA、USDA、AFNOR 等机构的认可，其中 API 系列鉴定试剂条已成为全世界认可的微生物鉴定“金标准”。我国 GB 4789 系列食品微生物学国家标准以及出入境检验检疫行业标准等标准，在微生物的鉴定条款中也明确规定，可使用生化鉴定试剂盒或全自动微生物生化鉴定系统进行鉴定（见图 7-7、图 7-8）。

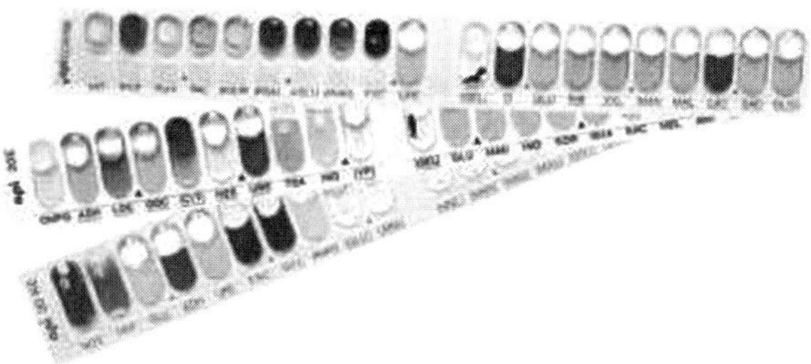

图 7-7　API 20E 鉴定试剂条

图 7-8　VITEK COMPACT 2 全自动生化鉴定系统

四、分子生物学快速检验方法

所有微生物包括细菌和病毒的 DNA 或 RNA 序列中，都有其自身特有的基因片段序列。利用分子生物学技术对特定的基因片段进行测定，可以确定样品中是否含有目标微生物，从而实现对样品中所含指定微生物的检验。分子生物学技术已经在食品安全检测领域得到了广泛应用，可用于细菌、病毒的检测，以及众多领域。常见的分子生物学快速检测技术有 PCR 技术、环介导等温扩增技术、基因芯片技术等。

（一）PCR 技术

PCR 的全称为聚合酶链式反应（Polymerase Chain Reation），是利用 DNA 在高温条件下可以发生变性解链，当温度降低后又可以复性成为双链的特性，通过温度变化控制 DNA 的变性和复性，加入设计引物，DNA 聚合酶、dNTP 就可以完成特定基因的复制。

PCR 一般由变性—退火—延伸三个基本反应步骤构成，首先，模板 DNA 的变性：DNA 经加热至高温一定时间后，使模板 DNA 双链或经 PCR 扩增形成的双链 DNA 解离，使之成为单链，以便它与引物结合；其次，模板 DNA 与引物的退火：模板 DNA 经加热变性成单链后，温度降低后，引物与模板 DNA 单链的互补序列配对结合；最后，引物的延伸：DNA 模板与引物结合物在 TaqDNA 聚合酶的作用下，以 dNTP 为反应原料，靶序列为模板，按碱基互补配对与半保留复制原理，合成一条新的与模板 DNA 链互补的半保留复制链，通常要求引物位于待分析基因组中的高度保守区域，长度为 15～30 个碱基为宜。重复循环变性—退火—延伸三个反应步骤就可获得更多的半保留复制链，而且这种新链又可成为下次循环的模板。每个循环反应一般仅需几分钟，通过如此不断的循环反应，可以使 DNA 的序列片段在数小时内特异性扩增至百万倍以上。通过对 PCR 扩增后目标微生物特定序列 DNA 片段及其含量的测定，可以确定样品中是否含有目标微生物，从而实现对样品中所含指定微生物的检测。PCR 方法省去了传统检测方法中通过烦琐的生化反应进行种属鉴定、血清分型等的工作，大幅度简化了微生物鉴定工作，具有很大的优越性。

传统 PCR 方法需要用到 PCR 仪、电泳仪、凝胶成像分析系统等设备，以及各类 PCR 检测试剂盒。随着 PCR 技术的不断发展，开始出现实时荧光 PCR 等更加快速且全自动的 PCR 检测技术。实时荧光 PCR 是将标记有荧光素的 Taqman 探针与模板 DNA 混合后完成 PCR 循环，当与模板 DNA 互补配对的 Taqman 探针被切断后，荧光素游离于反应体系中。随着反应的循环数增加，体系中的荧光素浓度也逐渐增加，通过实时监测反应体系中荧光素的信号强弱，同时利用已知模板浓度的标准品作对照作出标准曲线，即可得出待测样品目标基因的拷贝数。实时荧光 PCR 相对传统 PCR 方法省去了电泳及凝胶成像观察分析的步骤，使用全自动实时荧光 PCR 仪搭配相应的试剂盒即可完成检测，在实现快速高通量自动化检测的同时减少了交叉污染的可能性。目前，市面上的 PCR 检测设备和试剂盒多基于实时荧光 PCR 技术，常见的有 Life technologies 公司的 Applied Biosystems 系列实时荧光 PCR 仪、罗氏公司的 LightCycler 系列实时荧光 PCR 仪、杜邦公司的 BAX 全自动致病菌检测系统等（见图 7-9）。

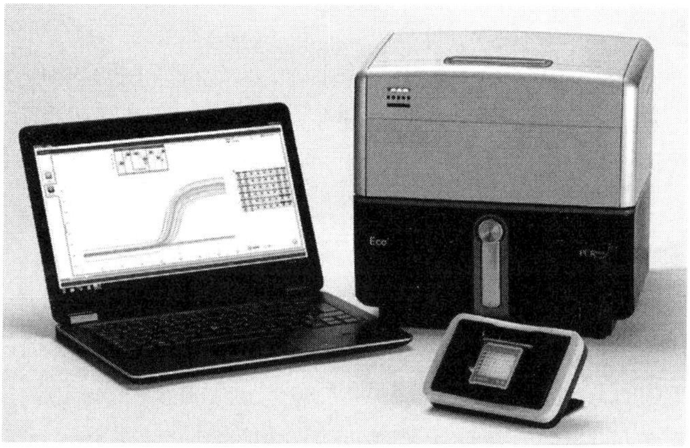

图 7-9　实时 PCR 测试仪

PCR 技术引入食品微生物检验领域后，得到了全世界范围内的认可，PCR 技术可以诊断细菌（螺旋体、支原体、衣原体、分枝杆菌、立克次氏体、白喉杆菌、致病大肠杆菌、痢疾杆菌、嗜水气单胞菌和艰难梭菌等）、病毒（HTLV、HIV、HBV、HPVS、EV、CMV、EBV、HSV、麻疹病毒、轮状病毒、细小病毒）、寄生虫（疟疾等）等。目前，ISO、AOAC、FDA、DIN、AFNOR 等机构均发布了基于 PCR 技术的食品微生物检测标准。

实时 PCR（Real-time PCR，RT-PCR）中的荧光实时 PCR 技术最为常用。该技术在 PCR 反应体系中加入了一定量的荧光基团，利用荧光信号积累实时检测整个 PCR 进程，最后通过标准曲线对未知模板进行定量分析。传统的 PCR 技术只能用于半定量分析，但荧光实时 PCR 技术无须加内标，外标法定量分析的准确性和重现性好。我国发布了一系列基于 PCR 方法的检测标准，如 SN/T 1869-2007《食品中多种致病菌快速检测方法　PCR 法》、GB/T 19438.1-2004《禽流感病毒通用荧光 RT-PCR 检测方法》、SN/T 1059.7-2010《进出口食品中沙门氏菌检测方

法　实时荧光 PCR 法》、GB/T 22287-2008《贝类中甲型肝炎病毒检测方法　普通 RT-PCR 方法和实时荧光 RT-PCR 方法》、GB/T 28642-2012《饲料中沙门氏菌的快速检测方法　聚合酶链式反应（PCR）法》、GB 4789.42-2016《食品安全国家标准　食品微生物学检验　诺如病毒检验》等。

（二）环介导等温扩增技术

环介导等温扩增技术（Loop-mediated isothermal amplification，LAMP），主要是根据 DNA 在 65℃左右处于动态平衡状态，任何一个引物向双链 DNA 的互补部位进行碱基配对延伸时，另一条链就会解离变成单链的特性，开发出的一种新的核酸等温扩增方法。

与常规 PCR 相比，LAMP 技术不需要模板的热变性、温度循环、电泳及紫外观察等过程。环介导等温扩增技术是一种全新的核酸扩增方法，特征是针对靶基因上的六个区域设计四条引物，利用链置换型 DNA 聚合酶在恒温条件下进行扩增反应，可在 15~60 分钟内实现 $10^9 \sim 10^{10}$ 倍的扩增。反应能产生大量的扩增产物焦磷酸，与反应体系中游离的镁离子结合形成焦磷酸镁白色沉淀，即可通过肉眼观察白色沉淀的有无来判断靶基因是否存在。

LAMP 技术的优势表现为：高特异性；高灵敏度，能检测到的目标 DNA 片段浓度比 PCR 还低；LAMP 的反应时间短，所需检测条件和操作十分简单；应用阶段对仪器的要求低，仅需一台水浴锅或恒温箱就能实现反应；结果检测简单，不需要像 PCR 那样进行凝胶电泳，结果通过肉眼观察白色浑浊或在紫外灯下是否激发绿色荧光来判断，简便快捷，适合各种条件下的快速检测。LAMP 是一种适合现场、基层的快速检测方法，因此在食品安全快速检测领域应用范围越来越广泛。细菌类病原微生物的检测、病毒类病原微生物的检测、真菌类微生物的检测、现场病原寄生虫的检测、转基因产品成分检测等都可以运用 LAMP 技术。

我国已发布出入境检验检疫行业系列标准，如 SN/T 2754.4-2011《出口食品中致病菌环介导恒温扩增（LAMP）检测方法　第 4 部分：单核细胞增生李斯特菌》就是基于 LAMP 方法制定的。此外还有 DBS22/020-2013《食品安全地方标准　动物源性食品中沙门菌环介导等温扩增（LAMP）检测方法》、DB50/T 953-2019《饲料中大肠杆菌 O157 的快速检测　环介导等温扩增（LAMP）法》、DB21/T 2871-2017《口蹄疫病毒 RT-LAMP 检测方法》等。基于 LAMP 技术开发出的检测试剂盒检测项目已涵盖了沙门氏菌、金黄色葡萄球菌、副溶血性弧菌、单核增生李斯特氏菌等常见的致病菌，以及诺如病毒等病毒。常见的 LAMP 试剂盒有日本荣研化学株式会社、广州华峰生物科技公司等厂商出品的各类包括致病菌和病毒的快速检测试剂盒（见图 7-10）。

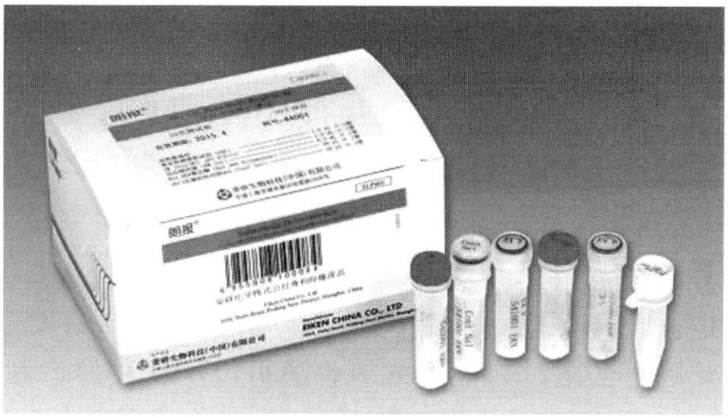

图 7-10　沙门氏菌 LAMP 快速检测试剂盒

（三）基因芯片技术

基因芯片技术（Gene chip）是在固相载体上原位合成寡核苷酸或者直接将大量 DNA 探针以显微打印的方式有序地固化在载体表面，然后与标记的探针样品杂交，通过对杂交信号的检测分析，获得样品的遗传信息。因其固相载体常用硅玻片或硅芯片，故称之为基因芯片或 DNA 芯片、生物芯片。

基因芯片技术的测序原理是杂交测序方法，即通过与一组已知序列的核酸探针杂交进行核酸序列测定的方法，在一块基片表面固定了序列已知的靶核苷酸的探针。当溶液中带有荧光标记的核酸序列 TATGCAATCTAG，与基因芯片上对应位置的核酸探针产生互补匹配时，通过确定荧光强度最强的探针位置，获得一组序列完全互补的探针序列。据此可重组出靶核酸的序列。

基因芯片技术具有高通量、高灵敏度和高特异性等优点，可以对食品中的致病菌实行高通量和并行检测，可以满足多种细菌或病毒同时检测的要求，一次实验即可得出全部的检测结果，操作简单快捷、特异性强并且敏感性高，整个检测在几个小时内即可得到结果。

常见的基于基因芯片法的试剂盒有 GENE-TRAK 的 GeneQuence 沙门氏菌检测试剂盒、GENE-TRAK 的 GeneQuence 李斯特氏菌检测试剂盒等。基因芯片法已写入了美国 AOAC 官方方法。我国发布的现行有效方法有 SN/T 2651-2010《肉及肉制品中常见致病菌检测方法　基因芯片法》、SN/T 3152-2012《出口食品中致泻大肠埃希氏菌检测方法　基因芯片法》、SN/T 2518-2010《贝类食品中食源性病毒检测方法　纳米磁珠—基因芯片法》、GB/T 27537-2011《动物流感检测　A 型流感病毒分型基因芯片检测操作规程》等。

五、电阻抗技术

电阻抗技术（Electrical Impedance Technology）是根据微生物在培养基中代谢活动的不同，通过电阻抗测量法对微生物进行鉴定的技术。电阻抗技术是20世纪70年代初期发展起来的新技术。该技术原理是利用微生物细菌在生长过程中培养基里低电导率的大分子物质（如蛋白质、多肽及碳水化合物等）进行新陈代谢，将大分子降解生成低分子带电荷的分解物和粒子，增强了溶液的电导率，从而降低了培养基的阻抗。电阻抗检验法可以实时监控培养基阻抗的变化，并将阻抗电信号经过仪器放大后显示并记录，当微生物含量达到某一值时，阻抗的变化与微生物含量呈相关性，绘制成检测曲线，通过函数计算得出样品中是否含有目标微生物及其含量，判断微生物与污染程度的相关性。

电阻抗检验法已用于食品中细菌总数、大肠杆菌、沙门氏菌、酵母菌、霉菌和支原体等的检测。电阻抗检测法有检测步骤简单、不需要将样品进行梯度稀释、不需要人工计数、不需要划线选择性平板分离培养、灵敏度高等特点，大部分检测24小时即可得出检测结果，适合各种需要快速出具结果的检测场合。电阻抗检测法已经通过了美国AOAC、法国AFNOR、英国CLS、德国DIN和澳大利亚等机构和国家的认可。电阻抗测量仪有许多种，开始生产的一次只能测量1份标本。美国（Baetoma-tic公司）制造的电阻抗测量仪——全自动微生物检测计数仪Bactometer 32，一次可测量32份标本，运用了BacTrac快速检测系统（见图7-11）。

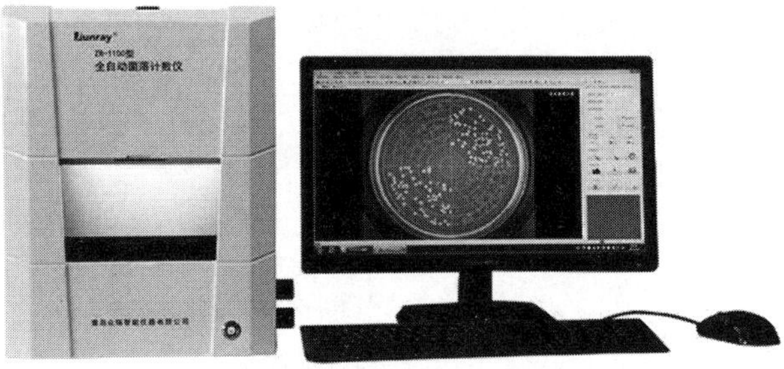

图7-11　全自动微生物检测计数仪

当然，电阻抗检验技术的应用还有一些缺陷。主要是其不能在污染的标本中，把可能存在的病原菌同污染菌加以鉴别。同时与传统的培养方法还有一些不一致之处，均有待于进一步研究加以解决。目前，我国还有此技术的现行有效的标准方法。

第二节　食品中微生物的实验室检验

食品微生物学检验是食品卫生学安全评价的重要依据。食品中微生物的实验室检验包括细菌菌落总数测定、致病细菌计数等内容，这些检验内容是判定食品被污染程度的标志，是评价食品卫生质量的重要指标。依照 GB 31607-2021《食品安全国家标准　散装即食食品中致病菌限量》、GB 29921-2021《食品安全国家标准　预包装食品中致病菌限量》和 GB 4789. 1-2016《食品安全国家标准　食品微生物学检验　总则》等标准的规定，国家对食品中致病菌是首要的检验内容。食品中致病菌的种类认定和限度计数等具体指标是食品安全的基本保障。

食品中微生物检验的一般步骤有微生物的分离培养、生理生化反应、显微镜检查等，对食品的微生物数量和种类进行检测，以便对食品的质量及加工过程中的卫生情况进行可靠的评价。

一、微生物常规检验的基本步骤

微生物常规检验技术包括灭菌和消毒技术，无菌操作，显微技术，革兰染色技术，培养基制备技术，接种、分离纯化，菌种保藏技术，微生物计数技术，以及微生物常规鉴定技术等。

（一）灭菌和消毒技术（Sterilization or Disinfection）

灭菌是指用物理或化学的方法杀灭全部微生物，包括致病和非致病微生物以及芽孢，使之达到无菌水平。常用的灭菌技术有干热灭菌（如火焰灼烧、高温烘箱）、湿热灭菌（巴氏灭菌、高压蒸汽灭菌等）、辐射灭菌（紫外线）等。消毒是指杀死病原微生物，但不一定能杀死细菌芽孢的方法。常用的化学消毒物品有75%的乙醇、84 消毒液、来苏尔、双氧水等。

（二）无菌操作（Aseptic Technique）

无菌操作是用于防止微生物进入待检样品或其他无菌范围的操作技术。执行无菌操作前，先戴帽子、口罩，洗手并将手擦干，注意空气和环境清洁。无菌物必须保存在无菌包或灭菌容器内，一经打开即不能视为绝对无菌，应尽早使用。无菌物品需要与非无菌物分别放置。无菌操作是食品微生物检验必需的要求。

（三）显微技术（Microtechnique）

实验室中常用的有普通光学显微镜、暗视野显微镜、相差显微镜、荧光显微镜和电子显微镜等，可以用来观察微生物的形态特征。利用血细胞计数器在普通光学显微镜下直接计数是一种常见的微生物计总数方法。

（四）革兰染色技术（Gram's Staining Techniques）

革兰染色技术是细菌学中广泛使用的一种鉴别染色法。通过革兰染色，可初步判断微生物的外部形态，并根据颜色将待检微生物分成革兰氏阴性（红色）和革兰氏阳性（紫色）两大类。根据革兰染色结果，采用其他相应的技术进行后续的菌种鉴定。革兰染色包括（草酸铵结晶紫）初染、（碘液）媒染、（乙醇）脱色和（番红染色液）复染四个基本步骤。

（五）培养基（Medium）制备技术

培养基是供微生物、植物组织和动物组织生长及维持用的人工配制的养料，一般都含有碳水化合物、含氮物质、无机盐（包括微量元素）以及维生素和水等。有的培养基还含有抗菌素和色素，可用于单种微生物的培养和鉴定，如显示培养基。食品微生物检验用的培养基大部分是配置好的商品化干粉或制成的成品，在一定程度上保证了产品的稳定性。

（六）接种、分离纯化（Microbial Inoculation，Isolation and Purification）

将微生物接到适于它生长繁殖的人工培养基上或活的生物体内的过程称作接种。含有一种以上的微生物培养物称为混合培养物。如果在一个菌落中所有细胞均来自一个亲代细胞，那么这个菌落称为纯培养。在进行菌种鉴定时，所用的微生物一般要求为纯的培养物。得到纯培养的过程称为分离纯化。接种、纯化的方式基本相似，常见的方式有划线、穿刺、涂布、倾注平板等。常用的工具有接种针、接种环、接种钩、玻璃涂棒、接种圈、接种锄等。

（七）菌种保藏技术（Culture Collection）

菌种保藏方法有很多，但原理大同小异。首先要挑选优良纯种，利用微生物的孢子、芽孢及营养体；其次根据其生理、生化特性，人为创造低温、干燥或缺氧等条件，抑制微生物的代谢作用，使其生命活动降到极低的程度或处于休眠状态，从而延长菌种生命以及使菌种保持原有的性状，防止变异。不管采用哪种保藏方法，在菌种保藏过程中要求不死亡、不污染杂菌且不退化。常见的保藏方法有斜面保藏法、穿刺保藏法、干燥保藏法、冷冻保藏法、冷冻干燥保藏法等。

（八）微生物计数技术（Microbial Count）

微生物计数技术是测量微生物数量的技术，一般包括两种方式：一种是显微镜直接计数，即将一定体积的待测液体样品均匀地平铺在血球计数板上，盖上盖玻片，在显微镜下直接数出细菌的数目；有时也会采用染色技术，使计数更为准确。另一种是平板计数法即平板菌落计数法，将待测样品适当稀释之后，其中的微生物充分分散成单个细胞，取一定量的稀释样液涂在平板上，经过培养，由每个单细胞生长繁殖而形成肉眼可见的菌落，也称菌落形成单位（Colony-forming Unit，CFU），一个单菌落应代表原样品中的一个单胞。统计菌落数，根据其稀释倍数和取样接种量即可换算出样品中的含菌数。食品微生物数量的检测大多采用平板计数法。

（九）微生物常规鉴定技术（Microbiological Assay）

微生物常规鉴定包括形态结构和培养特性观察、生理生化试验、血清试验等内容。

二、微生物常规鉴定技术

（一）形态结构及培养特性观察

微生物是存在于自然界的一大群形体微小、结构简单、肉眼不能直接看到，必须借助显微镜放大才能看到的微小生物。对微生物形态的观察主要通过染色法，即在显微镜下观察其形态、大小、排列方式、细胞结构（细胞壁、细胞膜、鞭毛、芽孢等）及染色特性，直观地了解微生物形态结构上的特性。

形态结构和培养特性观察是微生物鉴定的第一步。微生物有杆菌、球菌、弧菌等形态，菌落特征包括菌落的大小、形状、表面光滑与否、透明度、边缘是否整齐、有无光泽等。

（二）生理生化试验

不同的细菌分解利用糖类、脂肪类和蛋白质类物质的能力不同，所以其发酵的类型和产物也不同。通过检测微生物的不同代谢产物和代谢过程中不同的酶系统，可以利用各种生理生化反应来鉴别不同的细菌，尤其是在肠杆菌科细菌的鉴定中，生理生化试验占有重要的地位。

生理生化实验包括糖类代谢试验、蛋白质代谢试验、碳源和氮源利用试验、呼吸酶类试验以及其他酶类试验几大类。

1. 糖代谢试验是判定微生物分解糖的能力，有糖酵解试验、淀粉水解试验、V-P 试验、甲基红试验、半乳糖试验等。

2. 蛋白质代谢试验是确定微生物分解蛋白质能力的差别，从而检测蛋白质分解产物或 pH 值变化来鉴别细菌，有吲哚试验（靛基质试验）、氨基酸脱羧酶试验、硫化氢试验、三糖铁试验、明胶液化试验、尿素酶试验等。

3. 碳源和氮源利用试验有柠檬酸盐利用试验、丙二酸盐利用试验、醋酸盐利用试验等。

4. 呼吸酶类试验有氧化酶试验、过氧化氢酶试验、硝酸盐还原试验等。

5. 其他酶类试验有凝固酶试验、卵磷脂酶试验、DNA 酶试验等。生理生化试验可在试管中形成肉眼可见的颜色变化。

（三）血清学试验

血清学试验是指相应的抗原与抗体在体外一定条件下作用，可出现肉眼可见的沉淀、凝集现象。抗原抗体在体外出现可见反应的总称，又称抗原抗体反应，可以用已知抗体（细菌抗血清）检测未知抗原（待检细菌），也可以用已知抗原（已知病菌）检测患者血清中相应细菌的抗体及效价。在食品微生物检验中，常用血清学反应来鉴定分离到的细菌，一般是采用已知抗体去检验致病菌。

血清学试验反应速度很快，只需几秒至几分钟反应即可完毕，抗原抗体的结合会出现交叉反应且结合稳定。但这种结合要按一定比例进行，只有比例适当时，才能出现可见的凝集、沉淀等反应。

血清学检验有凝集反应、沉淀反应和补体结合反应三大类。凝集反应是指抗原与抗体特异性结合，在电解质参与下形成肉眼可见的凝集现象的反应。凝集反应分为直接凝集反应和间接凝集反应，直接凝集反应可以在玻片或试管中进行，间接凝集反应的敏感性更高。沉淀反应是指可溶性抗原抗体结合，在适当的电解质作用下，经过一段时间形成肉眼可见的沉淀现象的反应。沉淀反应有环状沉淀反应、絮状沉淀反应以及琼脂扩散试验。补体结合反应是在补体参与下，以红细胞（抗原）或溶血素（抗体）作为指示系统的抗原抗体反应。该反应包括试验系统和指示系统共五种成分：抗原、抗体、补体、红细胞和溶血素。反应中如果出现溶血，说明抗原抗体不匹配。此反应尽管操作复杂，但敏感性高、特异性强，至今仍被广泛使用。

三、微生物检验鉴定新方法

近年来，微生物的快速检测和自动化研究进展迅速。快速检测及其自动化检测新技术综合运用了微生物学、化学、分子生物学、生物物理学、免疫学以及血清学试验技术，对微生物进行分离、检测、鉴定和计数。比起传统方法，具有更快、更方便、更灵敏的特点。

（一）估计微生物数量和菌量的新方法

通过微生物生长所引起的物理、生物化学、生物物理指标的变化来对样品中的微生物量进行估计，其中有 ATP 水平、阻抗和导电、接触酶的测定等。

1. 化学发光法：利用可发光化学物质测定被分析物质的浓度。所有生物体的磷酸核苷酸（ATP）含量是相对固定的，当萤火虫酶系统和 ATP 接触时，发生光生物学反应，就会发光。荧光素和荧光酶过量时，荧光强度与 ATP 含量呈正比关系。用 ATP 生物发光确定细菌总数的准确程度依赖于从食品样品中细菌分离的效果，以及实验前将样品本身的 ATP 消除的程度。

2. 阻抗测定法：当细菌生长时，将大分子物质降解成小的带高电荷的粒子，从而改变周围培养基的导电性能。通过测定阻抗或电导变化，可以了解生物活动情况。当微生物含量达到某一值时，阻抗的变化与微生物含量呈相关性，即与污染程度呈相关性。

3. 微热量计法（Microcalorimetry）：利用细菌生长产生热量的原理设计而成。微生物在生长过程中会产生热量，虽然产生的量很小，但仍能通过敏感的微热量计进行测量。用微热量计对微生物计数时，温谱图必须与绝对微生物细胞数量相关，一旦建立了参考温谱图，食品样品温谱图便可与之相比较而得到微生物的绝对数量。

4. 放射测量法（Radiometric）：利用细菌代谢碳水化合物产生二氧化碳的原理，把微量的放射性标记引入葡萄糖或其他糖类分子中，细菌生长时，糖被利用并放出含放射标记的二氧化碳。有一种仪器（Bactec）可用来测定放射性二氧化碳，放射量与菌数成正比。这一方法适用于测定食品中的细菌。

5. 接触酶实验法：利用接触酶反应来估计食品中微生物的含量。由这一原理设计出的仪器称为接触酶测定仪（Catakasneter）。其原理是通过计算一个含有接触酶的纸盘，在盛有双氧水的试管中的漂浮时间来估计菌数。当样品中接触酶含量高时（表明接触酶阳性细菌含量高），纸盘上浮的时间短（以秒计）；反之，接触酶的浓度低，纸盘上浮的时间长（以 100~1000 秒计）。

6. 活细胞计数检测：自动旋转平板和激光菌落扫描计数法，在均匀薄层琼脂营养基表面，以阿基米德螺旋线方式将液体样品从中心到边缘均匀涂在平板上。经过培养，在计数格区间内计数，或用激光计数器来扫描平板，以透过光的强度来检测菌落的存在。Petrifilm 系统用可重新水化的营养成分取代琼脂倾注平板。把这种营养成分和一种胶态试剂一起嵌入一系列薄膜上。取 1 毫升液体样品滴于膜系统中央，重新水化的培养基便可作为微生物生长的支持物，经过培养后，便可像常规平板计数一样直接在膜系统上对菌落进行计数。Petrifilm2000 系列从菌群鉴定到结束只需培养 8 小时。

（二）微生物生化检测新方法

以生物化学手段建立的快速检测技术，利用微生物和专有酶能快速反应的原理进行检测。

1. 微生物专有酶快速反应技术：细菌在其生长繁殖过程中可合成和释放某些特异性的酶，依据酶的特性，选用相应的底物和指示剂，将它们配制在相关的培养基中。根据细菌反应后出现明显的颜色变化，确定待分离的可疑菌株。这种专有酶特异性反应结果有助于对细菌的快速诊断，是传统细菌分离与生化反应的有机结合，使检测结果更直观，成为今后微生物检测发展的一个主要发展方向。

2. 以免疫学方法建立的快速检测技术：依据抗原抗体特异性反应作为检测的基本原理。不同的微生物有其特异的抗原，并能激发机体产生相应的特异性抗体。在免疫检测中，可利用单克隆抗体检测微生物的特异抗原，也可利用微生物抗原检测体内产生的特异抗体，两种方法均能判断机体的感染状况。将抗沙门氏菌荧光抗体用于 750 例食品样品的检测，结果表明，与常规培养法符合率基本一致。免疫荧光法可清楚地观察抗原微生物并用于定位标记观察。

3. 质谱特征图谱法：依据不同病原体的化学组成或所产生的代谢产物各异，利用气相色谱—质谱和高效液相色谱—质谱的高效分析能力，可直接对各种体液中的细菌代谢产物，细胞中的脂肪酸、蛋白、氨基酸、多肽、多糖等物质进行分析，以确定病原微生物的特异性化学标志成分，协助病原诊断和检测。其中，以气相色谱应用较多，该法简单、快速。质谱特征图谱法作为新型分析方法，是现阶段食品微生物检测标准方法体系的一种补充，也是今后食品检验技术发展的新方向。

第八章　食品中生物毒素的检验技术

第一节　食品中生物毒素的概述

一、生物毒素来源

（一）生物毒素

生物毒素又称天然毒素，是指由动物、植物、微生物等在一定条件下产生的对其他生物物种有毒害作用并不可复制的化学物质，是一类重要的天然毒素。生物毒素种类繁多，分布广泛。生物毒素的生物活性十分复杂，其化学结构几乎包括所有类型的化合物。部分毒素兼具毒性作用和药理作用，还有一部分可引起人的中毒或死亡。

（二）分类

生物毒素依据来源可分为以下几类。

1. 细菌毒素：细菌可产生内外毒素及侵袭性酶，与细菌的致病性密切相关。在菌体外的称为菌体外毒素（exotoxins），如沙门氏菌、大肠杆菌、肉毒杆菌毒素等。含在体内的，在菌体破坏后放出的，称为菌体内毒素（endotoxins）。菌体外毒素大多是毒性蛋白质，具有抗原性强、毒性强、作用特异性强的突出特点。产生外毒素的多是一些革兰氏阳性细菌，如破伤风毒素、白喉毒素等。但也有少量革兰氏阴性细菌，如志贺氏痢疾杆菌、霍乱弧菌肠毒素。

2. 真菌毒素（Mycotoxins）：真菌毒素是真菌产生的代谢产物或二级代谢产物，目前已知的有200多种。但常见有十几种对人类危害大的真菌毒素，包括黄曲霉毒素、赭（棕）曲霉毒素、杂色（柄）曲霉毒素、展青霉素、玉米赤霉烯酮、串珠镰刀菌素等。真菌的寄生和真菌毒素的产生，对农产品、人和动物都有极大危害。据统计，全世界每年由于霉变污染真菌毒素引起的农产品和工业原料的损失达数百亿美元。因此，防止真菌毒素病害，首先要防止食物和饲料霉变。

3. 藻毒素（Microcystin）：氮和磷等植物营养元素的污染可引起水体富营养化，导致有些藻类疯长。蓝藻（严格意义上应称为蓝细菌）、绿藻、硅藻等疯长而形成“水华”，使水体呈蓝色、绿色或其他颜色。形成“水华”的这些藻类可产生大量藻毒素使水源污染，藻毒素可通过消化道途径进入人体，引起腹泻、神经麻痹、肝损伤，严重者可发生中毒甚至死亡。在藻毒素中以蓝藻毒素为多，主要包括肝毒素、神经毒素和内毒素。淡水水体中的蓝藻毒素已成为全球性的环境问题。

4. 动物毒素（Animal toxin）：动物毒素是由动物体产生的、极少量即可引起中毒的物质。动物毒素的生物效应包括神经毒性、细胞毒性、心脏毒性、出血毒性、溶血毒性、肌肉毒性等。大多是由有毒动物毒腺制造的，并以毒液形式注入其他动物体内的蛋白类化合物，如河豚毒素、章鱼毒素、蟾蜍毒素等，以及由海洋动物产生的扇贝毒素、石房蛤毒素、鱼体组胺、海兔毒素等。

5. 植物毒素（Phytotoxin）：植物毒素由植物体产生，包括非蛋白质氨基酸、肽类、蛋白质、生物碱及甙类等。

二、食品中生物毒素的危害

天然毒素可造成农业、畜牧业、水产业的损失和环境危害。人类对生物毒素的最早体验源于自身的食物中毒，生物毒素能够引起人和动物的急性中毒、致癌、致畸或致突变。据统计，由于食用真菌、植物和鱼贝等引起的食物中毒的发生概率远远高于化学中毒。

真菌毒素中的黄曲霉毒素、杂色曲霉毒素等对谷类的污染都已经被证明是地区性肝癌、胃癌、食道癌的主要诱导物质。真菌及其毒素与癌症的发生有密切的关系。

藻毒素是一种肝毒素，具有强烈的促癌（肝癌）作用。家畜及野生动物饮用了含藻毒素的水后，会出现腹泻、乏力、厌食、呕吐、嗜睡、口眼分泌物增多等症状，甚至死亡。中毒家畜的病理病变有肝脏肿大、充血或坏死，肠炎出血，肺水肿等。

食品中的生物毒素不仅会造成人体服用后在短时间内出现急性中毒症状，也会由于毒素的低浓度累积作用造成慢性中毒的发生。生物毒素被证明与癌症的发生有直接关系，因此，完成对各种病原性生物毒素的充分认识，控制好生物毒素的污染源，才能更好地将生物毒素的危害及经济损失降到最低。

第二节　食品中生物毒素的快速检验

一、细菌毒素快速检验方法

细菌毒素种类繁多，现已发现的有300多种，而且每年都有新的毒素被发现。大多数是革兰氏阳性菌，能产生外毒素，毒素毒性强，小剂量即能使易感机体致死。例如，纯化的肉毒杆菌外毒素毒性最强，1毫克可杀死2000万只小白鼠。大多数革兰氏阴性菌都有内毒素，内毒素为外源性致热原，作用于体温调节中枢引起发热反应。

（一）金黄色葡萄球菌肠毒素检验

金黄色葡萄球菌肠毒素是金黄色葡萄球菌的一种外毒素，为水溶性蛋白质，是引起食物中毒的致病因子，排在细菌性食物中毒因素的第二位。根据血清型的不同，可将金黄色葡萄球菌的肠毒素分为SEA、SEB、SEC_1、SEC_2、SEC_3、SED、SEE和SEF类型。其中，以SEA引起的食物中毒最为多见，SEC_3、SED次之，SEB在医院感染分离金黄色葡萄球菌中较为多见。

1. 免疫胶体金法。

（1）检验原理：采用双抗体夹心法，将抗金黄色葡萄球菌肠毒素特异性抗体包被在硝酸纤维素膜上，用于捕捉标本中的肠毒素，然后用特异性抗体标记的免疫胶体金探针进行检测。

（2）样品处理：固态食品，称取样品约2克，充分剪碎，加5毫升生理盐水振荡10分钟，使内容物充分浸出，自然沉降或离心后取上清液作为样品检测液；液态食品，吸取0.1毫升，加生理盐水0.4毫升，混匀后作为样品检测液。

（3）测定：取试剂一个，撕开外包装，吸取样品检测液，滴加3~4滴（约0.2毫升）于试剂圆孔中，2分钟后开始观察结果，15分钟终止观察。

（4）结果判断。

阳性结果：试剂窗口“C”和“T”（对照和检测）处出现2条红色沉淀线为阳性，即有肠毒素检出。

阴性结果：试剂窗口“C”（对照）处出现1条红色沉淀线为阴性，即无肠毒素检出。

试剂失效：试剂窗口“C”和“T”（对照和检测）均无红色沉淀线，即试剂失效。

免疫胶体金法便于开展现场细菌毒素的快速检测，分析用时短，胶体金试剂盒种类多，稳定性较好。

2. 反向乳胶凝集法。

(1) 检测原理：金黄色葡萄球菌肠毒素免疫的兔抗体血清经过纯化后与聚苯乙烯乳胶颗粒结合，这些乳胶颗粒与相应的肠毒素相互结合，就会产生相应的凝集反应。

(2) 样品处理：称取样品约 2 克，充分粉碎，加 5 毫升生理盐水振荡 10 分钟，使内容物充分浸出，自然沉降或离心 5 分钟，3000 转/分钟，取上清液作为样品检测液。

(3) 测定：取洁净微孔板一块，滴加待检样品 0. 10 毫升，再滴加高免血清致敏乳胶 0. 01 毫升，以牙签或火柴杆混匀，在 3 分钟内判定结果。

(4) 结果判定：

如果有金黄色葡萄球菌肠毒素存在，将会出现凝集反应，形成特定的网络结构，最终在微孔底部扩散形成一层沉淀。

如果不存在肠毒素或低于检出限，就不会形成网络结构，乳胶颗粒就会紧密地凝集在微孔底部。

实验中需要 V 型微孔板/10 孔验血片和聚苯乙烯乳胶，在检测过程中应提供阴性质控，食物提取液在微孔板内进行稀释，可检测最低检出限。

3. 酶联免疫吸附 ELISA 法。

(1) 检验原理：采用生物素—链亲素系统放大的 ELISA（BA-ELISA）方法，以 SEB 单抗作为包被抗体、生物素标记的另一种 SEB 单抗二抗为标记抗体。ELISA 检测试剂盒是基于酶联免疫吸附法（ELISA）中的三明治夹心法。微孔底部包被有针对致病菌毒素的特异性抗体，如果样品中存在相对应的金黄色葡萄球菌及金黄色葡萄球菌肠毒素抗原，它将被抗体捕获吸附，其他的材料被冲洗掉。再加入针对抗原的被酶标记的抗体（酶标记物），三明治夹心反应完成。加入基质，绑缚在抗原上的酶标记物将把基质转换为蓝绿色，如果没有被检抗原存在将不会产生蓝绿色。可采用一份增菌肉汤同时用于金黄色葡萄球菌及其肠毒素检测。

(2) 操作步骤。

加样：在 ELISA 中除了包被外，一般需进行 4~5 次加样，定量测定的加样量应力求准确。标本和结合物的稀释液应按规定配制，加样时应将液体加在孔底，避免加在孔壁上部，并注意不可出现气泡。

保温：反应的温度和时间应按规定的要求，保温容器最好是水浴箱，可使温度迅速平衡。为避免蒸发，板上应加盖，或将板平放在底部垫有湿纱布的湿盒中。ELISA 板可避光放在实验台上，以便不时观察。待对照管显色时，即可终止酶反应。

洗涤：洗涤在 ELISA 过程中不是反应步骤，却是决定实验成败的关键。目的是洗去反应液中没有与固相抗原或抗体结合的物质，以及在反应过程中非特异性吸附于固相载体的干扰物质。

比色：ELISA 实验结果可用肉眼观察，也可用酶标仪测定。肉眼观察也有一定的准确性，将四孔板置于白色背景上，用肉眼观察结果。每批实验都需要阳性和阴性对照，如颜色反应超过阴性对照，即判定为阳性。若要获得精确实验结果，需用酶标仪来测量光密度，所用波长随底物而异。

（3）结果判定。

用“+”或“-”表示超过规定吸收值（0.2~0.4）的标本均属阳性，此规定的吸收值是根据事先测定大量阴性标本取得的，是阴性标本的均值加两个标准差。

直接以吸收值表示，吸收值越大，阳性反应越强。此数值是固定实验条件下得到的结果，而且每次都伴有参考标本。

以终点滴度表示将标本稀释，最高稀释度仍出现阳性反应（吸收值仍大于规定吸收值）时，为该标本的滴度。

以 P/N 表示求出该标本的吸收值与一组阴性标本吸收值的比值，大于 1.5 倍即判为阳性。

采用 ELISA 方法在 4 小时内就可以得到检测结果。生熟制品都可以使用该筛选方法，可广泛适用于食品、水和生产环境的检测，以及化妆品和药品中的成品和半成品材料的检测。

4. 其他方法。Rajkovie 等采用实时免疫定量分析 PCR 法和 ELISA 法，对纯培养物和食品中的 SEB 进行检测和对比研究。结果显示，实时免疫定量分析 PCR 法的灵敏度比 ELISA 法高出 1000 倍；Fischer 等使用该方法对肠毒素 A&B 的检测范围为 0.6pg~6pg。值得一提的是，在检测肠毒素时，有人将此法与 ELISA 作了比较，发现它的灵敏度比后者高约 1000 倍。免疫生物传感器法可缩短检验周期，实现快速检测的目的。

（二）肉毒毒素检验

肉毒毒素是肉毒杆菌产生的一种剧毒性嗜神经毒素，是目前已知的化学毒物与生物毒素中毒性最强烈的一种，对人的致死量为 0.1~1.0pg，其毒力比氰化钾大 1 万倍。毒素形成的最适温度为 28℃~37℃，温度低于 8℃且 pH 值在 4.0 以下时，则不能形成。根据抗原性分为 A、B、C_a、C_b、D、E、F 和 G 型 8 种不同毒素，能引起人类疾病的有 A、B、E、F 型毒素，其中 A、B 和 E 型毒素最为常见。

A 型肉毒毒素（BTXA）是一种高分子量的蛋白质，在碱性溶液中壳分离为两部分：神经毒素及血凝素（α 成分及 β 成分）。神经毒素可被蛋白水解酶分解形成具有活性的双链结构，即 H 链和 L 链，双链间以共价的二硫键相联结。其中 H 链有与靶细胞结合的功能，L 链在结合的部位发挥特异的药理作用。还原剂可将二硫键还原，使双链彻底分离成两个片段。分离的毒素片段无毒性。现行国家标准有 GB 4789.12-2016《食品安全国家标准　食品微生物学检验　肉毒梭菌及肉毒毒素检验》、SN/T 0865-2000《进出口食品中肉毒梭菌及其肉毒毒素的检验》和 SN/T 1763.1-2006《出入境口岸生物毒素检验规程　第 1 部分：肉毒毒素》等。

1. A 型肉毒毒素胶体金免疫层析法检测试纸条。采用柠檬酸盐还原法制备胶体金颗粒、标记 A 型肉毒毒素的多克隆抗体，制成免疫层析检测纸条。待测样中的 A 型肉毒毒素与试纸条上金标记抗体结合后沿着硝酸纤维膜移动，并与膜上的抗体结合形成肉眼可视红色带。肉毒毒素 ICA 试纸条可以特异性检测 A、B 和 E 型肉毒毒素。采用该试纸条检测中国兰州生物制品研究所注射用 A 型肉毒毒素标准品，灵敏度可达 2U/mL。① 与金黄色葡萄球菌肠毒素等抗原交叉反应。A 型肉毒毒素免疫胶体金试纸条具有特异性强、灵敏度高、简便快速的特点，适用于专业和非专业人士，实用性较强。

2. A 型肉毒毒素的 ELISA 检测。采样重组 DNA 技术克隆表达 A 型肉毒毒素重组抗原，并利用重组抗原免疫鼠和兔，制备了鼠单克隆抗体和兔血清多抗，建立了肉毒毒素 A 的夹心 ELISA 诊断试剂盒，检测所需时间为 2~3 小时，操作简单，结果易于判断。该试剂盒可用于临床及食品中肉毒毒素的检测。

3. 肉毒素的 PCR 检测。PCR 检测经过菌株活化—DNA 模板制备—核酸浓度测定（必要时）—PCR 核酸扩增—凝胶电泳检测 PCR 扩增产物过程。每个 PCR 检测管检测一种型别的肉毒梭杆菌，根据电泳仪检测出现条带情况判定结果，如果样品中出现预期的扩增条带证明是阳性结果。

Carlin 等采用 PCR-ELISA 法检测冷冻食品原材料中的肉毒毒素，并采用动物实验法对浓缩肉汤中的细胞和毒素进行检测。结果显示，28 个样品中有 15 个

---

① 左庭婷，端青，姜永强等 . A 型肉毒毒素胶体金免疫层析法检测试纸条的研制 . 军事医学科学院院刊，2003，27（6）：435-436.

样品在动物实验中被检出呈阳性，最大可能数值（MPN）在1~3。

二、真菌毒素快速检验方法

真菌毒素是由产毒真菌在适宜的环境条件下产生的有毒代谢产物。目前已发现的真菌毒素有200多种，对农产品、畜产品等有不同程度的污染。按真菌毒素的重要性及危害程度降序排列为黄曲霉毒素、赭曲霉毒素A、单端孢霉烯族毒素、玉米chi5霉烯酮。其中以黄曲霉毒素、赭曲霉毒素污染最为严重，对食品的安全性构成极大威胁。

美国VICAM公司与哈佛大学等著名大学及官方农业化学家学会（AOAC）等政府机构通力合作，发明研制了一系列以单克隆免疫亲和柱为分离手段，用荧光计、紫外灯为检测工具的分析方法。这种方法在世界各地得到了广泛的应用，在欧洲、南美洲、亚洲等地已被作为商检标准方法。该分析方法具有灵敏度高、特异性强、快速、简便、经济等优点。可以满足大量试样筛选的需要，也可以在小型和现场实验室进行，在商检、卫检等基层容易普及。

（一）黄曲霉毒素检验

黄曲霉毒素是指一组含多环不饱和香豆素结构相似的毒素，无臭、无味、无色，化学性质稳定，烹调过程难以消除。在我国南方地区，以及印度、美国和一些东南亚国家的粮食产品中，黄曲霉毒素污染率均较高。外观判别食物是否被黄曲霉毒素感染，可通过肉眼观看霉菌菌斑，黄曲霉菌往往是绿色的。但在外观无法判定的情况下，需要不同的检测分析技术应用。我国对黄曲霉毒素的最大允许量有严格规定，食品安全国家标准GB 5009.22-2016《食品中黄曲霉素B族和G族的测定》和食品安全国家标准GB 5009.24-2016《食品中黄曲霉素M族的测定》对黄曲霉素的检验方法和食品中的含量限度有明确的规定。

1. 酶联免疫技术（ELISA）。酶联免疫技术是目前定量检验真菌毒素最先进、最实用的方法之一，灵敏度高，特异性强，定量和定性分析可同时完成。ELISA常用的方法有直接法、间接法、双抗体夹心法、双夹心法和竞争法。

直接法测定抗原的步骤：①将待测抗原吸附在载体表面；②加酶标抗体，形成抗原—抗体复合物；③加底物，底物的降解量与抗原量呈正相关。

间接法测定抗原的步骤：①将抗原吸附于固相载体表面；②加待测抗体，形成抗原—抗体复合物；③加酶标二抗（抗抗体）；④加底物，底物的降解量与抗体量呈正相关。

双抗体夹心法测定抗原的步骤：①将已知特异性抗体吸附于固相载体表面；②加待测抗原，形成抗原—抗体复合物；③加酶标抗体，形成抗体—抗原—抗体复合物；④加底物，底物的降解量与抗原量呈正相关。

竞争法测定抗原步骤：①A1、A2、A3 将抗体吸附在固相载体表面；②B1 加入酶标抗原；③B2、B3 加入酶标抗原和待测抗原；④C1、C2、C3 加底物，样品孔底物降解量与待测抗原量呈负相关。

（1）原理：试样中的黄曲霉毒素 B_1 用甲醇水溶液提取，经均质、涡旋、离心（过滤）等处理获取上清液。辣根过氧化物酶标记黄曲霉毒素 B_1 抗原与固定在反应孔中的黄曲霉毒素 B_1 特异性抗体发生竞争性结合反应。在洗涤后加入相应显色剂显色，经无机酸终止反应，于 450nm 或 630nm 波长下检测。样品中的黄曲霉毒素 B_1 与吸光度在一定浓度范围内成反比。

（2）检材处理：取 100g 待测样品摇匀，称取 5.0g 样品于 50mL 离心管中，加入试剂盒所要求提取液，按照试纸盒说明书所述方法进行检测。

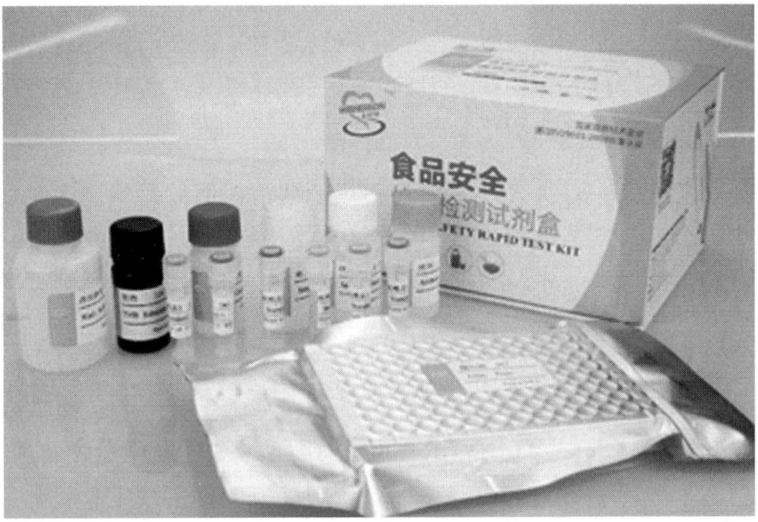

图 8-1　商品化黄曲霉毒素 ELISA 检测试剂盒

（3）结果判定：根据标准物质浓度与吸光度值绘制标准工作曲线，代入样品吸光度测值，并计算其中 AFB_1 的含量。

当称取谷物、坚果、油脂、调味品等样品 5g 时，方法检出限为 1μg/kg，定量限为 3μg/kg。当称取特殊膳食用食品样品 5g 时，方法检出限为 0.1μg/kg。

美国 Neogen 公司的黄曲霉毒素检测试剂盒采用直接竞争法原理，提供黄曲霉含量的准确结果可到 10^{-9} 级。德国 R-Bio 公司研制的 RIDASCREEN 快速黄曲霉毒素 M_1 检测试剂盒可进行黄曲霉毒素 M_1 定量检测，平均检测限可达到 250ng/kg。德国 R-Biopharm 制造的 Fast Aflatoxin 黄曲霉毒素 ELISA 试剂盒可快速定量测定谷物及饲料中的黄曲霉毒素 B_1、B_2、G_1、G_2。

采用 ELISA 法检测黄曲霉毒素 M 族物质的检测限度规定：当称取液态乳 10g 时，方法检出限为 0.01μg/kg，定量限为 0.03μg/kg；当称取乳粉和含乳特殊膳食用食品 10g 时，方法检出限为 0.1μg/kg，定量限为 0.3μg/kg；当称取奶酪 5g 时，方法检出限为 0.02μg/kg，定量限为 0.06μg/kg。

2. 薄层色谱法。

（1）原理：样品经提取、浓缩、薄层分离后，黄曲霉毒素 B_1 在紫外光（波长 365nm）下产生蓝紫色荧光，根据其在薄层上显示荧光的最低检出量来测定含量。

（2）检材处理：称取 20g 粉碎过筛试样（面粉、花生酱不需粉碎），置于 250mL 具塞锥形瓶中，加 30mL 正己烷或石油醚和 100mL 甲醇水溶液，在瓶塞上涂上一层水，盖严防漏。振荡 30 分钟，静置片刻，以叠成折叠式的快速定性滤纸过滤于分液漏斗中，待下层甲醇水带被分清后，放出甲醇水溶液于另一具塞锥形瓶内。取 20mL 甲醇水溶液（相当于 4g 试样）置于另一 125mL 分液漏斗中，加 20mL 三氯甲烷，振摇 2 分钟，静置分层，如出现乳化现象可滴加甲醇促使分层。放出三氯甲烷层，经盛有约 10g 预先用三氯甲烷湿润的无水硫酸钠的定量慢速滤纸过滤于 50mL 蒸发皿中，再加 5mL 三氯甲烷于分液漏斗中，重复振摇提取，三氯甲烷层一并滤于蒸发皿中，最后用少量三氯甲烷洗过滤器，洗液并于蒸发皿中。将蒸发皿放在通风柜于 65℃ 水浴上通风挥干，然后放在冰盒上冷却 2~3 分钟后，准确加入 1mL 苯-乙腈混合液（或将三氯甲烷用浓缩蒸馏器减压吹气蒸干后，准确加入 1mL 苯-乙腈混合液）。用带橡皮头的滴管的管尖将残渣充分混合，若有苯的结晶析出，将蒸发皿从冰盒上取出，继续溶解、混合，晶体即消失，再用此滴管吸取上清液转移于 2mL 具塞试管中。

（3）测定：取 100℃ 活化 2hr 的硅胶 G 板，在距薄层板下端 3cm 的基线上用微量注射器或血色素吸管滴加样液 20μL，将点好的板放入层析缸，在展开槽内加 10mL 无水乙醚，预展 12cm，取出挥干。再于另一展开槽内加 10mL 丙酮-三氯甲烷（8+92），展开 10~12cm，取出。在紫外光 365nm 下观察相应位置上无蓝紫色荧光点结果。

（4）结果：薄层板上黄曲霉毒素 B_1 的最低检出量为 0.0004μg，检出限为 5μg/kg。

（二）赭曲霉毒素检验

赭曲霉毒素是曲霉属和青霉属的产毒毒菌（赭曲霉、硫色曲霉、蜂蜜曲霉、纯绿曲霉等）菌种产生的二次代谢产物。赭曲霉毒素是一组分子结构类似的化合物，基本化学结构是由异香豆素连接到β-苯基丙氨酸上的衍生物，有A、B、C、D四种化合物。赭曲霉毒素A是稳定的无色结晶化合物，毒性最强（大鼠经口LD_{50}为20mg/kg），溶于极性溶剂和碳酸氢钠，微溶于水。由于赭曲霉毒素A的产毒菌株广泛地存在于自然界，及时发现污染的食品和饲料并立即剔除，防止赭曲霉毒素A超标污染的食品进入人类的食物链。

现行的国家标准中规定了赭曲霉毒素快速检验方法，如GB 5009.96-2016《食品安全国家标准　食品中赭曲霉毒素A的测定》、LS/T 6114-2015《粮油检验　粮食中赭曲霉毒素A测定　胶体金快速定量法》、DB 36/T 1027-2018《饲料中赭曲霉毒素A的快速筛查　胶体金快速定量法》等。

1. 胶体金试纸条法。

（1）原理：试样提取液中赭曲霉毒素A与检测条中胶体金颗粒发生呈色反应，颜色深浅与赭曲霉毒素A的含量相关。用读数仪测定检测条上的检测线和质控线的颜色深浅，根据颜色深浅和读数仪中内置曲线，自动计算出赭曲霉毒素A的含量。

（2）检材处理：取待测样品加入给定提取液溶解，摇匀，过滤。离心后，取上清液滴加在检测孔中，按照试纸盒说明书所述方法进行检测。

（3）结果：按照读数仪给出数据，单位为μg/kg。

2. ELISA法。

（1）原理：用甲醇—水提取试样中的赭曲霉毒素A，提取液经过滤、稀释后，采用酶联免疫吸附法测定赭曲霉毒素A的含量，外标法定量。

（2）检材处理：取待测样品摇匀，称取5.0g样品于50mL离心管中，加入试剂盒所要求提取液，按照试纸盒说明书所述方法进行检测。

（3）结果：玉米、小麦、大麦、大米、大豆及其制品的检出限和定量限分别为1μg/kg和2μg/kg。

德国拜发R-Biopharm公司生产的RIDASCREENFAST赭曲霉毒素A快速检测试剂盒以及美国Geacon，均采用竞争性的酶免疫分析法定量分析赭曲霉毒素。在450nm处测量，吸光度值与样品中的赭曲霉毒素浓度成反比。Zheng等使用Agra-Quant-ELISA试剂盒和HPLC法对比不同检材中赭曲霉毒素含量的测定结果，发现两种方法检测值一致。

世界粮农组织食品添加剂联合专家委员会在1991年第37次报告中对赭曲霉毒素A的毒性进行了评价，认为猪是敏感的动物，肾是该毒素A作用的主要靶器官。荷兰举行的第33次Codex会议提出，赭曲霉毒素A在小麦、大麦、黑麦及其制品中的含量不得超过5μg/kg。Hult等报道，瑞士规定猪和禽配合饲料中赭曲霉毒素 A 的允许量分别不得超过 200μg/kg 和 1000μg/kg。

三、动物毒素的检验

（一）河豚毒素（TTX）

河豚毒素属于小分子非蛋白质类神经性毒素，半数致死量（LD_{50}）为 10.7μg/kg［小鼠，腹腔注射（ip.）］。有报道称，在欧洲捕捞的海螺引发了河豚毒素中毒事件，该种属的海螺 TTX 含量惊人，1 只可致 10 个成年人死亡。TTX 不溶于有机溶剂，易溶于有机酸和无机酸水溶液，pH 值为 3～7，对热稳定，在强酸强碱条件下不稳定，主要降解产物为 C_9 碱。依据 GB 5009.206-2016《食品安全国家标准　水产品中河豚毒素的测定》的规定，河豚毒素的快速检验方法以 ELISA 法为主。

1. ELISA 法。

（1）原理：试样中的河豚毒素经提取、脱脂后与定量的特异性抗体反应，多余的游离抗体则与酶标板内的包被抗原结合，然后加入酶标二抗与结合到酶标板上的抗体反应，加入底物显色，与标准曲线比较测定河豚毒素含量。

（2）试样处理：将 0.1%乙酸溶液加入鱼肉并打成糊状。放在磁力搅拌器上边加热边搅拌，达到 100°C 时持续 10 分钟后取下。冷却至室温后，8000r/min 离心 15 分钟，快速过滤于 125mL 分液漏斗中。重复 2 次并合并上清液。乙醚振摇脱脂，取水层放入锥形瓶中，于 35°C 旋转蒸发去除其中残存的乙醚，将提取液移入 50mL 容量瓶中。用氢氧化钠溶液（1mol/L）调 pH 值至 6.5～7.0，并用 PBS 溶液定容至 50mL，立即用于检测（每毫升提取液相当于 0.1g 河豚组织试样）。当日不能检测的提取液经减压浓缩去除其中残存的乙醚后不调 pH 值，密封后在-20°C 冷冻保存。在检测前调节 pH 值并定容至 50mL，立即检测。

（3）酶联测定：按照酶联操作过程在酶标板中孵育反应，最终在 450nm 处测定吸光度值。

（4）结果：本法的检出限是 3μg/kg，定量限是 10μg/kg。

常规 ELISA 主要基于游离的 TTX 竞争抑制以碱性磷酸酶（AP）标记的 mAb 与检测抗原的结合反应。最新报道则以碱性磷酸酶标记 TTX，通过直接竞争免疫抑制法实现对 TTX 的检测，其检测灵敏度为 2μg/kg。李世平等应用小鼠生物实验和间接竞争抑制酶联免疫吸附实验（ELISA），同步检测 17 份河豚肝组织和 20 份河豚肌肉组织中的河豚毒素含量，并对两种方法进行比较。结果表明，ELISA 法与小鼠生物实验测得的结果相符。ELISA 法由于其测定程序简便易行、速度快、灵敏度高，在河豚毒素的定量检测以及在预防河豚中毒方面具有广泛的应用前景。李凤琴建立了检测河豚中河豚毒素的直接和间接 ELISA 方法，最低检出浓度分别为 0.1μg/L 和 1μg/L，回收率均高于 70%。其研制出基于直接法的河豚毒素 ELISA 试剂盒，筛选出了国产可食用的河豚鱼种。

2. 生物传感器法。基于表面等离子体共振技术（SPR）的传感器将具有特异识别属性的分子（配体）固定于金属膜表面，监控体系中被分析物与该配体特异性结合导致的金属膜表面体系的折射率发生变化，从而实现检测，具有无须标记、快速灵敏等优点。将 TTX 化学键合在自组装单分子层膜（SAM）修饰的金膜表面，以抑制法测定定量 TTX 抗体与样品中 TTX 结合后剩余的 TTX 抗体，从而实现对 TTX 的定量检测。该方法 IC20（20%抑制浓度）和 IC50（50%抑制浓度）处的 LOD 分别为 0.3ng/L 和 6ng/L。电化学免疫传感器结合了电化学放大作用与免疫电极的特异性。在一次性丝网印刷碳电极上覆盖 BSA-TTX 包被物，然后加入游离的 TTX 和碱性磷酸酶标记的 TTXmAb，特异性结合引起的电流变化以安培计检测，从而间接求得 TTX 含量。该方法最低可检出 16ng/L 的 TTX。

（二）石房蛤毒素

石房蛤毒素属麻痹性贝毒素，它是海洋生物中毒性很高的小分子麻痹性神经毒素，小鼠 LD_{50} 为 8μg/kg。其分子式为 $C_{10}H_{17}N_7O_4$，分子量为 299。纯品为白色固体，易溶于水，不易被消化酶破坏。石房蛤毒素主要作用于突触前膜，可阻断突触后膜的 Na^+通道，导致一系列的中毒症状。

张纹等采用 ELISA 检测菲律宾蛤子肌肉中麻痹性贝毒（PSP）的含量。结果显示，以标准 PSP 为参照，该检测方法平均灵敏度可达 2pg/kg，标准溶液测定的变异系数为 2.00%～7.66%，样品精密度测试的变异系数为 2.82%～8.40%，平均添加回收率达 85.35%。该法有快速、灵敏、可靠等特点，适用于常规工作中麻痹性贝毒的快速筛选检测。

生物毒素的种类繁多，有些毒素存在多种亚型，因此需对生物毒素进行准确的定性鉴别。质谱法和高特异性的免疫化学分析法成为满足这一需求的有力工具。生物毒素同时具有毒性强、半数致死量低的特点，灵敏度的提高和建立实时、快速的筛查方法成了生物毒素检测发展的主要方向。

第三节　食品中生物毒素的实验室检验

生物毒素在食品中的含量通常较低，但其毒性强、危害大、管控难，对检测技术提出了更高的要求。实验室检测可以借助更加灵敏的分析仪器，高效液相色谱法（HPLC）、毛细管电泳法（CE）、高效液相色谱-质谱联用法（LC-MS）等其他的分析方法进一步测定确认。根据色谱分析原理的薄层色谱法（TLC）法也可以用于生物毒素检测，但其灵敏度较低，逐渐被其他方法所替代。HPLC、CE法对样品的前处理要求较高，操作相对复杂，仪器成本较高。近些年，LC-MS法尽管也存在操作复杂、仪器成本较高的问题，但其高灵敏性还是受到实验室确证检测的普遍欢迎。

一、食品中黄曲霉毒素的检验

GB 5009.22-2016 标准规定了食品中黄曲霉毒素 B_1、黄曲霉毒素 B_2、黄曲霉毒素 G_1、黄曲霉毒素 G_2 的测定方法。GB 5009.24-2016 标准规定了食品中黄曲霉毒素 M 族的测定方法。

实验室测定方法包括同位素稀释液相色谱-串联质谱法、高效液相色谱-柱前衍生法、高效液相色谱-柱后衍生法。适用于谷物及其制品、豆类及其制品、坚果及其籽类、油脂及其制品、调味品、婴幼儿配方食品和婴幼儿辅助食品的测定。

（一）液相色谱-串联质谱法

1. 原理：试样中的黄曲霉毒素用乙腈-水溶液或甲醇-水溶液提取，提取液用含 1% TritonX-100（或吐温-20）的磷酸盐缓冲溶液稀释后（必要时，经黄曲霉毒素固相净化柱初步净化），通过免疫亲和柱净化和富集，净化液浓缩、定容和过滤后经液相色谱分离，串联质谱检测，同位素内标法定量。

2. 检材处理。

（1）样品前处理：对于一般固体样品，称取 5g 试样（精确至 0.01g）于 50mL 离心管中，加入 100μL 同位素内标工作液振荡混合后静置 30 分钟。加入 20mL 乙腈-水溶液（84+16）或甲醇-水溶液（70+30），涡旋混匀，置于超声波/涡旋振荡器或摇床中振荡 20 分钟（或用均质器均质 3 分钟），在 6000rpm 下离心 10 分钟（或均质后玻璃纤维滤纸过滤），取上清液备用。

（2）免疫亲和柱净化：准确移取 4mL 上清液，加入 46mL 1% TritionX-100（或吐温-20）的 PBS（使用甲醇水溶液提取时可减半加入），混匀。待免疫亲和柱内原有液体流尽后，将上述样液移至 50mL 注射器筒中，调节下滴速度，控制样液以 1～3mL/min 的速度稳定下滴。待样液滴完后，往注射器筒内加入 2 次 10mL 水，以稳定流速淋洗免疫亲和柱。待水滴完后，用真空泵抽干亲和柱。脱离真空系统，在亲和柱下部放置 10mL 刻度试管，取下 50mL 的注射器筒，加入 2×1mL 甲醇洗脱亲和柱，控制以 1～3mL/min 的速度下滴，再用真空泵抽干亲和柱，收集全部洗脱液至试管中。在 50℃ 下用氮气缓缓地将洗脱液吹至近干，加入 1.0mL 初始流动相，涡旋 30 秒溶解残留物，0.22μm 滤膜过滤，收集滤液于进样瓶中以备进样。

3. 测定。

液相色谱-质谱仪器参考实验条件如下：

色谱柱：C_{18} 柱（柱长 100mm，柱内径 2.1mm，填料粒径 1.7μm），或相当者；色谱柱柱温：40℃；流动相：A 相为 5mmol/L 乙酸胺水溶液，B 相为乙腈-甲醇(50+50)；梯度洗脱：32% B（0~0.5 分钟），45% B（3~4 分钟），100% B（4.2~4.8 分钟），32% B（5~7 分钟）；流速：0.3mL/min；进样体积：10μL。

质谱参考条件如下：

多离子反应监测（MRM）；离子源控制条件见表 8-1，离子选择参数见表 8-2。

表 8-1　离子源控制条件

电离方式	毛细管电压/kV	锥孔电压/V	射频透镜 1 电压/V	射频透镜 2 电压/V	离子源温度/℃	锥孔反吹气流量/(L/h)	脱溶剂气温度/℃	脱溶剂气流量/(L/h)	电子倍增电压/V
ESI^+	3.5	30	14.9	15.1	150	50	500	800	650

表 8-2　离子选择参数

化合物名称	母离子/(*m/z*)	定量离子/(*m/z*)	碰撞能量/eV	定性离子/(*m/z*)	碰撞能量/eV	离子化方式
AFT B_1	313	285	22	241	38	ESI^+
$^{13}C_{17}$-AFT B_1	330	255	23	301	35	ESI^+
AFT B_2	315	287	25	259	28	ESI^+
$^{13}C_{17}$-AFT B_2	332	303	25	273	28	ESI^+
AFT G_1	329	243	25	283	25	ESI^+
$^{13}C_{17}$-AFT G_1	346	257	25	299	25	ESI^+
AFT G_2	331	245	30	285	27	ESI^+
$^{13}C_{17}$-AFT G_2	348	259	30	301	27	ESI^+

4. 结论。当称取样品 5g 时，AFTB1、AFTB2、AFTG1 和 AFTG2 的检出限为 0.03μg/kg，AFTB1、AFTB2、AFTG1 和 AFTG2 的测量限为 0.1μg/kg。

（二）高效液相色谱-柱前衍生法

1. 原理：试样中的黄曲霉毒素，用乙腈-水溶液或甲醇-水溶液的混合溶液提取，提取液经黄曲霉毒素固相净化柱净化去除脂肪、蛋白质、色素及碳水化合物等干扰物质，净化液用三氟乙酸柱前衍生，液相色谱分离，荧光检测器检测，外标法定量。

2. 检材处理。

（1）提取和净化：同液相色谱-质谱法操作条件。

（2）柱前衍生化处理：检材经过提取和免疫亲和柱净化后，用移液管准确吸取 4.0mL 净化液于 10mL 离心管后，在 50℃ 下用氮气缓缓地吹至近干，分别加入 200μL 正己烷和 100μL 三氟乙酸，涡旋 30 秒，在 40℃±1℃ 的恒温箱中衍生 15 分钟。衍生结束后，在 50℃ 下用氮气缓缓地将衍生液吹至近干，用初始流动相定容至 1.0mL，涡旋 30 秒溶解残留物，过 0.22μm 滤膜，收集滤液于进样瓶中以备进样。

3. 测定。

液相色谱仪：配荧光检测器参考条件如下：

色谱柱：C_{18} 柱（柱长 150mm 或 250mm，柱内径 4.6mm，填料粒径 5.0μm），或相当者；流动相：A 相为水，B 相为乙腈-甲醇溶液（50+50）；梯度洗脱：24%B（0~6 分钟），35% B（8.0~10.0 分钟），100% B（10.2~11.2 分钟），24% B（11.5~13.0 分钟）；流速：1.0mL/min；柱温：40℃；进样体积：50μL；检测波长：激发波长 360nm；发射波长：440nm。

4. 结论：当称取样品 5g 时，AFTB1、AFTB2、AFTG1 和 AFTG2 的检出限为 0.03μg/kg；AFTB1、AFTB2、AFTG1 和 AFTG2 的测量限为 0.1μg/kg。

（三）高效液相色谱-柱后衍生法

1. 原理：用乙腈-水溶液或甲醇-水溶液的混合溶液提取试样中的黄曲霉毒素，提取液经免疫亲和柱净化和富集，净化液浓缩、定容和过滤后经液相色谱分离，柱后衍生（碘或溴试剂衍生、光化学衍生、电化学衍生等），经荧光检测器检测，外标法定量。

2. 检材处理。检材提取和净化等操作同液相色谱-质谱法。

3. 测定。液相色谱参考条件如下：

（1）柱后光化学衍生法。

色谱柱：C_{18} 柱（柱长 150mm 或 250mm，柱内径 4.6mm，填料粒径 5.0μm），或相当者；流动相：A 相为水，B 相为乙腈-甲醇溶液（50+50）；等梯度洗脱：68%A，32%B；流速：1.0mL/min；柱温：40℃；进样体积：50μL；检测波长：激发波长 360nm；发射波长：440nm。柱后光化学衍生器。

（2）柱后碘衍生法。

衍生溶液：0.05%碘溶液；衍生溶液流速：0.2mL/min；衍生反应管温度：70℃。色谱系统及检测条件同柱后光化学衍生法。

（3）柱后溴衍生法。

衍生溶液：5mg/L 三溴化吡啶水溶液；衍生溶液流速：0.2mL/min；衍生反应管温度：70℃。色谱系统及检测条件同柱后光化学衍生法。

（4）柱后电化学衍生法。

电化学柱后衍生器：反应池工作电流 100μA；1 根 PEEK 反应管路（长度 50cm，内径 0.5mm）；色谱系统及检测条件同柱后光化学衍生法。

二、食品中赭曲霉毒素 A 的检验

根据 GB 5009.96-2016《食品安全国家标准　食品中赭曲霉毒素 A 的测定》中的内容，具体如下。

（一）免疫亲和层析净化液相色谱法

1. 原理：用提取液提取试样中的赭曲霉毒素 A，经免疫亲和柱净化后，采用高效液相色谱结合荧光检测器测定赭曲霉毒素 A 的含量，外标法定量。

2. 检材处理。

（1）称取试样：加入氯化钠和碳酸氢钠水提取液，高速均质或振荡，定量滤纸过滤，移取滤液加入磷酸盐缓冲液混合均匀，混匀后于高速离心，取上清滤液备用。

（2）试样净化：使用免疫亲和柱净化上清滤液。

（3）洗脱：使用甲醇洗脱，收集洗脱液，浓缩挥干，再用流动相溶解残渣。

3. 测定：高效液相色谱检测。色谱柱：C_{18} 柱（柱长 150mm，内径 4.6mm，粒径 5μm），或等效柱；流动相采用乙腈-水-冰乙酸（96+102+2）；流速：1.0mL/min；柱温：35° C；进样量：50μL；荧光检测器检测波长：激发波长 333nm，发射波长 460nm。

4. 结果：粮食和粮食制品，食用植物油，大豆、油菜籽，葡萄干，胡椒粒/粉的检出限和定量限分别为 0.3μg/kg 和 1μg/kg。酒类的检出限和定量限分别为 0.1μg/kg 和 0.3μg/kg。酱油、醋、酱及酱制品的检出限和定量限分别为 0.5μg/kg

和 1.5μg/kg。

（二）离子交换固相萃取柱净化高效液相色谱法

1. 原理：用提取液提取试样中的赭曲霉毒素 A，经离子交换固相萃取柱净化后，采用高效液相色谱仪结合荧光检测器测定赭曲霉毒素 A 的含量，外标法定量。

2. 试样处理。

（1）提取：稻谷（糙米）、小麦、小麦粉、大豆检材称取试样 10.0g（精确至 0.01g），加入 50mL 提取液，于涡旋振荡器上振荡提取 3~5 分钟，用定性滤纸过滤，取 10mL 滤液至 100mL 平底烧瓶中，加入 20mL 石油醚，涡旋振荡器振荡提取 3~5 分钟，静置分层后取下层溶液，用滤纸过滤，取 5mL 滤液进行固相萃取净化。

（2）SPE 净化：该方法在样品前处理过程中使用例子交换固相萃取，固相萃取柱类型为高分子聚合物基质阴离子交换固相萃取柱，柱规格 3mL，柱容量 200mg，或等效柱。滤液萃取后用甲醇洗脱，浓缩挥干后，用 1mL 乙腈-2%乙酸水溶解后备检。

3. 测定：高效液相色谱。色谱柱：C_{18} 柱（柱长 150mm，内径 4.6mm，粒径 5μm），或等效柱；流动相：A 为冰乙酸-水（2+100），B 为乙腈；等度洗脱条件：A—B（50+50），梯度洗脱参考条件如表 8-3 所示；柱温：30°C；进样量：10μL；流速：1mL/min；荧光检测器：激发波长 333nm，发射波长 460nm。

表 8-3　流动相及梯度洗脱条件

时间/分钟	流动相 A/%	流动相 B/%
0	88	12
2	88	12
10	80	20
12	70	30
19	50	50
30	50	50
31	0	100
39	0	100
40	88	12
45	88	12

4. 结果：葡萄酒检出限为 0.1μg/L，定量限为 0.33μg/L；其他样品检出限为 1.0μg/kg，定量限为 3.3μg/kg。

（三）免疫亲和层析净化液相色谱-串联质谱法

1. 原理：原理用提取液提取试样中的赭曲霉毒素 A，经免疫亲和柱净化后，采用液相色谱-串联质谱测定赭曲霉毒素 A 的含量，外标法定量。

2. 检材处理。

（1）提取：将玉米、小麦等粮食产品样品充分粉碎混匀，称取试样 25.0g，加入 5g 氯化钠，用甲醇-水（80+20）提取液定容至 100mL，混匀，高速均质提取 2 分钟。定性滤纸过滤，移取 10mL 滤液于 50mL 容量瓶中，加水定容至刻度，混匀，经玻璃纤维滤纸过滤至滤液澄清，收集滤液 A 于干净的容器中。

（2）净化：准确移取 10mL 滤液 A，注入玻璃注射器中，使溶液以约 1 滴/秒的流速通过免疫亲和柱，依次用 10mL PBS 缓冲液、10mL 水淋洗免疫亲和柱，流速为 1～2 滴/秒，抽干柱。

（3）洗脱：以 5mL 甲醇分两次洗脱，流速为 2～3mL/min，收集全部洗脱液于干净的玻璃试管中，于 40°C 下氮气吹干，以 1mL 乙腈-水溶液（体积比为 35∶65）复溶，微孔滤膜过滤后，玉米、小麦、辣椒及其制品等稀释 1 倍，供 LC-MS 检测。

3. 测定。

（1）色谱条件。

色谱柱：C_{18} 柱（柱长 100mm，内径 2.1mm，粒径 3μm），或等效柱；柱温：30°C；进样量：20μL；流动相 A 液：水溶液（含有 0.1%甲酸，5mmol/L 甲酸铵）；流动相 B 液：95%乙腈水溶液（含有 0.1%甲酸，5mmol/L 甲酸铵）；流速：0.2mL/min。流动相及梯度洗脱条件见表 8-4。

（2）质谱条件。

离子化方式：电喷雾电离；离子源喷雾电压：5000V；离子源温度：600°C；雾化气、气帘气、碰撞气、辅助加热气均为高纯氮气，使用前应调节各气体流量以使质谱灵敏度达到检测要求；扫描方式：负离子扫描；检测方式：多反应监测。详细参数见表 8-5。

表 8-4 流动相和梯度洗脱条件

时间/分钟	流动相 A/%	流动相 B/%
0	65	35
2	5	95
7	5	95
7.1	65	35
15	65	35

表 8-5 多反应监测参数

毒素	母离子/（m/z）	子离子/（m/z）	集时间/ms	去簇电压/V	碰撞能量/V
赭曲霉毒素 A	402.1	358.1[a]	200	-82	-28
		166.9	200	-68	-47
a 为定量子离子					

4. 结果：玉米、小麦等粮食产品，辣椒及其制品等检出限和定量限分别为 1.0μg/kg 和 3.0μg/kg；啤酒等的检出限和定量限分别为 1.0μg/kg 和 3.0μg/kg；熟咖啡、酱油等的检出限和定量限分别为 0.5μg/kg 和 1.5μg/kg。

三、食品中展青霉素的检验

GB 5009.185-2016《食品安全国家标准 食品中展青霉素的测定》规定了食品中展青霉素的测定方法，适用于以苹果和山楂为原料的水果及其制品、果蔬汁类和酒类食品中展青霉素含量的测定。

（一）液相色谱-质谱法

1. 原理：样品（浊汁、半流体及固体样品用果胶酶酶解处理）中的展青霉素经溶剂提取，展青霉素固相净化柱或混合型阴离子交换柱净化、浓缩后，经反相液相色谱柱分离，电喷雾离子源离子化，多反应离子监测检测，内标法定量。

2. 检材处理。

（1）试样制备：固体样品（山楂片、果丹皮等）用高速粉碎机将其粉碎，称取 1g 试样于 50mL 离心管中，加入 50μL 同位素内标工作液，静置片刻后，再加入 10mL 水与 75μL 果胶酶混匀，室温下避光放置过夜后，加入 10mL 乙酸乙酯，涡旋混合 5 分钟，在 6000rpm 下离心 5 分钟，移取乙酸乙酯层至 100mL 梨形烧瓶。再用 10mL 乙酸乙酯提取一次，合并两次乙酸乙酯提取液，在 40℃水浴中用旋转蒸发仪浓缩至干，以 5.0mL 乙酸溶液溶解残留物，待净化处理。

（2）试样净化。

Ⅰ. 混合型阴离子柱交换法：将待净化液转移至预先活化好的混合型阴离子交换柱中［N-乙烯吡咯烷酮-二乙烯基苯共聚物基质-$CH_2N(CH_3)_2C_4H_9^+$为填料的固相萃取柱］（6mL，150mg）或相当者。使用前分别用 6mL 甲醇和 6mL 水预淋洗并保持柱体湿润。控制样液以约 3mL/min 的速度稳定过柱。上样完毕后，依次加入 3mL 的乙酸铵溶液、3mL 水淋洗。抽干混合型阴离子交换柱，加入 4mL 甲醇洗脱，收集洗脱液。在洗脱液中加入 20μL 乙酸，置 40℃下用氮气缓缓吹至近干，用乙酸溶液定容至 1.0mL，涡旋 30 秒溶解残留物，0.22μm 滤膜过滤，收集滤液于进样瓶中以备进样。按同一操作方法做空白试验。

Ⅱ. 净化柱法：按照所使用净化柱的说明书操作，将提取液通过净化柱净化，弃去初始的 1mL 净化液，收集后续部分。用吸量管准确吸取 5.0mL 净化液，加入 20μL 乙酸，在 40℃下用氮气缓缓地吹至近干，加入乙酸溶液定容至 1mL，涡旋 30 秒溶解残渣，过 0.22μm 滤膜，收集滤液于进样瓶中以备进样。按同一操作方法做空白试验。

3. 测定。液相色谱-质谱仪器分析参考条件如下。

色谱柱：T3 色谱柱（柱长 100mm，柱内径 2.1mm，填料粒径 1.8μm），或相当者；色谱柱柱温：30℃；流动相：A 相为水溶液；B 相为乙腈；梯度洗脱：5%B（0~7 分钟），100% B（7.2~9 分钟），5%B（9.2~13 分钟）；流速：0.3mL/min；进样体积：10μL。

质谱参考条件如下：

多离子反应监测（MRM）；离子源：电喷雾电离源（ESI），负离子监测；毛细管电压：-3.5kV；锥孔电压：-58V；干燥气温度：325℃；干燥气流速：480L/h；雾化气压力：172kPa；鞘气温度：350℃；鞘气流速：600L/h；喷嘴电压：-1500V；电子倍增管电压：-300V。离子选择参数见表 8-6。

表 8-6　离子选择参数

展青霉素	母离子	定量离子	碰撞能量	定性离子	碰撞能量	离子化方式
展青霉素	153	109	-7	81	-12	$ESII^-$
$^{13}C_7$-展青霉素	160	115	-7	86	-12	ESI^-

4. 结果：混合型阴离子交换柱净化方式，澄清果汁，苹果酒，固体、半流体检材中展青霉素的检出限分别为1.5μg/kg、1.5μg/kg和3μg/kg，定量限分别为5μg/kg、5μg/kg和10μg/kg。净化柱法处理后的上述检材中的检出限分别为3μg/kg、3μg/kg和6μg/kg，定量限分别为10μg/kg、10μg/kg和20μg/kg。

（二）高效液相色谱法

1. 原理：样品（浊汁、半流体及固体样品用果胶酶酶解处理）中的展青霉素经提取，展青霉素固相净化柱净化、浓缩后，液相色谱分离，紫外检测器检测，外标法定量。

2. 检材处理：检材前处理同液相色谱-质谱法的处理过程。

3. 测定：液相色谱仪器分析参考条件如下。

色谱柱：T3色谱柱（柱长150mm，柱内径4.5mm，填料粒径3.6μm），或相当者；色谱柱柱温：40℃；流动相：A相为水溶液，B相为乙腈；梯度洗脱：5%B（0～13分钟），100%B（13～15分钟），5%B（15～20分钟）；流速：0.8mL/min；进样体积：100μL；紫外检测器：检测波长276nm。

4. 结果：液体试样的检出限为6μg/kg，定量限为20μg/kg；固体、半流体试样的检出限为12μg/kg，定量限为40μg/kg。

四、食品中贝类毒素的检验

GB 5009.198-2016《食品安全国家标准 贝类中失忆性贝类毒素的测定》规定了食品中失忆性贝类毒素的测定方法。采用酶联免疫法检测，以及采用液相色谱法和液相色谱-质谱法定量分析软骨藻酸。GB 5009.212-2016《食品安全国家标准 贝类中腹泻性贝类毒素的测定》规定了食品中腹泻性贝类毒素的测定方法。小鼠生物法和酶联免疫吸附法适用于贝类及其制品中腹泻性贝类毒素的测定，液相色谱-串联质谱法适用于贝类可食部分及其制品（不包括盐渍制品）中腹泻性贝类毒素大田软海绵酸（OA）、鳍藻毒素-1（DTX-1）和鳍藻毒素-2（DTX-2）的测定。

（一）失忆性贝类毒素检验

1. 高效液相色谱法。

（1）原理：试样经甲醇溶液（50%）提取，强阴离子固相萃取柱净化，液相色谱分离，二极管阵列或紫外检测器检测，外标法定量。

（2）检材处理。

Ⅰ. 试样制备：称取脱盐、沥干水分的均质化试样5g于50mL离心管中，加入12mL甲醇溶液（50%），涡旋混合1分钟，超声提取10分钟，再涡旋混合1

分钟，以 4000r/min 离心 10 分钟，移出上清液。残渣再用 5mL 甲醇溶液（50%）重复提取两次，合并上清液，以甲醇溶液（50%）定容至 25mL，混匀。于-18℃放置 2 小时后，5℃下 10000r/min 离心 15 分钟，取上清液待净化。

Ⅱ. 试样净化：准确吸取提取液 5mL 于预先活化好的强阴离子固相萃取柱（500mg，3mL）中，控制流出液速度约为 1mL/min，然后分别用 5mL 乙腈溶液（10%）和 0.5mL 甲酸溶液（0.1mol/L）淋洗，弃去流出液，用甲酸溶液（0.1mol/L）洗脱，保持抽气 2 分钟，收集洗脱液（3mL 洗脱液相当于 1g 试样），过 0.22μm 水相微孔滤膜后，供液相色谱测定。

（3）测定：液相色谱仪器参考条件如下。

色谱柱：C_{18} 色谱柱（柱长 150mm，柱内径 4.6mm，填料粒径 3.0μm），或相当者；色谱柱柱温：35℃；流动相：A 相为乙腈，B 相为 0.1%乙酸水溶液；等梯度洗脱：13+87；流速：1.0mL/min；进样体积：10μL；紫外检测器：检测波长 242nm。

（4）结果：本方法的检出限为 0.3μg/g，定量限为 1.0μg/g。

2. 液相色谱-串联质谱仪器分析。

（1）原理：试样经甲醇溶液（50%）提取，强阴离子固相萃取柱净化，液相色谱-串联质谱检测，外标法定量。

（2）检材处理：试样制备及净化的操作同高效液相色谱法。

（3）测定：液相色谱-质谱联用仪参考条件如下。

色谱柱：C_{18}（柱长 100mm，柱内径 2.1mm，填料粒径 5μm），或相当者；色谱柱柱温：35℃；流动相：A 相为甲醇，B 相为甲酸铵水溶液（2mmol/L），梯度洗脱条件如表 8-7 所示；流速：0.35mL/min；进样体积：25μL。

离子源：电喷雾离子源；扫描方式：正离子扫描，多反应监测模式；喷雾电压：4500V；离子传输毛细管温度：300℃；锥孔电压：-8V；雾化气流速：12.3L/min；辅助气流速：1.7L/min；碰撞气压力：0.2Pa。软骨藻酸分析特征离子见表 8-8。

表 8-7 流动相梯度洗脱条件

时间/分钟	A/%	B/%
0.0	20	80
2.0	20	80
6.0	90	10
6.1	20	80
10.0	20	80

表 8-8　软骨藻酸分析特征离子

目标化合物	母离子/（m/z）	子离子/（m/z）	碰撞能量/eV
软骨藻酸	311.9	265.9*	17
		247.9	17
* 为定量子离子			

（4）结果：本方法的检出限为 0.005μg/g，定量限为 0.02μg/g。

（二）腹泻性贝类毒素检验

1. 原理：试样经甲醇提取，碱性条件下水解释放出酯化态腹泻性贝类毒素，液相色谱分离，串联质谱法测定，以基质标准曲线进行外标法定量。

2. 检材处理。

（1）试样提取。将剪碎的试样均质，准确称取 2g（精确至 0.01g）于 50mL 具塞离心管中，加入 9mL 甲醇，涡旋混合 1 分钟，超声提取 10 分钟，8000r/min 下离心 5 分钟，移出上清液于 20mL 刻度玻璃管中。残渣中加入 9mL 甲醇，重复提取一次，合并提取液，用甲醇定容至 20mL。

（2）试样水解。准确吸取提取液 1mL 置于螺纹口样品瓶中，加入氢氧化钠溶液（2.5mol/L）125μL，混匀后用密封膜将瓶密封，于 76℃ 下温育 40 分钟，冷却至室温后，加入盐酸溶液（2.5mol/L）125μL 并混匀，所得水解液（1.25mL 相当于 0.1g 试样）可直接过 0.22μm 有机相微孔滤膜后，供液相色谱-串联质谱测定，或者必要时进行净化处理。

（3）试样净化。所得水解液用 3mL 水稀释，涡旋混匀后，移入已预活化的聚合物型固相萃取柱（硅胶表面修饰苯乙烯二乙烯基苯聚合物型固相萃取柱，60mg，3mL），待液体以 1mL/min 的流速流出后，再用 1mL 甲醇溶液（20%）淋洗，弃去流出液，保持抽气 2 分钟，最后用 1mL 氨水-甲醇溶液（0.3%）洗脱，保持抽气 2 分钟，收集洗脱液，用甲醇定容至 1mL（相当于 0.1g 试样），过 0.22μm 的有机相微孔滤膜后，供液相色谱-串联质谱测定。

3. 测定：液相色谱-质谱仪器分析参考条件如下。

色谱柱：C_{18}（柱长 100mm，柱内径 2.1mm，填料粒径 5μm），或相当者；色谱柱柱温：35℃；流动相：A 相为甲酸铵水溶液（2mmol/L），B 相为乙腈+5%甲酸铵水溶液（2mmol/L），梯度洗脱条件如表 8-9 所示；流速：0.2mL/min；进样体积：10μL。

离子源：电喷雾离子源；扫描模式：负离子扫描；检测方式：多反应监测模

式，OA、DTX-1、DTX-2 母离子、子离子及去簇电压和碰撞能见表 8-10；电喷雾电压（IS）：-4000V；雾化气压力（GSI）：414kPa；气帘气压力（CUR）：104kPa；碰撞气压力（CAD）：83kPa；辅助气流速（GS2）：70L/min；离子源温度（TEM）：550℃。

表 8-9　流动相梯度洗脱条件

时间/分钟	A/%	B/%
0.0	70	30
1.0	70	30
3.0	10	90
6.0	10	90
6.1	70	30
8.0	70	30

表 8-10　离子选择条件

目标化合物	母离子/（m/z）	子离子/（m/z）	去簇电压/V	碰撞能量/eV
大田软海绵酸（OA）	803	255.3*	-130	-65
		113.1	-130	-90
鳍藻毒素-1（DTX-1）	817	255.2*	-90	-48
		150.8	-90	-48
鳍藻毒素-2（DTX-2）	803	255.0*	-130	-65
		113	-130	-90
*代表定量离子				

4. 结果：本方法中 OA、DTX-1 和 DTX-2 的检出限均为 10.0μg/kg，OA、DTX-1 和 DTX-2 的定量限均为 30.0μg/kg。

五、食品中河豚毒素的检验

现行标准 GB 5009.206-2016《食品安全国家标准　水产品中河豚毒素的测定》规定了水产品中河豚毒素的测定方法，包括小鼠生物法和高效液相色谱-串联质谱法。

（一）液相色谱-串联质谱法

1. 原理：试样经1%乙酸-甲醇溶液提取，免疫亲和柱净化，液相色谱-串联质谱法测定，外标法定量。

2. 检材处理。

（1）试样提取：称取5g匀浆试样于50mL具塞离心管中，加入11mL乙酸-甲醇溶液（1+99），涡旋振荡2分钟，50℃水浴超声提取15分钟，以8000r/min离心5分钟，转移上清液于25mL容量瓶中。向残渣中加入11mL乙酸-甲醇溶液（1+99），重复提取一次，合并上清液，用乙酸-甲醇溶液（1+99）定容至25mL。移取约10mL提取液至另一50mL具塞离心管中，-20℃冷冻30分钟，再以8000r/min离心5分钟，准确移取5mL上清液，加入20mL PBS溶液进行稀释，用氢氧化钠溶液（1mol/L）调pH值在7~8范围内，待净化。

（2）试样净化：将免疫亲和柱中封存的PBS溶液以自然流速放出，移入待净化液，以1滴/秒的流速过柱，再用10mL水淋洗，抽干，用5mL乙酸-甲醇溶液（2+98）洗脱，洗脱液于45℃氮气吹干，加入1.0mL甲酸溶液（0.1%）-乙腈溶液（1+1）溶解残渣，超声1分钟，过0.22μm的有机相微孔滤膜后，供液相色谱-串联质谱分析。

3. 测定：液相色谱-质谱仪器分析参考条件如下。

色谱柱：GelAmide-80柱（柱长150mm，内径2mm，填料粒径5μm），或等效柱；流动相A液：含5mmol/L乙酸铵的0.1%甲酸溶液；流动相B液：乙腈；流速：0.3mL/min；柱温：40℃；进样量：10μL。流动相及梯度洗脱条件见表8-11。

离子源：电喷雾源（ESI）；扫描模式：正离子扫描；喷雾电压：4800V；鞘气流量：12L/min；辅助气流量：2L/min；离子传输管温度：350℃；源内碰撞诱导解离电压：10V；扫描模式：选择反应监测模式，选择反应监测母离子、子离子和碰撞能量见表8-12；碰撞气压力：氩气，1.5mTorr。

表8-11　流动相及梯度洗脱条件

时间/分钟	A/%	B/%
0.8	10	90
2.0	10	90
2.1	90	10
6.0	90	10

续表

时间/分钟	A/%	B/%
6.1	10	90
8.0	10	90

表 8-12 选择反应监测母离子、子离子和碰撞能量

目标化合物	母离子/（m/z）	子离子/（m/z）	碰撞能量/（CE/eV）
河豚毒素	320	162*	39
		302	25
*定量离子			

4. 结果：本方法的检出限为1μg/kg，定量限为3μg/kg。

（二）液相色谱-荧光检测法

1. 原理：采用酸性甲醇溶液提取试样中的河豚毒素，提取液经旋转蒸发至干，用2mL乙酸溶液（1%）溶解残渣，再用磷酸盐缓冲溶液复溶，调pH值至6.0~7.0，经免疫亲和柱净化，液相色谱-柱后衍生荧光法测定，以保留时间定性，外标法定量。

2. 检材处理。

（1）试样提取：称取2g（精确到0.01g）试样置于50mL聚丙烯离心管中，加入10mL乙酸-甲醇溶液（1+99），振荡2分钟，60℃水浴超声提取30分钟，4500r/min离心5分钟。取上清液于60℃旋转蒸发浓缩至近干，加入2mL乙酸溶液（1%）充分溶解残渣，转移至10mL聚丙烯离心管中，加入8mL PBS溶液稀释，用氢氧化钠溶液（1mol/L）调节pH值至7~8，待净化。

（2）试样净化：将免疫亲和柱回温至室温，去掉亲和柱堵头，放出柱内保存液后，移入10mL待净化液。净化液全部流出后，用10mL水淋洗，适当施压挤干柱内液体。用4mL乙酸-甲醇溶液（2+98）洗脱，收集的洗脱液于50℃氮气吹干，用乙酸溶液（1%）溶解并定容至1mL，经0.22μm的水相微孔滤膜过滤，滤液供液相色谱-荧光法分析。

3. 检测：液相色谱-柱后荧光检测法参考条件如下。

色谱柱：C_{18} 柱（柱长250mm，内径4.6mm，填料粒径5μm），或等效柱；流动相：乙腈-乙酸铵缓冲液（5+95，体积比）；流速：1.0mL/min；柱温：30℃；检测波长：激发波长385nm，发射波长505nm；进样量：40μL。

柱后衍生参考条件如下，衍生溶液：氢氧化钠（4mol/L）；衍生溶液流速：0.5mL/min；衍生管温度：110℃。

4. 结果：本方法的检出限为50μg/kg，定量限为150μg/kg。

借助现代分析仪器的发展，许多新型的分离分析手段不断应用于生物毒素的检测中，如免疫传感器、无须抗体的生物分析技术（适配子、鞘糖脂）、生物质谱等。各类新型传感器原理不同，可对生物毒素实现灵敏快速的检验且结果直观，为现场快速筛查奠定了良好的技术基础。各种生物质谱不仅能对生物毒素进行准确的定性鉴别，还能进行准确的定量分析。针对蛋白类大分子毒素还可测定其氨基酸序列，逐渐成为毒素检测发展的主要趋势之一。各种新型分析仪器及传感器的结合应用成为近期研究中的亮点。

第九章　食品中农药兽药残留检验技术

食品中的化学污染是影响食品安全的重要因素。农药又被称作“经济毒剂”“农业化学品”，大部分是人们非有意添加的化学污染物。农药兽药施用后，绝大部分在生物体内及自然环境中发生代谢降解及迁移等，在植物和动物体内也有极少量的残留。人们长期摄入含有残留农药兽药的食品会影响健康，这就是农药兽药残留问题的由来。

出于保护人民健康和维护本国经济利益的目的，世界各国相继对进口食品中的农药兽药残留量提出了越来越严格的要求，检测项目越来越多，最大允许残量（MRL）越来越低。我国对食品中的农药残留量作出了规定。最新版的国家标准 GB 2763-2021《食品安全国家标准 食品中农药最大残留限量》对食品中 2,4-滴丁酸等 564 种农药 10092 项最大残留限量进行了规定。该标准对残留物（residue definition）的定义是：由于使用农药而在食品、农产品和动物饲料中出现的任何特定物质，包括被认为具有毒理学意义的农药衍生物，如农药转化物、代谢物、反应产物及杂质等。

GB 31650-2019《食品安全国家标准　食品中兽药最大残留限量》规定了动物性食品中阿苯达唑等 104 种（类）兽药的最大残留限量；规定了醋酸等 154 种允许用于食品动物，但不需要制定残留限量的兽药；规定了氯丙嗪等九种允许作治疗用，但不得在动物性食品中检出的兽药。该标准对兽药残留（veterinary drug residue）的定义是：对食品动物用药后，动物产品的任何使用部分中与所有与药物有关的物质的残留，包括药物原型或/和其代谢产物。根据联合国粮农组织和世界卫生组织食品中兽药残留联合立法委员会的定义，兽药残留是指动物产品的任何可食部分所含兽药的母体化合物及（或）其代谢物，以及与兽药有关的杂质。

各国法律法规都禁止或限制危害性大的农药、兽药品种的使用。加快对低毒害的农药、兽药新品种的研发和推广使用，是减少农兽药残留、保障食品安全的一种途径。

第一节　食品中农药兽药残留的快速检验

一、酶抑制法

（一）酶抑制法概述

1. 原理：有机磷与氨基甲酸酯类农药的毒理学特点是可特异性地抑制昆虫中枢和周围神系统中乙酰胆碱酯酶（Acetylcholinesterase，AChE）的活性，破坏神经的正常传导，使昆虫中毒致死。根据这个特点，人们将 AChE 与食品样品反应，如果试样中没有农药残留或者残留量极少，AChE 的活性就不被抑制；反之，如果农药残留量比较高，AChE 的活性就会被农药所抑制。利用酶活性的变化进行检测的方法，称为酶抑制法。

酶抑制法的应用开始于 20 世纪 60 年代，在 80 年代得到了快速发展，是研究最多且相对成熟的快速检测技术。酶抑制法能在半小时内快速测定蔬菜中有机磷农药及氨基甲酸酯类农药的残留，并有用于农药残留检测的速测箱、速测仪及配套的试剂盒和速测卡，已经成为国内外快速检测农药残留的主流技术。

2. 特点：酶抑制法的优点是前处理简单、检测时间短、不需要昂贵的仪器、易于掌握推广，特别适合现场检测以及大批样品的筛选。缺点是测定样品和农药种类有限，目前只适用于有机磷农药和氨基甲酸酯类农药的残留检测，并且该方法使用的酶、底物、显色剂有一定的特异性，需控制的条件比较多，易出现假阳性或假阴性现象，在灵敏度、重复性、回收率等方面还有待提高。

我国现行有效的国家标准有 GB/T 18626-2002《肉中有机磷及氨基甲酸酯农药残留量的简易检验方法 酶抑制法》、GB/T 18625-2002《茶中有机磷及氨基甲酸酯农药残留量的简易检验方法 酶抑制法》、GB/T 18630-2002《蔬菜中有机磷及氨基甲酸酯农药残留量的简易检验方法 酶抑制法》。根据检测方式的不同，酶抑制法分为试纸法、光度法和 pH 计法等。

（二）酶抑制试纸法

试纸法将酶与底物分别固定在两片试纸上，两者接触时待测组分对酶的抑制作用产生催化显色差异，据此判断待测组分的含量。

1. 原理：胆碱酯酶可催化靛酚乙酸酯（红色）水解为乙酸与靛酚（蓝色），有机磷或氨基甲酸酯类农药对胆碱酯酶有抑制作用，使催化、水解、变色的过程发生改变，由此可判断出样品中是否含有有机磷或氨基甲酸酯类农药。

2. 实验方法。选取有代表性的蔬菜样品，擦去表面泥土，剪成1cm左右见方碎片，取5g放入带盖瓶中，加入10mL pH值为7.5的Na_2HPO_4-KH_2PO_4缓冲溶液，震摇50次，静置2分钟以上。

取一片速测卡，用白色药片蘸取提取液，放置10分钟以上进行预反应，有条件时在37℃恒温装置中放置10分钟。预反应后的药片表面必须保持湿润。将速测卡对折，用手捏3分钟或用恒温装置恒温3分钟，使红色药片与白色药片叠合反应。

3. 结果：与空白对照卡比较，白色药片不变色或略有浅蓝色均为阳性结果。白色药片变为天蓝色或与空白对照卡相同，为阴性结果。对于阳性结果的样品，可用其他分析方法进一步确定具体农药品种和含量。

该法操作简单、成本低、易推广，适用于农贸市场、超市等食品集散地的实时监测。由于在检出限、保存性等方面存在局限性，该方法常用于食品安全的初筛检测。

（三）酶抑制光度法

光度法通过选择合适的显色剂与酶的催化底物进行反应，考察固定时间内吸光度的变化，达到定性或半定量的目的。相对试纸法而言，光度法体系稳定性好、易于规范化，已广泛应用于食品安全检测中。光度法与试纸法一样，均是我国应用最多的农药残留快速检测方法。

1. 原理。例如，以乙酰硫代胆碱（AsCh）为底物，在乙酰胆碱酯酶（AChE）的作用下，乙酰硫代胆碱（AsCh）水解成硫代胆碱和乙酸，硫代胆碱和二硫双对硝基苯甲酸（DTNB）产生显色反应，使反应液呈黄色，在分光光度计410nm处有最大吸收峰，用分光光度计可测得酶活性被抑制程度（用抑制率表示）。

2. 实验方法。用不锈钢管取样器取来自不同植株叶片（至少8~10片叶子）的样本，果菜从表皮至果肉1~1.5cm处取样。

取2g切碎的样本（非叶菜类取4g），放人提取瓶内，加人20mL pH值为8.0的缓冲液，震荡1~2分钟，倒出提取液，静止3~5分钟；于小试管内分别加入50μL酶，3mL样本提取液，50μL显色剂，于37℃~38℃下放置30分钟后再分别加入50μL底物，倒入比色杯中，用仪器进行测定。

3. 结果计算。

检测结果按式计算：

$$抑制率（\%）= \frac{\Delta Ac - \Delta As}{\Delta Ac} \times 100$$

ΔAc —对照组 3 分钟后与 3 分钟前吸光值之差；

ΔAs —样本 3 分钟后与 3 分钟前吸光值之差。

抑制率≥70%时，蔬菜中含有某种有机磷或氨基甲酸酯类农药残毒。此时样本要有两次以上重复检测，几次重复检测的重现性应在 80%以上。

丁酰胆碱酯酶对甲基对硫磷、乐果、毒死蜱、二嗪磷等农药不太灵敏，检出浓度均在 10mg/kg 以上。值得注意的是，使用光度法检测农药残留时，容易出现假阳性或假阴性现象，通过合适的样品前处理减少基质干扰并分离富集待测组分，有可能减少假阳性现象出现，但这有待进一步研究。

二、免疫学方法

严格来说，只要动物用药就必然会存在兽药残留，只是这些残留的兽药（包括其代谢物）含量高或低、毒性大或小而已。兽药残留的快速检测以免疫分析法为主，根据检测标记物的不同，有放射免疫检测（RIA）、酶免疫检测（EIA）、荧光免疫检测（FIA）、发光免疫检测（LIA）、流动注射免疫层析（FIIA）、胶体金免疫层析（GICA）等。其中，放射免疫检测技术的方法均已废止，并逐渐被非放射性标记法所取代。目前，针对禁用兽药的快速检测有商品化的 ELISA 试剂盒。

（一）酶联免疫吸附法

酶联免疫吸附法（ELISA）是在放射免疫法的基础上发展起来的非放射性标记法，两者的区别在于标记物的不同。其原理是在合适的载体上，酶标限定量抗原与未知抗原竞争固相抗体结合位点或固相抗原与未知抗原竞争限定量的标记抗体结合位点，形成抗体复合物。在一定底物的参与下，复合物上的酶催化底物，使其分解、氧化或还原成另一种带色物质。由于酶的降解底物与显色成正比，通过肉眼观察或分光光度计测定，从而确定是否存在未知抗原及含量。

ELISA 的优点是检测成本低、试剂保存时间较长、专一性强、灵敏度高、安全性可进行定性或定量检测，并且不需要复杂昂贵的设备，自动化程度高，对使用人员的专业技术要求也不高，容易普及推广，尤其适合样本量较大或对指定农药种类的现场筛查检测。

ELISA 法在农兽药残留检测方面应用广泛。国内外已开发了许多酶联免疫快速检测试剂盒和试纸条。我国现行食品安全标准中采用酶联免疫法比较多，其中一类是针对动物性食品中抗生素和激素类兽药残留检测的国家标准，如 GB/T 18932. 21-2003《蜂蜜中氯霉素残留量的测定方法 酶联免疫法》、GB/T 21329-2007《动物源性食品中庆大霉素残留量检验方法 酶联免疫法》、GB/T 18932. 28-

2005《蜂蜜中四环素族抗生素残留量测定方法 酶联免疫法》、GB/T 21330-2007《动物源性食品中链霉素残留量测定方法 酶联免疫法》、GB/T 18932.27-2005《蜂蜜中泰乐菌素残留量测定方法 酶联免疫法》。还有一些行业部门制定的标准，如水产行业标准 SC/T 3020-2004《水产品中己烯雌酚残留量的测定 酶联免疫法》；进出口行业标准 SN/T 1956-2007《肉及肉制品中己烯雌酚残留量检测方法 酶联免疫法》、SN/T 1955-2007《动物源性食品中二苯乙烯类激素残留量检测方法 酶联免疫法》、SN/T 2058-2008《进出口蜂王浆中氯霉素残留量测定方法 酶联免疫法》、SN/T 1955-2007《动物源性食品中二苯乙烯类激素残留量检测方法 酶联免疫法》、SN/T 1959-2007《动物源性食品中醋酸甲羟孕酮残留量的检测方法 酶联免疫法》、SN/T 2094-2008《进出口食品中 α-硫丹和 β-硫丹残留量的检测方法 酶联免疫法》、SN/T 2215-2008《进出口动物源性食品中吩噻嗪类药物残留量的检测方法 酶联免疫法》、SN/T 4141-2015《畜及畜产品中糖皮质激素残留量检测方法 酶联免疫法》、SN/T 0673-2011《进出口肉及肉制品中盐霉毒素残留量检测方法 酶联免疫法》、SN/T 3027-2011《出口蜂王浆中氟喹诺酮类残留量测定方法 酶联免疫法》、SN/T 4143-2015《出口动物及其制品中玉米赤霉醇残留量检测方法 酶联免疫法》、SN/T 3028-2011《出口蜂王浆中 β-内酰胺残留量测定方法 酶联免疫法》；地方标准 DB22/T 1609-2012《动物尿液中 β-受体激动剂测定 酶联免疫法》、DB32/T 1038-2007《水产品中呋喃唑酮代谢物的测定 酶联免疫法》。

但目前 ELISA 在农兽药残留检测中仍有一定的局限性，一种试剂盒只能检测一种或一类农兽药，不能同时分析多种不同类别的药物成分，不能检测残留总量。另外，由于制备抗体比较困难，抗体数量还较少，如果在不能确定试样中药物品种的情况下，检测具有一定的盲目性，因此应用范围受到限制。但随着 ELISA 分析技术自身的优势和方法上的不断改善，尤其是亲和力强、特异性高的标准化抗体生产技术的突破和免疫传感器技术的日臻完善，ELISA 检测技术不失为农产品农药残留和安全质量控制的有效快速检测手段。

（二）荧光免疫法

荧光免疫法是以荧光物质作为标记物，基于免疫反应进行检测的方法。由于被标记的多为抗体，故也称荧光抗体法。荧光免疫法检验分为均相免疫测定法和非均相免疫测定法，其中时间分辨荧光免疫法（TRFIA）、荧光酶免疫法以及流式细胞分析术属于非均相免疫测定法，而荧光偏振免疫法（FPIA）属于均相免疫法。TRFIA 法以三价稀土离子或其螯合物为示踪物进行标记，利用示踪物荧光寿命长的特性，通过时间延迟将特异性和非特异性荧光分开而实现检测，具有灵敏度高、线性范围宽的特点。TRFIA 法不足之处在于易受污染、本底值高。荧光酶免疫法利用酶与荧光底物的化学反应作为放大系统进行检测，多用于医学领域中病毒抗体、毒素抗原、细菌、肿瘤标志物等生物大分子的检测，在食品安全分析中应用较少。FPIA 法适宜检测小至中等分子的物质，常用于药物、激素如磺胺二甲嘧啶、马杜霉素、草不绿残留等的测定。FPIA 法简单快速、重现性好，但其灵敏度比非均相免疫测定法低。

（三）胶体金免疫层析法

免疫层析技术是 20 世纪 80 年代发展起来的一种将免疫技术和色谱层析技术相结合的快速免疫分析方法。其原理是以条状纤维层析材料为固相，借助毛细作用使样品溶液在层析条上泳动，同时使样品中的待测物与层析材料上针对待测物的受体（如抗体或抗原）发生高特异、高亲和性的免疫反应，在层析过程中免疫复合物被富集或截留在层析材料的一定区域内（检测带），通过酶促显色反应或直接使用可目测的着色标记物（如胶体金），短时间内（5~10 分钟）便可得到直观的实验结果。它不需要进行结合标记物与游离标记物的分离，省去了烦琐的加样、洗涤步骤。因而这种分析技术操作简单快速，分析结果清楚，易于判断且无须仪器（或只需简单仪器），非常适用于食品的现场快速检测。

胶体金免疫层析技术对食品中农药、兽药还有其他化学污染物，均可以制备适于检测的抗体（抗原）。目前已有的抗体（抗原）种类有盐酸克仑特罗、沙丁胺醇、莱克多巴胺、喹诺酮类物质、硝基呋喃类代谢物、沙星类药物等。现行有效的标准方法有农业部发布的 NY/T 933-2005《尿液中盐酸克仑特罗的测定 胶体金免疫层析法》。在商业标准 SB/T 10773-2012~SB/T 10775-2012 中，分别规定了动物肌肉中、动物尿液中、动物饲料中沙丁胺醇的快速筛查 胶体金免疫层析法；SB/T 10776-2012~SB/T 10779-2012 规定了动物肌肉中、动物尿液中、动物饲料中莱克多巴胺的快速筛查 胶体金免疫层析法；SB/T 10780-2012~ SB/T 10781-2012 规定了动物尿液中、动物饲料中盐酸克伦特罗的快速筛查 胶体金免疫层析法。进出口行业标准有 SN/T 5122-2019《进出口食用动物、饲料喹诺酮类筛选检测 胶体金免疫层析法》。地方标准有 DB34/T 3190-2018《动物尿液中克伦特罗等 8 种 β-兴奋剂的残留测定 胶体金免疫层析法》、DB34/T 3637-2020《水产品中氧氟沙星、诺氟沙星残留量的测定 胶体金免疫层析法》、DB34/T 3636-2020《水产品中洛美沙星、培氟沙星残留量的测定 胶体金免疫层析法》、DB34/T 2254-2014《水产品中氯霉素残留的检测 胶体金免疫层析法》。还有一些其他标准，如 KJ 201706《动物源性食品中克伦特罗、莱克多巴胺及沙丁胺醇的快速检测 胶体金免疫层析法》、KJ 201905《水产品中氯霉素的快速检测 胶体金免疫层析法》、KJ 201705《水产品中硝基呋喃类代谢物的快速检测 胶体金免疫层析法》、KJ 201906《动物源性食品中喹诺酮类物质的快速检测 胶体金免疫层析法》、KJ 202105《水产品中地西泮残留的快速检测 胶体金免疫层析法》等。

免疫胶体金技术具有简便快速、特异性强、敏感性高、可肉眼判断、试验结果易保存、无须特殊仪器设备和试剂等优点，这些优点都是其他免疫学方法无法比拟的。但免疫胶体金技术在应用过程中也经常出现假阳性和假阴性问题，因此还需要进一步进行实验室确证分析技术。

三、生物传感器法

生物传感器是把具有分子识别功能的生物活性材料，如酶、蛋白质、抗原、抗体、生物膜、细胞等，作为敏感元件固定在特定换能器上进行测定的一类传感器，涉及生物学、物理学、化学、信息科学及相关技术科学。生物传感器由生物接收器、换能器和测量系统构成。生物接收器根据其构成材料的不同分为酶传感器、微生物传感器、免疫传感器、组织传感器、细胞传感器和 DNA 传感器等；依据使用换能器类型的不同分为电化学生物传感器、介体生物传感器、光学型生物传感器、半导体生物传感器、量热型生物传感器、压电晶体生物传感器。

生物传感器的工作原理是，待测物质经扩散作用进入固定生物膜敏感层，经分子识别而发生生物学作用，产生热焓变化、离子强度变化、pH 值变化、颜色变化等信号，且反应产生的信号强弱在一定条件下与特异性结合的被测定分子的量存在一定的数学关系，再经二次仪表放大并输出，以电极测定其电流值或电压值，从而换算出被测物质的量或浓度。生物传感器应用于化学污染物检测仅见于文献和相关研究，尚未形成检测标准。根据相关文献记载，生物传感器被应用于农药毒死蜱、敌敌畏、克百威、多氯联苯，兽药四环素、对苯二酚、盐酸克伦特罗等物质的检测。

第二节　食品中农药残留的实验室检验

食品中农药残留的检验分析或鉴别技术已成为食品安全研究领域中的一项重要内容。残留分析属于痕量分析范畴，分析的农药及样品基质种类多、成分复杂，需要对食品进行必要的前处理，再进行检测分析。在检测分析中，一些有机农药主要采用气相色谱法、液相色谱法、气相色谱-质谱联用法分析，近些年液相色谱-质谱联用法应用也较为普遍。实验室检验分析结果可作为贸易、生产等活动的决定性依据和违法行为的证据，故要求检验具有责任性和权威性。

农药残留分析一般包括样品的采集和制备、样品的提取和浓缩净化、农药的定性定量分析。其中，采集、制备、提取和浓缩净化算作前处理过程，定性、定量分析是检测过程。

一、样本采集

样品的采集和制备是农药残留分析中最基础的工作，样品的采集应有代表性，并且满足分析测定精度的要求。

（一）样本采集

1. 采集。按照农业部的现行标准 NY/T 789-2004《农药残留分析样本的采样方法》，样品应采用随机法、对角线法、五点法、Z 型法、S 型法、棋盘式法等方法进行多点取样。按照 NY398 的规定划分采样单元，每个采样单元内采集一个代表性样本，不应采集有病、过小的样本。对于药材、水果、调味品等，应采集整个食用部分。

对于市场上散装成堆的样品，应分为上、中、下分层采样。对于包装产品，应按照 GB/T 8855 的规定进行采样。对于特殊的茶叶样本按照 GB/T 8302 的规定采样，食用菌样本按照 GB/T 12530 的规定采样，饲料样本按照 GB/T 14699. 1 的规定采样。

2. 缩分。一般按照四分法缩分后，取出实验室分析所用样本，其余样本保存待测。

（二）包装及储存

1. 包装。以惰性材料包装好样本后，做好相应登记及标记，并于 24 小时内送至实验室，在运送过程中应避免样本变质、受损、失水或遭受污染。

2. 储存。性质不稳定的样本应立即送检，可短期储存的样本（通常小于 7 天），要按原状在 1℃～5℃条件下保存。储存时间较长的样本以及容易腐烂变质的样本，需在低于-20℃的条件下冷冻保存。

二、前处理技术的选择

（一）提取

提取农药时除了考虑农药的特性，还必须考虑样本的特点和状态。在 AOAC 法中，对于分析农药残留的样本作了详细的规定。样品分为脂肪性和非脂肪性两大类。脂肪含量大于 10%的为脂肪性样品，小于 10%的为非脂肪性样品；非脂肪性样品又分为含水样品和干样品两类，前者的水分含量大于75%，后者为干的或低水分含量的样品；水分含量大于75%的样品，又根据含糖量的多少而分等。不同形状的样本，采用不同的提取溶剂。对于含水较多的植物性样本，采用与水能相混溶的极性溶剂，如丙酮、乙腈等进行提取。如果所提取的农药是非极性的，可在加极性溶剂的同时加入适量的非极性溶剂。如果样本中含水量不高，则先加入无水硫酸钠，使水溶性较强的农药释放出来，以便提取。对于干的或低水分含量的植物性样本，如谷物、茶叶等，可采用含水20%~40%的溶剂或者预先向样本中加入等量的水之后，再用适当的提取溶剂进行提取。对于含糖量高的样本如枸杞等，要先加入适量的水使其糖分充分溶解，再用能与其相混溶的溶剂提取。

在农药残留分析时，提取溶剂的选择必须考虑溶剂的极性、农药的特性、样本的性质。乙腈作为常用的提取溶剂，在同时提取有机磷、有机氯、氨基甲酸酯、拟除虫菊酯类农药时多采用。但由于乙腈沸点高、不易浓缩，如果只提取有机氯时，应采用丙酮-石油醚混合溶剂作提取溶剂。只提取有机磷农药时，采用二氯甲烷作为提取溶剂效果也很好。有机溶剂的选择也要根据后续使用的检测仪器来决定。

（二）净化

由于大多数农药极性较弱且在农产品中含量少，因而在提取过程中难免会将脂肪、色素等杂质一同提取出来，所以须进行净化处理。常见的净化方法有液液萃取法、柱层析法和化学处理法。

对于一般的蔬菜水果样品，在合适的提取溶液的选择上，采用液液萃取技术提取就可以达到理想的萃取效果。在此基础上，联用固相萃取（SPE）技术，利用吸附剂将液体样品中的目标化合物吸附，与样品的基质和干扰化合物分离，再用洗脱液洗脱，达到分离或者富集目标化合物的目的。而如果涉及比较复杂的基质，如动物组织、茶叶、油料作物等，则需要对前处理方式进行有针对性的改进。例如，在对油脂含量高的基质进行液液萃取时，可以考虑引入正己烷来清除油脂，也可以通过冷冻的方式达到去除油脂的目的。C_{18}粉末通常也用来净化脂肪。而对于高色素的基质，则可以考虑在SPE小柱的选择上进行优化，如引入PSA+GCB的复合型净化方式。

如果检材提取液要进行质谱分析，但基质干扰严重，则前处理过程必须加入净化步骤。净化得到的溶液经过浓缩定容后即可进行定性定量分析，否则将影响仪器的检测性能。在固相萃取材料时，氟罗里硅土小柱去除极性杂质，中性氧化铝小柱去除脂肪，活性炭小柱去除色素和少量脂肪。

总之，究竟采用何种前处理方式，要综合考虑目标化合物的性质、样品基质的特点以及最终测定的方式这些因素。通过广泛参考已有文献和标准方法，通常可以搭建起一个基本的实验方案，在此基础上进行进一步优化是比较高效而切实的方式。

三、测定方法的选择

食品中农药残留的检验可采用气相色谱法、气相色谱-质谱联用法、液相色谱法和液相色谱-质谱联用法。

（一）有机磷类农药检验

从有机磷类农药的结构通式可知，有机磷农药化学结构中均含有磷。而火焰光度检测器（FPD）是气相色谱仪常用的一种对含磷、含硫化合物有高选择性、高灵敏度的检测器。这种检测器对有机磷、有机硫的响应值与碳氢化合物的响应值之比可达 10^4，因此可排除大量溶剂峰及烃类的干扰，非常有利于食品中痕量磷、硫的分析，是检测有机磷农药残留的理想检测器。

如果作有机磷农药多农残检验，建议采用气质联用法和液质联用法，更有利于各种有机磷农药的定性和定量。

（二）氨基甲酸酯类农药检验

选择何种检验方式、采用哪种检验仪器，都需要结合目标化合物的特性以及现有仪器条件来进行综合考虑。约 70%的农药残留都是用气相色谱法来检测的，但氨基甲酸酯类农药在高温中不稳定，即使在选择柱条件方面下很大功夫，仍不可避免产生氨基甲酸酯的分解，同时也缺乏灵敏度高的选择性检测器，于是只能对不发生分解的氨基甲酸酯进行直接 GC 测定。而对于易热分解的化合物，或是考虑将氨基甲酸酯完全水解，以测定氨基甲酸酯的甲胺或酚部分，或是通过热稳定衍生化后测定其衍生物。

高效液相色谱法对于气相色谱法不能分析的高沸点或稳定性差的农药，可以进行有效的分离检测，特别适用于检测氨基甲酸酯类农药残留。大部分氨基甲酸酯类农药残留的 HPLC 检测采用反相 C_8 或 C_{18} 柱，检出限一般高于气相色谱（GC）的检出限。近年来，多采用液相色谱法柱后衍生技术，能够使氨基甲酸酯类农药中的甲氨基团在碱液作用下生成的甲胺与衍生试剂反应生成一种强荧光物质，可用高灵敏度的荧光检测器检测该物质，选择性高，基质干扰小，是检测氨基甲酸酯类农药残留最有效、最灵敏的方法之一。

随着质谱技术的不断发展和普及，气相色谱-质谱和液相色谱-质谱也逐渐开始在氨基甲酸酯类农药残留检验中发挥作用。同样，鉴于氨基甲酸酯类农药对热不稳定的特性，液相色谱-质谱方法是较为合适的检测方法。

（三）拟除虫菊酯类农药检验

分析拟除虫菊酯类农药残留量的方法主要是气相色谱法-电子捕获检测法（GC-ECD）、气质联用法和高效液相色谱法。GC-ECD 法灵敏度较高，但干扰严重。因此，对样品前处理尤其是净化过程要求很高；HPLC 法灵敏度低，难以满足国家农药残留检测的限度要求。气质联用法是目前检验拟除虫菊酯类农药最常用的方法，质谱检测模式可以选择电子轰击检测器 GC-EI-MS 法和化学电离模式的检测器 GC-NCI-MS 法。其中前者的灵敏度不高，容易出现假阴性现象，而后者应用分析时的灵敏度、抗干扰能力都很好。

（四）有机氯类农药的检验

有机氯的检验方法是气相色谱法（配 ECD 检测器）、气质联用法（配 NCI 源）。选择 NCI 源是因为它对有机氯农药有极强的特异性。负化学电离技术是通过将四极杆分析器的电压反相，使它能选择负离子监测而实现的。在正化学电离模式下发生的所有反应，在负化学电离模式下都有可能发生。由于有机氯分子结构中含有一个或多个卤族元素，在负化学电离源下极易捕获甲烷释放出的热电子，使其具有很高的检测灵敏度。例如，动物源性食品中 2.5μg/kg 浓度水平的狄氏剂和异狄氏剂在 EI 源选择离子模式检验时，由于基质比较复杂，对狄氏剂和异狄氏剂的准确定量带来很大困难。而用 NCI 源选择离子模式检测时，杂质干扰少，可以很好地定量，能够满足日本“肯定列表”狄氏剂和异狄氏剂限量为 5μg/kg 的样品检验。以鱼样本为例，添加浓度均为 10ng/mL 时，分别用 EI 源离子模式和 NCI 源离子模式检测。用 NCI 源测定，杂质干扰很少，信号相对高，具有明显的优势。

四、农药多残留的筛选分析

据统计，目前全球范围内施用在农作物上的农药超过 1000 种。为保证食品安全，国家加大了对蔬菜、水果中农药残留的监测力度，不断增多的检测项目和日益严格的限量要求，使农药残留检测工作面临更加严峻的考验。传统的提取净化以及检测技术，已远远满足不了现代农药残留分析的要求。为此，建立一种简便快速、准确高效、价格低廉的前处理技术与更加灵敏准确的检测技术相结合的农药残留检测方法，更能满足食品安全检测的需要。

在蔬菜、水果中多农药残留分析中，色谱-质谱联用技术因具有高效的分离能力、定性及定量能力，成为国际上普遍采用的分析方法。三重四极杆串联质谱技术的优势在于其具有极高的选择性、极强的抗干扰能力、高灵敏度和高通量离子传输效率及准确定量。这使得该技术在复杂基质背景下，仍能完成目标化合物的准确鉴定。采用多反应监测（MRM）模式的串联质谱仪（MS/MS）正在迅速成为复杂食品基质样品中多残留目标化合物筛查分析的理想技术，在食品安全分析中具有非常广泛的应用。目前，液相色谱-串联质谱（LC-MS/MS）和气相色谱-串联质谱（GC-MS/MS）联用技术在多组分农药残留分析中的应用最为普遍。

在样品前处理技术方面，QuEChERS 法是近年来提出的一种全新理念的样品前处理技术，快速、简易、廉价、有效、稳定和安全，近年来已成为复杂基质中农药多残留检测样品处理的主流方法，得到了欧盟官方及 AOAC 的认可，在农药多残留分析中已广泛使用。

（一）QuEChERS 提取技术

该方法是目前在各实验室中被普遍采用的适用于多种农药残留分析的前处理方法。QuEChERS 方法意为快速（Quick）、简单（Easy）、价廉（Cheap）、高效（Effective）、耐用（Rugged）和安全（Safe），其原理与高效液相色谱和固相萃取相似，都是利用吸附剂填料与基质中的杂质相互作用吸附杂质，从而达到杂质净化的目的。目前，已经形成的标准方法有加入醋酸盐缓冲体系的“AOAC ficial Method 2007.01”以及采用柠檬酸盐缓冲体系的“European Standard EN15662”。这两种方法通过缓冲盐体系的加入，使 QuEChERS 方法更加适用于一些对 pH 值较为敏感的农药。

QuEChERS 方法的步骤可以简单归纳为以下五个：

1. 样品粉碎；
2. 单一溶剂乙腈提取分离；
3. 加入 $MgSO_4$ 等盐类除水；
4. 加入乙二胺-N-丙基硅烷（PSA）等吸附剂除杂；
5. 上清液进行 GC-MS、LC-MS 检测。

在 QuEChERS 方法中，乙腈为最适合萃取宽范围极性农药多残留物的溶剂，可用于色质联用分析。无水 $MgSO_4$ 作为除水剂，吸水的同时也产热，使萃取液的温度更适合农药的萃取。同时，在 d-SPE（分散固相萃取）净化过程中，水分含量对于 PSA 的净化效果有着至关重要的作用，水分含量越低，PSA 的净化效果越好，无水 $MgSO_4$ 的除水作用远远优于 Na_2SO_4。

乙二胺-N-丙基硅烷（PSA）吸附剂是 QuEChERS 方法中运用最为广泛的吸

附剂，能够清除许多极性基质成分，如来自样品共萃取物的脂肪酸、某些极性亲脂性色素和糖类等，而对大部分农药残留物无吸附作用。但是，由于酸性农药（如2,4-二氯苯氧乙酸、灭草松等）会和氨基型吸附剂（如-NH_2、PSA）等发生结合而导致回收率降低，因此，在分析这类目标化合物时，最好的方法是跳过d-SPE直接对LC-MS/MS进行ESI^-分析。石墨化炭黑（GCB）表面是由六个碳原子构成的平面六角形，多用于农残样品中色素的去除。活性炭起初被广泛用于色素的去除，但是由于其吸附性太强（不可逆吸附），导致很多农药回收率偏低。近年来，石墨化炭黑取代了活性炭，但石墨化炭黑对于片状化合物的特殊选择性，可能导致片状农药（百菌清、克菌丹等）的回收率降低。可以考虑通过在萃取液中加入甲苯，来提高该类农药的回收率（乙腈和甲苯的比例一般为3∶1）。

蒽与石墨化炭黑之间会形成非常强的吸附，可用来验证石墨化炭黑对平面农药的吸附程度。如果蒽的回收率在70%以上，说明平面型农药没有明显损失。同时，可以通过萃取液的颜色来判定石墨化炭黑是否造成平面型农药的损失。经验显示，如果萃取液呈淡黄色，即说明平面型农药的损失不明显。

C_{18}吸附剂能去除部分非极性脂肪和脂溶性杂质，脂肪在乙腈中的溶解度有限，但C_{18}会导致部分脂溶性好的农药（如HCB、DDT等）的回收率降低。去除油脂还可以通过冷冻除脂或反相吸附剂吸附的方法去除食品中多余的脂肪。

从某种意义上来说，QuEChERS方法是一个开放的方法，分析者可以根据样品特性和分析物性质对方法内容进行调整。图9-1和图9-2是目前AOAC及欧盟公布的官方方法流程图。

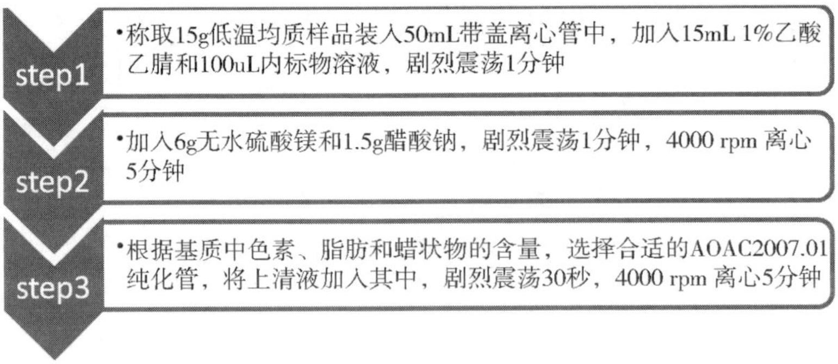

图9-1 AOAC2007的方法

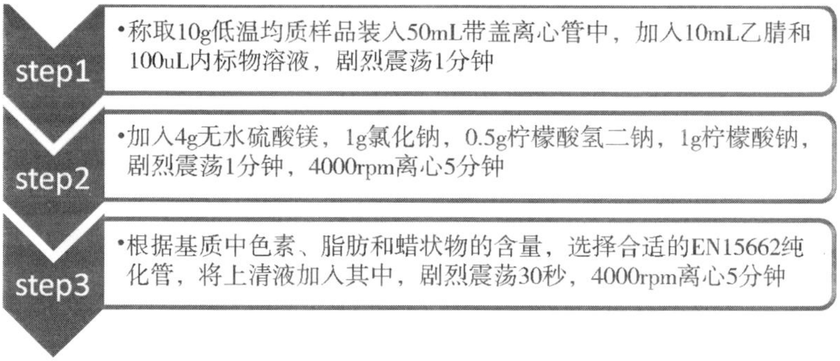

图 9-2　EN15662 的方法

一些对于 pH 值较为敏感的农药，如敌敌畏、甲胺磷、安硫磷、甲拌磷、马拉硫磷、甲基对硫磷、磷胺、治螟磷、乐果、萎锈灵和拟除虫菊酯类等，在酸性或碱性下均不稳定，会发生分解或降解，回收率偏低。当加入二水合柠檬酸钠和倍半水合柠檬酸二钠保护剂后，缓冲体系的 pH 值为 4.5～5.5，在这种弱酸性的缓冲体系中提取，可以使这些农药保持稳定，回收率显著提升，满足测定要求。蔬菜用乙腈提取后，一些有机酸、维生素、色素等杂质的性质，经 0.2μm 有机相滤膜过滤，可以有效地除去叶绿素且兼顾到了各种目标测定农药的回收率，整体的回收效果明显优于传统的石墨炭黑粉吸附法。

QuEChERS 方法也有一定的局限性。由于 PSA 可保留苯氧羧酸农药及电负性较强的苯甲酰脲类农药，因此该方法不适于苯氧羧酸类农药及部分苯甲酰脲类农药的提取。

（二）检测技术

多组分农药残留测定主要是利用气相色谱-质谱、液相色谱-质谱等仪器进行检测。色谱-质谱联用仪，包括单级质谱（MS）和串联质谱（MS/MS）两种类型。目前，色谱-串联质谱联用的仪器性能已经能够达到同时采集上千个离子对信息的高通量检测，并且相对单级质谱而言，灵敏度更高、选择性更好，非常适合低浓度的多农药残留检验。

五、食品中农药残留检验举例

现行的国家标准 GB 23200.7-2016～GB 23200.15-2016，分别规定了对蜂蜜、果汁和果酒，水果和蔬菜，粮谷，桑枝、金银花、枸杞子和荷叶，茶叶，果蔬汁和果酒，食用菌等不同种类的检材中的几百种农药及相关化学品残留量的测定方法，包括气相色谱-质谱法和液相色谱-质谱法。还有一批标准是2008年发布，2009年施行的，包括GB/T 20769-2008 、GB/T 20770-2008、GB/T 23204-2008、GB/T 23210-2008、GB/T 20772-2008、GB/T 23214-2008、GB/T 19650-2006、GB/T 23211-2008、GB/T 20771-2008和GB/T 23208-2008。这些标准涵盖的检材包括牛奶和奶粉、动物肌肉、饮用水、蜂蜜、河豚、鳗鱼和对虾等。近500种农药及相关化学品残留量的测定一般都会使用质谱分析技术。

（一）GC-MS法

例如，GB 23200.9-2016《食品安全国家标准 粮谷中475种农药及相关化学品残留量的测定 气相色谱-质谱法》。

1. 原理：试样于加速溶剂萃取仪中用乙腈提取，提取液经固相萃取柱净化后，用乙腈-甲苯溶液（3+1）洗脱农药及相关化学品，用气相色谱-质谱仪检测。

2. 检材处理。

（1）试样准备：按GB 5491扦取的粮谷样品经粉碎机粉碎，样品全部过425μm的标准网筛，混匀，制备好的试样均分成两份，装入洁净的盛样容器内，密封并标明标记。

（2）提取：称取10g试样（精确至0.01g）与10g硅藻土混合，移入加速溶剂萃取仪的34mL萃取池中，在10.34MPa压力、80℃条件下，加热5分钟，用乙腈静态萃取3分钟，循环两次，然后用60%的乙腈（20.4mL）冲洗萃取池，并用氮气吹扫100秒。萃取完毕后，将萃取液混匀，对含油量较小的样品取萃取液体积的1/2（相当于5g试样量），对含油量较大的样品取萃取液体积的1/4（相当于2.5g试样量），待净化。

（3）净化：用10mL乙腈预洗Envi-18柱，然后将Envi-18柱放入固定架上，下接梨形瓶，移入上述萃取液，并用15mL乙腈洗涤Envi-18柱，收集萃取液及洗涤液，在旋转蒸发器上将收集的液体浓缩至约1mL，备用。

在Envi-Carb柱中加入约2cm高无水硫酸钠，将该柱连接在Sep-Pak NH_2柱顶部，用4mL乙腈甲苯溶液（3+1）预洗串联柱，下接梨形瓶，放入固定架上。将上述样品浓缩液转移至串联柱中，用3×2mL乙腈-甲苯溶液洗涤样液瓶，并将洗涤液移入柱中，在串联柱上加上50mL贮液器，再用25mL乙腈-甲苯溶液洗涤串联柱。收集上述所有流出物于梨形瓶中，并在40℃水浴中旋转浓缩至约0.5mL。加入2×5mL正己烷进行溶剂交换两次，最后使样液体积约为1mL，加入40μL内标溶液，混匀，用于气相色谱-质谱测定。

3. 检测：气相色谱-质谱参考条件如下。

色谱柱：DB-1701（30m×0.25mm×0.25μm）石英毛细管柱，或相当者；色

谱柱温度：40℃保持1分钟，然后以30℃/min升温至130℃，再以5℃/min升温至250℃，再以10℃/min升温至300℃，保持5分钟；载气：氦气，纯度≥99.999%，流速为1.2mL/min；进样口温度：290℃；进样量：1μL；进样方式：无分流进样，1.5分钟后打开分流阀和隔垫吹扫阀；电子轰击源：70eV；离子源温度：230℃；GC-MS接口温度：280℃；选择离子监测：每种化合物分别选择一个定量离子，2~3个定性离子。

采用内标法单离子定量测定，内标物为环氧七氯。

4. 结果：结果如图9-3和表9-1所示。

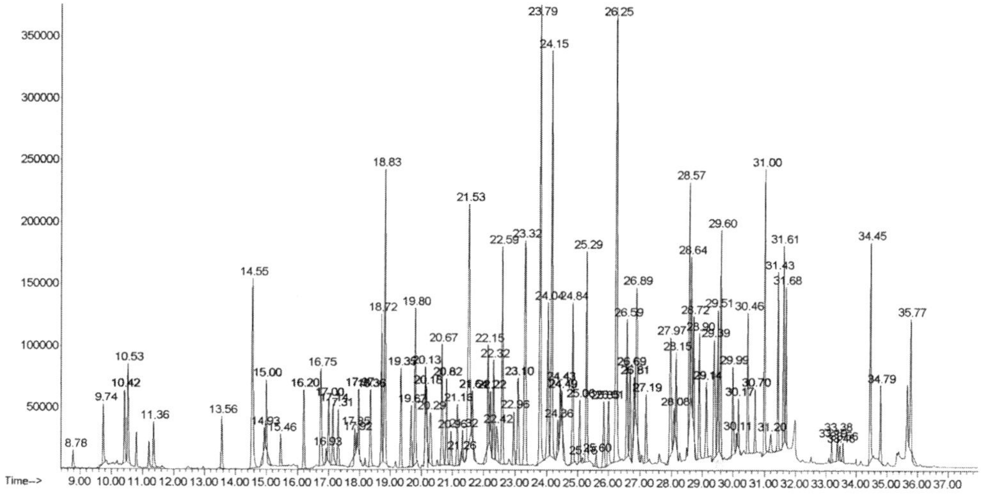

图9-3　部分农药标准物质在小麦中的选择离子监测GC-MS图

表9-1　部分农药标准物质的色谱保留时间和质谱特征离子

序号	中文名称	英文名称	保留时间/min	定量离子	定性离子1	定性离子2	定性离子3
内标	环氧七氯	Heptachlor-epoxide	22.1	353（100）	355（79）	351（52）	
A组							
1	二丙烯草胺	Allidochlor	8.78	138（100）	158（10）	173（15）	
2	烯丙酰草胺	Dichlormid	9.74	172（100）	166（41）	124（79）	
3	土菌灵	Etridiazol	10.42	211（100）	183（73）	140（19）	
4	氯甲硫磷	Chlormephos	10.53	121（100）	234（70）	154（70）	

续表

序号	中文名称	英文名称	保留时间/min	定量离子	定性离子 1	定性离子 2	定性离子 3
5	苯胺灵	Propham	11.36	179（100）	137（66）	120（51）	
6	环草敌	Cycloate	13.56	154（100）	186（5）	215（12）	
7	联苯二胺	Diphenylamine	14.55	169（100）	168（58）	167（29）	
8	乙丁烯氟灵	Ethalfluralin	15	276（100）	316（81）	292（42）	
9	甲拌磷	Phorate	15.46	260（100）	121（160）	231（56）	153（3）
10	甲基乙拌磷	Thiometon	16.2	88（100）	125（55）	246（9）	
11	五氯硝基苯	Quintozene	16.75	295（100）	237（159）	249（114）	
12	脱乙基阿特拉津	Atrazine-desethyl	16.76	172（100）	187（32）	145（17）	
13	异噁草松	Clomazone	17	204（100）	138（4）	205（13）	
14	二嗪磷	Diazinon	17.14	304（100）	179（192）	137（172）	
15	地虫硫磷	Fonofos	17.31	246（100）	137（141）	174（15）	202（6）
16	乙嘧硫磷	Etrimfos	17.92	292（100）	181（40）	277（31）	
17	西玛津	Simazine	17.85	201（100）	186（62）	173（42）	
18	胺丙畏	Propetamphos	17.97	138（100）	194（49）	236（30）	
19	仲丁通	Secbumeton	18.36	196（100）	210（38）	225（39）	
20	除线磷	Dichlofenthion	18.8	279（100）	223（78）	251（38）	
21	炔丙烯草胺	Pronamide	18.72	173（100）	175（62）	255（22）	
22	兹克威	Mexacarbate	18.83	165（100）	150（66）	222（27）	
23	艾氏剂	Aldrin	19.67	263（100）	265（65）	293（40）	329（8）
24	氨氟灵	Dinitramine	19.35	305（100）	307（38）	261（29）	
25	皮蝇磷	Ronnel	19.8	285（100）	287（67）	125（32）	
26	扑草净	Prometryne	20.13	241（100）	184（78）	226（60）	
27	环丙津	Cyprazine	20.18	212（100）	227（58）	170（29）	

续表

序号	中文名称	英文名称	保留时间/min	定量离子	定性离子1	定性离子2	定性离子3
28	乙烯菌核利	Vinclozolin	20.29	285（100）	212（109）	198（96）	
29	β-六六六	Beta-HCH	20.31	219（100）	217（78）	181（94）	254（12）
30	甲霜灵	Metalaxyl	20.67	206（100）	249（53）	234（38）	
31	毒死蜱	Chlorpyrifos(-ethyl)	20.96	314（100）	258（57）	286（42）	
32	甲基对硫磷	Methyl-Parathion	20.82	263（100）	233（66）	246（8）	200（6）
33	蒽醌	Anthraquinone	21.49	208（100）	180（84）	152（69）	
34	δ-六六六	Delta-HCH	21.16	219（100）	217（80）	181（99）	254（10）
35	倍硫磷	Fenthion	21.53	278（100）	169（16）	153（9）	
36	马拉硫磷	Malathion	21.54	173（100）	158（36）	143（15）	
37	杀螟硫磷	Fenitrothion	21.62	277（100）	260（52）	247（60）	
38	对氧磷	Paraoxon-ethyl	21.57	275（100）	220（60）	247（58）	
39	三唑酮	Triadimefon	22.22	208（100）	210（50）	181（74）	
40	对硫磷	Parathion	22.32	291（100）	186（23）	235（35）	263（11）
41	二甲戊灵	Pendimethalin	22.59	252（100）	220（22）	162（12）	
42	利谷隆	Linuron	22.44	61（100）	248（30）	160（12）	

（二）LC-MS 法

例如，GB 23200.13-2016《食品安全国家标准 茶叶中 448 种农药及相关化学品残留量的测定 液相色谱-质谱法》。

1. 原理：试样用乙腈匀浆提取，经固相萃取柱净化，用乙腈-甲苯溶液（3+1）洗脱农药及相关化学品，用液相色谱-串联质谱仪检测，外标法定量。

2. 检材处理。

（1）试样制备：将茶叶样品放入粉碎机中粉碎，样品全部过 425μm 的标准网筛，混匀，制备好的试样均分成两份，装入洁净的盛样容器内，密封并标明标记。将试样置于-18℃的条件下冷冻保存。

（2）提取：称取 10g 试样（精确至 0.01g）于 50mL 具塞离心管中，加入

30mL 乙腈溶液，在高速组织捣碎机上以 15000r/min 匀浆提取 1 分钟，4200r/min 离心 5 分钟，将上清液移入鸡心瓶中。残渣加 30mL 乙腈，匀浆 1 分钟，4200r/min 离心 5 分钟，将上清液并入鸡心瓶中。残渣再加 20mL 乙腈，重复提取一次，将上清液并入鸡心瓶中，45℃ 水浴，旋转浓缩至近干，氮吹至干，加入 5mL 乙腈溶解残余物，取其中 1mL 待净化。

（3）净化：在 Cleanet-TPT 柱中加入约 2cm 高无水硫酸钠，并将柱子放入下接鸡心瓶的固定架上。加样前先用 5mL 乙腈-甲苯溶液预柱，当液面到达硫酸钠的顶部时，迅速将样品提取液转移至净化柱上，并更换新鸡心瓶接收。在 Cleanert-TPT 柱上加上 50mL 贮液器，用 25mL 乙腈-甲苯溶液洗脱农药及相关化学品，合并于鸡心瓶中，并在 45℃ 水浴中旋转浓缩至约 0.5mL，于 35℃ 下氮气吹干。用 1mL 乙腈-水溶液溶解残渣，经 0.2μm 微孔滤膜过滤后，供液相色谱-串联质谱测定。

3. 测定：液相色谱-质谱参考条件如下。

色谱柱：ZORBAX SB-C18，3.5μm，100mm×2.1mm（内径），或相当者；柱温：40℃；进样量：10μL；流动相及梯度洗脱条件如表 9-2 所示。

电离源模式：电喷雾离子化；电离源极性：正模式；雾化气：氮气；雾化气压力：0.28 MPa；离子喷雾电压：4000V；干燥气温度：350℃；干燥气流速：10L/min；质谱特征离子及实验条件如表 9-3 所示。

表 9-2　流动相和梯度洗脱条件

步骤	总时间/min	流速/（μL/min）	流动相 A（0.1%甲酸水）/%	流动相 B（乙腈）/%
0	0.00	400	99.0	1.0
1	3.00	400	70.0	30.0
2	6.00	400	60.0	40.0
3	9.00	400	60.0	40.0
4	15.00	400	40.0	60.0
5	19.00	400	1.0	99.0
6	23.00	400	1.0	99.0
7	23.01	400	99.0	1.0

表 9-3 质谱特征离子及实验条件

序号	中文名称	英文名称	保留时间/min	定量离子	定性离子	源内碎裂电压/V	碰撞气能量/V
A 组							
1	苯胺灵	propham	8.8	180.1/138.0	180.1/138.0;180.1/120.0	80	5;15
2	异丙威	isoprocarb	8.38	194.1/95.0	194.1/95.0;194.1/137.1	80	20;5
3	3,4,5-混杀威	3,4,5-trimethacarb	8.38	194.2/137.2	194.2/137.2;194.2/122.2	80	5;20
4	环莠隆	cycluron	7.73	199.4/72.0	199.4/72.0;199.4/89.0	120	25;15
5	甲萘威	carbaryl	7.45	202.1/145.1	202.1/145.1;202.1/127.1	80	10;5
6	毒草胺	propachlor	8.75	212.1/170.1	212.1/170.1;212.1/94.1	100	10;30
7	吡咪唑	rabenzazole	7.54	213.2/172.0	213.2/172;213.2/118.0	120	25;25
8	西草净	simetryn	5.32	214.2/124.1	214.2/124.1;214.2/96.1	120	20;25
9	绿谷隆	monolinuron	7.82	215.1/126.0	215.1/126.0;215.1/148.1	100	15;10
10	速灭磷	mevinphos	5.17	225.0/127.0	225.0/127.0;225.0/193.0	80	15;1
11	叠氮津	aziprotryne	10.4	226.1/156.1	226.1/156.1;226.1/198.1	100	10;10
12	密草通	secbumeton	5.56	226.2/170.1	226.2/170.1;226.2/142.1	120	20;25
13	嘧菌磺胺	cyprodinil	9.24	226.0/93.0	226.0/93.0;226.0/108.0	120	40;30
14	播土隆	buturon	9.38	237.1/84.1	237.1/84.1;237.1/126.1	120	30;15
15	双酰草胺	carbetamide	5.8	237.1/192.1	237.1/192.1;237.1/118.1	80	5;10
16	抗蚜威	pirimicarb	4.2	239.2/72.0	239.2/72.0;239.2/182.2	120	20;15
17	异噁草松	clomazone	9.36	240.1/125.0	240.1/125.0;240.1/89.1	100	20;50
18	氰草津	cyanazine	6.38	241.1/214.1	241.1/214.1;241.1/174.0	120	15;15
19	扑草净	prometryne	7.66	242.2/158.1	242.2/158.1;242.2/200.2	120	20;20
20	甲基对氧磷	paraoxonmethyl	6.2	248.0/202.1	248.0/202.1;248.0/90.0	120	20;30
21	4,4-二氯二苯甲酮	4,4-dichlorobenzophenone	12	251.1/111.1	251.1/111.1;251.1/139.0	100	35;20
22	噻虫啉	thiacloprid	5.65	253.1/126.1	253.1/126.1;253.1/186.1	120	20;10

续表

序号	中文名称	英文名称	保留时间/min	定量离子	定性离子	源内碎裂电压/V	碰撞气能量/V
23	吡虫啉	imidacloprid	4.73	256.1/209.1	256.1/209.1;256.1/175.1	80	10;10
24	磺噻隆	ethidimuron	4.62	265.1/208.1	265.1/208.1;265.1/162.1	80	10;25
25	丁嗪草酮	isomethiozin	14.2	269.1/200.0	269.1/200.0;269.1/172.1	120	15;25
26	燕麦敌	diallate	17.4	270.0/86.0	270.0/86.0;270.0/109.0	100	15;35
27	乙草胺	acetochlor	13.7	270.2/224.0	270.2/224;270.2/148.2	80	5;20
28	烯啶虫胺	nitenpyram	3.87	271.1/224.1	271.1/224.1;271.1/237.1	100	15;15
29	甲氧丙净	methoprotryne	6.47	272.2/198.2	272.2/198.2;272.2/170.1	140	25;30
30	二甲酚草胺	dimethenamid	10.5	276.1/244.1	276.1/244.1;276.1/168.1	120	10;15
31	特草灵	terrbucarb	16.5	278.2/166.1	278.2/166.1;278.2/109.0	80	15;30
32	戊菌唑	penconazole	13.7	284.1/70.0	284.1/70.0;284.1/159.0	120	15;20
33	腈菌唑	myclobutanil	12.1	289.1/125.0	289.1/125.0;289.1/70.0	120	20;15
34	咪唑乙烟酸	imazethapyr	5.6	290.2/177.1	290.2/177.1;290.2/245.2	120	25;20
35	多效唑	paclobutrazol	10.32	294.2/70.0	294.2/70.0;294.2/125.0	100	15;25
36	倍硫磷亚砜	fenthionsulfox-ide	7.31	295.1/109.0	295.1/109.0;295.1/280.0	140	35;20
37	三唑醇	triadimenol	10.15	296.1/70.0	296.1/70.0;296.1/99.1	80	10;10
38	仲丁灵	butralin	18.6	296.1/240.1	296.1/240.1;296.1/222.1	100	10;20
39	螺环菌胺	spiroxamine	9.9	298.2/144.2	298.2/144.2;298.2/100.1	120	20;35
40	甲基立枯磷	tolclofosmethyl	16.6	301.2/269	301.2/269.0;301.2/125.2	120	15;20
41	杀扑磷	methidathion	10.69	303.0/145.1	303.0/145.1;303.0/85.0	80	5;10
42	烯丙菊酯	allethrin	18.1	303.2/135.1	303.2/135.1;303.2/123.2	60	10;20
43	二嗪磷	diazinon	15.95	305.0/169.1	305.0/169.1;305.0/153.2	160	20;20
44	敌瘟磷	edifenphos	3	311.1/283.0	311.1/283.0;311.1/109.0	100	10;35
45	丙草胺	pretilachlor	17.15	312.1/252.1	312.1/252.1;312.1/176.2	100	15;30
46	氟硅唑	flusilazole	13.6	316.1/247.1	316.1/247.1;316.1/165.1	120	15;20

续表

序号	中文名称	英文名称	保留时间/min	定量离子	定性离子	源内碎裂电压/V	碰撞气能量/V
47	丙森锌	iprovalicarb	12	321. 1/119. 0	321. 1/119. 0;321. 1/203. 2	100	25;5
48	麦锈灵	benodanil	9. 8	324. 1/203. 0	324. 1/203;324. 1/231. 0	120	25;40
49	氟酰胺	flutolanil	14	324. 2/262. 1	324. 2/262. 1;324. 2/282. 1	120	20;10
50	氨磺磷	famphur	10. 3	326. 0/217. 0	326. 0/217;326. 0/281. 0	100	20;10
51	苯霜灵	benalyxyl	15. 19	326. 2/148. 1	326. 2/148. 1;326. 2/294. 0	120	1;5
52	苄氯三唑醇	diclobutrazole	12. 2	328. 0/159. 0	328. 0/159. 0;328. 0/70. 0	120	35;30
53	乙环唑	etaconazole	11. 75	328. 1/159. 1	328. 1/159. 1;328. 1/205. 1	80	25;20
54	氯苯嘧啶醇	fenarimol	12. 2	331. 0/268. 1	331. 0/268. 1;331. 0/81. 0	120	25;30
55	胺菊酯	tetramethrin	17. 85	332. 2/164. 1	332. 2/164. 1;332. 2/135. 1	100	15;15
56	抑菌灵	dichlofluanid	15. 16	333. 0/123. 0	333. 0/123. 0;333/224. 0	80	20;10
57	解草酯	cloquintocet-mexyl	17. 36	336. 1/238. 1	336. 1/238. 1;336. 1/192. 1	120	15;20
58	联苯三唑醇	bitertanol	13. 9	338. 2/70. 0	338. 2/70. 0;338. 2/269. 2	60	5;1
59	甲基毒死蜱	chlorprifosmethyl	16. 72	322. 0/125. 0	322. 0/125. 0;322. 0/290. 0	80	15;15
60	益棉磷	azinphosethyl	14	346. 0/233	346. 0/233. 0;346. 0/261. 1	120	10;5
61	炔草酸	clodinafopprop-argyl	16. 09	350. 1/266. 1	350. 1/266. 1;350. 1/238. 1	120	15;20
62	杀铃脲	triflumuron	15. 59	359. 0/156. 1	359. 0/156. 1;359. 0/139. 0	120	15;30
63	异噁唑草酮	isoxaflutole	12	360. 0/251. 1	360. 0/251. 1;360. 0/220. 1	120	10;45
64	莎稗磷	anilofos	17. 35	367. 9/145. 2	367. 9/145. 2;367. 9/205. 0	120	20;5
65	喹禾灵	quizalofop-ethyl	17. 4	373. 0/299. 1	373. 0/299. 1;373. 0/91. 0	140	15;30
66	精氟吡甲禾灵	haloxyfop-methyl	17. 11	376. 0/316. 0	376. 0/316. 0;376. 0/288. 0	120	15;20
67	精吡磺草隆	fluazifopbutyl	18. 24	384. 1/282. 1	384. 1/282. 1;384. 1/328. 1	120	20;15

续表

序号	中文名称	英文名称	保留时间/min	定量离子	定性离子	源内碎裂电压/V	碰撞气能量/V
68	乙基溴硫磷	bromophos-ethyl	19.15	393.0/337.0	393.0/337.0;393.0/162.1	100	20;30
69	地散磷	bensulide	16.18	398.0/158.1	398.0/158.1;398.0/314.0	80	20;5
70	溴苯烯磷	bromfenvinfos	15.22	402.9/170.0	402.9/170.0;402.9/127.0	100	35;20
71	嘧菌酯	azoxystrobin	12.5	404.0/372.0	404.0/372.0;404.0/344.1	120	10;15
72	吡菌磷	pyrazophos	16.2	374.0/222.0	374.0/222.0;374.0/194.0	120	20;30
73	氟虫脲	flufenoxuron	18.3	489.0/158.1	489.0/158.1;489.0/141.1	80	10;15
74	茚虫威	indoxacarb	17.43	528.0/150.0	528.0/150.0;528.0/218.0	120	20;20

第三节 食品中兽药残留的实验室检验

一、兽药残留实验室检验技术概述

（一）相关法规

GB 31650-2019《食品安全国家标准 食品中兽药最大残留限量》以及出口食品的欧盟相关法规《动物源性食品中药物活性物质最高残留限量以及分类》、国际食品法典委员会的《食品中兽药的最大残留限量》等标准规范规定了兽药残留的限量及兽药检测的品种范围。NY/T 1897-2010《动物及动物产品兽药残留监控抽样规范》规定了动物及动物食品中兽药残留监控抽样的要求、方法、记录，以及样品的封存和运输等各个环节。提取可供实验室检测数量的样本，并应保证样品在采集、包装、运输中不会造成污染和破坏。

我国现行的标准方法中，现行的国家标准有 GB/T 21317-2007《动物源性食品中四环素类兽药残留量检测方法 液相色谱-质谱/质谱法与高效液相色谱法》，进出口检验标准有 SN/T 2748-2010《进出口动物源性食品中多肽类兽药残留量的测定 液相色谱-质谱/质谱法》、SN/T 2222-2008《进出口动物源性食品中糖皮质激素类兽药残留量检测方法 液相色谱-质谱/质谱法》、SN/T 2800-2011《进出口蜂王浆中四环素类兽药残留量检测方法 液相色谱-质谱/质谱法》、GB/T 40462-2021《有机肥料中19种兽药残留量的测定 液相色谱-串联质谱法》，地方标准有DB12/T 987-2020《鲜、冻畜禽肉中磺胺类、喹诺酮类和四环素类兽药残留量的测定 液相色谱-串联质谱法》、DB45/T 1488-2017《动物源性食品中兽药残留量的测定 液相色谱-串联质谱法》、DB45/T 1356-2016《水产品中8种兽药残留量的同时测定 液相色谱-串联质谱法》。还有其他标准，包括T/FDSA 007-2020《动物源性食品中多兽药残留量的测定 液相色谱-串联质谱法》、T/SDAA 018-2021《鸡肉中37种兽药残留量的测定 液相色谱-串联质谱法》、T/TDSTIA 016-2019《生乳中β-内酰胺类兽药残留控制技术规范》、T/HBFIA 0023-2021《动物源性食品及饲料中多种类兽药残留量的测定 液相色谱-串联质谱法》等。

由此可见，食品中兽药残留的实验室检验技术主要包括气相色谱法、气相色谱-质谱法、液相色谱法、液相色谱-质谱法等，其中以液相色谱-质谱联用检验技术为主。

（二）检测内容

禁用药物包括酰胺醇类药物（氯霉素）、硝基呋喃类药物（呋喃唑酮、呋喃它酮、呋喃妥因、呋喃西林等）、硝基咪唑类药物（甲硝唑、二甲硝唑、替硝唑等）、染料类药物（孔雀石绿）、β-受体激动剂（克伦特罗、沙丁胺醇、莱克多巴胺等）等。在进行食品安全检测时，这些兽药往往是最被关注的目标分析物，检测灵敏度要求也是最高的，因此也是残留检测实验室检测频次最多的项目组分。

实验室在检测兽药残留时，要特别注意目标分析物是什么。CAC已经明确列出兽药的标志残留物，如氯霉素的标志性残留物是药物的原型。硝基呋喃类药物的标志性残留物是其代谢物，如呋喃唑酮的代谢物是3-氨基-2-唑烷酮（AOZ）。标志性残留物也可以包括原型和代谢物，如恩诺沙星的标志物是恩诺沙星及其代谢物环丙沙星。标志性残留物同时包括药物原型和类似物质（如光学异构体），如四环素、土霉素、金霉素的标志性残留物包括原型及对应的光学异构体。有些药物除了原型还包括多种代谢物，如苯并咪唑类药物阿苯达唑的标志性残留物是阿苯达唑、阿苯达唑砜、阿苯达唑亚砜和阿苯达唑-2-氨基砜四种化合物含量之和。

二、前处理技术的选择

前处理技术的选择需要考虑的因素包括：（1）测定目标化合物的需求，是单种药物残留还是多种药物残留；（2）样品的性质，是动物组织（肌肉、肝等）还是一些特殊样品（蜂王浆、蜂胶等）；（3）实验室具备的仪器设备条件；（4）待测样品的数量，是否需要高通量检测；（5）检测目的的要求，是筛选分析还是确证分析等。对上述因素的综合考虑，是最终确定前处理技术使用方案的前提。

（一）酰胺醇类药物

液液萃取提取该类药物，可根据氯霉素、甲砜霉素、氟苯尼考等药物易溶于乙酸乙酯、乙腈且不溶于正己烷的特点，采用乙酸乙酯、乙腈等溶剂提取；或先用水提取，再用乙酸乙酯反萃取，用正己烷脱除样液中的脂肪等类脂物杂质。采用碱化乙酸乙酯可提高甲砜霉素的回收率，在碱性条件下，氟苯尼考更易被有机溶剂提取，可以获得满意的提取回收率。

在提取溶液中加入少量的无水硫酸钠可带走多余水分，以确保其后续在浓缩处理时氮吹干的操作更方便。蛋白质含量较高的检材，如蜂王浆，可在样品中先加入5%三氯乙酸溶液沉淀蛋白，再进行后续的净化处理步骤。

在样品净化方面，对于基质复杂的样品，由于干扰物质较多，单纯脱脂净化仍不理想时，也可以通过固相萃取的方式，可使用HLB、Cin等SPE柱净化，正己烷可作为淋洗杂质溶剂。由于动物源性食品中脂肪成分多，若不净化除去这些杂质成分，会对后续测定造成明显影响。

（二）硝基呋喃类药物

此类药物只能检测代谢物而非原体药物。硝基呋喃类药物代谢物分子结构小，且容易与蛋白结合生成结合态，因此在分析过程中需要进行水解和衍生化的操作。水解的同时进行化学衍生，在方法研发时就已引入同位素稀释质谱法（四种代谢物均有商品化的同位素标记物）。要确保10^{-10}的超痕量水平检测的准确性和重复性。可以说，硝基呋喃类药物残留检测方法的技术特点和要求对检测实验室是一种技术挑战，同时极大地提高了实验室在药物残留检测方面的综合能力。硝基呋喃类药物前处理包括提取、水解、衍生化和净化等步骤。

目前，硝基呋喃类药物的水解、衍生化这两个操作被放在一起进行。硝基呋喃类药物的代谢物在动物检材上，可采用0.125 mol/L盐酸溶液水解，在37℃的环境下过夜反应。采用2-硝基苯甲醛（2-NBA）或2-氯苯甲醛进行柱前衍生，会形成一个具有较好特性的化合物，在适当的碰撞电压下可产生多个特征离子的碎片峰以满足检测要求。要注意水解及衍生化过程要保持振荡，不能静置反应。

硝基呋喃代谢物的衍生物含量非常低，还需要进行提取、净化、浓缩和富集等前处理。净化方法使用较多的是液液萃取法和固相萃取法。实验证明，在pH值7~7.5范围内，硝基呋喃代谢物的衍生物在乙酸乙酯、二氯甲烷等有机溶剂中的溶解度较在水溶液中大，在非极性吸附剂，如C_{18}的SPE柱上保留较好。因此，无论净化步骤是采用液液萃取法还是固相萃取法，都要先行对样品水解液调节酸度，要求隔 10~30 秒后重测一次 pH 值，直至稳定。对于常见的动物组织样品，如动物肌肉（包括水产品）和组织、奶制品等基质相对不是很复杂的样品，可采用液液萃取法进行净化。而一些基质比较复杂的样品，如干制的海产品、蜂制品等，单纯的液液萃取法净化效果欠佳。尤其是对于呋喃唑酮、呋喃它酮残留，干扰峰较多，对残留物准确定性有较大影响。此时，采用固相萃取法较为理想。对于大批量的检测，也可先采用液液萃取法进行检测，检出残留的样品再行固相萃取法复检。无论是采用液液萃取法还是固相萃取法，乙酸乙酯液（洗脱液）挥干后，要立即进行样品的复溶解。复溶解液组成与流动相类似。

（三）染料类药物

常用染料类药物有孔雀石绿和结晶紫，提取方式大都采用有机溶剂（如乙腈）体系，必要时加缓冲盐（如乙酸铵、甲酸铵等）。由于隐色孔雀石绿和隐色结晶紫的极性较低，在正己烷中有较大的溶解度，若样品溶液采用常规的正己烷脱脂法，可能引起分析物的损失。因此，多采用 SPE 柱净化方式吸附去除样液中的脂肪，如采用氧化铝柱，样液（介质为乙腈）上柱，再用适量的乙腈洗柱（收集全部流出液），没有 SPE 柱通常的淋洗步骤。

当样品本底较复杂或采用液相色谱法检测时，单纯的吸附脱脂不能保证检测的顺利进行，还需作进一步的净化处理，如采用 PRS 柱（强阳离子交换 SPE 柱、SCX 柱等）或 C_{18} 柱。对于样品本底相对干净一点的鱼肉、虾肉，采用液相色谱-串联质谱法时，样品净化可相对简单一些，样品提取液经中性氧化铝柱吸附除脂后，挥干溶剂以流动相复溶解残渣即可。

（四）β_2-受体激动剂

此类药物的前处理方法也分为水解、提取、净化三步。苯酚型的 β_2-受体激动剂，如莱克多巴胺、沙丁胺醇等的结合代谢过程较强，导致在动物组织中的残留多以结合物形式存在，如沙丁胺醇的代谢物硫酸结合物、葡萄糖醛酸结合物均需要进行水解操作。水解方法主要有酸解与酶解两种。酶解法使用葡萄糖苷酸酶、芳基硫酸酯酶或二者的混合酶。通过水解使目标化合物游离释出，以便后续的提取。水解方法中酶的用量应按照检测标准执行，当酶的种类或检测的样品基质有变化时，应重新校核酶解条件。若使用已检测过的不合格样品进行条件试验，通常酶的用量减少时要适当延长水解时间。

大部分 β_2-受体激动剂呈中等极性，部分呈弱碱性（苯胺型）或酸碱两性（苯酚型）。考虑到其后的酶解，β_2-受体激动剂残留物的提取液多是采用缓冲液（如乙酸胺缓冲液）。提取液中加入一定比例的有机溶剂（如甲醇、乙腈）可提高回收率，但同时会带入较多的杂质影响后续处理。β_2-受体激动剂在酸性条件下溶于水，在碱性条件下溶于有机溶剂（如乙酸乙酯）。设计提取方案时可利用此特点，如在酸性条件下提取及酶解，而后调节样液至碱性，再用有机溶剂萃取（如乙酸乙酯）。对于动物组织样品，这样的提取-反萃还兼备净化功能。萃取后的样液通过 MCX 小柱作进一步净化，或采用液液反萃取方式去除杂质，以便于后续的仪器检测分析。

（五）激素类药物

大多数激素类化合物属于弱极性或中等极性，易溶于乙酸乙酯、丙酮、甲醇、乙腈等。激素类药物的水溶性小，常用具有一定极性的有机溶剂提取，甲醇和乙腈为应用广泛的溶剂。激素在动物体内以原型药物残留为主，动物组织中的激素类药物残留都以游离或轭合物两种形式存在，通常检测需要加入蛋白酶将轭合物水解释放出待测激素。常用的水解酶为葡萄糖醛酸酶、硫酸酯酶或它们的混合水解酶。

激素类药物的处理过程要经过组织匀浆、酶水解、提取、净化几个步骤。酶解操作条件温和，但有实验证明，通过水解检测到的睾酮含量最高只占到了肌肉组织的 17%，雌性激素和孕激素只占总量的约 5%。对于肌肉组织来说，合成代谢类激素大部分以游离态的形式存在。因此，如果只是检测游离态部分通常可以不用酶解。但是如果检测激素总量，建议还是进行酶解。酶解反应条件通常为 37℃恒温酶解过夜。

动物源性食品样品基质复杂，含有大量的蛋白质和脂肪的干扰杂质，虽然在前处理过程中有机溶剂，如甲醇、乙腈等去除了部分蛋白质，用正已烷进行液液萃取也去除了部分脂肪，但净化效果并不理想，还需要通过固相萃取柱进行净化，如使用反相固相萃取柱 HLB、C_{18}、C_8 等进行，再利用正相固相萃取柱，如氨基、硅胶、氧化铝等固相萃取柱联合使用进行。如果净化不好，会抑制目标分析物的离子化效率，降低分析物的检测灵敏度。通过对石墨化炭黑固相萃取柱的实验研究，发现该萃取柱适合于极性较弱的激素，如孕酮、睾酮、甲基睾酮、雌二醇、雌三醇等的净化，但是对于带有酚羟基强极性的化合物，如已烯雌酚、已烷雌酚、已二烯雌酚、康力龙等的回收率会偏低，这可能是由于石墨化炭黑对极性化合物的强吸附而没有完全洗脱下来。

（六）氨基糖苷类药物

氨基糖苷类药物的代表是链霉素和双氢链霉素。这两种药物难溶于甲醇、乙腈等有机溶剂，易溶于水，前处理常采用缓冲液进行提取。对于蜂蜜、奶粉和牛奶等样品，可考虑用缓冲液直接涡旋振荡提取。基质相对复杂的水产品、动物肌肉、肝脏等检材，则采用匀浆，再用磷酸盐缓冲液作为提取溶剂。由于该类药物水溶性较强，水溶性杂质干扰物的去除通常采用固相萃取柱净化法。已有报道采用 C_{18} 柱、羧基柱和阳离子交换柱进行链霉素和双氢链霉素的净化处理。采用阳离子交换柱净化，可避免在前处理过程中引入离子对试剂。其中弱阳离子交换柱（WCX）的链霉素和双氢链霉素的选择性更强，净化效果更好。

（七）磺胺类药物

磺胺类药物呈酸碱两性，可溶解于酸碱溶液中，大部分的磺胺类药物酸式电离常数倒数值（pKa）在 5~8 范围内，具有较高的极性，易溶于乙腈、二氯甲烷等有机溶剂中，常用的提取溶剂主要有乙腈、二氯甲烷及混合溶剂等。乙腈作为提取溶剂极性大，样品中的极性杂质会干扰后续测定，需要通过固相萃取等净化方式去除杂质。二氯甲烷作为提取溶剂极性中等，提取后溶液中杂质较乙腈少，可用正己烷脱除样液中的脂肪后直接分析。但当被分析物中有磺胺醋酰时，二氯甲烷难以将其提取出来，需改用极性较大的提取溶剂。选择混合溶剂作为提取溶剂时，由于混合溶剂中既有极性大的溶剂也有非极性溶剂，因此，提取后的溶液中不但有极性杂质也有非极性杂质，必须采用适当的净化方式去除杂质。蛋白质含量较高的样品，如鸡肉粉、蜂王浆等，可减少取样量或加入三氯乙酸沉淀蛋白，再行后续的净化、测定步骤。

固相萃取法作为净化手段在磺胺类药物残留处理中经常使用，MCX 阳离子萃取柱、HLB 固相萃取柱以及 QuEChERS 处理法均可以。但需要注意，磺胺类药物对热不稳定，样液浓缩时温度不宜超过 40℃。

（八）抗病毒类药物

此类药物中金刚烷胺的使用较多。该化合物在结构上属于有机碱，在酸性溶液中易溶于水，在碱性溶液中易溶于有机溶剂。利巴韦林代谢物会形成结合物，需先经磷酸酯酶酶解成利巴韦林。利巴韦林水溶性好，提取溶剂多为酸性水溶液，有甲酸溶液、高氯酸溶液等。想要同时测定金刚烷胺和利巴韦林，要综合考虑两种化合物的溶解特性，也要考虑到提取液中含有机溶剂可能会影响磷酸酯酶的活性。选择三氯乙酸水溶液为提取溶剂，能将金刚烷胺、利巴韦林及其代谢物同时提取出来，提取溶液调节 pH 值后加酸性磷酸酯酶酶解。酶解后的提取液中含有大量的缓冲盐，不适合直接进行液相色谱-质谱联用仪分析，需选择合适的固相萃取柱净化处理。

金刚烷胺和利巴韦林属于强极性化合物，C_{18} 和 HLB 小柱都不适合。有文献报道，金刚烷胺采用 MCX 和 SCX 小柱，利巴韦林采用 PBA、NH_2 柱和 C_{18} 与 PSA 填料分散固相萃取。针对上述提取液，要使金刚烷胺和利巴韦林同时达到好的净化效果，采用 PBA 小柱比较理想。洗脱溶剂在碱性条件下，两个目标化合物用 100%水或乙腈都不能洗脱下来；在酸性条件下，100%乙腈也洗脱不下来，而 100%水可完全洗脱。考虑到分析检测仪器的需要，选择乙腈-水溶液（体积比 80∶20，含 0.1%甲酸）为洗脱液较好。

三、测定方法的选择

食品中兽药残留的测定方法较多，实验室应根据检测要求和实验室资源选择合适的测定方法。这些方法包括气相色谱法、气相色谱-质谱联用法、液相色谱-质谱联用法等。

（一）酰胺醇类药物

现行有效的 GB/T 22338-2008《动物源性食品中氯霉素类药物残留量测定》规定了氯霉素类药物的气相色谱-质谱检测方法。因为氯霉素分子结构中含有两个氯原子，具有很强的电子亲和性，故采用专一性强、灵敏度高的电子捕获检测器（ECD），完全可以满足对酰胺醇类药物痕量级残留物检测的灵敏度要求。由于酰胺醇类药物热稳定性不好、难挥发，因此检测时需将酰胺醇类药物进行衍生化方可测定。测定原理是动物组织样品经乙酸乙酯提取和固相萃取净化后，以三甲基硅烷三氟乙酰胺（BSTFA）作衍生化试剂衍生化后再用气相色谱电子捕获检测器检测。

气相色谱-质谱法与气相色谱法一样，需对酰胺醇类药物进行衍生化方可测定，在质谱检测方面针对酰胺醇类药物分子结构有电负性较强的卤素原子，采用负离子化学电离源（NCI）检测会有高的灵敏度，干扰很少，色谱峰的信噪比高于气相色谱-质谱法中常用的另一种电离源电子轰击源（EI）得到的结果。需要注意的是，目前已经发布的酰胺醇类药物残留的气相色谱-质谱法检测标准中，没有包括对氟苯尼考的标志残留物氟苯尼考胺的测定。美国农业部官方实验室的气相色谱-质谱法检测和确证动物肝脏中氟苯尼考胺残留方法，通过二氯甲烷提取，氢氧化钠将氟苯尼考胺盐转换为氟苯尼考胺，从而被乙酸乙酯萃取出来，经硼硅酸盐衍生化后再用气相色谱-质谱法测定。

液相色谱-质谱法分析样品中的氯霉素、甲砜霉素和氟苯尼考无须进行衍生化处理就可直接测定酰胺醇类药物的残留量。药物化学结构上含有氯原子，负离子检测模式的灵敏度高；不含有氯原子，在正离子检测模式下的灵敏度高。

（二）硝基呋喃类药物

液相色谱-质谱法是目前较常用的该类药物残留检测方法，因分析物含量低、背景复杂，可采取适当延长色谱的梯度洗脱时间（减缓梯度变化速度），来改善色谱分离行为。同时可更多采用串联质谱模式，或在线实时现行离子阱技术，在多反应监测模式下获得更多目标分析物的全谱。可参考 GB 31656.13-2021《食品安全国家标准 水产品中硝基呋喃类代谢物多残留的测定 液相色谱-串联质谱法》。

（三）染料类药物

目前，能同时测定孔雀石绿、结晶紫及其代谢物的分析方法主要是液相色谱-荧光检测法、液相色谱-串联质谱法。二者的检测低限均可实现 0.5μg/kg。采用液相色谱-荧光检测法时，由于只有隐色孔雀石绿、隐色结晶紫有荧光效应，而孔雀石绿、结晶紫没有，因此需要加入还原剂（如硼氢化钾、硫代硫酸钠），在酸性环境下将孔雀石绿（或结晶紫）还原为隐色孔雀石绿（或隐色结晶紫），还原剂在样品提取时一起加入。具体方法可参考 GB/T 20361-2006《水产品中孔雀石绿和结晶紫残留量的测定 高效液相色谱荧光检测法》。

对于液相色谱-串联质谱法，现多采用直接测定，即一次进样同时完成孔雀石绿、隐色孔雀石绿、结晶紫、隐色结晶紫残留量的测定，无须化学衍生化操作。具体方法可参考 GB/T 19857-2005《水产品中孔雀石绿和结晶紫残留量的测定》和 SN/T 5116-2019《进出口食用动物、饲料孔雀石绿、结晶紫测定 液相色谱-质谱/质谱法》。

在染料类药物残留检测中，常出现样品本底高、检测结果不稳定等异常情况。要解决此问题，必须在每批样品检测时同时进行溶剂空白试验，这样才能有效地反映出该检测样品是否受到实验室环境的污染。对于某些不能用洗液（酸液）浸泡的实验器皿（如塑料离心管），可采用全新的实验器皿。

（四）β_2-受体激动剂

β_2-受体激动剂类药物较常见的检测方法有气相色谱-质谱法、液相色谱-串联质谱法，每种方法各有特点。具体方法可参照农业部 1031 号公告-3-2008《猪肝和猪尿中 β-受体激动剂残留检测 气相色谱-质谱法》及 GB/T 22286-2008《动物源性食品中多种 β-受体激动剂残留量的测定 液相色谱-串联质谱法》。

用气相色谱-质谱联用法分析，由于 β_2-受体激动剂类化合物沸点高难以气化，需要进行化学衍生化处理方可采用气相色谱-质谱检测。常见的衍生化试剂有 N，O-双三甲基硅基三氟乙酰胺或 N,O-双三甲基硅基三氟乙酰胺与三甲基氯硅烷的混合液。液相色谱-串联质谱法更适合 β_2-受体激动剂类药物的分析，可获得更高的检测灵敏度和更好的选择性，且无须任何化学衍生化操作。个别进口国对部分 β_2-受体激动剂（如克伦特罗）残留要求非常严格，其官方要求检测低限低至 0.05μg/kg。单纯依靠多选择监测模式（MRM 模式）下选取两个子离子作为定性依据存在一定的风险，建议有条件的实验室增加采集二级质谱全谱，多观察、匹配一些子离子碎片以增加定性判别能力；采用三级质谱碎片作为定量离子也有助于提高定量结果的准确性。

（五）激素类药物

激素类药物残留测定的理化方法主要有气相色谱-质谱联用法、液相色谱-质谱联用法等。具体方法可参考 GB 31658.9-2021《食品安全国家标准 动物性食品及尿液中雌激素类药物多残留的测定 液相色谱-串联质谱法》、GB/T 21981-2008《动物源食品中激素多残留检测方法 液相色谱-质谱/质谱法》、农业部 1031 号公告-1-2008 和农业部 1031 号公告-2-2008 等。

气相色谱-质谱联用法（GC-MS）在动物源性食品激素残留量的检测中有不少的应用。刘思洁等用 GC-MS 法测定畜禽肉及动物内脏中雌二醇、己烯雌酚和睾酮的残留量，检测限可低于 0.1μg/kg。林维宣等建立了不同动物基质（肌肉、肝脏、肾脏）中己烷雌酚、己烯雌酚、己二烯雌酚、还原尿睾酮、表睾酮、雌酮、雌二醇、炔雌醇和雌三醇激素残留量的气相色谱-质谱联用检测方法，以乙腈为提取溶剂，固相萃取柱净化，在吡啶的催化作用下，用双（三甲基硅烷基）三氟乙酰胺（BSTFA）与甲基氯硅烷（TMCS）的硅烷化试剂进行衍生化反应。九种激素的检出限为 0.1μg/kg~1.0μg/kg，三种动物基质中九种激素的平均回收率为 68.8%~93.1%。气相色谱-质谱联用法的灵敏度和特异性都较高，可以满足残留分析的要求。

液相色谱-质谱联用技术不受目标分析物沸点的限制，并能对热稳定性差、难以气化的目标分析物直接进行分离和分析而无须任何化学衍生化，分析速度大为提高，利用液相色谱-质谱联用分析技术已逐渐成为目前激素类药物残留检测发展的趋势。牛晋阳等用 LC-MS 法测定猪肉中十种类固醇类激素的残留，这些物质的线性范围均为 0.5μg/kg~100μg/kg，检出限为 0.22μg/kg。高文惠等采用 UHPLC-MSMS 技术建立肌肉组织中糖皮质类激素残留的检测方法，糖皮质激素的检出限为 0.5μg/kg~2.0μg/kg。

由于部分激素存在内源性和外源性，如睾酮、双氢睾酮、去氢表雄酮、促红细胞成素、人体生长激素、绒毛膜促性腺激素等，目前的色谱-质谱技术还难以区分检测出来的激素是内源性还是外源性，分析者在报告结果时应十分慎重。其他的一些仪器设备（如同位素质谱仪等）可以区分是内源性还是外源性激素，但目前的灵敏度还不是十分理想。

（六）氨基糖苷类药物

由于链霉素和双氢链霉素属于碱性化合物，易溶于水、极性强，且分子没有特征的紫外光和可见光吸收，这使得氨基糖苷类药物要么在传统的反相色谱柱上没有保留无法检测，要么对紫外检测器或荧光检测器没有响应，均使得对该类药物的检测十分困难。

人们通常采用柱前或者柱后衍生化-高效液相色谱-荧光法检测分析法。但衍生荧光分析方法的影响因素较多，难以获得稳定的回收率，并且同时检测链霉素和双氢链霉素时，两种药物在液相色谱上难以达到基线分离，因此不能作为确证方法。近年来，液相色谱-串联质谱（LC-MS/MS）技术在链霉素和双氢链霉素药物的分析上得到极为广泛的应用，逐渐成为链霉素和双氢链霉素药物残留确证分析的主要方法。实验中所选用的色谱分析柱多为极性色谱柱，质谱检测器可完成多种物质成分的结构认定。具体方法可参考 SN/T 5117-2019《进出口食用动物、饲料 链霉素类（链霉素、二氢链霉素）药物残留测定 液相色谱-质谱/质谱法》、GB/T 22995-2008《蜂蜜中链霉素、双氢链霉素和卡那霉素残留量的测定 液相色谱-串联质谱法》等标准方法。

（七）磺胺类药物

同时测定多个磺胺类药物的残留时，首选液相色谱法和液相色谱-质谱联用法。该方法简便、快速，灵敏度和精确度能够达到检验要求。

采用高效液相色谱-紫外检验法或高效液相色谱-二级阵列管检验法，均可实时同步获得目标分析物的谱图。但高效液相色谱的抗干扰能力不强，对处于检测限附近的可疑样品，还需要用更灵敏的仪器设备进行确证分析。参考 GB 29694-2013《食品安全国家标准 动物性食品中 13 种磺胺类药物多残留的测定 高效液相色谱法》。

液相色谱-质谱联用技术在磺胺类药物残留分析中，不但能提供结构信息，而且灵敏度高、选择性好、特异性强，因此越来越多地用于磺胺类药物残留的确证分析。特别是电喷雾电离（ESI），适合于极性和弱极性药物的检测，电离的一级质谱能获得目标物的准分子离子峰，且含有较少的碎片离子，根据药物的分子量能快速确定待测药物。同时，采用的多级反应监测（MRM）能更有效地提高分析的灵敏度和选择性，发挥质谱检测的专属性。具体方法有 GB 31658.17-2021《食品安全国家标准 动物性食品中四环素类、磺胺类和喹诺酮类药物残留

量的测定 液相色谱-串联质谱法》、GB/T 21316-2007《动物源性食品中磺胺类药物残留量的测定 液相色谱-质谱/质谱法》。

但要注意，个别磺胺类药物是同分异构体，如磺胺甲氧哒嗪与磺间甲氧嘧啶，其两对监测离子对相同、保留时间相近，需要通过优化色谱分离条改善二者的色谱分离，以确保定性准确。

（八）抗病毒类药物

金刚烷胺、吗啉胍、金刚乙胺、阿昔洛韦、利巴韦林、更昔洛韦和奥司他韦七种抗病毒类是常用的兽用抗病毒类药物。由于该类化合物结构含有活性羟基或氨基，使得化合物的极性很强，在反相色谱柱 C_{18} 上基本不保留，若分离极性化合物，最好用到亲水相互作用的色谱柱（HILIC）。选用 HILIC 柱，选择合适的流动相也较为关键。HILIC 柱流动相适用范围为 50%～97%的乙腈，为了利巴韦林等药物能在色谱柱上有较好的保留，需要以 95%以上的乙腈作为起始流动相，采用梯度洗脱才能获得满意的各物质的色谱保留。水相中缓冲液的选择对色谱峰形和质谱响应都有显著影响。具体方法可参考 SN/T 4519-2016《出口动物源食品中利巴韦林残留量的测定 液相色谱-质谱/质谱法》、农业农村部公告第 197 号-6-2019《饲料中利巴韦林等 7 种抗病毒类药物的测定 液相色谱-串联质谱法》。

对利巴韦林进行分析时，会出现内源性物质尿苷的严重干扰，杂质含量非常高，可能是低限利巴韦林测定值的几百倍甚至几千倍。只有通过改变流动相配比，提高液相色谱的分离能力来排除干扰。金刚烷胺的分析一般不受干扰物影响。

四、食品中兽药残留检验举例

（一）GC-MS 法

例如，GB 31660.2-2019《食品安全国家标准 水产品中辛基酚、壬基酚、双酚 A、己烯雌酚、雌酮、17α-乙炔雌二醇、17β-雌二醇、雌三醇残留量的测定 气相色谱-质谱法》。

1. 原理：试样中辛基酚、壬基酚、双酚 A、己烯雌酚、雌酮、17α-乙炔雌二醇、17β-雌二醇、雌三醇残留经乙酸乙酯提取，凝胶渗透色谱及固相萃取净化，七氟丁酸酐衍生，气相色谱-质谱法测定，外标法定量。

2. 检材处理。

（1）提取：取试料 5g（准确至±20mg），于 50mL 离心管，加碳酸钠溶液 3mL，乙酸乙酯 20mL，旋涡混匀，超声提取 10 分钟，4000r/min 离心 10 分钟，取上清液至 100mL 梨形瓶中。残渣用乙酸乙酯 10mL 重复提取一次，合并上清液，于40℃旋转蒸发至干，用50%环己烷乙酸乙酯溶液5mL溶解残留物，备用。

（2）净化。

Ⅰ. 凝胶净化：将备用液转至凝胶净化柱上，用50%环己烷乙酸乙酯溶液110mL淋洗，根据凝胶净化洗脱曲线确定收集淋洗液的体积，40℃旋转蒸干，残渣用甲醇1mL溶解，加水9mL稀释，备用。

Ⅱ. 固相萃取净化：固相萃取柱依次用甲醇5mL、水5mL活化，取备用液过柱，控制流速不超过2mL/min，用50%甲醇水溶液10mL淋洗，抽干，用甲醇10mL洗脱，控制流速不超过2mL/min。收集洗脱液于10mL具塞玻璃离心管中，于40℃水浴中氮气吹干。

（3）衍生：于上述具塞玻璃离心管中加入七氟丁酸酐30μL、丙酮70μL，盖紧盖，旋涡混合30秒，于30℃恒温箱中衍生30分钟，氮气吹干，精密加入正己烷0.5mL，旋涡混合10秒，溶解残余物，供GC-MS分析。

3. 检测：气相色谱-质谱法参考条件如下。

色谱柱：HP-5ms石英毛细管柱（30m×0.25mm×0.25μm），或相当者；柱温：初始温度120℃，保持2分钟，以15℃/min升至250℃，再以5℃/min升至300℃，保持5分钟；载气：高纯氦气，纯度≥99.999%，流速1.0mL/min；进样方式：无分流进样；进样量：1μL；进样口温度：250℃。

离子源：EI源；离子源温度：230℃；四极杆温度：150℃；接口温度：280℃；溶剂延迟：7分钟。检测时质谱特征离子见表9-4。

表9-4　待测衍生物的质谱特征离子

化合物	定性离子	定量离子
辛基酚	402、345、303、275	303
壬基酚	416、345、303、275	303
双酚A	620、605、331、315	605
己烯雌酚	660、631、341、447	660
17α-乙炔雌二醇	474、459、446、353	474
雌酮	466、409、422、356	466
17β-雌二醇	664、409、451、356	664
雌三醇	449、663、409、356	449

4. 结果。

本方法的检测限：辛基酚、己烯雌酚分别为0.2μg/kg，壬基酚、双酚A分别为0.1μg/kg，雌酮、17α-乙炔雌二醇、17β-雌二醇、雌三醇分别为0.3μg/kg；定量限：辛基酚、己烯雌酚分别为0.5μg/kg，壬基酚、双酚A分别为0.3μg/kg；雌酮、17α-乙炔雌二醇、17β-雌二醇、雌三醇分别为1.0μg/kg。

（二）LC-MS法

例如，GB 31660.6-2019《食品安全国家标准 动物性食品中5种α_2-受体激动剂残留量的测定 液相色谱-串联质谱法》。标准适用于猪肌肉、肝脏和肾脏组织及鸡肌肉和肝脏组织中替扎尼定、赛拉嗪、溴莫尼定、安普乐定和可乐定残留量的测定。

1. 原理：试样中残留的α_2-受体激动剂，用碳酸钠缓冲溶液、乙酸乙酯提取，固相萃取柱净化，液相色谱-串联质谱法测定，外标法定量。

2. 检材处理。

（1）提取：取试料2g（准确至±20mg），于50mL离心管中，加碳酸钠缓冲液5mL，振荡混匀，加乙酸乙酯10mL，充分振荡，于8000r/min离心5分钟，取上清液于鸡心瓶中，下层溶液中加乙酸乙酯10mL重复提取一次，合并两次上清液。于55℃旋转蒸发至干，加甲酸-乙腈溶液4.0mL溶解残余物，备用。

（2）净化：MCX柱依次用甲醇、水各3mL活化。取备用液过柱，用水3mL、甲醇3mL分别淋洗，挤干，氨水甲醇溶液6mL洗脱，收集洗脱液，于60℃旋转蒸发至干，用甲酸-乙腈溶液1.0mL溶解残余物，滤过，液相色谱-串联质谱法测定。

3. 检测：液相色谱-质谱法参考条件如下。

色谱柱：C_{18}（100mm×3.0mm，粒径1.8μm），或相当者；柱温：30℃；进样量：10μL；流速：0.3mL/min；流动相：A：乙腈；B：0.2%甲酸溶液。梯度洗脱程序见表9-5。

离子源：电喷雾离子源；扫描方式：正离子扫描；检测方式：多反应监测；离子源温度：150℃；脱溶剂温度：500℃；毛细管电压：3.0V。质谱检测参数见表9-6。

表 9-5 流动相及梯度洗脱条件

时间 mm	A：乙腈 %	B：0.2%甲酸溶液 %
0.0	10	90
3.0	30	70
4.0	30	70
4.5	80	20
5.5	80	20
5.6	10	90

表 9-6 5 种 α_2-受体激动剂的质谱参数

被测物名称	定性离子对 m/z	定量离子对 m/z	锥孔电压 V	碰撞能量 eV
替扎尼定	254.1>44.1	254.1>44.1	38	22
	254.1>210.0			30
赛拉嗪	221.1>90.0	221.1>90.0	30	22
	221.1>164.0			26
溴莫尼定	292.2>170.2	292.2>212.3	40	35
	292.2>212.3			30
安普乐定	245.2>174.2	245.2>174.2	40	28
	245.2>209.2			20
可乐定	230.0>160.0	230.0>213.0	43	34
	230.0>213.0			24

4. 结果。

本方法的检测限为 0.5μg/kg，定量限为 1μg/kg。

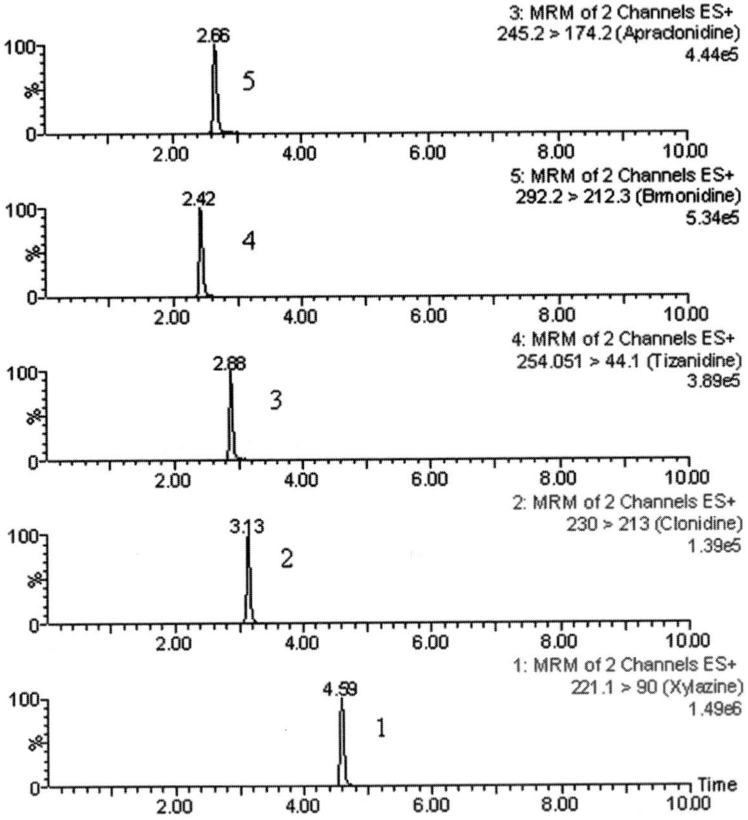

图 9-4　10μg/L α_2-受体激动剂类药物标准溶液特征离子质量色谱图

（1-赛拉嗪；2-可乐定；3-替扎尼定；4-溴莫尼定；5-安普乐定）

第十章　食品中其他化学污染物的检验技术

食品中的化学污染是影响食品安全的重要因素。化学物质在生活中无处不在，食品中的化学污染除了农药、兽药残留污染外，还包括食品添加剂污染、违法添加物污染，以及环境中的重金属污染和挥发性有机残留污染。

第一节　食品添加剂的检验

按照 GB 2760-2014《食品安全国家标准　食品添加剂使用标准》的规定，关于食品添加剂的描述是：为改善食品品质和色、香、味，以及为防腐、保鲜和加工工艺的需要而加入食品中的人工合成或者天然物质。食品用香料、胶基糖果中基础剂物质、食品工业用加工助剂也包括在内。食品添加剂本身不作为食品消费，也不是食品特有成分的任何物质。我国对食品添加剂的管理实行允许使用名单制度，并针对允许使用的食品添加剂制定了具体使用范围、使用量和残留量的规定。但围绕食品添加剂的食品安全问题，存在以下几类违法行为。

1. 超限量或超范围使用：超限量或超范围使用防腐剂、甜味剂、着色剂、面粉处理剂和漂白剂等，还有在混合工艺上因技术性问题而造成的“滥用”现象。食品添加剂的超标使用会对人体健康造成严重危害，如甜蜜素摄入过量会损害人体的肝脏和神经系统，对老人、孕妇、儿童的危害更加明显。

2. 违规使用：食品企业存在使用没有经过安全性评价合格的复合添加剂、营养素，未经出入境检验检疫部门检验合格的食品添加剂或无生产许可证企业生产的食品添加物质，以及为隐藏食品本身或加工过程中的质量缺陷或以掺杂、掺假、伪造为目的而使用食品添加剂的现象。例如，在植物油中添加味道类似于香油的香精生产“香油”，这就违反了食品添加剂的使用原则。

3. 标识不符合规定：一些企业在实际食品添加剂和食品的生产经营过程中无视《食品安全法》《预包装食品标签通则》等法律法规的要求，不正确或不真实地标识食品添加剂，存在误导和欺骗消费者的现象，严重侵犯了消费者的知情权。

一、食品中着色剂的检验

GB 2760-2014《食品安全国家标准 食品添加剂使用标准》规定，我国许可使用的食品合成色素有苋菜红、胭脂红、赤藓红、新红、诱惑红、柠檬黄、日落黄、亮蓝、靛蓝和它们各自的铝色淀，以及酸性红、β-胡萝卜素、叶绿素铜钠盐和二氧化钛、红曲黄色素、焦糖色、辣椒红、植物炭黑等。

近年来的研究发现，在这些着色剂中，有些可能会引起人类的一些不良反应，特别是在超剂量使用的情况下，危害性更大。其中，日落黄、哇啉黄、偶氮玉红、诱惑红、柠檬黄、胭脂红六种色素被认为可能与儿童多动症有关联。红 2G、专利蓝 V、绿 S 在某些国家的特定产品中被限量使用，我国则不允许添加。除了食用色素，目前市场上还发现某些食品中非法添加非食用的着色剂，如酸性橙Ⅰ、酸性橙Ⅱ、酸性黄 36、酸性红 26、酸性红 52 等。这些为工业用途的化工产品，属于食品中的禁用添加物质。

食品着色剂检测的方法有薄层色谱法、导数伏安法、单扫描极谱法、导数分光光度法、毛细管电泳法、高效液相色谱法等。目前国家制定的标准检验方法采用了液相色谱法。参考 GB 5009.35-2016《食品安全国家标准 食品中合成着色剂的测定》、GB/T 21916-2008《水果罐头中合成着色剂的测定 高效液相色谱法》。

以下介绍液相色谱法。

1. 原理：食品中人工合成着色剂用聚酰胺吸附法或液-液分配法提取，制成水溶液，注入高效液相色谱仪，经反相色谱分离，根据保留时间定性和与峰面积比较进行定量。

2. 检材处理：

（1）标准溶液配制：合成着色剂标准贮备液（1mg/mL）：准确称取按其纯度折算为100%质量的柠檬黄、日落黄、苋菜红、胭脂红、新红、赤藓红、亮蓝各 0.1g（精确至 0.0001g），置 100mL 容量瓶中，加 pH 值为 6 的水定容到刻度。配成水溶液（1.00mg/mL）。合成着色剂标准使用液（50μg/mL）：临用时将标准贮备液加水稀释 20 倍，经 0.45μm 微孔滤膜过滤。配成每毫升相当 50.0μg 的合成着色剂。

（2）试样制备。

果汁饮料及果汁、果味碳酸饮料等：称取 20g～40g（精确至 0.001g），放入 100mL 烧杯中。含二氧化碳样品加热或超声驱除二氧化碳。

配制酒类：称取 20g～40g（精确至 0.001g），放入 100mL 烧杯中，加小碎瓷片数片，加热去除乙醇。

硬糖、蜜饯类、淀粉软糖等：称取 5g～10g（精确至 0.001g）粉碎样品，放入 100mL 小烧杯中，加水 30mL，温热溶解，若样品溶液 pH 值较高，用柠檬酸溶液调 pH 值到 6 左右。

巧克力豆及着色糖衣制品：称取 5g～10g（精确至 0.001g），放入 100mL 小烧杯中，用水反复洗涤色素，到巧克力豆无色素为止，合并色素漂洗液为样品溶液。

（3）色素提取。

聚酰胺吸附法：样品溶液加柠檬酸溶液调 pH 值到 6，加热至 60℃，将 1g 聚酰胺粉加少许水调成粥状。倒入样品溶液中，搅拌片刻，以 G3 垂融漏斗抽滤，用 60℃ pH 值为 4 的水洗涤 3～5 次，然后用甲醇-甲酸混合溶液洗涤 3～5 次，再用水洗至中性，用乙醇-氨水水混合溶液解吸 3～5 次，直至色素完全解吸，收集解吸液，加乙酸中和，蒸发至近干，加水溶解，定容至 5mL。经 0.45μm 微孔滤膜过滤，进高效液相色谱仪分析。

液液分配法（适用于含赤藓红的样品）：将制备好的样品溶液放入分液漏斗中，加 2mL 盐酸、三正辛胺-正丁醇溶液（5%）10mL～20mL，振摇提取，分取有机相，重复提取，直至有机相无色，合并有机相，用饱和硫酸钠溶液洗两次，每次 10mL，分取有机相，放蒸发皿中，水浴加热浓缩至 10mL，转移至分液漏斗中，加 10mL 正己烷，混匀，加氨水溶液提取 2～3 次，每次 5mL，合并氨水溶液层（含水溶性酸性色素），用正己烷洗两次，氨水层加乙酸调成中性，水浴加热蒸发至近干，加水定容至 5mL。经 0.45μm 微孔滤膜过滤，进高效液相色谱仪分析。

3. 测定：液相色谱-二级阵列管检测实验参考条件如下：

色谱柱：C_{18} 柱，4.6mm×250mm，5μm。进样量：10μL。柱温：35℃。二极管阵列检测器波长范围：400nm～800nm；或紫外检测器检测波长：254nm。流动相：甲醇：0.02moL/L 乙酸铵水溶液，梯度洗脱条件如表 10-1 所示。

表 10-1　流动相及梯度洗脱

时间 min	流速 mL/min	0.02moL/L 乙酸铵溶液%	甲醇%
0	1	95	5
3	1	65	35
7	1	0	100
10	1	0	100
10.1	1	95	5
21	1	95	5

4. 结果：根据保留时间定性，根据峰面积进行外标标准法定量分析，结果如图10-1所示。方法检出限：柠檬黄、新红、苋菜红、胭脂红、日落黄均为0.5mg/kg，亮蓝、赤藓红均为0.2mg/kg（检测波长254nm时，亮蓝检出限为1.0mg/kg，赤藓红检出限为0.5mg/kg）。

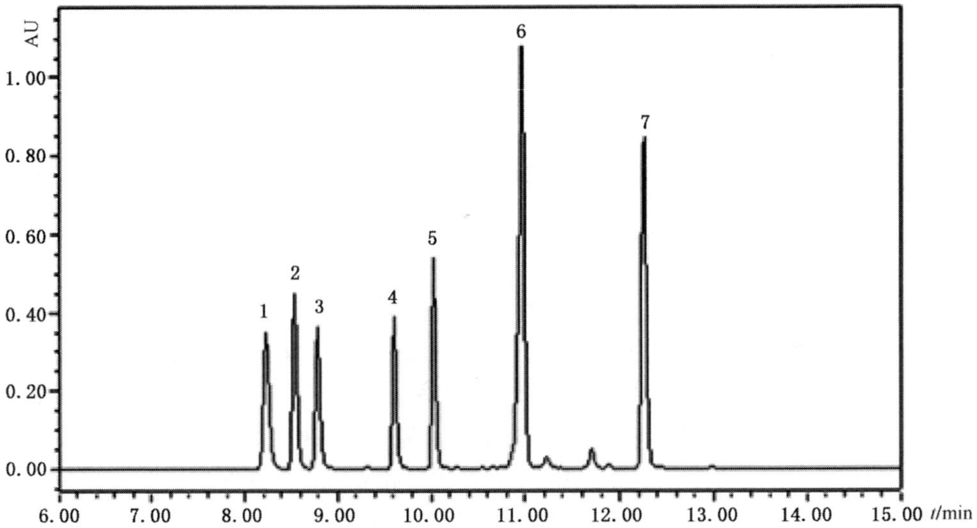

图10-1 着色剂的标准色谱图

（1-柠檬黄；2-新红；3-苋菜红；4-胭脂红；5-日落黄；6-亮蓝；7-赤藓红）

二、食品中防腐剂的检验

目前，我国允许使用的食品中的防腐剂主要有：苯甲酸及其钠盐、山梨酸及其钾盐、对羟基苯甲酸乙酯和丙酯、丙酸钠、丙酸钙、脱氢乙酸、二甲基二碳酸盐（又名维果灵）等。

苯甲酸又名安息香酸，是白色有丝光的鳞片或针状结晶，微溶于水，其钠盐易溶于乙醇、乙醚等有机溶剂。苯甲酸吸入毒性较小，但动物实验表明该物质对皮肤有一定的腐蚀和刺激作用，对眼睛容易造成刺激，严重时会造成眼睛损伤。

山梨酸又名花楸酸，难溶于水，易溶于乙醇、乙醚、氯仿等有机溶剂，在酸性条件下可随水蒸气蒸馏，化学性质稳定。山梨酸是一种直链不饱和脂肪酸，可参与体内正常代谢，并被同化产生CO_2和水，是一种比苯甲酸更安全的防腐剂。但该物质有一定的致癌、致突变性，可造成环境水体轻微的危害。

现行的标准方法有SN/T 4262-2015《出口乳及乳制品中苯甲酸、山梨酸、对羟基苯甲酸酯类防腐剂的测定 高效液相色谱法》、SN/T 3545-2013《出口食品中多种防腐剂的测定方法》、SN/T 2360.18-2009《进出口食品添加剂检验规程 第18部分：防腐剂》。

根据 GB 5009.28-2016《食品安全国家标准 食品中苯甲酸、山梨酸和糖精钠的测定》开展食品中常用防腐剂的检测。

（一）液相色谱法

1. 原理：样品经水提取，高脂肪样品经正已烷脱脂、高蛋白样品经蛋白沉淀剂沉淀蛋白，采用液相色谱分离、紫外检测器检测，外标法定量。

2. 检材处理。

（1）试样制备：取多个预包装的饮料、液态奶等均匀样品直接混合；非均匀的液态、半固态样品用组织匀浆机匀浆；固体样品用研磨机充分粉碎并搅拌均匀；奶酪、黄油、巧克力等采用50℃~60℃加热熔融，并趁热充分搅拌均匀；取其中的200g装入玻璃容器中，密封，液体试样于4℃保存，其他试样于-18℃保存。

（2）试样提取。

Ⅰ. 一般性试样。准确称取约2g（精确到0.001g）试样于50mL具塞离心管中，加水约25mL，涡旋混匀，于50℃水浴超声20分钟，冷却至室温后加亚铁氰化钾溶液2mL和乙酸锌溶液2mL，混匀，于8000r/min离心5分钟，将水相转移至50mL容量瓶中，于残渣中加水20mL，涡旋混匀后超声5分钟，于8000r/min离心5分钟，将水相转移到同一50mL容量瓶中，并用水定容至刻度，混匀。取适量上清液过0.22μm滤膜，待液相色谱测定。

（注：碳酸饮料、果酒、果汁、蒸馏酒等测定时可以不加蛋白沉淀剂）

Ⅱ. 含胶基的果冻、糖果等试样。准确称取约2g（精确到0.001g）试样于50mL具塞离心管中，加水约25mL，涡旋混匀，于70℃水浴加热溶解试样，于50℃水浴超声20分钟，之后的操作同一般性样品。

Ⅲ. 油脂、巧克力、奶油、油炸食品等高油脂试样。准确称取约2g（精确到0.001g）试样于50mL具塞离心管中，加正已烷10mL，于60℃水浴加热约5分钟，并不时轻摇以溶解脂肪，然后加氨水溶液（1+99）25mL，乙醇1mL，涡旋混匀，于50℃水浴超声20分钟，冷却至室温后，加亚铁氰化钾溶液2mL和乙酸锌溶液2mL，混匀，于8000r/min离心5分钟，弃去有机相，水相转移至50mL容量瓶中，残渣同一般性试样处理过程，再提取一次后测定。

3. 测定：液相色谱仪参考条件如下：

色谱柱：C_{18}柱，柱长250mm，内径4.6mm，粒径5μm，或等效色谱柱；流动相：甲醇+乙酸铵溶液（5+95）；流速：1mL/min；检测波长：230nm；进样量：10μL。

4. 结果。

色谱检测结果如图 10-2 所示。本方法按取样量 2g，定容 50mL 时，苯甲酸、山梨酸和糖精钠（以糖精计）的检出限均为 0.005g/kg，定量限均为 0.01g/kg。

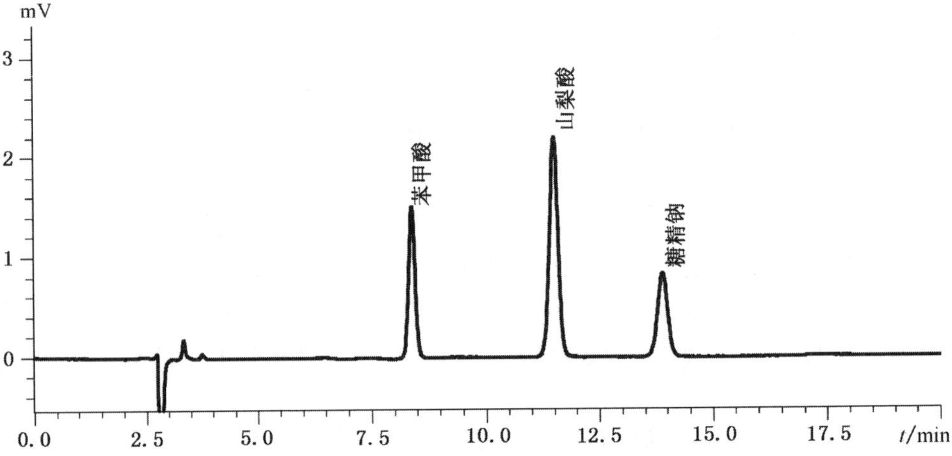

图 10-2　1mg/L 苯甲酸、山梨酸和糖精钠标准溶液液相色谱图

（二）气相色谱法

1. 原理：试样经盐酸酸化后，用乙醚提取苯甲酸、山梨酸，采用气相色谱-氢火焰离子化检测器进行分离测定，外标法定量。

2. 检材处理：准确称取约 2.5g（精确至 0.001g）试样于 50mL 离心管中，加 0.5g 氯化钠、0.5mL 盐酸溶液（1+1）和 0.5mL 乙醇，用 15mL 和 10mL 乙醚提取两次，每次振摇 1 分钟，于 8000r/min 离心 3 分钟。每次均将上层乙醚提取液通过无水硫酸钠滤入 25mL 容量瓶中。加乙醚清洗无水硫酸钠层并收集至约 25mL 刻度，最后用乙醚定容，混匀。准确吸取 5mL 乙醚提取液于 5mL 具塞刻度试管中，于 35℃氮吹至干，加入 2mL 正己烷-乙酸乙酯（1+1）混合溶液溶解残渣，待气相色谱测定。

3. 检测：气相色谱-氢火焰离子化检测器（FID）仪器参考条件如下：

色谱柱：聚乙二醇毛细管气相色谱柱，内径 320μm，长 30m，膜厚度 0.25μm，或等效色谱柱。程序升温：初始温度 80℃，保持 2 分钟，以 15℃/min 的速率升温至 250℃，保持 5 分钟。载气：氮气，流速 3mL/min。空气：400L/min。氢气：40L/min。进样口温度：250℃。检测器温度：250℃。进样量：

2μL。分流比：10∶1。

4. 结果。气相色谱法检测结果如图10-3所示。取样量2.5g，按试样前处理方法操作，最后定容到2mL时，苯甲酸、山梨酸的检出限均为0.005g/kg，定量限均为0.01g/kg。

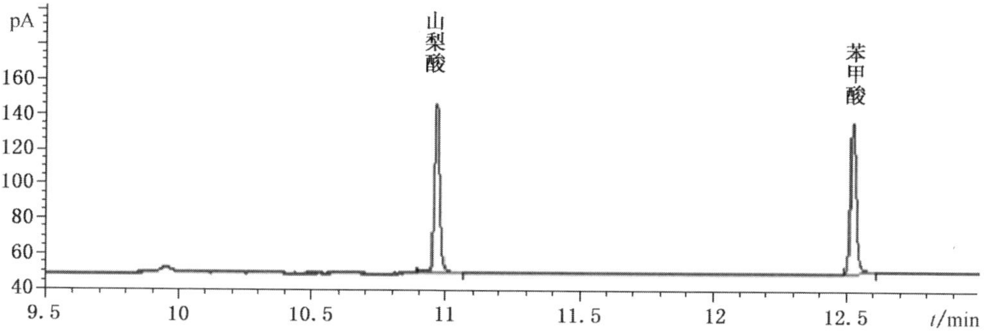

图10-3　100mg/L苯甲酸、山梨酸标准溶液气相色谱图

三、食品中甜味剂的检验

人工合成甜味剂按其结构特点可分为磺胺类甜味剂、二肽类人工合成甜味剂、蔗糖衍生物类人工合成甜味剂三大类。磺胺类甜味剂，如糖精钠、甜蜜素、安赛蜜。其中，糖精钠的甜度是蔗糖的300倍，产品中易带有致癌物质邻甲苯磺酰胺，很多国家已经控制了它的使用范围。我国从2000年开始对糖精钠进行限产，并明令禁止在婴儿食品中使用。二肽类人工合成甜味剂，主要有阿斯巴甜、纽甜等。阿斯巴甜的甜度是蔗糖的200倍，甜味与蔗糖相近。蔗糖衍生物类人工甜味剂，如三氯蔗糖，其甜度是蔗糖的600倍，也成为常用的甜味剂。ADA的报告主要提示：经常食用人工甜味剂的人群，同样会增加2型糖尿病的风险。

食品中合成甜味剂的筛选检测可采用液相色谱法GB 5009.263-2016《食品安全国家标准 食品中阿斯巴甜和阿力甜的测定》、液相色谱-质谱/质谱法SN/T 3538-2013《出口食品中六种合成甜味剂的检测方法 液相色谱-质谱/质谱法》和液相色谱-质谱法及离子色谱法SN/T 3850.1-2014《出口食品中多种糖醇类甜味剂的测定 第1部分：液相色谱-串联质谱法和离子色谱法》。

LC-MS/MS法可筛选多种人工合成甜味剂，灵敏度高。SN/T 3538-2013规定了出口食品中甜蜜素、糖精钠、安赛蜜、阿斯巴甜、阿力甜、纽甜六种人工合成甜味剂检测的液相色谱-质谱/质谱测定和确证方法。标准适用于奶粉、液态奶、酸奶、奶油、奶酪、冰激凌、红酒、果汁、糕点、蜜饯、甜酸藠头中甜蜜素、糖精钠、安赛蜜、阿斯巴甜、阿力甜、纽甜的测定。

(一) 液相色谱-质谱法

1. 原理。试样采用甲酸-三乙胺缓冲液（pH 值为 4.5）提取，HLB 固相萃取小柱净化或用甲醇-水（1∶1 V/V）提取后，稀释进 LC-MS/MS 检测，外标法定量分析。

2. 检材处理。

（1）提取。

Ⅰ. 奶粉、液态奶、酸奶、奶油、奶酪、冰激凌：称取奶粉 1g（精确至 0.01g），液态奶、酸奶、冰激凌各 2g（精确到 0.01g）试样于 50mL 离心管中，称取 2g（精确至 0.01g）奶油、奶酪于研钵中，加入 5g 海砂充分进行研磨，使其分散均匀，研磨后的样品置于 50mL 离心管中，加入 15mL 甲酸-三乙胺缓冲提取液（0.8∶2.5 V/V，pH 值为 4.5），涡旋混匀 3 分钟，超声 30 分钟后，取出加入 1mL 10% 亚铁氰化钾溶液和 1mL 20% 乙酸锌溶液以及 5mL 三氯甲烷，涡旋混匀 2 分钟，以 7500r/min 的速度离心 5 分钟，将上层清液转移至另一支 50mL 离心管中。在残渣中再加入 15mL 甲酸-三乙胺缓冲提取液，重复以上提取过程，合并两次提取液，待净化。

Ⅱ. 红酒、果汁：取样品适量，超声脱气 20 分钟。称取 2g（精确至 0.01g）试样于 100mL 容量瓶中，用水稀释并定容至刻度，过 0.45μm 有机滤膜，供液相色谱-质谱/质谱仪测定。

Ⅲ. 糕点、蜜饯、甜酸藠头：称取 2g（精确至 0.01g）试样于 50mL 塑料管中，加入 20mL 甲醇-水（1∶1 V/V），超声提取 20 分钟，于 7500r/min 速率下离心 5 分钟，上清液转移至 100mL 容量瓶中。再重复提取一次，合并上清液，用甲醇-水溶液（1∶1）定容至 100mL。过 0.45μm 有机滤膜，供液相色谱-质谱/质谱仪测定。

（2）净化。依次用 5mL 甲醇、5mL 水活化 HLB 固相萃取小柱，弃去淋洗液，然后将上述所得的提取液过柱，弃去流出液。然后用 5mL 水淋洗，弃去淋洗液，抽干。用 9mL 甲醇洗脱，控制流速 0.5mL/min，收集洗脱液至刻度离心管，在 40℃下空气吹浓缩至 0.5mL，并用甲醇-水溶液（1∶1）定容至 1.0mL，过 0.45μm 有机滤膜，供液相色谱-质谱/质谱仪测定。

3. 测定：液相色谱-质谱仪器参考条件如下：

色谱柱：C_{18} 柱，柱长 150mm，内径 3.0mm，粒径 5μm，或等效色谱柱；流动相：0.1%甲酸+5mmol/L 甲酸铵水溶液与乙腈溶液，梯度洗脱条件如表 10-2 所示；流速：0.3mL/min；柱温：35℃；进样量：10μL。

质谱离子源：电喷雾质谱源；扫描方式：负模式；检测方式：多反应检测（MRM）；喷雾电压、雾化器等参数见表 10-3。

表 10-2　梯度洗脱条件

时间分钟	0.1%甲酸+5mmol/L 甲酸铵%	乙腈%
0	85	15
10	10	90
10.01	85	15
15	85	15

表 10-3　质谱多反应检测条件

化合物中文名	参考保留时间 min	母离子 m/z	子离子 m/z	去簇电压（DP）V	碰撞能量（CE）eV	碰撞室入口电压（EP）V	碰撞室出口电压（CXP）V
甜蜜素	5.8	178.0	80.1*	-27	-33	-10	-12
			178.0		-5	-10	-10
糖精钠	4.7	182.2	41.8*	-65	-44	-10	-9
			62.1		-30	-10	-5
安赛蜜	4.0	161.8	78*	-30	-41	-10	-6
			82		-19	-10	-6
阿斯巴甜	6.8	293.3	200.0*	-63	-22	-10	-15
			261.4		-15	-10	-10
阿力甜	7.4	330.3	312.2*	-80	-19	-10	-15
			167.3		-30	-10	-12
纽甜	9.4	377.4	200.3*	-65	-26	-10	-10
			345.3		-19	-10	-10
注：带“*”的离子为定量离子							

4. 结果：在本方法中，奶粉、液态奶、酸奶、奶油、奶酪和冰激凌中甜蜜素、安赛蜜、糖精钠、阿斯巴甜、阿力甜、纽甜的测定低限均为 0.01mg/kg；红酒、果汁、糕点、蜜饯、甜酸藠头中甜蜜素、安赛蜜、糖精钠、阿斯巴甜、阿力

甜、纽甜的测定低限均为1.0mg/kg。

（二）气相色谱法

食品中可添加多种糖醇类甜味剂，主要是赤藓糖醇、木糖醇、甘露糖醇、山梨糖醇和麦芽糖醇五种，对其可采用气相色谱法测定。

1. 原理：提取后的糖醇与乙酸酐发生乙酰衍生化反应，生成糖醇乙酰酯衍生物，用氢火焰离子化检测器的毛细管气相色谱仪进行测定，外标法定量分析。

2. 检材处理。

（1）提取。

Ⅰ. 饼干、面包类样品。称取样品0.5g~1g（精确至0.01g）于50mL离心管中，加入30mL石油醚，涡旋1分钟，冷冻离心10000 rpm、3分钟，弃去石油醚层；重复以上步骤2~3次，通氮气吹干残存的石油醚，后加入10mL三氯乙酸溶液，涡旋1分钟，冷冻离心10000rpm、10分钟，将清液通过滤纸过滤至50mL鸡心瓶中，重复加入三氯乙酸步骤，合并清液至鸡心瓶中。

Ⅱ. 牛奶、饮料类样品。称取样品1g（精确至0.01g）于50mL离心管中，加入5mL水稀释（若为牛奶或含乳饮料，需加入5mL三氯乙酸溶液稀释），涡旋1分钟，10000rpm冷冻离心3分钟，将清液通过滤纸过滤至50mL鸡心瓶中；重复上述步骤，合并滤液于鸡心瓶中。

Ⅲ. 糖类样品。称取样品1g（精确至0.01g），用水溶解并超声后定容至1000mL。准确移取5.0mL溶解液于50mL离心管中，涡旋1分钟，10000rpm冷冻离心3分钟，将清液通过滤纸过滤至50mL鸡心瓶中；重复上述步骤，合并滤液于鸡心瓶中。

（2）衍生化。在鸡心瓶中加入60mg蔗糖，溶解（注：若不需测定麦芽糖醇含量，可不加入蔗糖），在旋转蒸发仪上于85℃减压除去水分后取下。再用氮气吹干鸡心瓶中残留的水分。在上述干燥物中，加入1.0mL无水吡啶，1.0mLN,N-二甲基甲酰胺（DMF），1.0mL乙酸酐，用瓶塞密封瓶口后摇匀，待溶解完全后（若溶解不完全，可在温水水浴中加热至完全溶解），将溶液全部转移至20mL顶空瓶中，密封后置恒温加热反应器内90℃下反应20分钟，反应期间每隔5分钟摇动顶空瓶。反应完毕取出冷却至室温，经0.45μm有机相滤膜过滤后，供气相色谱分析。

3. 测定。

（1）气相色谱测定条件。色谱柱：OV-101石英毛细管柱，50m×0.25mm（内径）×0.33μm，或相当者；程序升温条件：190℃保持2分钟，以每分钟10℃升温至250℃保持2分钟，再以每分钟10℃升温至285℃保持25分钟；进样口温度：270℃；检测器温度：270℃；载气：高纯氮，纯度≥99.999%，恒流模式：1.2mL/min；氢气流量：45mL/min；空气流量：450mL/min；尾吹气：45mL/min；进样方式：分流进样，分流比：50∶1；进样量：1μL。

（2）气相色谱-质谱确证条件。色谱-质谱接口温度：250℃；离子源温度：200℃；电子轰击电离源（EI）：70 eV；测定方式：选择离子监测方式（SIM），相关数据参见表10-4；溶剂延迟时间：6分钟。

表10-4　五种糖醇衍生物的监测离子及离子丰度比

序号	名称	参考保留时间	监测离子及其丰度比
1	赤藓糖醇衍生物	6.700	115∶128∶145∶217（100∶35∶76∶68）
2	木糖醇衍生物	9.040	115∶145∶187∶217（100∶64∶31∶42）
3	甘露醇衍生物	11.383	217∶259∶289∶361（88∶100∶65∶29）
4	山梨糖醇衍生物	11.477	217∶259∶289∶361（100∶54∶77∶27）
5	麦芽糖醇衍生物	21.623	109∶127∶169∶331（50∶17∶100∶43）

4. 结果：样品中各糖醇的测定低限如表10-5所示。

表10-5　样品中各糖醇的测定低限（g/kg）

项目	糖果	饼干、面包	牛奶、饮料
赤藓糖醇衍生物	6.00	0.15	0.03
木糖醇衍生物	6.00	0.15	0.03
甘露醇衍生物	6.00	0.15	0.03
山梨糖醇衍生物	6.00	0.15	0.03
麦芽糖醇衍生物	30.00	0.15	0.15

四、食品中抗氧化剂的检验

抗氧化剂的作用是防止或延缓油脂及含油食品氧化变质，以及由氧化所导致的褪色、“褐变”、维生素及β胡萝卜素的破坏。抗氧化剂按照来源可分为化学合成抗氧剂和天然抗氧剂。抗氧化剂过量食用对身体有一定危害。日本政府规定，进口鸡肉中叔丁基对羟基茴香醚的残留限量为0.02mg/kg。2,6-二叔丁基对甲基苯酚的毒性作用表明，该物质吞食有害，并会刺激眼睛、呼吸系统和皮肤。

GB 5009.32-2016《食品安全国家标准 食品中9种抗氧化剂的测定》规定了

食品中没食子酸丙酯（PG）、2,4,5-三羟基苯丁酮（THBP）、叔丁基对苯二酚（TBHQ）、去甲二氢愈创木酸（NDGA）、叔丁基对羟基茴香醚（BHA）、2,6-二叔丁基-4-羟甲基苯酚（Ionox-100）、没食子酸辛酯（OG）、2,6-二叔丁基对甲基苯酚（BHT）、没食子酸十二酯（DG）九种抗氧化剂的五种测定方法——高效液相色谱法、液相色谱-串联质谱法、气相色谱质谱法、气相色谱法以及比色法。

液相色谱-串联质谱法适用于食品中THBP、PG、OG、NDGA、DG的测定。气相色谱质谱法适用于食品中BHA、BHT、TBHQ、Ionox-100的测定。气相色谱法适用于食品中BHA、BHT、TBHQ的测定。比色法适用于油脂中PG的测定。

（一）高效液相色谱法

1. 原理：油脂样品经有机溶剂溶解后，使用凝胶渗透色谱（GPC）净化；固体类食品样品用正己烷溶解，用乙腈提取，固相萃取柱净化。高效液相色谱法测定，外标法定量。

2. 检材处理。

（1）提取。

Ⅰ. 固体类样品：称取1g（精确至0.01g）试样于50mL离心管中，加入5mL乙腈饱和的正己烷溶液，涡旋1分钟充分混匀，浸泡10分钟。加入5mL饱和氯化钠溶液，用5mL正己烷饱和的乙腈溶液涡旋2分钟，3000r/min离心5分钟，收集乙腈层于试管中，再重复使用5mL正己烷饱和的乙腈溶液提取2次，合并3次提取液，加0.1%甲酸溶液调节pH值为4，待净化。同时做空白试验。

Ⅱ. 油类：称取1g（精确至0.01g）试样于50mL离心管中，加入5mL乙腈饱和的正己烷溶液溶解样品，涡旋1分钟，静置10分钟，用5mL正己烷饱和的乙腈溶液涡旋提取2分钟，3000r/min离心5分钟，收集乙腈层于试管中，再重复使用5mL正己烷饱和的乙腈溶液提取2次，合并3次提取液，待净化。同时做空白试验。

（2）净化。在C_{18}固相萃取柱中装入约2g的无水硫酸钠，用5mL甲醇活化萃取柱，再以5mL乙腈平衡萃取柱，弃去流出液。将所有提取液倾入柱中，弃去流出液，再以5mL乙腈和甲醇的混合溶液洗脱，收集所有洗脱液于试管中，40℃下旋转蒸发至干，加2mL乙腈定容，过0.22μm有机系滤膜，供液相色谱测定。

（3）凝胶渗透色谱法（纯油类样品可选）。称取样品10g（精确至0.01g）于100mL容量瓶中，以乙酸乙酯和环己烷混合溶液定容至刻度，作为母液。取5mL母液于10mL容量瓶中以乙酸乙酯和环己烷混合溶液定容至刻度，待净化。

取10mL待测液加入凝胶渗透色谱（GPC）进样管中，使用GPC净化，收集流出液，40℃下旋转蒸发至干，加2mL乙腈定容，过0.22μm有机系滤膜，供液相色谱测定。同时做空白试验。

3. 测定：液相色谱仪参考条件如下：

色谱柱：C_{18} 柱，柱长 250mm，内径 4.6mm，粒径 5μm，或等效色谱柱；流动相（A）：0.5% 甲酸水溶液，流动相（B）：甲醇；柱温：35℃；进样量：5μL；检测波长：280nm。

洗脱梯度：0~5 分钟流动相（A）50%，5~15 分钟流动相（A）从 50%降至 20%，15~20 分钟流动相（A）20%，20~25 分钟流动相（A）从 20%降至 10%，25~27 分钟流动相（A）从 10%增至 50%，27~30 分钟流动相（A）50%。

4. 结果：本方法的检出限为没食子酸丙酯（PG）：2mg/kg；2,4,5-三羟基苯丁酮（THBP）：4mg/kg；叔丁基对苯二酚（TBHQ）：10mg/kg；去甲二氢愈创木酸（NDGA）：4mg/kg；叔丁基对羟基茴香醚（BHA）：10mg/kg；2,6-二叔丁基-4-羟甲基苯酚（Ionox-100）：20mg/kg；没食子酸辛酯（OG）：2mg/kg；2,6-二叔丁基对甲基苯酚（BHT）：4mg/kg；没食子酸十二酯（DG）：10mg/kg；定量限均为 20mg/kg。检测结果如图 10-4 所示。

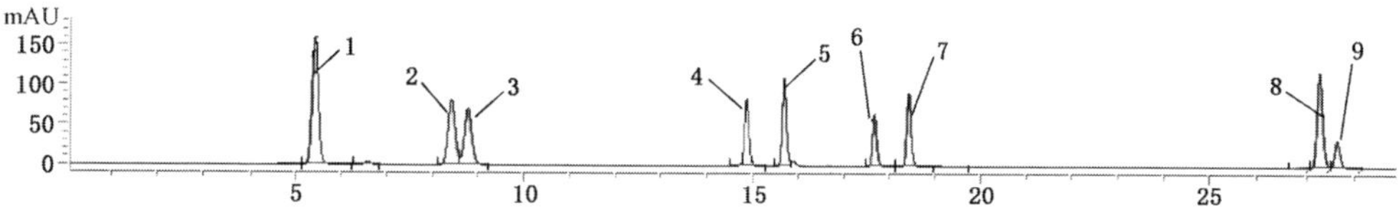

图 10-4　50mg/L 抗氧化剂标准溶液液相色谱图

（1-PG；2-THBP；3-TBHQ；4-NDGA；5-BHA；6-Ionox-100；7-OG；8-BHT；9-DG）

（二）液相色谱-质谱法

1. 原理：油脂样品经有机溶剂溶解后，使用凝胶渗透色谱（GPC）净化；固体类食品样品用正己烷溶解，用乙腈提取，固相萃取柱净化。液相色谱串联质谱联用仪测定，外标法定量。

2. 检材处理：提取和净化等步骤同液相色谱法操作。

3. 测定：液相色谱-串联质谱仪参考条件如下。

色谱柱：C_{18} 键合硅胶色谱柱，柱长 50mm，内径 2.0mm，粒径 1.8μm，或等效色谱柱；流动相（A）：水，流动相（B）：乙腈。流速：0.2mL/min；柱温：35℃；进样量：2μL。

梯度洗脱：0~3 分钟：流动相（B）从 10%增至 30%，3~5 分钟：流动相（B）30%，5~10 分钟：流动相（B）从 30%增至 80%，10~12 分钟：流动相（B）80%，12~12.01 分钟流动相（B）从 80%降至 10%，12.01~14 分钟：流动

相（B）10%。

质谱电离源模式：电喷雾离子化；喷雾流速：3L/min；干燥气流速：15L/min；离子喷雾电压：3500V。其余条件如表 10-6 所示。

表 10-6　食品中抗氧化剂的监测离子对、碰撞能量、驻留时间和保留时间

抗氧化剂名称	母离子 m/z	子离子 m/z	碰撞能量 eV	驻留时间 ms	保留时间 min
THBP	195	125	20	25	6.175
		166	22		
PG	211	125	23	25	4.932
		168.9	18		
OG	281.1	124	31	25	9.327
		169	21		
NDGA	301.1	122.1	29	25	8.136
		108	30		
DG	337.2	124	33	25	11.456
		169	26		

4. 结果：本方法的检出限为没食子酸丙酯（PG）：0.05mg/kg；2,4,5-三羟基苯丁酮（THBP）：0.05mg/kg；去甲二氢愈创木酸（NDGA）：0.05mg/kg；没食子酸辛酯（OG）：0.005mg/kg；没食子酸十二酯（DG）：0.005mg/kg。

定量限为没食子酸丙酯（PG）：0.1mg/kg；2,4,5-三羟基苯丁酮（THBP）：0.1mg/kg；去甲二氢愈创木酸（NDGA）：0.1mg/kg；没食子酸辛酯（OG）：0.01mg/kg；没食子酸十二酯（DG）：0.01mg/kg。

（三）气相色谱-质谱法

1. 原理：油脂样品经有机溶剂溶解后，使用凝胶渗透色谱（GPC）净化；固体类食品样品用正已烷溶解，用乙腈提取，固相萃取柱净化。气相色谱-质谱联用仪测定，外标法定量。

2. 检材处理：提取和净化等步骤同液相色谱法操作。

3. 测定：气相色谱质谱仪参考条件如下。

色谱柱：5%苯基-甲基聚硅氧烷毛细管柱，柱长 30m，内径 0.25mm，膜厚 0.25μm，或等效色谱柱；升温程序：70℃保持 1 分钟，然后以 10℃/min 程序升

温至 200℃保持 4 分钟，再以 10℃/min 升温至 280℃保持 4 分钟；载气：氦气，纯度≥99.999%，流速 1mL/min；进样口温度：230℃；进样量：1μL；进样方式：无分流进样，1 分钟后打开阀。

质谱离子源：电子轰击源：70eV；离子源温度：230℃；GC-MS 接口温度：280℃，溶剂延迟 8 分钟。质谱特征离子参数如表 10-7 所示。

表 10-7　食品中抗氧化剂的保留时间、定量离子、定性离子及丰度比值和驻留时间

抗氧化剂名称	保留时间 min	定量离子	定性离子 1	定性离子 2	驻留时间 ms
BHA	11.981	165（100）	137（76）	180（50）	20
BHT	12.251	205（100）	145（13）	220（25）	20
TBHQ	12.805	151（100）	123（100）	166（47）	20
Ionox-100	15.598	221（100）	131（8）	236（23）	20

4. 结果：本方法的检出限为叔丁基对苯二酚（TBHQ）：0.5mg/kg；叔丁基对羟基茴香醚（BHA）：1mg/kg；2,6-二叔丁基-4-羟甲基苯酚（Ionox-100）：0.5mg/kg；2,6-二叔丁基对甲基苯酚（BHT）：0.5mg/kg；定量限均为 1mg/kg。检测结果如图 10-5 所示。

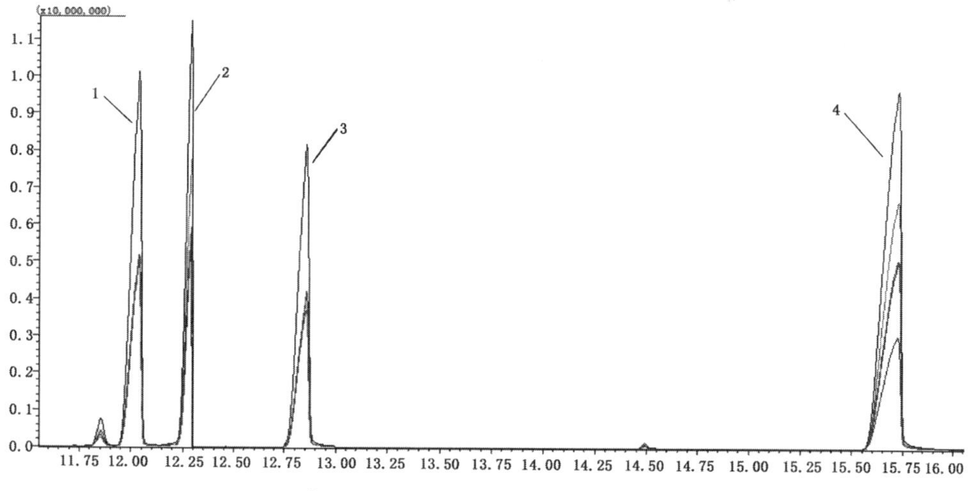

图 10-5　食品中 4 种抗氧化剂选择离子监测 GC-MS 图

（1-BHA；2-BHT；3-TBHQ；4-Ionox-100）

第二节 食品中非法添加物的检验

一、食品中非法添加物检验方法概述

(一) 非法添加物

食品中的非法添加物是有意加入的非食用物质。判定一种物质是否属于非法添加物，可以参考以下原则：

(1) 不属于传统上被认为是食品原料的；

(2) 不属于批准使用的新资源食品的；

(3) 不属于卫生部公布的食药两用或作为普通食品管理物质的；

(4) 未列入我国食品添加剂品种名单（GB 2760-2011《食品安全国家标准 食品添加剂使用标准》及卫生部食品添加剂公告）、营养强化剂品种名单（GB 14880-2012《食品安全国家标准 食品营养强化剂使用卫生标准》及卫生部食品添加剂公告）的；

(5) 其他我国法律法规允许使用之外的物质。

为了严厉打击在食品生产经营中违法添加非食用物质、滥用食品添加剂以及饲料、水产养殖中使用违禁药物，原卫生部、农业部等部门根据风险监测和监督检查中发现的问题，不断更新非法添加物质名单。卫生部、食品整治办在2008~2011年陆续发布了六批《食品中可能违法添加的非食用物质和易滥用的食品添加剂名单》。至今已公布了6个批次共151种食品和饲料中非法添加物名单，包括47种可能在食品中“违法添加的非食用物质”、22种“易滥用食品添加剂”和82种“禁止在饲料、动物饮用水和畜禽水产养殖过程中使用的药物和物质”的名单。

(二) 非法添加物检验方法概述

目前，相关非食物物质的检测方法还不完善，部分检测方法如表10-8所示。

表10-8 具备检测方法的非法添加物

名称	可能添加的食品品种	检测方法
吊白块	腐竹、粉丝、面粉、竹笋	GB/T 21126-2007 小麦粉与大米粉及其制品中甲醛次硫酸氢钠含量的测定 卫生部《关于印发面粉、油脂中过氧化苯甲酰测定等检验方法的通知》（卫监发〔2001〕159号）附件2 食品中甲醛次硫酸氢钠的测定方法

续表

名称	可能添加的食品品种	检测方法
苏丹红	辣椒粉	GB/T 19681-2005 食品中苏丹红染料的检测方法高效液相色谱法
王金黄（块黄）	腐皮	GB/T 23496-2009 食品中禁用物质的检测 碱性橙染料 高效液相色谱法
蛋白精（三聚氰胺）	乳及乳制品	GB/T 22388-2008 原料乳与乳制品中三聚氰胺检测方法 GB/T 22400-2008 原料乳中三聚氰胺快速检测液相色谱法 SN/T 2805-2011 出口液态乳中三聚氰胺快速测定 拉曼光谱法 SN/T 4538.1-2016 ~SN/T 4538.4-2016 商品化试剂盒检测方法 三聚氰胺 方法一~方法四
硼酸 硼砂	腐竹、肉丸、凉粉、凉皮、面条、饺子皮	GB/T 5009.275-2016 食品安全国家标准 食品中硼酸的测定 KJ 201909 食品中硼酸的快速检测 姜黄素比色法 DB22/T 1810-2013 食品中硼酸及硼酸盐的测定 离子色谱法
硫氰酸钠	乳及乳制品	GB/T 1268-1998 化学试剂 硫氰酸钠 SN/T 3927-2014 出口乳制品中硫氰酸钠含量的测定
玫瑰红 B	调味品	SN/T 2430-2010 进出口食品中罗丹明 B 的检测方法 BJS 201905 食品中罗丹明 B 的测定 KJ 201703 食品中罗丹明 B 的快速检测 胶体金免疫层析法
碱性嫩黄	豆制品	DB 35/T 897-2009 食品中碱性橙、碱性嫩黄 O 和碱性桃红 T 含量的测定 DBS22/006-2012 食品安全地方标准 食品中酸性橙、碱性橙 2 和碱性嫩黄的测定 液相色谱-串联质谱法 BJS 202204 豆制品中碱性嫩黄等 11 种工业染料的测定
工业用甲醛	海参、鱿鱼等干水产品	SC/T 3025-2006 水产品中甲醛的测定 NY/T 1283-2007 香菇中甲醛的测定 SN/T 1547-2011 进出口食品中甲醛的测定 液相色谱法 NY/T 3292-2018 蔬菜中甲醛含量的测定 高效液相色谱法 NY 82.10-1988 果汁测定方法 甲醛值的测定 DB12/T 883-2019 食用菌中甲醛的测定 高效液相色谱法

续表

名称	可能添加的食品品种	检测方法
一氧化碳	金枪鱼、三文鱼	SN/T 2052-2008 进出口水产品中一氧化碳残留量的检验方法 气相色谱法
溴酸钾	小麦粉	GB/T 20188-2006 小麦粉中溴酸盐的测定 离子色谱法 SN/T 3138-2012 出口面制品中溴酸盐的测定 柱后衍生离子色谱法
β-内酰胺	乳及乳制品	GB/T 21174-2007 动物源性食品中 β-内酰胺类药物残留测定方法 放射受体分析法 NY/T 3313-2018 生乳中 β-内酰胺酶的测定 SN/T 3979-2014 乳及乳制品中 β-内酰胺酶的测定方法 杯碟法 SN/T 2050-2008 进出口动物源食品中 14 种 β-内酰胺类抗生素残留量检测方法 液相色谱-质谱/质谱法 SN/T 2127-2008 进出口动物源性食品中 β-内酰胺类药物残留检测方法 微生物抑制法 SN/T 3256-2012 出口牛奶中 β-内酰胺类和四环素类药物残留快速检测 SN/T 4533. 1-2016~SN/T 4533. 5-2016 商品化试剂盒检测方法 β-内酰胺酶 方法一~方法五 SN/T 4923-2017 进出口食用动物中 β-内酰胺类药物残留量的测定 液相色谱-质谱/质谱法 SN/T 4480-2016 出口原奶中 β-内酰胺类抗生素的检测方法 胶体金法
富马酸、富马酸二甲酯	糕点	GB 25546-2010 食品安全国家标准 食品添加剂 富马酸 GB 1886. 88-2015 食品安全国家标准 食品添加剂 富马酸一钠 GB 1903. 46-2020 食品安全国家标准 食品营养强化剂 富马酸亚铁 NY/T 1723-2009 食品中富马酸二甲酯的测定 高效液相色谱法 SN/T 2007-2007 进出口果汁中乳酸、柠檬酸、富马酸含量检测方法 高效液相色谱法 SN/T 3623-2013 出口食品中富马酸二甲酯的测定方法

续表

名称	可能添加的食品品种	检测方法
工业用矿物油	陈化大米	GB/T 20309-2007 涂渍油脂或石蜡大米的检验 GB 1886.215-2016 食品安全国家标准 食品添加剂 白油（又名液体石蜡） GB 1886.26-2016 食品安全国家标准 食品添加剂 石蜡
敌敌畏	火腿、咸鱼、鱼干等制品	GB 23200.94-2016 食品安全国家标准 动物源性食品中敌百虫、敌敌畏、蝇毒磷残留量的测定 液相色谱-质谱/质谱法 SN/T 4138-2015 出口水果和蔬菜中敌敌畏、四氯硝基苯、丙线磷等 88 种农药残留的筛选检测 QuEChERS-气相色谱-负化学源质谱法 GB 23200.93-2016 食品安全国家标准 食品中有机磷农药残留量的测定 气相色谱-质谱法
工业用乙酸	勾兑食醋	GB 2719-2018 食品安全国家标准 食醋 GB 5009.233-2016 食品安全国家标准 食醋中游离矿酸的测定 GB 8954-2016 食品安全国家标准 食醋生产卫生规范 GB/T 18187-2000 酿造食醋
β-兴奋剂类药物	猪肉、牛羊肉及肝脏等	GB/T 22286-2008 动物源性食品中多种 β-受体激动剂残留量的测定，液相色谱-串联质谱法 农业部 1025 号公告-18-2008 动物源性食品中 β-受体激动剂残留检测 液相色谱-串联质谱法 GB/T 21313-2007 动物源性食品中 β-受体激动剂残留检测方法 液相色谱-质谱/质谱法 农业部 1063 号公告-3-2008 动物尿液中 11 种 β-受体激动剂的检测 液相色谱-串联质谱法 农业部 1025 号公告-11-2008 猪尿中 β-受体激动剂多残留检测 液相色谱-串联质谱法 农业部 1031 号公告-3-2008 猪肝和猪尿中 β-受体激动剂残留检测 气相色谱-质谱法

续表

名称	可能添加的食品品种	检测方法
硝基呋喃类药物	猪肉、禽肉、动物性水产品	GB 31656.13-2021 食品安全国家标准 水产品中硝基呋喃类代谢物多残留的测定 液相色谱-串联质谱法 GB/T 21311-2007 动物源性食品中硝基呋喃类药物代谢物残留量检测方法，高效液相色谱-串联质谱法 GB/T 20752-2006 猪肉、牛肉、鸡肉、猪肝和水产品中硝基呋喃类代谢物残留量的测定 液相色谱-串联质谱法 SN/T 3380-2012 出口动物源食品中硝基呋喃代谢物残留量的测定 酶联免疫吸附法 SB/T 10927-2012 动物组织中硝基呋喃类代谢物残留的测定 酶联免疫吸附法
玉米赤霉醇	牛羊肉及肝脏、牛奶	GB/T 20766-2006 牛猪肝肾和肌肉组织中玉米赤霉醇、玉米赤霉酮、己烯雌酚、己烷雌酚、双烯雌酚残留量的测定 液相色谱-串联质谱法 GB/T 22992-2008 牛奶和奶粉中玉米赤霉醇、玉米赤霉酮、己烯雌酚、己烷雌酚、双烯雌酚残留量的测定 液相色谱-串联质谱法 GB/T 23218-2008 动物源性食品中玉米赤霉醇残留量的测定 液相色谱-串联质谱法 GB/T 20767-2006 牛尿中玉米赤霉醇、己烯雌酚、己烷雌酚、双烯雌酚残留量的测定 液相色谱-串联质谱法 SN/T 4058-2014 出口动物源性食品中玉米赤霉醇类残留量的检测方法 免疫亲和柱净化 - HPLC 和 LC-MS/MS 法 SN/T 4143-2015 出口动物及其制品中玉米赤霉醇残留量检测方法 酶联免疫法

续表

名称	可能添加的食品品种	检测方法
抗生素残渣	猪肉	GB/T 20444-2006 猪组织中四环素族抗生素残留量检测方法 微生物学检测方法 GB/T 18932.28-2005 蜂蜜中四环素族抗生素残留量检测方法 酶联免疫法 GB/T 21315-2007 动物源性食品中青霉素族抗生素残留量检测方法　液相色谱-质谱/质谱法 GB/T 4789.27-2008 食品卫生微生物学检验 鲜乳中抗生素残留检验 SN/T 1777.2-2007 动物源性食品中大环内酯类抗生素残留测定方法 第2部分：高效液相色谱-串联质谱法 SN/T 4142-2015 动物源性产品中多种抗生素残留总量检测方法 微生物代谢抑制法
镇静剂	猪肉	SN/T 2113-2008 进出口动物源性食品中镇静剂类药物残留量的检测方法 液相色谱-质谱/质谱法 参考 GB/T 20763-2006 猪肾和肌肉组织中乙酰丙嗪、氯丙嗪、氟哌啶醇、丙酰二甲氨基丙吩噻嗪、甲苯噻嗪、阿扎哌隆阿扎哌醇、咔唑心安残留量的测定，液相色谱-串联质谱法
酸性橙Ⅱ	黄鱼、鲍汁、腌卤肉制品、红皮瓜子、辣椒面、豆瓣酱	SB/T 10920-2012 食品中酸性橙染料的测定 高效液相色谱法 SN/T 3536-2013 出口食品中酸性橙Ⅱ号的检测方法 DBS22/006-2012 食品安全地方标准 食品中酸性橙、碱性橙2和碱性嫩黄的测定 液相色谱-串联质谱法 SN/T 3536.2-2017 出口食品中酸性橙Ⅱ号的检测方法 第2部分：液相色谱-质谱/质谱法

续表

名称	可能添加的食品品种	检测方法
抗生素	磺胺类、喹诺酮类、氯霉素、四环素、β-内酰胺类	GB/T 21316-2007 动物源性食品中磺胺类药物残留量的测定，高效液相色谱-质谱/质谱法 GB 21312-2007 动物源性食品中 14 种喹诺酮药物残留检测方法，液相色谱-质谱/质谱法 GB/T 22338-2008 动物源性食品中氯霉素类药物残留量测定 GB 21317-2007 动物源性食品中四环素类兽药残留量检测方法，液相色谱-质谱/质谱法与高效液相色谱法 SN/T 2127-2008 进出口动物源性食品中 β-内酰胺类药物残留检测方法 微生物抑制法 GB/T 23200. 117-2019 动物源性食品中氯霉素类药物残留量测定
孔雀石绿	鱼类	GB 20361-2006 水产品中孔雀石绿和结晶紫残留量的测定，高效液相色谱荧光检测法 GB/T 19857-2005 水产品中孔雀石绿和结晶紫残留量的测定 SC/T 3021-2004 水产品中孔雀石绿残留量的测定 液相色谱法 SN/T 5116-2019 进出口食用动物、饲料孔雀石绿、结晶紫测定 液相色谱-质谱/质谱法 DB34/T 1421-2011 水产品中孔雀石绿及其代谢物残留量的快速筛选测定 酶联免疫法 DB34/T 2252-2014 水产品中孔雀石绿残留的检测胶体金免疫层析法 DB13/T 1358-2011 养殖用水中孔雀石绿快速测定方法 激光拉曼光谱法
乌洛托品	腐竹、米线等	SN/T 2226-2008 进出口动物源性食品中乌洛托品残留量的检测方法液相色谱-质谱/质谱法
五氯酚钠	河蟹	GB 29708—2013 动物性食品中五氯酚钠残留量的测定 气相色谱-质谱法

续表

名称	可能添加的食品品种	检测方法
喹乙醇	水产养殖、饲料	GB/T 20746-2006 牛、猪的肝脏和肌肉中卡巴氧和喹乙醇及代谢物残留量的测定 液相色谱-串联质谱法 GB/T 20797-2006 肉与肉制品中喹乙醇残留量的测定 GB/T 22984-2008 牛奶和奶粉中卡巴氧和喹乙醇代谢物残留量的测定 液相色谱-串联质谱法 SN/T 0197-2014 出口动物源性食品中喹乙醇代谢物残留量的测定 液相色谱-质谱/质谱法 农业部 1077 号公告-5-2008 水产品中喹乙醇代谢物残留量的测定 高效液相色谱法; SC/T 3019-2004 水产品中喹乙醇残留量的测定 液相色谱法
磺胺二甲嘧啶	叉烧肉类	农业部 1025 号公告-24-2008 动物源食品中磺胺二甲嘧啶残留检测 酶联免疫吸附法 NY/T 3411-2018 畜禽肉中磺胺二甲嘧啶、磺胺甲噁唑的测定 GB/T 20759-2006 畜禽肉中十六种磺胺类药物残留量的测定 液相色谱-串联质谱法
敌百虫	腌制食品	GB 23200.94-2016 食品安全国家标准 动物源性食品中敌百虫、敌敌畏、蝇毒磷残留量的测定液相色谱-质谱/质谱法 SN/T 0125-2010 进出口食品中敌百虫残留量检测方法 液相色谱-质谱/质谱法 农业部 783 号公告-3-2006 水产品中敌百虫残留量的测定 气相色谱法

二、食品中三聚氰胺的检验

依据 GB 22388-2008《原料乳及乳制品中三聚氰胺的检测方法》、SN/T 4538.1-2016《商品化试剂盒检测方法 三聚氰胺 方法一》，乳及乳制品中三聚氰胺的检测方法包括酶联免疫试剂盒快速检验法（ELISA）、拉曼光谱法、高效液相色谱法、液相色谱-质谱法以及气相色谱-质谱法。

（一）ELISA 法

1. 原理：在酶标板微孔中预包被偶联抗原，样品中残留的三聚氰胺和微孔中预包被的偶联抗原竞争三聚氰胺抗体，加入酶标二抗，用 TMB 底物显色，样本吸光值与其残留物三聚氰胺的含量成负相关，与标准曲线比较再乘以其对应的稀释倍数，即可得出样品中三聚氰胺的含量。

2. 检材提取：取液态奶混匀，平衡至室温，取 50μL 进行检测。称取 1g 奶粉于 50mL 离心管中，加入 6mL 去离子水，剧烈涡旋 1 分钟，至奶粉完全溶解。取 50μL 进行检测。将 50μL 提取液加入商品化测试盒孔板内，依次加入抗体，洗板，加入酶标抗体，洗板，加入显色液，用于酶标仪测定。

3. 测定：酶标仪设定 450nm 检测，或者双波长 450/630nm 检测，要求 5 分钟内读取数据。根据 L-B 定律，通过标准曲线计算检材中三聚氰胺的浓度。

4. 结果：牛奶检出限为 14. 96μg/L，定量限为 44. 88μg/L；奶粉检出限为 20. 47μg/kg，定量限为 61. 41mg/kg。

（二）拉曼光谱法

1. 原理：不同物质具有与其分子结构相对应的特征拉曼（Raman）光谱。原料乳、纯牛奶和酸奶等样品经稀释、离心，用基于表面增强原理的检测试剂盒增强后，进行拉曼光谱扫描。以 $928\pm2cm^{-1}$ 作为参考峰，设定其对应的强度为 100，进行谱图归一，在 $698\pm2cm^{-1}$ 下，根据样品中三聚氰胺含量与归一后拉曼光谱相对强度的对应关系，采用外标法测定。

2. 检材提取：称取 1. 0g（精确至 0. 01g）试样于 10mL 离心管中，加入 4. 0mL 水，涡旋混匀；量取其中 1mL 匀质试液于 1. 5mL 离心管中，以不低于 4000r/min 离心 3 分钟，取上清液待测。按上述步骤制备样品空白试液作为阴性对照样品。

3. 测定：便携式拉曼光谱仪。稳频激光光源：发射波长为 785±1nm，线宽<0. 2nm；能量≥200mW；光谱分辨率≤15cm；光谱响应范围 785nm～1100nm，或大于该响应范围；数据处理单元：嵌入式；光学单元：非光纤结构。测定时，激光能量≥100mW，数据采集时间≥2 秒。

4. 结果：本方法的检出限为 0. 3mg/kg，定量限为 0. 5mg/kg。拉曼光谱图如图 10-6 所示。

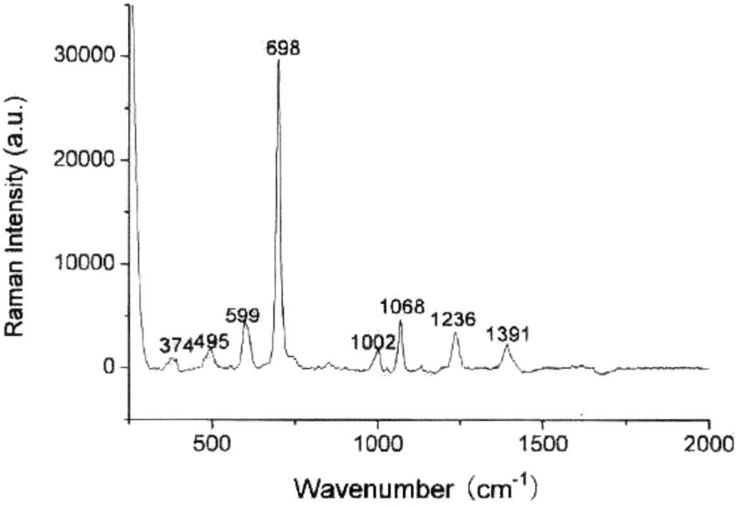

图 10-6　三聚氰胺标准溶液拉曼光谱图（1.0mg/kg）

（三）HPLC 法

1. 原理：试样用三氯乙酸-乙腈溶液提取，经阳离子交换固相萃取柱净化，用高效液相色谱法，外标法定量分析。

2. 检材处理。

（1）提取。

Ⅰ. 液态奶、奶粉、酸奶、冰激淋和奶糖等：称取 2g（精确至 0.01g）试样于 50mL 具塞塑料离心管中，加入 15mL1%的三氯乙酸溶液和 5mL 乙腈，超声提取 10 分钟，再振荡提取 10 分钟后，以不低于 4000r/min 离心 10 分钟。上清液经三氯乙酸溶液润湿的滤纸过滤后，用三氯乙酸溶液定容至 25mL，移取 5mL 滤液，加入 5mL 水混匀后做待净化液。

Ⅱ. 奶酪、奶油和巧克力等：称取 2g（精确至 0.01g）试样于研钵中，加入适量海砂（试样质量的 4~6 倍）研磨成干粉状，转移至 50mL 具塞塑料离心管中，用 15mL1%三氯乙酸溶液分数次清洗研钵，清洗液转入离心管中，再往离心管中加入 5mL 乙腈，余下操作同“超声提取 10 分钟……加入 5mL 水混匀后做待净化液”。

（注：若样品中脂肪含量较高，可以用三氯乙酸溶液饱和的正己烷液液分配除脂后再用 SPE 柱净化。）

（2）净化：将待净化液转移至混合型阳离子交换固相萃取柱中（磺酸化的

聚苯乙烯-二乙烯苯高聚物，60mg，3mL）。依次用3mL水和3mL甲醇洗涤，抽至近干后，用6mL5%氨化甲醇溶液（v/v）洗脱。整个固相萃取过程流速不超过1mL/min。洗脱液于50℃下用氮气吹干，残留物（相当于0.4g样品）用1mL流动相定容，涡旋混合1分钟，过0.2μm微孔滤膜后，供HPLC测定。

3. 测定：高效液相色谱参考条件如下：

色谱柱：C_8柱，250mm×4.6mm（i.d.），5μm，或相当者；C_{18}柱，250mm×4.6mm［内径（i.d.）］，5μm，或相当者。流动相：C_8柱，离子对试剂缓冲液-乙腈（85+15，体积比），混匀；C_{18}柱，离子对试剂缓冲液-乙腈（90+10，体积比），混匀。流速：1.0mL/min；柱温：40℃；波长：240nm；进样量20μL。

离子对试剂缓冲液：准确称取2.10g柠檬酸和2.16g辛烷磺酸钠，加入约980mL水溶解，调节pH值至3.0后，定容至1L备用。

4. 结果：方法的定量限是2mg/kg。

（四）LC-MS法

1. 原理：试样用三氯乙酸-乙腈溶液提取，经阳离子交换固相萃取柱净化，用高效液相色谱法，外标法定量分析。

2. 样品处理：提取和净化操作同HPLC法。

3. 测定：LC-MS参考条件如下：

色谱柱：强阳离子交换与反相C_{18}混合填料，混合比例（1∶4），150mm×2.0mm内径（i.d.），5μm，或相当者；流动相：10mmol/L乙酸铵溶液和乙腈等体积充分混合，用乙酸调节至pH值为3.0后备用；进样量：10μL；柱温：40℃；流速：0.2mL/min。

质谱电离方式：电喷雾电离，正离子；离子喷雾电压：4kV；雾化气：氮气，2.815kg/cm^2（40psi）；干燥气：氮气，流速10L/min，温度350℃；碰撞气：氮气；扫描模式：多反应监测（MRM），三聚氰胺的母离子m/z127，定量子离子m/z85，定性子离子m/z68；裂解电压：100V；停留时间：0.3秒；碰撞能量：m/z127>85为20V，m/z127>68为35V。

4. 结果：方法的定量限是0.01mg/kg。

2013年，农业部和国家卫计委联合出台了GB 29704-2013《食品安全国家标准 动物性食品中环丙氨嗪及代谢物三聚氰胺多残留的测定 超高效液相色谱-串联质谱法》，规定了鸡的肾脏、肌肉、蛋中的三聚氰胺残留量的检测方法。

用3%三氯乙酸溶液超声提取检材后，离心取上层液，上清液净化使用MCX柱，用5%氨化甲醇溶液3mL洗脱，抽干，收集洗脱液，于50℃氮气吹干。用95%乙腈水溶液1.0mL溶解残余物，滤膜过滤，供超高液相色谱-串联质谱测定。

LC-MS/MS 测定时选择 BEH HILIC 色谱柱（50mm×2.1mm，粒径 1.7μm），或相当者。以乙腈和 0.1mol/L 乙酸铵溶液混合作为流动相，梯度洗脱。质谱选择电喷雾离子源，正离子扫描，多反应监测检测。方法的检测限为 1μg/kg，定量限 2.5μg/kg。

（五）GC-MS 法

1. 原理：试样经超声提取、固相萃取净化后，进行硅烷化衍生，衍生产物采用选择离子监测质谱扫描模式（SIM）或多反应监测质谱扫描模式（MRM），用化合物的保留时间和质谱碎片的丰度比定性，外标法定量。

2. 样品处理。

（1）提取。

Ⅰ. 液态奶、奶粉、酸奶和奶糖等：称取 5g（精确至 0.01g）样品于 50mL 具塞比色管，加入 25mL 1%三氯乙酸溶液，涡旋振荡 30 秒，再加入 15mL 三氯乙酸溶液，超声提取 15 分钟，加入 2mL 乙酸铅溶液（22g/L），用三氯乙酸溶液定容至刻度。充分混匀后，转移上层提取液 30mL～50mL 离心试管，以不低于 4000r/min 离心 10 分钟。上清液待净化。

Ⅱ. 奶酪、奶油和巧克力等：称取 5g（精确至 0.01g）样品于 50mL 具塞比色管中，用 5mL 热水溶解（必要时可适当加热），再加入 20mL 1%三氯乙酸溶液，涡旋振荡 30 秒，再加入 15mL 三氯乙酸溶液超声提取及以下操作同。

若样品中脂肪含量较高，可以先用乙醚脱脂后再用三氯乙酸溶液提取。

（2）净化：准确移取 5mL 的待净化滤液至混合型阳离子交换固相萃取柱中，再用 3mL 水、3mL 甲醇淋洗，弃淋洗液，抽近干后用 3mL 5%氨化甲醇溶液洗脱，收集洗脱液，50℃下氮气吹干。

（3）衍生化：取上述氮气吹干残留物，加入 600μL 的吡啶和 200μL 衍生化试剂［N，O-双三甲基硅基三氟乙酰胺（BSTFA）+三甲基氯硅烷（TMCS）（99+1）］，混匀，70℃反应 30 分钟后，供 GC-MS 或 GC-MS/MS 法定量检测或确证。

3. 测定：GC-MS 参考条件如下：

色谱柱：5%苯基二甲基聚硅氧烷石英毛细管柱，30m×0.25mm（i.d.）×0.25μm，或相当者；流速：1.0mL/min；程序升温：70℃保持 1 分钟，以 10℃/min 的速率升温至 200℃，保持 10 分钟；传输线温度：280℃；进样口温度：250℃；进样方式：不分流进样；进样量：1μL。

质谱电离方式：电子轰击电离（EI）；电离能量：70eV；离子源温度：230℃；扫描模式：选择离子扫描，定性离子 m/z 99、171、327、342，定量离子 m/z 327。

4. 结果：检测结果如图 10-7 所示。方法的定量限是 0.05mg/kg。GC-MS/MS 法的定量限是 0.005mg/kg。

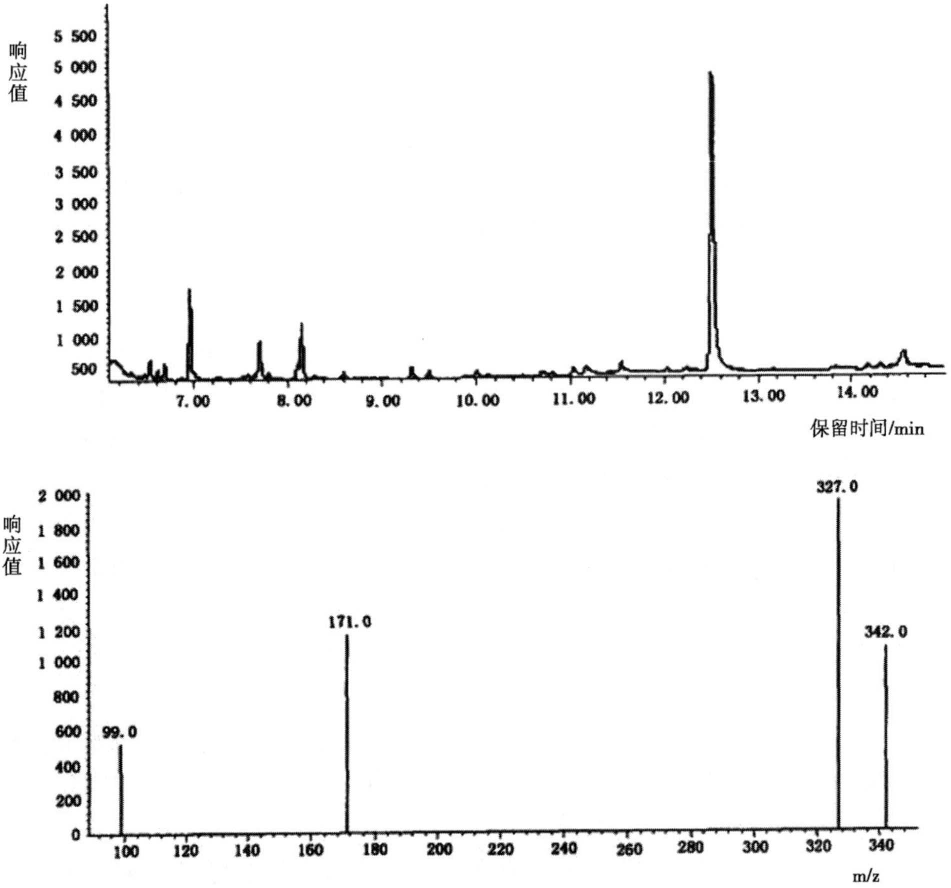

图 10-7　三聚氰胺的 GC-MS 图

三、食品中非法添加色素的检验

碱性橙是一种偶氮类碱性染料，“王金黄”“块黄”是其俗名，过量摄取、吸入以及皮肤接触该物质均会造成急性和慢性中毒伤害，为致癌物。

碱性嫩黄是一种工业染料，只能用于染布，不能加入食品中，其也是致癌物。

福建省地方标准 DB 35/T 897-2009《食品中碱性橙、碱性嫩黄 O 和碱性桃红 T 含量的测定》规定，可采用高效液相色谱法和液相色谱-串联质谱法对食品中的碱性橙、碱性嫩黄 O 和碱性桃红 T 的含量进行测定。标准适用于蜜饯、水产品、豆制品、食用菌、炒货、坚果和固体调味品中碱性橙、碱性嫩黄 O 和碱性桃红 T 含量的测定。

（一）HPLC 法

1. 原理：试样通过碱化甲醇提取，二氯甲烷萃取，正己烷净化，高效液相色谱紫外检测器串联荧光检测器同时检测食品中碱性橙、碱性嫩黄 O 和碱性桃红 T 含量，外标法定量。

2. 检材处理：取有代表性样品 500g，用粉碎机或匀浆机粉碎，混匀。称取 5g（精确到 1mg）试样，置于 50mL 离心管中，准确加入 20.0mL 碱化甲醇（氨水：甲醇，1：50），超声提取 30 分钟；于 4℃，15000r/min 离心 5 分钟，移取 5.0mL 上清液于 50mL 离心管中，再加入 10mL 2%氨水和 2g 氯化钠混匀，加入二氯甲烷涡旋萃取 3 次，每次 10mL；于 4℃，15000r/min 离心 5 分钟，吸出下层萃取液合并，过无水硫酸钠滤入 250mL 浓缩瓶中，40℃，真空旋转蒸发至约剩 1mL，用二氯甲烷转入 10mL 刻度试管中，40℃氮气吹近干，加入 3mL 酸化甲醇（甲酸：甲醇，1：50）溶解残渣，用甲醇饱和正己烷萃取净化 3 次，每次 2mL，吸出正己烷层弃去，40℃氮气吹至 2mL 以下，用酸化甲醇定容到 2.0mL，混匀，用 0.2μm 滤膜过滤后检测。

3. 测定：HPLC 参考条件如下：

色谱柱：C_{18}，5μm，150cm×4.6mm（内径）或相当者；柱温：30℃；紫外检测波长：436nm（检测碱性橙和碱性嫩黄 O）；荧光检测波长：激发波长为 271nm，发射波长为 572nm（检测碱性桃红 T）；进样量：20μL；流动相：0.05%磷酸与甲醇溶液，流动相梯度洗脱条件如表 10-9 所示。

表 10-9　流动相及梯度表

时间（min）	流速（mL/min）	0.05%磷酸（%）	甲醇（%）	曲线
0	1	75	25	/
8	1	50	50	6
15	1	75	25	11
20	1	75	25	11

4. 结果：本方法的检出限为：碱性橙 0.02mg/kg；碱性嫩黄 O 0.03mg/kg；碱性桃红 T 0.004mg/kg；定量限为：碱性橙 0.06mg/kg；碱性嫩黄 O 0.1mg/kg；碱性桃红 T 0.02mg/kg。测定结果如图 10-8 所示。

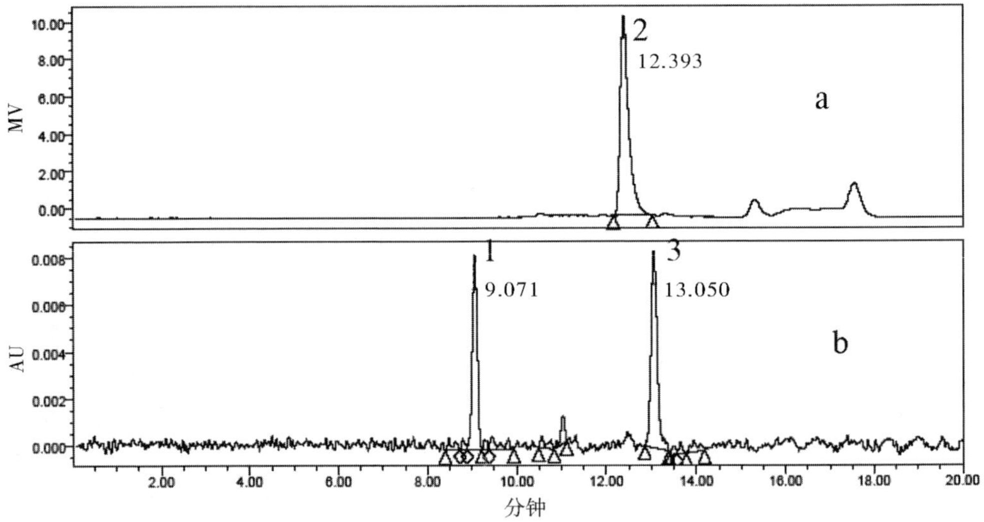

图 10-8　0.5μg/ml 标准品液相色谱图（a. 荧光检测谱图　b. 436nm 紫外检测谱）

（1-碱性橙；2-碱性桃红 T；3-碱性嫩黄 O）

（二）LC-MS 法

1. 原理：试样通过碱化甲醇提取，二氯甲烷萃取，正己烷净化，液相色谱串联质谱联用法同时检测食品中碱性橙、碱性嫩黄 O 和碱性桃红 T 含量，外标法定量。

2. 检材处理：同 HPLC 法。

3. 测定：高效液相色谱条件如下：

色谱柱：C_{18}，1.7μm，100mm，2.1mm（内径）或相当者；柱温：40℃；进样量：3μL；流动相：0.4%甲酸与甲醇，梯度洗脱见表 10-10。

质谱电离源：电喷雾正离子模式；毛细管电压：1.00kV；源温度：100℃；脱溶剂气温度：350℃；溶剂气流量：700L/h；碰撞室压力：3.1×10^{-3}mbar。其他条件见表 10-11。

表 10-10　流动相及梯度条件

时间（min）	流速（mL/min）	0.4%甲酸（%）	甲醇（%）	曲线
0	0.3	75	25	/
2	0.3	55	45	6

续表

时间(min)	流速(mL/min)	0.4%甲酸(%)	甲醇(%)	曲线
4	0.3	75	25	11
6	0.3	75	25	11

表 10-11　特征离子及参数

化合物	保留时间(min)	母离子 $(M+H)^+$ (m/z)	锥孔电压(V)	子离子(m/z)	碰撞能量(eV)
碱性橙	2.04	213.2	35	*77.2	20
			35	121.2	20
碱性桃红 T	2.69	315.2	75	*299.3	35
			75	238.3	35
碱性嫩黄 O	2.91	268.3	35	*147.2	30
			35	252.3	30
*定量离子					

4. 结果：本方法检出限为：碱性橙 0.6μg/kg；碱性嫩黄 O 0.3μg/kg；碱性桃红 T 0.7μg/kg。定量限为：碱性橙 2μg/kg；碱性嫩 O 1μg/kg；碱性桃红 T 2μg/kg。检测结果如图 10-9 和图 10-10 所示。

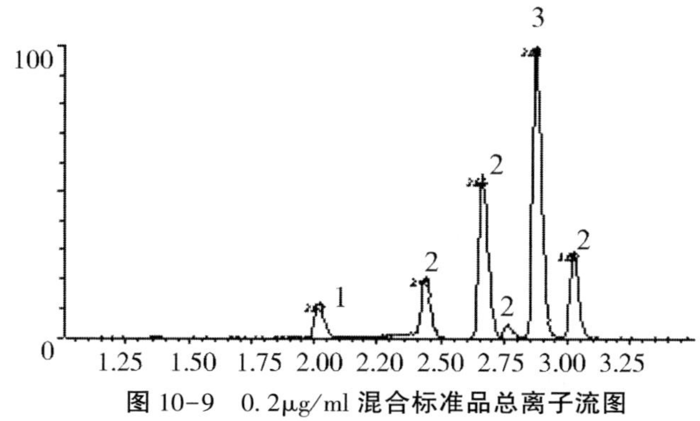

图 10-9　0.2μg/ml 混合标准品总离子流图

(1-碱性橙；2-碱性桃红 T；3-碱性嫩黄 O)

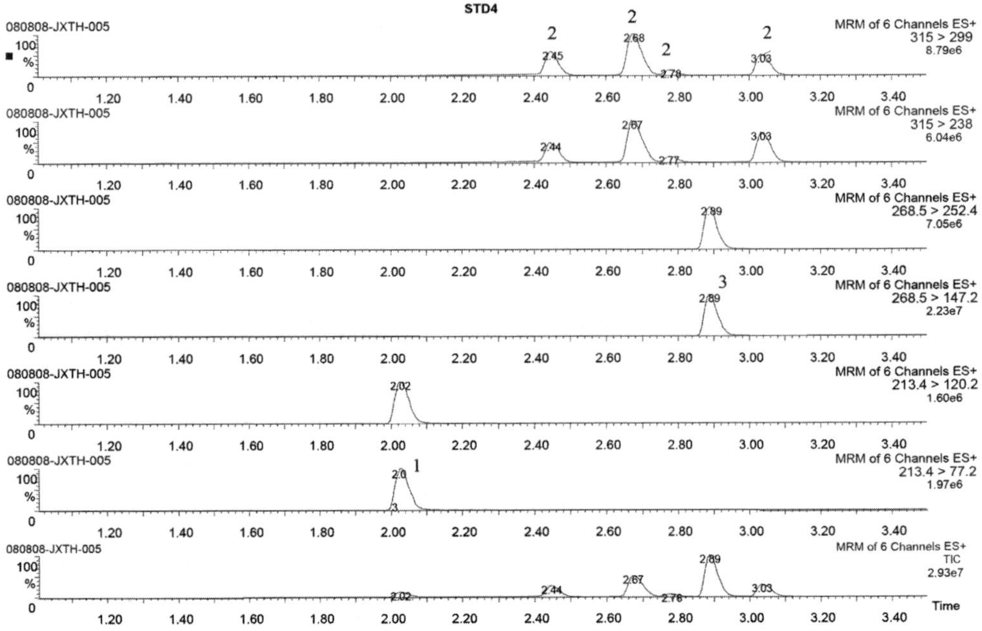

图 10-10　0.2μg/ml 混合标准溶液总离子流图和选择离子监测图

（1-碱性橙；2-碱性桃红 T；3-碱性嫩黄 O）

第三节　食品中重金属残留的检验

食品中的重金属污染来源于环境污染的生态链转移、食物链富集、生产加工设备污染、食品添加剂、食品包装接触材料的金属迁移等过程。长期摄入微量的重金属会导致慢性中毒。其中，铅、铝、砷、镉、铬、锑、汞等被认为是对人体危害较大的重金属。围绕食品安全方面的重金属残留检测的相关标准中，GB 5009.74-2014《食品安全国家标准 食品添加剂中重金属限量试验》规定了食品添加物中铅的限量比色检测法，GB 31604.49-2016《食品安全国家标准 食品接触材料及制品 砷、镉、铬、铅的测定和砷、镉、铬、镍、铅、锑、锌迁移量的测定》规定了食品接触材料、纸制品、软木塞等制品中重金属 ICP-MS 等的检测方法。此外还有 GB 5009.182-2017《食品安全国家标准 食品中铝的测定》、GB 5009.12-2017《食品安全国家标准 食品中铅的测定》、GB 5009.11-2014《食品安全国家标准 食品中总砷及无机砷的测定》、GB 5009.268-2016《食品安全国家标准 食品中多元素的测定》等规定。上述方法中，有的是针对单种重金属检测的专属性方法，有的则可以用于多种金属元素的筛选定性、定量分析。

一、食品中铝的检验

铝被认为是能引起阿尔茨海默病的关联因素，面粉、油条、油炸制品、食品添加剂泡打粉中都含有一定量的铝。关于食品中铝的测定主要有分光光度法、电感耦合等离子体质谱法、电感耦合等离子体发射光谱法和石墨炉原子吸收光谱法。

（一）分光光度法

1. 原理：试样经处理后，在乙二胺-盐酸缓冲液中（pH 值为 6.7~7.0），聚乙二醇辛基苯醚（TritonX-100）和溴代十六烷基吡啶（CPB）的存在下，三价铝离子与铬天青 S 反应生成蓝绿色的四元胶束，于 620nm 波长处测定吸光度值并与标准系列比较定量。

2. 样品处理。

（1）试样制备：在采样和试样制备过程中，应注意不使试样污染，避免使用含铝器具。

面制品、豆制品、虾味片、烘焙食品等样品粉碎均匀后，取约 30g 置 85℃恒温干燥箱中干燥 4 小时。

（2）试样消解：称取试样 0.2g~3g（精确至 0.001g）或准确移取液体试样 0.500mL~5.00mL，置于硬质玻璃消化管或锥形瓶中，加入 10mL 硝酸、0.5mL 硫酸，在可调式控温电热炉或电热板上加热；推荐条件：100℃加热 1 小时，升至 150℃加热 1 小时，再升至 180℃加热 2 小时，然后升至 200℃。若变棕黑色，再补加硝酸消化，直至管口冒白烟，消化液呈无色透明或略带黄色。取出冷却，用水转移定容至 50mL（V1）容量瓶中，混匀备用。同时做试剂空白试验。

3. 测定。吸取 1.00mL 试样消化液、空白溶液分别置于 25mL 具塞比色管中，加水至 10mL 刻度。

另取 25mL 具塞比色管 7 支，分别加入铝标准使用溶液 0mL、0.500mL、1.00mL、2.00mL、3.00mL、4.00mL 和 5.00mL（该系列标准溶液中铝的质量分别为 0μg、0.500μg、1.00μg、2.00μg、3.00μg、4.00μg、5.00μg），并依次向各管中加入硫酸溶液（1%）1mL，加水至 10mL 刻度。

向标准管、试样管、试剂空白管中加入 1 滴对硝基苯酚乙醇溶液（1g/L），混匀，滴加氨水溶液（1+1）至浅黄色，滴加硝酸溶液（2.5%）至黄色刚刚消失，再多加 1mL，加入 1mL 抗坏血酸溶液（10g/L），再混匀后加 3mL 铬天青 S 溶液（1g/L）、混匀后加 1mL TritonX-100 溶液（3%）、3mL CPB 溶液（3g/L），3mL 乙二胺-盐酸缓冲溶液，加水定容至 25.0mL，混匀，放置 40 分钟。

于 620nm 波长处，用 1cm 比色皿以空白溶液为参比测定吸光度值。以标准系列溶液中铝的质量为横坐标，以相应的吸光度值为纵坐标，并绘制标准曲线。根据试样消化液的吸光度值与标准曲线比较定量。

4. 结果：当称样量为 1g（或 1mL）、定容体积为 50mL 时，方法的检出限为 8mg/kg（或 8mg/L），定量限为 25mg/kg（或 25mg/L）。

（二）石墨炉原子吸收光谱法

1. 原理：试样消解处理后，经石墨炉原子化，在 257.4nm 处测定吸光度。在一定浓度范围内，铝含量与吸光度值成正比，与标准系列比较定量。

2. 样品处理：采用湿法消解、微波消解、压力罐消解等方式处理检材。

3. 测定：石墨炉原子吸收光谱仪配有铝空心阴极灯的参考条件如下。

根据各自仪器性能调至最佳状态。参考条件为波长 257.4nm，狭缝 0.5nm，灯电流 10mA～15mA，干燥温度 85℃～120℃，持续 30 秒；灰化温度 1000℃～1200℃，持续 15～20 秒，原子化温度 2750℃，持续 4～5 秒；内气流量 0.3L/min，进样量 10μL，原子化时停气。

4. 结果：当称样量为 0.5g（或 0.5mL）、定容体积为 25mL 时，方法的检出限为 0.3mg/kg（或 0.3mg/L），定量限为 0.8mg/kg（或 0.8mg/L）。

无论是石墨炉原子吸收光谱法还是分光光度法，其灵敏度都不及现在常用的电感耦合等离子体质谱法。

二、食品中多元素的测定

GB 5009.268-2016《食品安全国家标准 食品中多元素的测定》规定了食品中多元素测定的电感耦合等离子体质谱法（ICP-MS）和电感耦合等离子体发射光谱法（ICP-OES）。第一种方法适用于食品中硼、钠、镁、铝、钾、钙、钛、钒、铬、锰、铁、钴、镍、铜、锌、砷、硒、锶、钼、镉、锡、锑、钡、汞、铊、铅的测定；第二种方法适用于食品中铝、硼、钡、钙、铜、铁、钾、镁、锰、钠、镍、磷、锶、钛、钒、锌的测定。

以下介绍电感耦合等离子体质谱法（ICP-MS）。

1. 原理：试样经消解后，由电感耦合等离子体质谱仪测定，以元素特定质量数（质荷比，m/z）定性，采用外标法，以待测元素质谱信号和内标元素质谱信号的强度比与待测元素的浓度成正比进行定量分析。

2. 样品处理。

（1）微波消解法：称取固体样品 0.2~0.5g（精确至 0.001g，含水分较多的样品可适当增加取样量至 1g）或准确移取液体试样 1.0mL~3.0mL 于微波消解内罐中，含乙醇或二氧化碳的样品先在电热板上低温加热除去乙醇或二氧化碳，加入 5mL~10mL 硝酸，加盖放置 1 小时或过夜，旋紧罐盖，按照微波消解仪标准操作步骤进行消解。冷却后取出，缓慢打开罐盖排气，用少量水冲洗内盖，将消解罐放在控温电热板上或超声水浴箱中，于 100℃ 加热 30 分钟或超声脱气 2~5 分钟，用水定容至 25mL 或 50mL，混匀备用。同时做空白试验。

（2）压力罐消解法：称取固体干样 0.2g~1g（精确至 0.001g，含水分较多的样品可适当增加取样量至 2g）或准确移取液体试样 1.0mL~5.0mL 于消解内罐中，含乙醇或二氧化碳的样品先在电热板上低温加热除去乙醇或二氧化碳，加入 5mL 硝酸，放置 1 小时或过夜，旋紧不锈钢外套，放入恒温干燥箱消解，于 150℃~170℃ 消解 4 小时，冷却后，缓慢旋松不锈钢外套，将消解内罐取出，在控温电热板上或超声水浴箱中，于 100℃ 加热 30 分钟或超声脱气 2~5 分钟，用水定容至 25mL 或 50mL，混匀备用。同时做空白试验。消解条件参考表 10-12。

表 10-12　样品消解仪参考条件

消解方式	步骤	控制温度 ℃	升温时间 min	恒温时间
微波消解	1	120	5	5min
	2	150	5	10min
	3	190	5	20min
压力罐消解	1	80	—	2h
	2	120	—	2h
	3	160~170	—	4h

3. 测定：ICP-MS 参考实验条件如表 10-13 所示。

4. 结果：ICP-MS 法对食品中各种金属的检出限和定量限如表 10-14 所示。

表 10-13 电感耦合等离子体质谱仪操作参考条件

参数名称	参数	参数名称	参数
射频功率	1500 w	雾化器	高盐/同心雾化器
等离子体气流量	15 L/min	采样锥/截取锥	镍/铂锥
载气流量	0. 80 L/min	采样深度	8 mm~10 mm
辅助气流量	0. 40 L/min	采集模式	跳峰（Spectrum）
氦气流量	4 mL/min~5 mL/min	检测方式	自动
雾化室温度	2℃	每峰测定点数	1~3
样品提升速率	0. 3 r/s	重复次数	2~3

表 10-14 电感耦合等离子体质谱法（ICP-MS）的检出限及定量限

序号	元素名称	元素符号	检出限 1 mg/kg	检出限 2 mg/L	定量限 1 mg/kg	定量限 2 mg/L
1	硼	B	0. 1	0. 03	0. 3	0. 1
2	钠	Na	1	0. 3	3	1
3	镁	Mg	1	0. 3	3	1
4	铝	Al	0. 5	0. 2	2	0. 5
5	钾	K	1	0. 3	3	1
6	钙	Ca	1	0. 3	3	1
7	钛	Ti	0. 02	0. 005	0. 05	0. 02
8	钒	V	0. 002	0. 0005	0. 005	0. 002
9	铬	Cr	0. 05	0. 02	0. 2	0. 05
10	锰	Mn	0. 1	0. 03	0. 3	0. 1
11	铁	Fe	1	0. 3	3	1
12	钴	Co	0. 001	0. 0003	0. 003	0. 001
13	镍	Ni	0. 2	0. 05	0. 5	0. 2
14	铜	Cu	0. 05	0. 02	0. 2	0. 05

续表

序号	元素名称	元素符号	检出限 1 mg/kg	检出限 2 mg/L	定量限 1 mg/kg	定量限 2 mg/L
15	锌	Zn	0.5	0.2	2	0.5
16	砷	As	0.002	0.0005	0.005	0.002
17	硒	Se	0.01	0.003	0.03	0.01
18	锶	Sr	0.2	0.05	0.5	0.2
19	钼	Mo	0.01	0.003	0.03	0.01
20	镉	Cd	0.002	0.0005	0.005	0.002
21	锡	Sn	0.01	0.003	0.03	0.01
22	锑	Sb	0.01	0.003	0.03	0.01
23	钡	Ba	0.02	0.005	0.05	0.02
24	汞	Hg	0.001	0.0003	0.003	0.001
25	铊	Tl	0.0001	0.00003	0.0003	0.0001
26	铅	Pb	0.02	0.005	0.05	0.02

第四节　食品中其他化学污染物的检验

其他化学污染物，包括利用食品生产加工工艺，如高温炙烤、油炸、腌渍等，在食品加工过程中产生的一定数量的有害化学污染物，如亚硝酸盐、硝酸盐、苯并（a）芘、甲基亚硝胺等，以及环境中不具有挥发性的有机污染物，如多氯联苯、二噁英等。这些化学物质具有一定的致癌性，均被列入食品污染物限量规定中。

一、食品中二噁英的检验

食品中的二噁英主要来源于大气环境中的污染，如钢铁冶炼、有色金属冶炼、汽车尾气、焚烧生产、垃圾焚烧等。二噁英随环境污染食物，是食品中的重要致癌物。

GB 5009.205-2013《食品安全国家标准 食品中二噁英及其类似物毒性当量

的测定》规定了食品中 17 种 2,3,7,8-取代的多氯代二苯并二噁英（PCDDs）、多氯代二苯并呋喃（PCDFs）和 12 种二噁英样多氯联苯（DL-PCBs）含量及二噁英毒性当量（TEQ）的测定方法。

以下介绍高分辨气相色谱-高分辨质谱联用法。

1. 原理：应用高分辨气相色谱-高分辨质谱联用技术，在质谱分辨率大于 10000 的条件下，通过精确质量测量监测目标化合物的两个离子，获得目标化合物的特异性响应。以目标化合物的同位素标记化合物为定量内标，采用稳定性同位素稀释法，准确测定食品中 2,3,7,8 位氯取代的 PCDD/Fs 和 DL-PCBs 的含量；并以各目标化合物的毒性当量因子（TEF）与所测得的含量相乘后累加，得到样品中二噁英及其类似物的毒性当量（TEQ）。

2. 检材处理。

（1）试样采集。现场采集的样品用避光材料（如铝箔、棕色玻璃瓶）等包装，置于冷冻箱中运输到实验室，在-10℃以下环境低温保存。

液体或固体样品，如鱼、肉、蛋、奶等经过匀浆使其匀质化后，可使用冷冻干燥或无水硫酸钠干燥、混匀。油脂类样品可直接用正己烷溶解后进行净化分离。

（2）试样制备：试样制备的过程如图 10-11 所示。

试样萃取：旋转蒸发、索氏提取、液液萃取、加速溶剂萃取是几种常用的萃取方法。

试样净化：酸化硅胶柱净化、混合硅胶柱净化、氧化铝柱净化、凝胶渗透柱净化、活性炭柱净化、弗罗里硅土柱净化、全自动样品净化系统自动净化分离等方式可供选择。酸化硅胶用以除去组织样品中的脂肪。凝胶渗透色谱可用来除去那些能导致气相色谱柱柱效降低的大分子干扰物（如蜂蜡等酸碱不能破坏的大分子）。酸性、中性和碱性硅胶，氧化铝和弗罗里硅土可用于消除非极性和极性的干扰物质。活性炭柱能将 PCDD/Fs 以及非邻位氯取代的 PCB 77、PCB 126 、PCB 169 与其他同类物质和干扰物质分离，可在必要时使用。净化方法可采取组合或其他方法。

微量浓缩和溶剂交换：于氮气浓缩器下吹氮浓缩。

3. 测定：高分辨气相色谱-质谱联用仪的参考分析条件如下。

色谱柱：推荐筛选色谱柱为 DB-5ms 柱或等效柱，柱长 60m、内径 0.25mm、液膜厚度 0.25μm；对于 2,3,7,8-TCDF 的确证，推荐使用 DB-235ms 柱或等效柱，柱长 30m、内径 0.25mm、液膜厚度 0.25μm；也可以使用 RTX-2330 或等效柱，柱长 50m~60m、内径 0.25mm、液膜厚度 0.20μm。

采用 DB-5ms 色谱柱或等效柱的推荐条件如下。

柱温：120℃（保持 1 分钟），以 43℃/min 升温速率升至 220℃（保持 15 分钟），以 2.3℃/min 升温速率升至 250℃，以 0.9℃/min 升温速率升至 260℃，以 20℃/min 升温速率升至 310℃（保持 9 分钟）；进样口温度：280℃；传输线温度：310℃；载气：恒流，0.8mL/min。

采用 RTX-2330 色谱柱或等效柱的推荐条件如下。

柱温：90℃（保持 1.5 分钟），以 25℃/min 升温速率升至 180℃，再以 2℃/min 升温速率升至 260℃（保持 30 分钟）；进样口温度：280℃；传输线温度：260℃；载气：恒流，1mL/min。

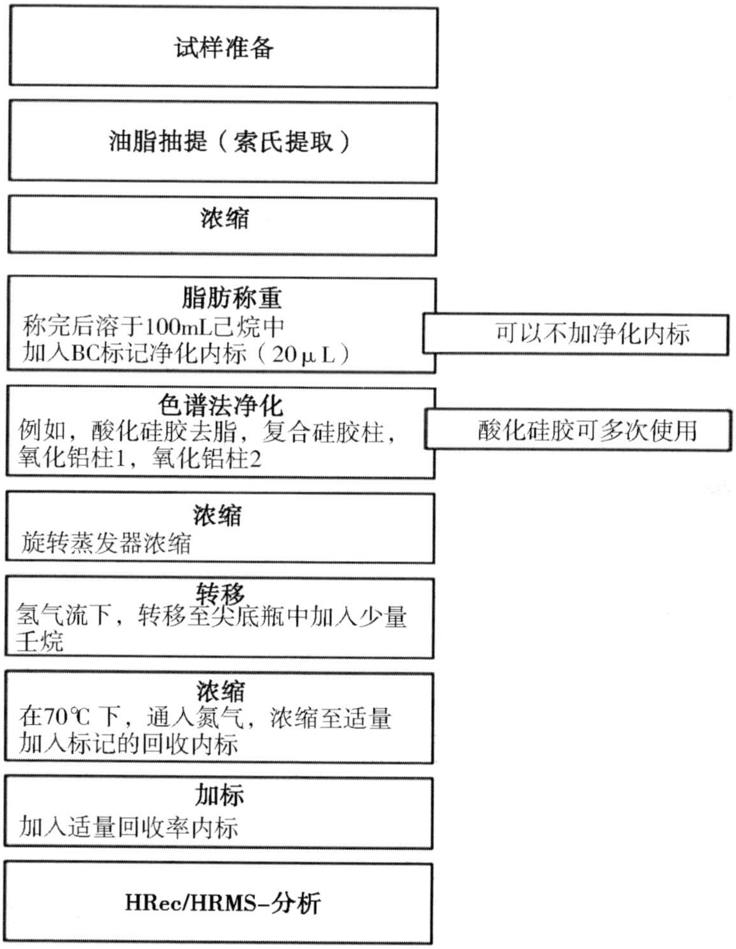

图 10-11　食品中 PCDD/Fs 和 DL-PCBs 的分析流程

4. 结果：方法的测量限：2,3,7,8-四氯代二苯并二噁英（2,3,7,8-TCDD）和2,3,7,8-四氯代二苯并呋喃（2，3，7，8-TCDF）为0.04ng/kg，八氯代二苯并二噁英（OCDD）和八氯代二苯并呋喃（OCDF）为0.40ng/kg，其余PCDD/Fs为0.20ng/kg、DL-PCB为1.00ng/kg。

在对食品中的二噁英进行检测的过程中，要注意背景的干扰，以及试验后废弃物的处理。对于实验中接触到的标准品，要避免不必要的接触和暴露。实验室应备有塑料手套、实验服、安全眼镜或口罩以及通风橱，专门用于化学品安全操作的防毒面具。通风橱顶端安放塑料吸附纸，以便于监测污染状况。从色-质联用仪中排出的废气应用装有活性炭的柱子吸附，或通入油脂或高沸点的醇中吸收处理。

二、食品中杂环胺的检验

一些食物经高温炙烤方式烹饪后，会产生危害人体健康的杂环胺类物质。

GB 5009.243-2016《食品安全国家标准 高温烹调食品中杂环胺类物质的测定》规定了高温烹调食品中2-氨基-3,4-二甲基咪唑并［4，5-f］喹啉（MeIQ）、2-氨基-3,8-二甲基咪唑并［4，5-f］喹啉（MeIQx）、2-氨基-3,4,8-三甲基咪唑并［4，5-f］喹啉（4，8-DiMeIQx）、2-氨基-3,7,8-三甲基咪唑并［4，5-f］喹啉（7，8-DiMeIQx）、2-氨基-1-甲基-6-苯基-咪唑并［4，5-b］吡啶（PhIP）等杂环胺的液相色谱-质谱/质谱测定方法。该标准适用于烤鱼、烤肉及其制品中MeIQ、MeIQx、4，8-DiMeIQx、7，8-DiMeIQx、PhIP的测定。

以下介绍LC-MS/MS法。

1. 原理：试样采用氢氧化钠/甲醇溶液提取，固相萃取柱净化，液相色谱-串联质谱检测，内标法定量。

2. 样品处理。

（1）试样制备：烤鱼、烤肉及其制品取可食部分，捣碎混匀，标识后于-18℃环境中冷冻保存。

（2）提取：称取试样2g（精确到0.01g）于50mL离心管中，加入200μL内标工作液，再加入9.8mL 40g/L氢氧化钠-甲醇混合溶液（7∶3，V/V），均质1分钟。均质器刀头分别用5.0mL 40g/L氢氧化钠-甲醇混合溶液各洗涤两次，洗涤液合并至样品提取离心管中。试样在10000r/min条件下离心10分钟，待净化。

（3）净化：固相萃取柱（苯乙烯二乙烯基苯柱，200mg，3mL）预先依次用2mL 甲醇、3mL 4g/L 氢氧化钠溶液活化。量取 10mL 提取液加入固相萃取柱中，弃去流出液后，依次用 3mL 4g/L 氢氧化钠-甲醇混合溶液（45∶55，V/V）、2mL 正己烷淋洗，每次淋洗完后都需将柱体内淋洗溶液抽干，最后用 1.5mL 乙醇-二氯甲烷溶液（1∶9，V/V）洗脱，洗脱流速小于 1mL/min。洗脱液于 35℃水浴下氮气浓缩至近干后，加入 1.0mL 乙酸缓冲液-乙腈混合溶液（5∶5，V/V），涡旋混匀，0.2μm 有机微孔滤膜过滤至进样小瓶，待上机分析测定。

3. 测定：液相色谱-质谱联用仪参考实验条件如下。

色谱柱：C_{18} 柱（2.5μm，100mm×2.1mm）或相当者。流动相：A 为乙酸-乙酸铵缓冲液，B 为乙腈。乙酸-乙酸铵缓冲液，称取 1.155g 乙酸铵，用 450mL 水溶解，用乙酸调 pH 值至 5.0±0.5，加水定容至 500mL。梯度洗脱程序参见表 10-13。流速：0.3mL/min。柱温：40℃。进样量：5μL。

质谱电离方式：电喷雾电离正离子模式（ESI^+）。扫描方式：多反应监测（MRM）。毛细管电压：3.0kV。离子源温度：100℃。脱溶剂气温度：350℃。脱溶剂气（N_2）流量：800L/h。锥孔气（N_2）流量：50L/h。参数见表 10-16。

4. 结果：检测结果如图 10-12 所示。

表 10-15　流动相梯度洗脱程序

时间 min	流动相 A %	流动相 B %
0	95	5
0.5	95	5
3	70	30
6	40	60
6.1	5	95
6.5	5	95
6.6	95	5
7	95	5

表 10-16　标准物质 MRM 参数表

序号	标准物质	母离子 m/z	子离子 m/z	锥孔电压 V	碰撞电压 V	驻留时间 s
1	MeIQ	212.9	197.1[a] 198.1	40 40	35 25	0.25
2	MeIQx	213.9	130.9[a] 199	40 40	36 26	0.32
3	4，8-DiMeIQx	227.9	159.8[a] 212.1	40 40	35 25	0.1
4	7，8-DiMeIQx	227.9	131.0[a] 213.1	40 40	35 25	0.05
5	PhIP	224.9	182.9 210.0[a]	40 40	32 25	0.37
6	4，7，8-TriMeIQx（内标）	242	200.9 227.2[a]	40 40	25 25	0.1
a 为定量离子						

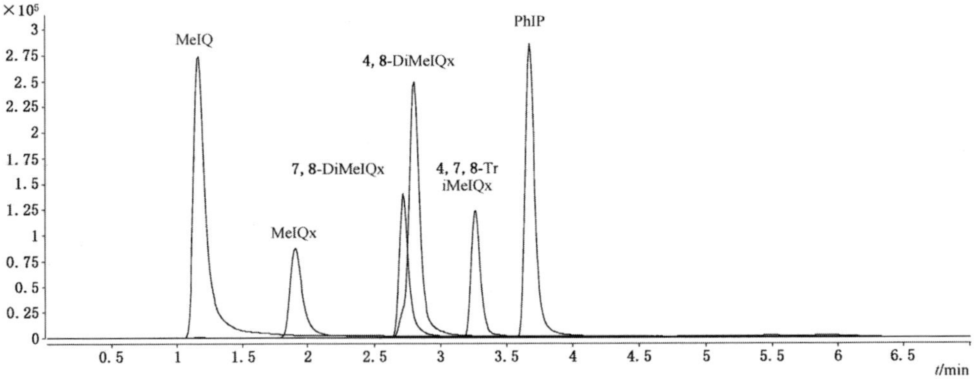

图 10-12　标准溶液 MRM 色谱图

三、食品中硝酸盐和亚硝酸盐的检验

腌渍类食品中容易产生硝酸盐和亚硝酸盐。一些肉制品和熟食制品中加入亚硝酸盐能保证食物的鲜嫩口感和好看外观，但这些物质可能代谢成为N-亚硝胺，是重要的致癌物。GB 5009.33-2016《食品安全国家标准 食品中亚硝酸盐与硝酸盐的测定》规定了食品中硝酸盐和亚硝酸盐的离子色谱法和分光光度检验方法。

（一）离子色谱法

1. 原理：试样经沉淀蛋白质、除去脂肪后，采用相应的方法提取和净化，以氢氧化钾溶液为淋洗液，阴离子交换柱分离，电导检测器或紫外检测器检测。以保留时间定性，外标法定量。

2. 试样处理。

（1）试样预处理。

蔬菜、水果：将新鲜蔬菜、水果试样用自来水洗净后，用水冲洗晾干后，取可食部分切碎混匀。将切碎的样品用四分法取适量，用食物粉碎机制成匀浆，备用。如需加水应记录加水量。

粮食及其他植物样品：除去可见杂质后，取有代表性试样50g~100g，粉碎后过0.30mm孔筛，混匀，备用。

肉类、蛋、水产及其制品：用四分法取适量或取全部，用食物粉碎机制成匀浆，备用。

乳粉、豆奶粉、婴儿配方粉等固态乳制品（不包括干酪）：将试样装入能够容纳两倍试样体积的带盖容器中，通过反复摇晃和颠倒容器使样品充分混匀直到试样均一化。

发酵乳、乳、炼乳及其他液体乳制品：通过搅拌或反复摇晃和颠倒容器使试样充分混匀。

干酪：取适量的样品研磨成均匀的泥浆状。为避免水分损失，在研磨过程中应避免产生过多的热量。

（2）提取。蔬菜、水果等植物性试样：称取试样5g（精确至0.001g，可适当调整试样的取样量，以下相同），置于150mL具塞锥形瓶中，加入80mL水，1mL 1mol/L氢氧化钾溶液，超声提取30分钟，每隔5分钟振摇1次，保持固相完全分散。于75℃水浴中放置5分钟，取出放置至室温，定量转移至100mL容量瓶中，加水稀释至刻度，混匀。溶液经滤纸过滤后，取部分溶液于10000r/min离心15分钟，上清液备用。

肉类、蛋类、鱼类及其制品等：称取试样匀浆5g（精确至0.001g），置于

150mL 具塞锥形瓶中，加入 80mL 水，超声提取 30 分钟，每隔 5 分钟振摇 1 次，保持固相完全分散。于 75℃ 水浴中放置 5 分钟，取出放置至室温，定量转移至 100mL 容量瓶中，加水稀释至刻度，混匀。溶液经滤纸过滤后，取部分溶液于 10000r/min 离心 15 分钟，上清液备用。

腌鱼类、腌肉类及其他腌制品：称取试样匀浆 2g（精确至 0.001g），置于 150mL 具塞锥形瓶中，加入 80mL 水，其余同肉类操作。

乳：称取试样 10g（精确至 0.01g），置于 100mL 具塞锥形瓶中，加水 80mL，摇匀，超声 30 分钟，加入 3%乙酸溶液 2mL，于 4℃ 放置 20 分钟，取出放置至室温，加水稀释至刻度。溶液经滤纸过滤，滤液备用。

乳粉及干酪：称取试样 2.5g（精确至 0.01g），置于 100mL 具塞锥形瓶中，加水 80mL，摇匀，超声 30 分钟，取出放置至室温，定量转移至 100mL 容量瓶中，加入 3%乙酸溶液 2mL，加水稀释至刻度，混匀。于 4℃ 放置 20 分钟，取出放置至室温，溶液经滤纸过滤，滤液备用。

（3）净化。

取上述备用溶液约 15mL，通过 0.22μm 水性滤膜针头滤器、C_{18} 柱，弃去前面 3mL（如果氯离子大于 100mg/L，则需要依次通过针头滤器、C_{18} 柱、Ag 柱和 Na 柱，弃去前面 7mL），收集后面洗脱液待测。

固相萃取柱使用前需进行活化，C_{18} 柱（1.0mL）、Ag 柱（1.0mL）和 Na 柱（1.0mL），其活化过程为：C_{18} 柱（1.0mL）使用前依次用 10mL 甲醇、15mL 水通过，静置活化 30 分钟。Ag 柱（1.0mL）和 Na 柱（1.0mL）用 10mL 水通过，静置活化 30 分钟。

3. 测定离子色谱仪器参考条件如下。

色谱柱：氢氧化物选择性，可兼容梯度洗脱的二乙烯基苯-乙基苯乙烯共聚物基质，烷醇基季铵盐功能团的高容量阴离子交换柱，4mm×250mm（带保护柱 4mm×50mm），或性能相当的离子色谱柱。

淋洗液：氢氧化钾溶液，浓度为 6mmol/L～70mmol/L；洗脱梯度为 6mmol/L 30 分钟，70mmol/L 5 分钟，6mmol/L 5 分钟；流速 1.0mL/min。

粉状婴幼儿配方食品：氢氧化钾溶液浓度为 5mmol/L～50mmol/L；洗脱梯度为 5mmol/L 33 分钟，50mmol/L 5 分钟，5mmol/L 5 分钟；流速为 1.3mL/min。

检测器：电导检测器，检测池温度为 35℃；或紫外检测器，检测波长为 226nm。进样体积为 50μL（可根据试样中被测离子含量进行调整）。

4. 结果：亚硝酸盐和硝酸盐的检出限分别为 0.2mg/kg 和 0.4mg/kg。

（二）分光光度法

1. 原理：亚硝酸盐采用盐酸萘乙二胺法测定。试样经沉淀蛋白质除去脂肪后，在弱酸条件下，亚硝酸盐与对氨基苯磺酸重氮化后，再与盐酸萘乙二胺偶合形成紫红色染料，外标法测得亚硝酸盐含量。

硝酸盐采用镉柱还原法测定。采用镉柱将硝酸盐还原成亚硝酸盐，测得亚硝酸盐总量，由测得的亚硝酸盐总量减去试样中亚硝酸盐含量，即可得试样中硝酸盐含量。

2. 试样处理。

提取。

干酪：称取试样 2.5g（精确至 0.001g），置于 150mL 具塞锥形瓶中，加水 80mL，摇匀，超声 30 分钟，取出放置至室温，定量转移至 100mL 容量瓶中，加入 3%乙酸溶液 2mL，加水稀释至刻度，混匀。于 4℃放置 20 分钟，取出放置至室温下。溶液经滤纸过滤，滤液备用。

液体乳样品：称取试样 90g（精确至 0.001g），置于 250mL 具塞锥形瓶中，加 12.5mL 饱和硼砂溶液，加入 70℃左右的水约 60mL，混匀，于沸水浴中加热 15 分钟，取出置冷水浴中冷却，并放置至室温下。定量转移上述提取液至 200mL 容量瓶中，加入 5mL 106g/L 亚铁氰化钾溶液，摇匀，再加入 5mL 220g/L 乙酸锌溶液，以沉淀蛋白质。加水至刻度，摇匀，放置 30 分钟，除去上层脂肪，上清液用滤纸过滤，滤液备用。

乳粉：称取试样 10g（精确至 0.001g），置于 150mL 具塞锥形瓶中，加 12.5mL 50g/L 饱和硼砂溶液，加入 70℃左右的水约 150mL，混匀，于沸水浴中加热 15 分钟，取出置冷水浴中冷却，并放置至室温下。定量转移上述提取液至 200mL 容量瓶中，加入 5mL 106g/L 亚铁氰化钾溶液，摇匀，再加入 5mL 220g/L 乙酸锌溶液，以沉淀蛋白质。加水至刻度，摇匀，放置 30 分钟，除去上层脂肪，上清液用滤纸过滤，弃去初滤液 30mL，剩余滤液备用。

其他样品：称取 5g（精确至 0.001g）匀浆试样（如制备过程中加水，应按加水量折算），置于 250mL 具塞锥形瓶中，其余同乳粉操作。

3. 测定：紫外可见分光光度法参考条件如下。

（1）亚硝酸盐的测定。

吸取 40.0mL 上述滤液于 50mL 带塞比色管中，另吸取 0.00mL、0.20mL、0.40mL、0.60mL、0.80mL、1.00mL、1.50mL、2.00mL、2.50mL 亚硝酸钠标准使用液（相当于 0.0μg、1.0μg、2.0μg、3.0μg、4.0μg、5.0μg、7.5μg、10.0μg、12.5μg 亚硝酸钠），分别置于 50mL 带塞比色管中。于标准管与试样管

中分别加入 2mL 4g/L 对氨基苯磺酸溶液，混匀，静置 3~5 分钟后各加入 1mL 2g/L 盐酸萘乙二胺溶液，加水至刻度，混匀，静置 15 分钟，用 1cm 比色杯，以零管调节零点，于波长 538nm 处测吸光度，绘制标准曲线比较。同时做试剂空白。

（2）硝酸盐的测定。

Ⅰ. 镉柱还原。先以 25mL 氨缓冲液的稀释液冲洗镉柱，流速控制在 3mL/min~5mL/min（以滴定管代替的可控制在 2mL/min~3mL/min）。

吸取 20mL 滤液于 50mL 烧杯中，加 5mL pH 值 9.6~9.7 的氨缓冲溶液，混合后注入贮液漏斗，使流经镉柱还原，当贮液杯中的样液流尽后，加 15mL 水冲洗烧杯，再倒入贮液杯中。冲洗水流完后，再用 15mL 水重复 1 次。当第二次冲洗水快流尽时，将贮液杯装满水，以最大流速过柱。当容量瓶中的洗提液接近 100mL 时，取出容量瓶，用水定容刻度，混匀。

Ⅱ. 亚硝酸钠总量的测定。吸取 10mL~20mL 还原后的样液于 50mL 比色管中，其余同亚硝酸盐测定的操作。

4. 结果。亚硝酸盐检出限：液体乳 0.06mg/kg，乳粉 0.5mg/kg，干酪及其他 1mg/kg；硝酸盐检出限：液体乳 0.6mg/kg，乳粉 5mg/kg，干酪及其他 10mg/kg。

（三）蔬菜、水果中硝酸盐检测　紫外分光光度法

1. 原理：用 pH 值为 9.6~9.7 的氨缓冲液提取样品中硝酸根离子，同时加活性炭去除色素类，加沉淀剂去除蛋白质及其他干扰物质，利用硝酸根离子和亚硝酸根离子在紫外区 219nm 处具有等吸收波长的特性，测定提取液的吸光度，其测得结果为硝酸盐和亚硝酸盐吸光度的总和。鉴于新鲜蔬菜、水果中亚硝酸盐含量甚微，可忽略不计。测定结果为硝酸盐的吸光度，可从工作曲线上查得相应的质量浓度，计算样品中硝酸盐的含量。

2. 提取：称取 10g（精确至 0.01g）匀浆试样（如制备过程中加水，应按加水量折算）于 250mL 锥形瓶中，加水 100mL，加入 5mL 氨缓冲溶液（pH 值为 9.6~9.7），2g 粉末状活性炭。振荡（往复速度为 200 次/min）30 分钟。定量转移至 250mL 容量瓶中，加入 2mL 150g/L 亚铁氰化钾溶液和 2mL 300g/L 硫酸锌溶液，充分混匀，加水定容至刻度，摇匀，放置 5 分钟，上清液用定量滤纸过滤，滤液备用。同时做空白实验。

3. 测定：根据试样中硝酸盐含量的高低，吸取上述滤液 2mL~10mL 于 50mL 容量瓶中，加水定容至刻度，混匀。用 1cm 石英比色皿，于 219nm 处测定吸光度。

4. 结果：硝酸盐检出限为 1.2mg/kg。

四、食品中苯并（a）芘的检验

苯并（a）芘是一种已知的致癌物质，在测定时应特别注意安全防护。测定应在通风柜中进行并戴手套，尽量减少暴露。若已污染了皮肤，应采用 10%的次氯酸钠水溶液浸泡和洗刷，在紫外光下观察皮肤上有无蓝紫色斑点，一直洗到蓝色斑点消失为止。

GB 5009.27-2016《食品安全国家标准 食品中苯并（a）芘的测定》规定了食品中苯并（a）芘的测定方法。标准适用于谷物及其制品（稻谷、糙米、大米、小麦、小麦粉、玉米、玉米面、玉米渣、玉米片）、肉及肉制品（熏、烧、烤肉类）、水产动物及其制品（熏、烤水产品）、油脂及其制品中苯并（a）芘的测定。

以下介绍高效液相色谱法。

1. 原理：试样经过有机溶剂提取，中性氧化铝或分子印迹小柱净化，浓缩至干，乙腈溶解，反相液相色谱分离，荧光检测器检测，根据色谱峰的保留时间定性，外标法定量。

2. 试样处理。

（1）预处理：去除杂质，磨碎成均匀的样品，储于洁净的样品瓶中，并标明标记，于室温下或按产品包装要求的保存条件保存备用。肉去骨、鱼去刺、贝去壳，把可食部分绞碎均匀，储于洁净的样品瓶中并做标记，于-18℃～-16℃冰箱中保存备用。

（2）提取：称取 1g（精确到 0.001g）试样，加入 5mL 正己烷，旋涡混合 0.5 分钟，40℃下超声提取 10 分钟，4000r/min 离心 5 分钟，转移出上清液。再加入 5mL 正己烷重复提取一次。合并上清液，用下列两种净化方法之一进行净化。

（3）净化。

方法 1：采用中性氧化铝柱，用 30mL 正己烷活化柱子，待液面降至柱床时，关闭底部旋塞。将待净化液转移进柱子，打开旋塞，以 1mL/min 的速度收集净化液到茄形瓶，再转入 50mL 正己烷洗脱，继续收集净化液。将净化液在 40℃下旋转蒸至约 1mL，转移至色谱仪进样小瓶，在 40℃氮气流下浓缩至近干。用 1mL 正己烷清洗茄形瓶，将洗涤液再次转移至色谱仪进样小瓶并浓缩至干。准确吸取 1mL 乙腈到色谱仪进样小瓶，涡旋复溶 0.5 分钟，微孔滤膜后供液相色谱测定（肉类制品用 70mL 正己烷洗脱）。

方法 2：采用苯并（a）芘分子印迹柱，依次用 5mL 二氯甲烷及 5mL 正己烷活化柱子。将待净化液转移进柱子，待液面降至柱床时，用 6mL 正己烷淋洗柱子，弃去流出液。用 6mL 二氯甲烷洗脱并收集净化液到试管中。将净化液在 40℃下氮气吹干，准确吸取 1mL 乙腈，涡旋复溶 0.5 分钟，过微孔滤膜后供液相色谱测定。

3. 测定：液相色谱配有荧光检测器，仪器参考条件如下。

色谱柱：C_{18}，柱长 250mm，内径 4.6mm，粒径 5μm，或性能相当者；流动相：乙腈：水（88+12）；流速：1.0mL/min；荧光检测器：激发波长 384nm，发射波长 406nm；柱温：35℃；进样量：20μL。

4. 结果：方法检出限为 0.2μg/kg，定量限为 0.5μg/kg。

下编

食品物证检验实务

第十一章　食品安全性评价

食品安全性关乎人民的健康，食品安全是食品健康、食品管理、食品卫生、食品生产、食品犯罪研究等方面必须关注的问题。德国毒理学家帕拉塞尔苏斯曾认为，毒性并不是毒物的特有属性，而是所有物质的一般属性。因此，只要剂量足，万物皆有毒。

为保证食品安全，对食物及食物中的特定物质进行科学、客观的安全性评价，确定其产生危害的水平，并以此制定该物质在食品中的限量标准的过程称为食品安全性评价。食品安全性评价的目的主要是阐明某种食品是否可以安全食用，食品中的有关危害成分或物质的毒性及其风险大小，利用足够的毒理学资料确认物质的安全剂量，并通过风险评估进行风险控制。

第一节　食品安全性评价的基本概念

一、食品安全性评价的基本概念

1. 食品安全性评价（Food Safety Evaluation）。其是对食品中有关危害的形成或物质的毒性及风险大小，利用毒理学等科学测试，确定该物质的安全剂量，以便通过风险评估进行风险控制，制定相应标准的过程，是食品安全质量管理的重要内容。

食品安全性评价的目的是保证食品的安全可靠性。

食品安全性评价的物质组分包括正常食品成分、食品添加剂、环境污染物、农药、转移到食品中的包装成分、天然毒素、霉菌毒素及其他任何可能在食品中发现的可疑物质。

2. 食品安全毒理学评价（Toxicological Safety Evaluation）。其是通过动物试验和对人群的观察，阐明某种物质的毒性及潜在的危害，对该物质能否投放市场作出决定，或提出人类安全的接触条件，即对人类使用这种物质的安全性作出评价的研究过程。安全性评价首先要进行毒理学评价。

3. 食品毒理学（Food toxicology）。其是研究食品中外源化学物质的性质、来源与形成以及它们的不良反应与可能的有益作用和机制，并确定这些物质的安全限量和评价食品安全性的一门科学。从毒理学角度而言，研究食品中可能含有的外源化学物质的安全限量、对食用者健康的危害，检验和评价食品的安全性或安全范围，从而达到确保人类健康的目的。

4. 外源化学物（Xenobiotics）。其是在人类生活的外界环境中广泛存在，可能与机体接触并进入机体，参与体内代谢具有一定的生物学作用，在一定条件下对机体可能产生毒性作用的一些化学物质。又称外源生物活性物质，不是必需的营养素成分。

5. 毒性（Toxicity）。其是外源化学物与机体接触或进入体内的易感部位后，能引起损害作用的相对能力。物质毒性的高低仅具有相对意义，毒性与物质本身的理化性质、进入机体的途径、机体的状态、药物的相互作用等因素有关。

6. 损害作用（Damage effect）。其是机体间断或连续地接触一定剂量的外来化合物后，引起机体功能容量的降低或对额外应激状态代偿能力的损伤、机体维持体内稳态的能力降低，以及对其他外界不利因素影响的易感性增高等不良或有害的生物学改变。损害作用也称为损伤作用、毒作用、毒效应。损害作用可以速发或迟发，可以作用在局部或全身，可以是可逆或不可逆。较为特殊的损害作用是过敏反应。

7. 剂量（Dose）。其是外源化学物对机体损害作用的重要因素，机体接触化学物质的量或给予机体化学物质的量，剂量的单位是 mg/kg 体重、mg/cm^2 皮肤。

8. 剂量-反应关系（Dose-response relationship）。其是受试物与机体损伤之间存在因果关系，是毒理学中剂量-量反应关系和剂量-质反应关系的总称。剂量-量反应关系（graded dose-response relationship）表示化学物质的剂量与个体中发生的量反应强度之间的关系。剂量-质反应关系（quantal dose-response relationship）表示化学物质的剂量与群体中质反应发生率之间的关系。剂量-反应关系可用曲线表示不同毒物在不同条件下引起的反应类型是不同的，但过敏反应例外。

9. 致死剂量（Lethal Dose）。其是经口一次或 24 小时内多次给予受试物后，可以造成机体死亡的剂量。但在一个群体中，死亡个体数目的多少有很大的差别，所需的剂量也不一致。

（1）半数致死量（Median Lethal Dose，LD_{50}）。其是指经口一次或 24 小时内多次给予受试物后，引起一群受试对象中 50%个体死亡所需的剂量。因为 LD_{50}

并不是实验测得的某一剂量，而是根据不同剂量组而求得的数据，故精确的定义是指统计学上获得的，是预计引起动物半数死亡的单一剂量。

LD_{50} 的数值越小，表示毒物的毒性越强；反之，毒物的毒性越低。LD_{50} 在毒理学中是最常用于表示化学物毒性分级的指标。LD_{50} 值可受许多因素的影响，如动物种属和品系、性别、接触途径等。因此，表示 LD_{50} 时应注明动物种系和接触途径。雌雄动物应分别计算，并应有 95%的可信限。

（2）绝对致死量（Absolute Lethal Dose，LD_{100}）。其是指某实验群体中引起一组受试动物全部死亡的最低剂量。由于个体差异，使群体 100%死亡的剂量变化很大，因此很少使用 LD_{100} 来描述物质的毒性。

（3）最小致死剂量（Minimal Lethal Dose，MLD 或 MLC 或 LD01）。其是指某实验群体的一组受试动物中仅引起个别动物死亡的剂量，较其低一档的剂量即不再引起动物死亡。

（4）最大耐受剂量（Maximal Tolerance Dose，MTD 或 LD_0 或 LD0）。其是指不引起某实验群体的一组受试动物死亡的最大剂量。

10. 阈剂量（Threshold dose）。其是化学物质引起受试对象中的少数个体出现某种最轻微的异常改变，或使机体开始出现损害作用所需的最低剂量。急性阈剂量（Limac）为与化学物质一次接触所得，慢性阈剂量（Limch）则为长期反复多次接触所得。阈剂量也称为最小观察到损害作用剂量（Lowest Observed Adverse Effect Level，LOAEL）、最小有作用剂量（Minimal Effective Dose）。

11. 最大无作用剂量（Maximal no-effect dose，NML，ED0 ）。其是指在一定时间内，一种外源化学物按一定方式或途径与机体接触，用最灵敏的实验方法和观察指标，未能观察到任何对机体的损害作用的最高剂量，也称未观察到有害作用剂量（NOAEL）。

未观察到有害作用剂量是根据 28 天经口毒性试验的结果确定的，是评定外源化学物对机体损害作用的主要依据。以此为基础，可制定一种外源化学物的每日允许摄入量（ADI）和最高允许浓度（MAC）。

（1）每日允许摄入量（Acceptable Daily Intake，ADI），是指人类每日摄入某物质直至终生而不产生可检测到对健康产生危害的量。按体重计，可以表示为 mg/（kg·d）。

这一剂量不可能在人体实际测量，主要根据 MNL 按千克体重换算而来。在换算时，必须考虑人和动物的种族差异和个体差异。为安全起见常考虑一定的安全系数，一般定为 100。所以 ADI＝MNL×1/100（mg/kg）。

（2）每日中食物总容许量。这一数值是根据 ADI 推算而来的。由于一般化学物质进入人体的途径不仅限于食品，还可能有饮水和空气等。如果某物质除食品外，并无其他进入人体的来源，则 ADI 相当于每日摄取的各种食品中该物质容许摄入量的总和。

（3）确定该物质在每种食品中的最高容许量。先要通过膳食调查，了解含有该种物质的食品种类，以及各种食品的每日摄取量。假定人体每日摄取粮食和蔬菜的量分别是 500g 和 250g，含有该种物质的其他食品的每日摄入量为 50g，则三种食品该物质的平均容许量应为 $2.4\div(500+250+50)\times1000=3$（mg/kg）。不论含有这种物质的食品有多少种，均可如此计算。

（4）安全系数（Safety Factor）。根据未观察到有害作用剂量（NOAEL）计算每日容许摄入量（ADI）时所用的系数，即将 NOAEL 除以一定的系数得出 ADI。所用的安全系数的值取决于受试物毒作用的性质、受试物应用的范围和用量、适用的人群以及毒理学数据的质量等因素。

12. 效应和反应（Effect and Response）。

（1）效应，即生物学效应，指机体在接触一定剂量的化学物后引起的生物学改变。生物学效应一般具有强度性质，为量化效应或称计量资料。例如，神经性毒剂可抑制胆碱酯酶活性，酶活性的高低则是以酶活性单位来表示的。效应用于叙述在群体中发生改变的强度时，往往用测定值的均数来表示。

（2）反应，指接触一定剂量的化学物后，表现出某种生物学效应并达到一定强度的个体在群体中所占的比例，生物学反应常以“阳性”“阴性”并以“阳性率”等表示，为质化效应或称计数资料。例如，将一定量的化学物质给予一组实验动物，引起 50%的动物死亡，则死亡率为该化学物在此剂量下引起的反应。

“效应”仅涉及个体，即一个动物或一个人。而“反应”则涉及群体，如一组动物或一群人。效应可用一定计量单位来表示其强度，反应则以百分比或比值表示。

以上这些概念以及毒理学中的一些术语是食品安全评价的参数和依据。

二、食品安全性评价的适用范围

食品从农田到餐桌的各个过程，都可能产生对其安全的影响。食品安全性评价的适用范围包括：

1. 对食品生产、加工、运输、销售和保藏等过程中使用的化学和生物物质，如食品添加剂、食品加工用微生物等物质的安全性评价；

2. 对食品生产、加工、运输、销售和保藏等过程中产生和接触到的有害物质和污染物，如农药、重金属和生物毒素等以及包装材料的溶出物、放射性物质和洗涤消毒剂（用于食品、容器和食品用工具）等物质的安全性评价；

3. 对新食品资源及其成分的安全性评价；

4. 对食品中其他有害物质的安全性评价。

一些食品添加剂是天然存在的，但更多是化学合成的，其使用的范围、剂量等均需通过安全性评价。新食品资源，包括一些转基因食品、辐照食品，这些食品的安全性也需要进行安全性评价。对食品中有害物质的认识可能会发生改变。过去人们认为，豆芽无根素对食品安全危害性大，故无根豆芽是有毒豆芽。但随着科学研究的进展，对豆芽无根素的安全性认识发生了一定改变。

食品安全性评价的目的主要是阐明某种食品是否可以安全食用，因此涉及入口的食品及与食品入口相关的物质都在安全性评价的范围内，食品安全性评价的适用范围是比较广泛的。

三、食品安全性评价的意义

食品安全性评价在食品安全性研究、监控和管理上具有重要的意义。2015年修订的《食品安全法》第 17 条规定：“国家建立食品安全风险评估制度，运用科学方法，根据食品安全风险监测信息、科学数据以及有关信息，对食品、食品添加剂、食品相关产品中生物性、化学性和物理性危害因素进行风险评估。国务院卫生行政部门负责组织食品安全风险评估工作，成立由医学、农业、食品、营养、生物、环境等方面的专家组成的食品安全风险评估专家委员会进行食品安全风险评估……”

外源化学物的安全性是指一种化合物在规定的使用方式和用量条件下，对人体健康不产生任何损害，即不引起急性、慢性毒性，也不至于对接触者（包括老、弱、病、幼和孕妇）及其后代产生潜在的危害。人类长期直接或间接地接触这些外源化学物，是否会引起毒性作用或者引起致畸、致突变和致癌作用，越来越受到人们的重视和关注。对外源化学物的安全性评价是食品安全性评价中的重要任务。

第二节 食品安全的毒理学评价

毒理学（Toxicology）是一门既古老又年轻的学科，它是从生物医学角度研究化学物质对生物体的损害作用及其机制的科学。毒理学有很多分支，其中食品毒理学是食品安全性评价的基本方法，也是毒理学的具体应用。食品安全的毒理学评价主要是分析食品中有关危害成分或者危害物质的组成或物质的安全剂量。

有了食品毒理学的资料确认，才能全面权衡其利弊和实际应用的可能性，从确保该物质的最大效益、对生态环境和人类健康最小危害性的角度出发，对该物质能否生产和使用作出判断或寻求人类的安全接触条件。我国于2014年12月新颁布了GB 15193.1-2014《食品安全国家标准　食品安全性毒理学评价程序》。

一、安全性毒理学评价程序的运用原则

（一）基本原则

1. 凡属我国首创的物质，特别是化学结构提示有潜在慢性毒性、遗传毒性和致癌性，或受试物产量大、使用范围广、人体摄入量大，应进行系统的毒性试验，包括经口毒性试验、遗传毒性试验、90天经口毒性试验、致畸试验、生殖发育毒性试验、毒物动力学试验、慢性毒性试验和致癌试验（或慢性毒性和致癌合并试验）。

2. 凡属与已知物质（指经过安全性评价并允许使用者）的化学结构基本相同的衍生物或类似物，或在部分国家和地区有安全食用历史的物质，则先进行急性经口毒性试验、遗传毒性试验、90天经口毒性试验和致畸试验，根据试验结果判定是否进行毒物动力学试验、生殖毒性试验、慢性毒性试验和致癌试验等。

3. 凡属已知的或在多个国家有食用历史的物质，同时申请单位又有资料证明申报受试物的质量规格与国外产品一致的，则可先进行急性经口毒性试验、遗传毒性试验和28天经口毒性试验，根据试验结果判断是否进行进一步的毒性试验。

（二）食品添加剂、新食品原料、食品相关产品、农药残留和兽药残留的安全性毒理学评价试验的选择

1. 食品添加剂。

（1）香料。凡属世界卫生组织（WHO）已建议批准使用或已制定日容许量者，以及其与香料生产者协会（FEMA）、欧洲理事会（COE）和国际香料工业组织（IOFI）四个国际组织中的两个或两个以上允许使用的，一般不需要进行试验。

凡属资料不全或只有一个国际组织批准的，需先进行急性毒性试验和遗传毒性试验组合中的一项。经初步评价后，再决定是否需进行进一步试验。

凡属尚无资料可查、国际组织未允许使用的，先进行急性毒性试验、遗传毒性试验和28天经口毒性试验。经初步评价后，决定是否需进行进一步试验。

凡属用动植物可食部分提取的单一高纯度天然香料，如其化学结构及有关资料并未提示具有不安全性的，一般不要求进行毒性试验。

（2）酶制剂。由具有长期安全食用历史的传统动物和植物可食部分生产的酶制剂，世界卫生组织已公布日容许摄入量或不需规定日容许摄入量者或多个国家批准使用的，在提供相关证明材料的基础上，一般不要求进行毒理学试验。

对于其他来源的酶制剂，凡属毒理学资料比较完整，且世界卫生组织已公布日容许摄入量或不需规定日容许摄入量者或多个国家批准使用的，如果质量规格与国际质量规格标准一致，则要求进行急性经口毒性试验和遗传毒性试验。如果质量规格标准不一致，则须增 28 天经口毒性试验，根据试验结果考虑是否进行其他相关毒理学试验。

对其他来源的酶制剂，凡属新品种的，要先进行急性经口毒性试验、遗传毒性试验、90 天经口毒性试验和致畸试验。经初步评价后，决定是否需进行进一步试验。凡属一个国家批准使用，世界卫生组织未公布日容许摄入量或资料不完整的，进行急性经口毒性试验、遗传毒性试验和 28 天经口毒性试验，根据试验结果判定是否需要进行进一步的试验。

通过转基因方法生产的酶制剂，按照国家对转基因管理的有关规定执行。

（3）其他食品添加剂。凡属毒理学资料比较完整，且世界卫生组织已公布日容许摄入量或不需规定日容许摄入量或多个国家批准使用的，如果质量规格与国际质量规格标准一致，则要求进行急性经口毒性试验和遗传毒性试验。如果质量规格标准不一致，则需增加 28 天经口毒性试验，根据试验结果考虑是否进行其他相关毒理学试验。

凡属一个国家批准使用，且世界卫生组织未公布日容许摄入量或资料不完整的，则要先进行急性经口毒性试验、遗传毒性试验、28 天经口毒性试验和致畸试验，根据试验结果判定是否需要进行进一步的试验。

对于由动植物或微生物制取的单一组分、高纯度的食品添加剂，凡属新品种的，需要先进行急性经口毒性试验、遗传毒性试验、90 天经口毒性试验和致畸试验。经初步评价后，决定是否需进行进一步试验。凡属国外有一个国际组织或国家已批准使用的，则要先进行急性经口毒性试验、遗传毒性试验和 28 天经口毒性试验。经初步评价后，决定是否需进行进一步试验。

2. 新食品原料按照《新食品原料申报与受理规定》（国卫食品发〔2013〕23 号）进行评价。

3. 食品相关产品按照《食品相关产品新品种申报与受理规定》（卫监督发〔2011〕49 号）进行评价。

4. 农药残留按照 GB 15670-1995《农药登记毒理学试验方法》进行评价。

5. 兽药残留按照《兽药临床前毒理学评价试验指导原则》（农业部公告

1247 号）进行评价。

二、食品安全性毒理学试验内容及评价

安全性评价首先是对受试物进行毒性鉴定，通过一系列的毒理学试验，测试该受试物对实验动物的毒理作用和其他特殊毒性作用，从而评价和预测对人体可能造成的危害。依据 GB 15193. 1-2014《食品安全国家标准　食品安全性毒理学评价程序》，我国对农药、食品、化妆品、消毒产品等与健康相关产品的毒理学安全性评价，一般要求有急性经口毒性试验、遗传毒性试验、28 天经口毒性试验、90 天经口毒性试验、致畸试验、生殖毒性试验和生殖发育毒性试验、毒物动力学试验、慢性毒性试验、致癌试验、慢性毒性和致癌合并试验等十项试验内容。可根据各类物质依照的法规或试验目的与诉求的不同，选择不同的试验内容项。可能的话，结合人群资料进行。在进行毒理学评价试验之前，要做好以下准备工作。

（一）食品安全基本试验

1. 急性经口毒性试验。

（1）目的：评价外来受试物急性毒性的强弱及其对人类的潜在危害程度。

（2）试验：急性经口毒性试验是检测和评价受试物毒性作用最基本的一项试验，即经口一次性或 24 小时内多次给予受试物后，在 7 天短期内观察动物所产生的毒性反应，包括中毒体征和死亡效应。该试验目的包括：提供在短期内经口接触受试物所产生的健康危害信息；作为急性毒性分级依据；为进一步的毒性试验提供剂量选择和观察指标的依据；初步估测毒作用的靶器官和可能的毒作用机制。

表示急性毒性最常用的指标是 LD_{50}，常用的试验方法有霍恩氏（Horn）法、寇氏（Korbor）法、限量法（Limit Test）、上下法（UDP）、机率单位—对数图解法和急性联合毒性试验法。具体试验方法见 GB 15193. 3-2014《食品安全国家标准 急性经口毒性试验》。

（3）评价：国际上提出了外源化学物的急性毒性分级。我国急性毒性（LD_{50}）剂量的分级标准分为五级，见表 11-1。如果 LD_{50} 小于人的推荐（可能）摄入量的 100 倍，则一般应放弃该受试物用于食品，不再继续进行其他毒理学试验。

表 11-1　我国急性毒性（LD_{50}）剂量的分级标准

级别	大鼠口服 LD_{50}mg/kg	相当于人的致死量	
		mg/kg	g/人
极毒	<1	稍尝	0.05
剧毒	1~50	500~4000	0.5
中等毒	51~500	4000~30000	5
低毒	501~5000	30000~250000	50
实际无毒	>5000	250000~500000	500

2. 遗传毒性试验。

（1）目的：评价受试物的遗传毒性并筛查受试物的潜在致癌作用和细胞致突变性。遗传毒性试验的方法较多，一般采用试验组合的形式进行。试验方法的选择一般应遵循原核细胞与真核细胞、体内试验与体外试验相结合的原则。

（2）试验：遗传毒性试验内容包括细菌回复突变试验、哺乳动物红细胞微核试验、哺乳动物骨髓细胞染色体畸变试验、小鼠精原细胞或精母细胞染色体畸变试验、体外哺乳类细胞 HGPRT 基因突变试验、体外哺乳类细胞 TK 基因突变试验、体外哺乳类细胞染色体畸变试验、啮齿类动物显性致死试验、体外哺乳类细胞 DNA 损伤修复（非程序性 DNA 合成）试验、果蝇伴性隐性致死试验。

试验组合一：细菌回复突变试验；哺乳动物红细胞微核试验或哺乳动物骨髓细胞染色体畸变试验；小鼠精原细胞或精母细胞染色体畸变试验或啮齿类动物显性致死试验。

试验组合二：细菌回复突变试验；哺乳动物红细胞微核试验或哺乳动物骨髓细胞染色体畸变试验；体外哺乳类细胞染色体畸变试验或体外哺乳类细胞 TK 基因突变试验。其他备选遗传毒性试验：果蝇伴性隐性致死试验、体外哺乳类细胞 DNA 损伤修复（非程序性 DNA 合成）试验、体外哺乳类细胞 HGPRT 基因突变试验。

①细菌回复突变试验（Ames 试验）：以营养缺陷型的突变菌株为指标生物检测受试物对微生物（细菌）的基因突变作用的体外试验，预测其遗传毒性和潜在的致癌作用。常用的菌株有组氨酸营养缺陷型鼠伤寒沙门氏菌和色氨酸营养缺陷型的大肠杆菌。试验菌株只有在有组氨酸和色氨酸的培养基上才能正常生长。致突变物存在时可以回复突变为原养型在无组氨酸和色氨酸的培养基上也可以生长，为此可根据菌落形成数量来衡量受试物是否为致突变物。某些致突变物需代

谢活化后才能使试验菌株产生回复突变，受试物要同时在有和没有代谢活化系统的条件下进行试验。具体试验方法见 GB 15193.4-2014《食品安全国家标准 细菌回复突变试验》。

②哺乳动物红细胞微核试验（微核试验）：通过分析动物骨髓和（或）外周血红细胞，用于检测受试物引起的成熟红细胞染色体损伤或有丝分裂装置损伤，导致形成含有迟带的染色体断片或整条染色体的微核。这种情况的出现通常是受到染色体断裂剂作用的结果。此外也可能在受到纺锤体毒物的作用时，主核未能形成而代之以一组小核，此时小核比一般典型的微核稍大。微核是细胞有丝分裂后期染色体有规律地进入子细胞形成细胞核时，仍留在细胞质中的整条染色单体或染色体的无着丝断片或环，在末期单独形成一个或几个规则的次核，被包含在细胞的胞质内而形成。试验方法见 GB 15193.5-2014《食品安全国家标准 哺乳动物红细胞微核试验》。

③小鼠精原细胞或精母细胞染色体畸变试验（精子畸形试验）：经口给予实验动物受试样品，在一定时间后处死动物，观察睾丸精原细胞或精母细胞染色体畸变情况，以评价受试样品对雄性生殖细胞的致突变性。动物处死前，用细胞分裂中期阻断剂处理，处死后取出两侧睾丸，经低渗、固定、软化及染色后制备精原细胞或精母细胞染色体标本，在显微镜下观察中期分裂相细胞，分析精原细胞或精母细胞染色体畸变。精原细胞为雄性哺乳动物曲精管上皮中能经过多次有丝分裂增殖并经减数分裂产生精母细胞的干细胞，为原始的雄性生殖细胞，具有体细胞相同的染色体数目。精母细胞为精原细胞经减数分裂产生的能最终分化成成熟精子的细胞，分初级精母细胞和次级精母细胞，次级精母细胞染色体数或半。具体试验方法见 GB 15193.8-2014《食品安全国家标准 小鼠精原细胞或精母细胞染色体畸变试验》。

（3）评价：如果遗传毒性试验组合中的两项或两项以上试验阳性，则表示该受试物可能具有遗传毒性和致癌作用，一般应放弃该受试物应用于食品。如果遗传毒性试验组合中的一项为阳性，则再选两项备选试验（至少一项为体内试验）。如果再选的试验均为阴性，则可继续进行下一步的毒性试验；若其中有一项试验阳性，则应放弃该受试物应用于食品。如果三项试验均为阴性，则可继续进行下一步的毒性试验。

3. 28 天经口毒性试验。

（1）目的：评价受试物能否应用于食品，并为下一步长期毒性和慢性毒性试验剂量、观察指标、毒性终点的选择提供依据。在急性毒性试验的基础上，进一步了解受试物毒作用性质、剂量-反应关系和可能的靶器官，确定在 28 天内经口连续接触受试物后引起的毒性效应，了解受试物剂量-反应关系和毒作用靶器官，确定28天经口最小观察到有害作用剂量（LOAEL）和未观察到有害作用剂量（NOAEL），初步评价受试物经口的安全性。

（2）试验：具体试验方法见GB 15193.22-2014《食品安全国家标准 28天经口毒性试验》。

（3）判定：对只需要进行急性毒性、遗传毒性和28天经口毒性试验的受试物，如果试验未发现有明显毒性作用，综合其他各项试验结果可作出初步评价；若试验中发现有明显毒性作用，尤其是有剂量-反应关系时，则考虑进行进一步的毒性试验。由于动物和人存在物种差异，试验结果外推到人有一定的局限性，但可为初步估计人群允许接触水平提供有价值的信息。

4. 90天经口毒性试验。

（1）目的：观察受试物以不同剂量水平，经较长期喂养后对实验动物的毒作用性质、剂量-反应关系和靶器官，得到90天经口未观察到有害作用剂量，为慢性毒性试验剂量、观察指标、毒性终点的选择和获得“暂定的人体健康指导值”提供科学依据。

（2）试验：具体试验方法见GB 15193.13-2015《食品安全国家标准 90天经口毒性试验》。

（3）评价：根据试验所得的未观察到有害作用剂量进行评价，原则是：未观察到有害作用剂量小于或等于人的推荐（可能）摄入量的100倍表示毒性较强，应放弃该受试物用于食品；未观察到有害作用剂量大于100倍而小于300倍者，应进行慢性毒性试验；未观察到有害作用剂量大于或等于300倍者则不必进行慢性毒性试验，可进行安全性评价。

上述的急性经口毒性试验、遗传毒性试验、28天经口毒性试验和90天经口毒性试验，是每个受试物食品安全性毒理学评价必须做的基本试验，通过对这些试验结果的评价来判断是否进行下一步的试验。

（二）特殊毒理学实验

1. 致畸试验。

（1）目的：了解受试物是否具有致畸作用和发育毒性，并可得到致畸作用和发育毒性的未观察到有害作用剂量。

（2）试验：通过在致畸敏感期（器官形成期）对妊娠动物染毒，在妊娠末期观察胎仔有无引起永久性结构异常的性质。能了解受试物是否具有致畸作用和发育毒性，并可得到致畸作用和发育毒性的未观察到有害作用剂量。具体试验方法见GB 15193.14-2015《食品安全国家标准 致畸试验》。试验结果是以文字描述和表格逐项进行汇总，包括母体体重、妊娠情况、黄体数、着床数、吸收胎数、活胎数、死胎数及百分率。胎仔的情况（体重、体长）、畸胎的类型（外观、骨骼和内脏）、数目及百分比，给出结果的统计处理方法。

（3）评价：根据试验结果评价受试物是不是实验动物的致畸物。若致畸试验结果呈阳性，则不再继续进行生殖毒性试验和生殖发育毒性试验。在致畸试验中观察到的其他发育毒性，应结合 28 天和（或）90 天经口毒性试验结果进行评价。

2. 生殖毒性试验和生殖发育毒性试验。

（1）目的：了解受试物对实验动物繁殖及对子代的发育毒性，如性腺功能、发情周期、交配行为、妊娠、分娩、哺乳和断乳以及子代的生长发育等。得到受试物的未观察到有害作用剂量水平，为初步制定人群安全接触限量标准提供科学依据。

（2）试验：生殖毒性是对雄性和雌性性功能或能力的损害和对后代的有害影响，生殖毒性既可发生于雌性妊娠期，也可发生于妊娠前期和哺乳期，表现为外源化学物对生殖过程的影响，如生殖器官及内分泌系统的变化、对性周期和性行为的影响，以及对生育力和妊娠结局的影响等。发育毒性是个体在出生前暴露于受试物、发育成为成体之前（包括胚期、胎期以及出生后）出现的有害作用，表现为发育生物体的结构异常、生长改变、功能缺陷和死亡。

受试物若能引起生殖功能障碍，干扰配子形成或直接损伤生殖细胞，其结果除可影响受精卵着床而导致不孕外，还可能影响胚胎的发生和胎仔的发育，如胚胎死亡流产、胎仔发育迟缓以及出现畸形胎仔等。受试物对母体的毒害作用则可能出现妊娠、分娩和乳汁分泌的异常以及胎仔生产后发育的异常。具体试验方法见 GB 15193.25-2014《食品安全国家标准 生殖发育毒性试验》。

（3）评价：根据试验所得的未观察到有害作用剂量进行评价，原则是未观察到有害作用剂量小于或等于人的推荐（可能）摄入量的 100 倍表示毒性较强，应放弃该受试物用于食品；未观察到有害作用剂量大于 100 倍而小于 300 倍者，应进行慢性毒性试验；未观察到有害作用剂量大于或等于 300 倍者则不必进行慢性毒性试验，可进行安全性评价。

3. 毒物动力学试验。

（1）目的：了解受试物在体内的吸收、分布和排泄速度等相关信息；为选择慢性毒性试验的合适实验动物种（species）、系（strain）提供依据；了解代谢产物的形成情况。

（2）试验：毒物动力学试验，也称代谢试验，是一种阐明外来化合物质进入机体后在体内吸收、分布与排泄等生物转运过程和转变为代谢物的生物转化过程的试验。对一组或几组试验动物分别通过适当的途径一次或在规定的时间内多次给予受试物，然后测定其体液、脏器、组织、排泄物中受试物和（或）其代谢产物的量或浓度的经时变化，进而求出有关的动物毒力学参数，探讨其毒理学意义。具体试验方法见 GB 15193.16-2014《食品安全国家标准　毒物动力学试验》。

（3）评价：①根据吸收速率、组织分布及排泄情况，估计受试物在体内的代谢速率和蓄积性。②根据主要代谢产物的结构和性质，推断受试物在体内的可能代谢途径以及有无毒性代谢物的产生情况。若受试物掺入饲料的最大加入量（原则上最高不超过饲料的 10%）或液体受试物经浓缩后仍达不到未观察到有害作用剂量为人的推荐（可能）摄入量的规定倍数时，综合其他的毒性试验结果和实际食用或饮用量进行安全性评价。

4. 慢性毒性试验。

（1）目的：慢性毒性是指外源化学物质（受试物）长时间（大于 1/10 生命期）少量反复作用于机体后所引起的损害作用。研究观察动物长期经口重复给予受试物引起的慢性毒性效应，尤其是进行性和不可逆的毒性作用，了解受试物剂量-反应关系和毒作用靶器官，确定化学物毒性下限，即确定机体长期接触该化学物造成机体受损害的最小观察到的有害作用剂量（阈剂量）和对机体无害的未观察到有害作用剂量。为制定外源化学物的人类接触安全限量标准提供毒理学依据，如最大容许浓度、日容许量（ADI）等，为受试物能否用于食品的最终评价和制定健康指导值提供依据。因受试动物大部分或终生少量反复接触受试物，称慢性毒性试验，又称长期毒性试验。

（2）试验：具体试验方法见 GB 15193.17-2015《慢性毒性和致癌合并试验》，原则上要求试验动物生命的大部分时间或终生长期接触受试物。

（3）评价：根据未观察到有害作用剂量进行评价结果判定。①未观察到有害作用剂量小于或等于人的推荐（可能）摄入量的 50 倍者，表示毒性较强，应放弃该受试物用于食品。②未观察到有害作用剂量大于 50 倍而小于 100 倍者，经安全性评价后，决定该受试物可否用于食品。③未观察到有害作用剂量大于或等于 100 倍者，则可考虑允许使用于食品。

5. 致癌试验。

（1）目的：检验受试物或其代谢产物是否具有致癌或诱发肿瘤作用的慢性毒性。确定在实验动物的大部分生命期间，经口重复给予受试物引起的致癌效应，了解肿瘤发生率、靶器官、肿瘤性质、肿瘤的发生时间和每只动物的肿瘤发生数，为预测人群接触该受试物的致癌作用以及最终评定该受试物能否应用于食品提供依据。有些致癌物可以不经过代谢活化即具有活性，称为直接致癌物，这类物质绝大多数是合成的有机物，如亚胺类；而大多数必须经代谢活化才具有致癌活性的物质，称为间接致癌物。多数化学致癌物具有遗传毒性。

（2）试验：致癌试验是检测受试物是否有诱发肿瘤形成能力的试验，分为体外试验、短期致癌试验和长期致癌试验三类。体外试验有哺乳动物细胞恶性转化试验、啮齿动物肝转化灶诱发试验、短期致癌试验小鼠肺肿瘤诱发试验、小鼠皮肤瘤诱发试验、雌性大鼠乳腺癌诱发试验、长期致癌试验有哺乳动物（通常用大鼠或小鼠）终身致癌试验。具体试验方法见 GB 15193. 17-2015《慢性毒性和致癌合并试验》。

（3）评价：根据致癌试验所得的肿瘤发生率、潜伏期和多发性等进行试验结果的判定。原则是凡符合下列情况之一，可认为致癌试验结果阳性。如果存在剂量-反应关系，则判断阳性更可靠。

①肿瘤只发生在试验组动物上，对照组中无肿瘤发生。②试验组与对照组动物均发生肿瘤，但试验组发生率高。③试验组动物中多发性肿瘤明显，对照组中无多发性肿瘤，或只是少数动物有多发性肿瘤。④试验组与对照组动物肿瘤发生率虽无明显差异，但试验组中发生时间较早。

通过慢性毒性试验和致癌试验了解经长期接触受试物后出现的毒性作用以及致癌作用；确定未观察到有害作用剂量，为受试物能否应用于食品的最终评价和制定健康指导值提供依据

6. 人群接触资料。由于动物与人之间存在种属差异，在评价食品的安全性时，应尽可能收集人群接触受试物后的反应资料。人群接触资料是受试物对人体毒作用和致癌危险性最直接、最可靠的证据，在食品安全性评价中具有决定性作用。这些资料的来源有不同的方式，如职业性接触和意外事故接触等。另外一些资料来自人群流行病学调查，这对安全性再评价来说更加宝贵。需注意的是，应将人群接触资料因素分析与实验资料综合起来进行评价，因为志愿受试者的体内代谢资料对于将动物试验结果推论到人具有很重要的意义。在确保安全的条件下，可以考虑遵照有关规定进行人体试食试验。

第三节　食品安全性风险分析

安全性是指化学毒物在特定条件下不引起机体出现损伤效应的概率。所谓的“安全”是相对的，即在一定条件下，经权衡某物质的利弊后，其摄入量水平对

某一社会群体是可以接受的。

食品安全性风险分析是针对食品安全性的一种宏观管理模式，已被认为是制定食品安全标准的基础。食品法典委员会（CAC）将风险分析分为风险评价、风险控制、风险信息交流三个部分，其中风险评价在食品安全性评价中占有中心位置。未观察到有害作用剂量（NOAEL）是制定食品安全性评价中最重要的基本参数，它来自食品安全性评价程序所限定的动物毒性试验。CAC 将危害性分析过程分为以下领域：食品添加剂、化学污染物、农药残留、兽药残留、生物性因素。CAC 分别设有农药残留法典委员会（CCPR）、FAO/WHO 农药残留专家委员会（JM—PR）、兽药残留法典委员会（CCRVDF）、FAO/WHO 食品添加剂专家委员会（JECFA），负责协调和制定国际食品中农药、兽药残留物和添加剂标准和法规。

在进行整体的食品安全性评价过程中，要进行食品中某危害成分的单项评价、某食品综合评价、膳食结构的综合评价以及最终的风险评价，同时要把化学物质评价、毒理学评价、微生物学评价和营养学评价统一起来得出结论，这也是目前食品安全性评价的发展趋势。

一、风险管理

风险管理（Risk management）就是在风险方面指导和控制组织的协调活动。风险管理的过程是将管理政策、程序和操作方法系统地应用于沟通、咨询、明确环境，以及识别、分析、评价、应对、监督与评审风险的活动中。

依据 GB/T 24353-2022《风险管理 指南》的要求，风险管理过程有沟通和咨询、确定范围、环境和准则、风险评估、风险应对、检查和监督等方面。如图 11-1 所示。

（一）明确风险环境信息

通过明确环境信息，组织可明确其风险管理的目标，确定与组织相关的内部和外部参数，并设定风险管理的范围和有关风险准则。

1. 外部环境信息。外部环境信息是组织在实现目标过程中所面临的外界环境的历史、现在和未来的各种相关信息。为保证在制定风险准则时能充分考虑外部利益相关者的目标和关注点，组织需要了解外部环境信息。外部环境信息以组织所处的整体环境为基础，包括法律和监管要求、利益相关者的诉求和与具体风险管理过程相关的其他方面的信息等。

2. 内部环境信息。内部环境信息是组织在实现目标过程中所面临的内在环境的历史、现在和未来的各种相关信息。风险管理过程要与组织的文化、经营过

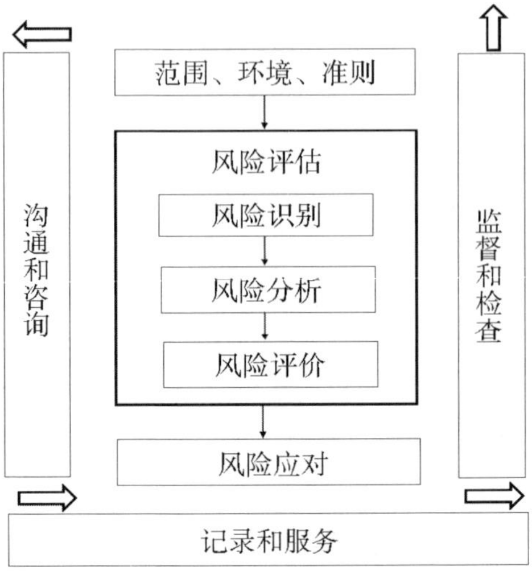

图 11-1　风险管理过程

程和结构相适应，包括组织内影响其风险管理的任何事物，组织需明确内部环境信息。

（二）风险评估

风险评估包括风险识别、风险分析、风险评价三个步骤。

1. 风险识别。风险识别是通过了解风险识别源、影响范围、事件及其原因的潜在后果等，生成一个全面的风险列表。识别风险不仅要考虑有关事件可能带来的损失，也要考虑其中蕴含的机会。

进行风险识别时，要掌握相关的最新信息和必要的背景信息。要考虑其可能的原因和可能导致的后果。要关注已经发生的风险事件，特别是新近发生的风险事件。采用的风险识别工具和技术应当适合于所处环境。

2. 风险分析。风险分析是根据风险类型、获得的信息和风险评估结果的使用目的，对识别出的风险进行定性和定量的分析，为风险评价和风险应对提供支持。风险分析要考虑导致风险的原因和风险源、风险事件的正面和负面后果及其发生的可能性、影响后果和可能性的因素、不同风险及其风险源的相互关系以及风险的其他特性，还要考虑现有的管理措施及其效果和效率。

在风险分析中，应考虑组织的风险承受度及其对前提和假设的敏感性，并适时与决策者和其他利益相关者有效地沟通。另外，还要考虑可能存在的专家观点中的分歧及数据和模型的局限性。风险分析可以是定性的、半定量的、定量的或以上方法的组合。

3. 风险评价。风险评价是将风险分析的结果与组织的风险准则比较，或者在各种风险的分析结果之间进行比较，确定风险等级，以便作出风险应对的决策。如果该风险是新识别的风险，则应当制定相应的风险准则，以便评价该风险。

风险评价的结果应满足风险应对的需要，否则应作进一步分析。有时根据已经制定的风险准则，风险评价使组织作出维持现有的风险应对措施，不采取其他新措施的决定。

（三）风险应对

1. 风险应对。风险应对是选择并执行一种或多种改变风险的措施，包括改变风险事件发生的可能性或后果的措施。风险应对决策应当考虑各种环境信息，包括内部和外部利益相关者的风险承受度，以及法律、法规和其他方面的要求等。

风险应对措施的制订和评估可能是一个递进的过程，对于风险应对措施，应评估其剩余风险是否可以承受，如果剩余风险不可承受，应调整或制订新的风险应对措施，并评估新的风险应对措施的效果，直到剩余风险可以承受。执行风险应对措施会引起组织风险的改变，需要跟踪、监督风险应对的效果和组织的有关环境信息，并对变化的风险进行评估，必要时重新制订风险应对措施。

2. 选择风险应对措施。选择适当的风险应对措施，风险应对措施可能会失灵或无效。风险应对措施可能引起次生风险，对次生风险也要评估、应对、检查和监督。

3. 风险应对计划。在选择风险应对措施之后，需要制订相应的风险应对计划。风险应对计划要与组织的管理过程结合。

（四）检查和监督

组织应明确界定监督和检查的责任。对实施措施的有效性进行评估，在必要时对风险管理和/或评估进行回顾。

为了作出风险管理决定，风险评价过程的结果应当与现有风险管理选项的评价相合。保护人体健康应当是首先考虑的因素，同时可适当考虑，如经济费用、效益、技术可行性、对风险的认知程度等因素，可以进行费用-效益分析。执行管理决定之后，应当对控制措施的有效性以及对暴露消费者人群的风险的影响进行监控，以确保食品安全目标的实现。

二、风险评估

（一）风险评估的目的

风险评估（Risk assessment）包括风险识别、风险分析和风险评价的全过程。

风险评估活动适用于组织的各个层级，评估范围可涵盖项目、单个活动或具体事项等。但是在不同情境中，所使用的评估工具和技术可能会有差异。风险评估有助于决策者对风险及其原因、后果和发生的可能性有更充分的理解。

食品安全风险评估指通过使用毒理数据、污染物残留数据分析、统计手段、暴露量及相关参数，对食品、食品添加剂中生物性、化学性和物理性危害对人体健康可能造成的不良影响所进行的科学评估，食品安全性评估程序适用于所有的食品危害因素的安全性评价。

（二）食品安全风险评估的步骤

按照CAC规定，风险评估按照以下四个步骤进行：危害识别、危害描述、暴露（量）评估和风险描述。危害识别采用的是定性方法，其余三步采用定性/定量方法，最好是定量方法。

1. 危害识别。识别可能产生健康不良效果并且可能存在于某种或某类特别食品中的生物、化学和物理因素。根据流行病学、动物试验、体外试验、结构-活性关系等科学数据和文献信息，确定人体暴露于某种危害后是否会对健康造成不良影响、造成不良影响的可能性，以及可能处于风险之中的人群和范围。

2. 危害描述。对于食品中可能存在的与生物、化学和物理因素有关的健康不良效果性质定性和/或定量描述。可以利用动物试验、临床研究以及流行病学研究，确定危害与各种不良健康作用之间的剂量-反应关系、作用机制等。如果可能，对于毒性作用有阈值的危害，应建立人体安全摄入量水平。危害特征描述一般是由毒理学试验获得的数据外推到人，计算人体的ADI值。

3. 暴露（量）评估。描述危害进入人体的途径，估算不同人群摄入危害的水平。根据危害在膳食中的水平和人群膳食消费量，初步估算危害的膳食总摄入量，同时考虑其他非膳食进入人体的途径，估算人体总摄入量并与安全摄入量进行比较。

暴露（量）评估主要是根据膳食调查和各种食品中化学物质暴露水平调查的数据进行的。暴露（量）评估必须考虑食品被污染的频度、污染物随时间变化的含量水平。这些因素受污染物的特性、原料最初污染情况、卫生设施水平、对加工进程的控制、加工工艺、包装材料、储存、销售以及食用前的处理等影响。因此，暴露（量）评估应该描述食品从生产到食用的整个过程，预测可能与食品接触的方式。

4. 风险描述。以危害确认、危害描述和暴露量评估为基础，综合分析危害对某一给定人群的已知的或潜在的健康不良效果的发生可能和严重性程度进行定性或定量的估计，同时，应当描述和解释风险评估过程中的不确定性，但不包括伴随的不确定性。

对于有阈值的化学物质，比较暴露量和 ADI 值，暴露量小于 ADI 值时，对健康产生不良效果的可能性在理论上为零；对于无阈值的物质，人群的风险是暴露和效力的综合结果。同时，风险描述需要说明风险评估过程中每一步所涉及的不确定性。

在对食品安全性进行综合评价时，应全面考虑受试物的理化性质、结构、毒性大小、代谢特点、蓄积性、接触的人群范围、食品中的使用量与使用范围、人的推荐（可能）摄入量等因素。对于已在食品中应用了相当长时间的物质，对接触人群进行流行病学调查具有重大意义，但往往难以获得剂量反应关系方面的可靠资料；对于新的受试物质，则只能依靠动物试验和其他试验研究资料。然而，即使有了完整详尽的动物试验资料和一部分人类接触的流行病学研究资料，由于人类的种族和个体差异，也很难作出能保证每个人都安全的评价。所谓绝对的食品安全实际上是不存在的。在受试物可能对人体健康造成的危害以及其可能的有益作用之间进行权衡，以食用安全为前提，安全性评价的依据不仅仅是安全性毒理学试验的结果，而且与当时的科学水平、技术条件以及社会经济、文化因素有关。因此，随着时间的推移以及社会经济的发展、科学技术的进步，有必要对已通过评价的受试物进行重新评价。

（三）风险评估要求

《食品安全法》规定有下列情形之一的，应当进行食品安全风险评估。

1. 通过食品安全风险监测或者接到举报发现食品、食品添加剂、食品相关产品可能存在安全隐患的；

2. 为制定或者修订食品安全国家标准提供科学依据需要进行风险评估的；

3. 为确定监督管理的重点领域、重点品种需要进行风险评估的；

4. 发现新的可能危害食品安全的因素的；

5. 需要判断某一因素是否构成食品安全隐患的；

6. 国务院卫生行政部门认为需要进行风险评估的其他情形。

三、风险交流

风险交流就是在风险评估人员、风险管理人员、消费者和其他有关的团体之间，就与风险有关的信息和意见进行相互交流。风险交流的对象可以包括国际组织（CAC、FAC、WHO以及WTO等）、政府机构、企业、消费者和消费者组织、学术界和研究机构以及公众传播媒介（媒体）。进行有效的风险交流应该包括风险的性质、利益的性质、风险评估的不确定性、风险管理的选择四个方面的要素。每个方面的具体交流内容如下。

1. 风险的性质危害的特征和重要性，风险的大小和严重程度，情况的紧迫性，风险的变化趋势，危害暴露量的可能性，暴露量的分布，能够构成显著风险的暴露量，风险人群的性质和规模，最高风险人群。

2. 利益的性质与每种风险有关的实际或者预期利益，受益者和受益方式，风险和利益的平衡点，利益的大小和重要性，所有受影响人群的全部利益。

3. 风险评估的不确定性评估风险的方法，每种不确定性的重要性，所得资料的点或不准确度，估计所依据的假设，估计对假设变化的敏感度，有关风险管理决定估计变化的效果。

4. 风险管理的选择控制或管理风险的行动，可能减少个人风险的个人行动，选择一个特定风险管理选项的理由，特定选择的有效性，特定选择的利益，风险管理的费用来源，执行风险管理选择后仍然存在的风险。

需要指出的是，在进行一个风险分析的实际项目时，并非要将风险分析的风险评估、风险管理和风险交流三个部分的所有具体步骤都必须包括在内。但是，某些步骤的省略必须建立在合理的前提之上，而且整个风险分析的总体框架结构应当是完整的。

第四节　食品安全管理体系

食品安全管理体系（Food Safety Management System，简称FSMS），是一系列指导标准，它既是描述食品安全管理体系要求的使用指导标准，又是可供食品生产、操作和供应组织认证及注册的依据。随着经济全球化的发展、社会文明程度的提高，人们越来越关注食品的安全问题。世界食品贸易中的进口国和出口国，都有责任和义务强化本国的食品管理体系，要求生产、操作和供应食品的组织，能够证明自己有能力控制食品安全危害，能够履行基于风险分析的食品管理策略。食品安全管理体系在这样的背景下应运而生，以标准来规范食品的生产、操作和供应等环节，并能够促进对食品安全性的评价管理。

一、食品安全管理体系

食品安全的监督管理是全世界共同关注的问题。1890 年，美国就制定了《国家肉品监督法》。1955 年，英国制定了《食品法》。欧洲其他国家在 20 世纪五六十年代制定了食品法。1995 年，日本对《食品卫生法》进行了修正。2015 年，我国通过了修订的《食品安全法》。食品安全管理体系是在食品法律的基础上，需要强制执行的标准和规范。

（一）食品安全管理体系目标

食品安全管理体系要实现的目标：一是减少食源性疾病，保护公众健康；二是防范不卫生的、有害健康的、误导的或假冒的食品，以保护消费者权益；三是通过建立一个完全依照规则的国际或国内食品贸易体系，保持消费者对食品管理体系的信心，从而促进经济发展。

食品管理体系应覆盖一个国家所有食品的生产、加工和销售过程，也包括进口食品。

（二）食品安全管理体系原则

1. 食品安全标准统一原则。消费者不应当承担食品安全甄别义务。凡是能够到市场上提供给大家食用的食品，在安全标准上应该是统一的，这是一个底线。凡是能够拿到市场销售的都应该是消费者可以放心购买的。关于帮助厂家把守食品安全质量关的事情要归食品监管部门负责。

2. 预防性原则。这一原则是最重要的，也是非常关键的。预防性原则可树立一个“从农田到餐桌”的整体概念，从农业种植者（养殖者）、加工者、运输者到销售商的链条叫作“从农田到餐桌”，最有效降低风险的途径就是在食品生产、加工和销售的链条中遵循预防性原则，最大限度地保护消费者的利益。

食品危害和品质的损失可能发生在食品链上的不同环节，要一一找出这些危害是非常困难的，并且成本也是十分昂贵的。预防性原则是一种有机地组织起来的，对食品链中每一个可能影响食品质量和安全的环节进行控制的预防性方法，如良好农业规范（GAP）、良好操作规范（GMP）、良好卫生规范（GHP）、卫生标准操作程序（SSOP）等，通过良好的操作规范对食品链上一些潜在的危害加以控制。还有一种重要的预防性方法，即危害分析与关键控制点（HACCP），可应用于食品生产、加工和处理的各个阶段。HACCP 已成为提高食品安全性的一个基本工具，可以有效地增进食品质量与安全。

3. 风险分析原则。风险评估是以科学为基础对食品可能存在的危害进行界定、特征描述、暴露量评估和描述的过程。风险管理是对风险评估的结果进行咨询、对消费者的保护水平和可接受程度进行讨论、对公平贸易的影响程度进行评估，以及对政策变更的影响程度进行权衡，选择适宜的预防和控制措施的过程。风险交流是指在食品安全科学工作者、管理者、生产者、消费者以及感兴趣的团体之间，进行风险评估结果、管理决策基础意见和见解传递的过程。

食品法典在国际层面上规范了风险分析的程序，已引入卫生和植物检疫措施协议。有关国际组织鼓励其他国家在本国食品管理体系中认可国际风险分析的结果。

4. 透明性原则。食品安全管理必须发展成一种透明行为。消费者对供应食品的质量与安全的信心是建立在对食品控制运作及行动的有效性和整体性运作的能力之上的。应当允许食品链上所有的利益相关者都能发表积极的建议，管理部门应对决策的基础给以解释。因此，决策过程的透明性原则是重要的，这样会鼓励所有有关团体之间的合作，提高人们对食品安全管理体系的认同性。

在世界范围内，食品安全管理体系有多元管理体系、单一管理体系及统一管理机构体系。食品安全管理体系在遵循一定原则的基础上，面临着食品安全出现问题的情况，各个国家及组织也在不断改革自己国家的食品安全管理体系，统一食品安全管理正在一些发达国家进行改革实践。

二、食品管理体系的构成

大多数国家食品管理体系由五个单元构成，即食品法规，食品管理，食品监管，实验室检测，信息、教育、交流和培训。

（一）食品法规体系

制定食品法律是现代食品法规体系的基本单元。食品法规在传统上包含关于不安全食品的界定、强制不安全食品的召回，以及对负有责任团体和人员的惩处。现代食品法规在很大程度上不仅是为了保证食品安全有法律效力，而且还要允许食品安全管理权威部门依法建立一种预防性的保障体系。除了食品安全立法，政府部门还需升级和更新食品标准。一些高水平的标准规范已经取代了与食品安全目标有关的原有标准。国家应吸收国际食品法典所长，学习其他国家在食品安全标准制定方面的做法，将有关信息、概念和需求加以修正，纳入本国标准体系。这种国家标准体系既要能够满足本国需要，又要符合卫生和植物检疫措施协定以及贸易伙伴的需要。

（二）食品管理体系

有效的食品管理体系需要在国家层面上有效地协调，并出台适宜的政策。其职责包括建立食品安全管理领导机构或部门，明确这些机构或部门在以下行动中的职责：发展执行国家统一的食品管理战略，运作国家食品管理项目，获得资金并分配资源，设立标准和规则，参与国际食品安全管理的联合行动，制订食品安全紧急事件反应程序，进行风险分析等。其核心职责可以概括为建立规范的措施，保障监督体系的运行，持续改进硬件条件，提供政策指南。

（三）食品监管体系

食品法规的监管和运行需要以诚实、有效的调查工作为基础。作为调查工作关键要素的调查人员，应当是高素质的、训练有素的、诚实的，他们要日复一日地与食品工业、食品贸易以及社会打交道。食品管理体系的声誉和公正性在很大程度上是建立在调查人员诚信和专业水平上的。因此，对调查人员进行适当的培训是建立有效的食品管理体系的前提。国家应通过持续的人力资源政策，保证调查人员不断得到培训和能力得到提高，逐步形成调查专家队伍。

（四）实验室检测体系

实验室是食品管理体系的一个基本构成要素。实验室的数量和位置取决于体系的目标和工作量的大小，应考虑装备一个中央参照实验室，以完成一些复杂的试验和比对试验。食品管理部门的职责是按照标准监督这些实验室，并管理其运行过程。食品安全实验室的分析结果常常会在法庭上作为合法和有效的证据，这就需要在试验分析过程中高度认真，以确保试验的可信度和有效性。

（五）信息、教育、交流和培训体系

信息发布、食品安全教育、给食品产业链上多个环节的代理人提出建议，这些工作在食品安全管理体系中扮演着越来越重要的角色。这些工作包括：给消费者提供全面真实的信息，对信息进行系统化，推出面向食品行业行政管理人员和工作人员的教育项目，执行“培训培训者”项目。向农业和卫生部门的广大员工提供参考文献等。

三、食品安全管理体系标准

（一）质量管理体系

GB/T 22000-2006/ISO 22000：2005《食品安全管理体系—食品链中各类组

织的要求》是2005年发布的，是食品安全管理体系标准之一。ISO 22000：2005表达了食品安全管理中的共性要求，而不是针对食品链中任何一类组织的特定要求。该标准适用于在食品链中所有希望建立保证食品安全体系的组织，无论其规模、类型和其所提供的产品。它适用于农产品生产厂商、动物饲料生产厂商、食品生产厂商、批发商和零售商，也适用于与食品有关的设备供应厂商、物流供应商、包装材料供应厂商、农业化学品和食品添加剂供应厂商、涉及食品的服务供应商和餐厅。

HACCP体系是Hazard Analysis Critical Control Point的英文缩写，表示危害分析的关键控制点。HACCP体系是联合国粮农组织和世界卫生组织在20世纪80年代后期开始大力推荐的食品安全管理体系。它是国际上共同认可和接受的食品安全保证体系，主要是对食品中微生物、化学和物理危害进行安全控制。HACCP体系的领域包括：乳制品、调味品、罐头、肉、蔬菜、动物饲料等。我国食品和水产界较早引进HACCP体系。2002年，我国正式启动对HACCP体系认证机构的认可试点工作。目前，HACCP体系推广应用较好的国家，大部分是强制性推行采用HACCP体系。

ISO 22000可以与其他管理体系标准和规范（如ISO 9001质量管理体系、ISO 14001环境管理体系和OHSAS 18001职业健康安全体系）兼容。它们可以通过“整合管理”实现管理体系融合和优化。选择整合的管理体系可以带来极大的经济效益。

（二）认证体系

为了提高食品安全水平，应积极推广和鼓励食品生产经营企业实施并进行ISO 9000、ISO 14000、ISO 22000（HACCP）体系及GMP、无公害农产品、绿色食品、有机食品等食品安全认证体系的认证。尤其要加大食品安全市场准入制和食品生产许可证的执行范围和力度，以及不安全食品的强制召回制度。食品安全认证总体上可分为产品认证和体系认证两种，从认证属性上可划分为强制性认证和自愿性认证。

1. 强制性认证制度（又称官方验证）（QS食品）。质量安全认证要求所有上市产品的生产企业须经官方验证（产品和体系认证）许可，并在产品包装上印有QS标志，否则不可生产上市。其中，婴幼儿食品生产许可证申请审批认证最为严格。ISO 22000（HACCP）体系认证，我国有六大类产品的出口食品企业须经官方人员评审其HACCP体系。

2. 自愿性认证（又称第三方认证）。自愿性认证包括质量体系认证和非安全性产品质量认证，是由与企业和企业顾客均无利益关系的第三方进行认证，通常是由国家认可的认证机构（如杭州万泰认证公司、浙江方圆认证公司等）进行。我国目前开展的自愿性体系认证有 ISO 9001 质量管理体系、ISO 14001 环境管理体系、GB/T 18001 职业健康安全管理体系和 HACCP（GB/T 22000）食品安全管理体系认证。

3. 产品认证和体系认证。产品认证是以产品标准技术为依据，对认证企业的产品实物进行检测，证明食品符合某一特定产品标准，如有机食品、绿色食品、无公害农产品。体系认证以特定的准则规范为依据，判定企业建立的管理体系是否符合准则或规范的要求，如食品安全管理体系（HACCP，国家标准为 GB/T 22000）、ISO 9000 质量管理体系、ISO 14000 环境管理体系绿色市场认证等。我国认证认可工作的主管部门是国家认证认可监督管理委员会。

四、食品安全标准体系

（一）标准

我国国家标准 GB/T 20000. 1-2002《标准化工作指南第 1 部分：标准化和相关活动的通用词汇》对“标准”所下的定义是：为了在一定范围内获得最佳秩序，经协商一致制定并由公认机构批准，共同使用和重复使用的一种规范性文件（注：标准宜以科学、技术的综合成果为基础，以促进最佳的共同效益为目的）。标准可以是文件形式的文本，也可以是实物标准形式，如标准模具、食品标准样品等。

食品安全标准，是指在一定范围内以获得最佳食品安全秩序、促进最佳社会效益为目的，以科学、技术和经验的综合成果为基础，经各有关方协商一致并经一个公认机构批准的，对食品的安全性能规定共同的和重复使用的规则、导则或特性的文件。这里公认的权威机构在我国是中国国家标准化委员会；在国际上是国际标准化组织（International Organization for Standardization，ISO），在食品方面是食品法典委员会（Codex Alimentarius Commission，CAC）等。

（二）标准体系

从世界范围来看，可分为国际标准、区域性标准、国家标准、行业标准、地方标准与企业标准。我国将标准分为国家标准、行业标准、地方标准和企业标准四级。

1. 国际标准，是指国际标准化组织（ISO）、国际电工委员会（IEC）和国际电信联盟（ITU）制定的标准，以及国际标准化组织确认并公布的其他国际组织制定（如食品法典委员会）的标准。

CAC的标准可分为通用标准和专用标准两大类。通用标准包括通用的技术规范、法规和良好规范等，由一般的专题委员会负责制定，专业标准由各商品委员会负责制定。标准内容包括食品标签、食品添加剂、污染物、取样和分析方法、食品卫生、特殊饮食的食品营养、进出口食品检验和出证系统、食品中的兽药残留、食品中的农药残留等方面。

ISO系统的食品标准主要由国际标准化组织中的农产品、食品技术委员会（TC34）及其下设的14个分技术委员会（TC）和4个相关的技术委员会（TC）、若干ISO指南组成的其他与食品实验室工作有关的标准分委员会组成。ISO在食品标准方面包括术语、分析方法和取样方法、产品质量和分级、操作、运输和存储要求等。

美国提出的HACCP食品危害分析和关键控制点标准已经发展成国际食品行业普遍采用的食品安全管理标准，作为食品企业质量安全体系认证的依据。

2. 区域性标准，是指由区域标准化组织或区域标准组织通过并公开发布的标准。目前有影响的区域标准，如欧洲标准化委员会（CEN）标准、亚太经济合作组织/贸易与投资委员会/标准与合格评定分委员会（APEC/CTI/SCSC）标准等。

3. 国家标准，是指由国家标准机构通过并公开发布的标准。我国的国家标准将食品技术标准分为食品加工产品标准、食品工业基础及相关标准、食品检验方法标准、食品及加工产品卫生标准、食品包装材料及容器标准、食品添加剂标准六大类。强制性国家标准的代号为“GB”，推荐性国家标准的代号为“GB/T”，指导性国家标准代号为“GB/Z”。

4. 行业标准，是指由行业组织、行业协会通过并公开发布的标准。我国行业标准编码方式与国家标准编码方式一致，部分行业标准代码为：化工“HG”、轻工“QB”、农业“NY”、水产“SC”、商业“SB”、包装“BB”、商检“SN”、外经贸“WM”、卫生“WS”、医药“YY”。行业标准是对国家标准的补充，是专业性、技术性较强的标准，相应的国家标准公布实施后，相应的行业标准自行废止。我国的行业标准将食品技术标准分为食品加工产品标准、食品工业基础及相关标准、食品检验方法标准、食品添加剂标准四大类。

5. 地方标准，是指在国家的某个地区通过并公开发布的标准。地方标准的制定需要报国家食药监总局备案，地方标准在本行政区域内适用，不得与国家标准和行业标准相抵触。地方标准的代号为“DB×”“DB××/T”，×表示省级行政区划代码前两位。

6. 企业标准，是指由企业制定并由企业法人代表或其授权人批准、发布的标准。企业标准是企业组织生产、经营活动的依据，不区分强制性和推荐性，均为强制性标准。企业标准的代码是“Q”。

除去世界范围内的国际标准和区域标准，我国现行的标准体系从法律级别看，国家标准最高，行业标准次之，企业标准最低。从标准的内容严格程度看，企业标准要严于地方标准、行业标准和国家标准。在食品行业，基础性的安全标准一般均为国家标准，产品标准多以行业标准和企业标准为主。

食品安全管理法律、法规体系不断完善是食品安全的重要保证。我国十分注重有关食品安全的法律、法规体系的制定、修订和不断完善。近年来，政府、行业主管部门、监督检验部门等在食品生产、加工和供给体系发展过程中，均注重食品质量的控制，在管理制度、标准方面积极同国际接轨，逐步建立和完善安全标准体系。食品安全问题不是一朝一夕就能解决的，食品安全体系建设是一项长期且任重道远的工作。

依靠科技、政策、法律解决食品安全问题已经成为政府部门的共识。食品安全体系建设已是国家中长期科技发展战略的重要内容之一。加强食品安全控制，应对食品安全事故和预防食品安全隐患，加强对食品犯罪行为的追究，实现食品安全防控共治，切实保护消费者健康，实现食品安全从被动应付型向主动保障型的战略转变，为人民群众的生命安全、社会政治稳定和国民经济持续健康发展提供可靠的食品安全科学保障。

第十二章　食品违法犯罪典型案例

据统计，2021 年 1 月至 9 月，全国检察机关共起诉危害食品安全犯罪 9442 人，同比上升 21.7%。罪名主要集中在“生产、销售有毒、有害食品罪”“生产、销售不符合安全标准的食品罪”和“走私国家禁止进出口的货物、物品罪”，这几类案件占全部危害食品安全犯罪的 79.2%。通过办案发现，该类犯罪呈现三方面趋势，需强化防范，依法打击。

一、非食用物质在食品中被非法使用或滥用

检察机关办案发现，一些农药、兽药或其他非食用物质被非法使用或滥用的情况时有发生。相关犯罪手段迭代更新，危害叠加升级。

二、通过网络直播、微商等方式层层销售

随着“互联网+”时代的到来，该类犯罪销售模式逐渐由传统实体店销售转向网络营销。犯罪分子通过网络直播、微商等方式层层销售，通过虚假宣传、给予返利等形式吸引大量消费者。这种模式短期内可将销售范围覆盖到全国甚至境外，受害人分布范围广，侦查取证难度升级。例如，在一起生产、销售有毒、有害食品案中，被告人生产添加西布曲明的“瘦身咖啡”后，制作销售网站、虚假防伪二维码等，通过网络渠道销售至全国各地，销售金额达 830 余万元，危及众多消费者的身体健康。

三、犯罪产业化、链条化趋势明显

在一些案件中，犯罪嫌疑人借助合法公司的外衣，采用企业化经营方式制售伪劣食品，内部组织严密，生产、加工、运输、仓储、销售等各个环节均有专人负责，犯罪隐蔽性、反侦查能力强，打击根除难度大。例如，检察机关在办理的一起假冒某知名品牌烤鸭案时发现，该案已形成上游提供假冒包装材料—中游小作坊加工制作—下游向导游销售—末端经由导游向游客出售的完整犯罪链条。

加大对食品违法犯罪典型案件的打击力度，始终保持惩治危害食品安全犯罪高压态势。

第一节　食品添加剂和食品中非法添加剂案件分析

一、含铝食品

（一）概述

1. 性状。含铝的化合物有天然明矾（结晶氯化铝钾）、钾明矾（氯化铝钾）、铵明矾（氯化铵铝）。其有很好的絮凝作用，以及使面食松脆、蓬松，增加口感的作用，面粉及泡打粉中允许含有少量的铝化合物。

当食品中铝含量超量后，由于食物长期摄入导致重金属累计，会导致各种健康问题，包括语言表达、记忆丧失、头痛、贫血、肾功能不全、肝脏疾病、极度紧张、佝偻病、肠胃不适、骨头软化、绞痛、钙离子代谢异常等负面影响。在极端情况下，铝中毒的症状还与阿尔茨海默病十分相似。

2. 现状。国家允许使用明矾处理海蜇和螺旋藻。但不少不法分子在多种食品中使用明矾，以起到增重、增韧、蓬松的作用。

明矾曾经在食品工业上被广泛使用。油条的传统工艺是将明矾和小苏打混合后加入面粉，可以使面食更加松脆，增加口感，但每根油条中的铝含量可达到数十毫克之多。蛋糕中加入含有明矾的泡打粉可使蛋糕香甜松软。一些淀粉类食品，如粉条、凉皮、人造海蜇等，都使用较多的明矾以增加食物的韧性。一些油炸和膨化食品，如油饼、胶圈、薄脆饼干、膨化食品，加入明矾可增加松脆口感。更有甚者，在干货食品和调料中加入明矾再晒干，以达到增重的目的，受影响的食品有海参、干贝、银耳等。陈瑞英等采用 ICP-OES 法检测 375 份小麦粉及其制品中铝元素含量并进行分析，以国家标准 100mg/kg 作为油条判定依据，结果有 83.6%的油条超标；24.2%的烧饼、55.8%的馒头超过 45mg/kg。铝含量 45mg/kg 的乡镇、城区面制品分别占 54.2%、24.8%；铝含量 100mg/kg 的乡镇、城区面制品分别为 50.9%、18.8%。大中型餐饮单位、小吃店、路边摊位、超市样品中，铝含量 100mg/kg 的占比分别为 18.6%、61.8%、72.9%、32.4%。[①]

① 陈瑞英，乔秋菊，刁春霞等．小麦粉制品中铝含量调查分析．粮食与油脂，2017，30（9）：95-97.

（二）检测方法

国家标准 GB 15202-1994《面制食品中铝限量卫生标准》的规定，以面粉为原料，蒸制、油炸、烘烤面食制品，其中铝的含量应小于 100mg/kg（以干重计算）。该标准的检验方法采用的是比色分光光度法。面食制品经硝酸-高氯酸消解过夜后，加入乙酸-乙酸钠缓冲液，再加入铬天青 s 和溴化十六烷基三甲基胺，三价铝会形成蓝色络合物，在 640nm 波长下通过比色反应测定检材中的铝含量。该方法操作时间比较长，灵敏度不高。GB 2762-2005《食品中污染物限量》标准替代 GB 15202-1994，但到了 2012 年，删除了对铝含量的限量规定。

2014 年 7 月 1 日起，国家卫计委等 5 部门发布实施了《关于调整含铝食品添加剂使用规定的公告》（详见附录三），禁止将酸性磷酸铝钠、硅铝酸钠和辛烯基琥珀酸铝淀粉用于食品添加剂生产、经营和使用，膨化食品生产中不得使用含铝食品添加剂，小麦粉及其制品［除油炸面制品、面糊（如用于鱼和禽肉的拖面糊）、裹粉、煎炸粉外］生产中不得使用硫酸铝钾和硫酸铝铵。随着分析仪器灵敏度的提高，食品中铝的测定主要以电感耦合等离子体发射光谱（ICP-OES）法、电感耦合等离子体质谱（ICP-MS）法检测。

2017 年 4 月，国家食品安全标准 GB 5009. 182-2017《食品中铝含量测定》的方法发布实施，之前的检验标准全部作废。该标准规定了食品中的铝可采用分光光度法、电感耦合等离子体质谱法、电感耦合等离子体发射光谱法和石墨炉原子吸收光谱法测定。上述这些方法具有检材用量少、灵敏度高的特点，但是这个标准只给出了每种方法的检出限和测量限。分光光度法：当称样量为 1g（或 1mL），定容体积为 50mL 时，方法的检出限为 8mg/kg（或 8mg/L），定量限为 25mg/kg（或 25mg/L）。ICP-MS 和 ICP-OES 法：当称样量为 0. 2g（或 2mL），定容体积为 50mL 时，方法的检出限为 0. 5mg/kg（或 0. 2mg/L），定量限为 2mg/kg（或 0. 5mg/L）。原子吸收光谱法：当称样量为 0. 5g（或 0. 5mL），定容体积为 25mL 时，方法的检出限为 0. 3mg/kg（或 0. 3mg/L），定量限为 0. 8mg/kg（或 0. 8mg/L）。上述方法并没有对铝的安全含量给出说明。

（三）工作难点

关于食品中铝的检验，目前在工作中遇到以下难点亟待解决。

1. 自然界中食品中铝的本底值存在。由于铝在自然界中广泛存在，生物从自然界每日都会有铝的摄入，因此再灵敏的仪器分析，也需要对食品本底值作出研究。但目前对食品中本底值的研究仅限于部分地区部分品种食物的科学研究，没有基本数据。

陈瑞英等①对泰州三县三区各乡镇随机抽取本地产小麦 56 份、面粉 65 份，采用电感耦合等离子体发射光谱仪（ICP-OES）法检测样品中的铝含量。结果小麦中的铝含量为 2.80mg/kg～53.0mg/kg，中位数为 16.5mg/kg，平均含量达 18.6mg/kg。33.9%的小麦样品中的铝含量低于 10mg/kg，处于较低水平。面粉中的铝含量为 0.39mg/kg～53.0mg/kg，中位数为 6.0mg/kg，平均含量达 10.4mg/kg。70.8%的面粉样品中的铝含量低于 10mg/kg。就本地而言，可以 45mg/kg 作为面制品中铝限量值的参考，判定是否添加硫酸铝钾、硫酸铝铵等含铝食品添加剂。

2. 国家标准对有毒、有害的铝含量限定标准未作说明。没有说明只能参照 1994 年的标准。该标准规定，以面粉为原料，蒸制、油炸、烘烤面食制品，其中铝的含量应小于 100mg/kg。但在实际工作中发现，铝的非法添加范围很广，而检验限定标准规定的种类涉及较少。

3. 铝的毒性影响属于慢性累积的结果，在生产有毒、有害食品案件定性中，缺少铝中毒明确的引起机体损害的要件。因此，此类案件主要以生产、销售不符合安全标准食品罪定罪，惩戒作用不明显。

（四）案例

泰州市某公司在明知国家禁止在包子等小麦粉及其制品中使用含有硫酸铝钾、硫酸铝铵的泡打粉的情况下，该公司及被告人丁某某未进行整改、更换，继续使用含铝泡打粉制作三丁包、菜包、肉包，并进行销售。被告单位泰州市某公司犯“生产、销售不符合安全标准的食品罪”，被判处罚金人民币 5 万元。直接责任人被判处拘役 5 个月，缓刑 6 个月，并处罚金人民币 5000 元，且禁止在缓刑考验期内从事食品生产、销售及相关活动。

肇庆市某食品有限公司等生产、销售不符合安全标准的食品案。该单位所生产、销售的肉包、馒头、奶黄包、莲蓉包被查出铝超标，被告单位肇庆市某食品有限公司犯“生产、销售不符合安全标准的食品罪”，被判处罚金人民币 10 万元；直接责任人被判处有期徒刑 1 年 8 个月，并处罚金人民币 1 万元。

二、假鸭血食品

（一）概述

假鸭血，主要是以鸡血、猪血、牛血等冒充鸭血。“黑窝点”用其他动物廉

① 陈瑞英，乔秋菊，刁春霞等．小麦及面粉中铝本底含量的调查．中国卫生检验杂志，2017，27（19）：2864-2866.

价的血液冒充并加工成“鲜鸭血”销往火锅店、川菜馆，或餐饮单位，“假鸭血”被作为火锅菜品或加工成毛血旺等菜品进行销售。

要把猪血或鸡血做得非常像鸭血，需要在加工过程中使用添加剂。为了增加“鸭血”的防腐性和韧性，不法商贩还可能加入甲醛、山梨酸及钾盐、工业色素等，会对人体的肝脏和肾脏造成伤害。

（二）检测方法

1. DNA 分析。动物具有遗传多样性，根据 NY/T 1898-2010《畜禽线粒体 DNA 遗传多样性检测技术规程》，提取检材中线粒体 DNA，完成 DNA 制备、引物制备、PCR 反应、扩增产物的检测与回收等步骤。最终通过序列比对、单倍型统计、系统发生树构建等数据分析，完成对动物种类的识别。线粒体 DNA 是动物细胞核外唯一具有半自主能力的双链环状 DNA。

2. 山梨酸及钾盐分析。参考 GB 1886. 186-2016《食品安全国家标准 食品添加剂 山梨酸》、GB 1886. 39-2015《食品安全国家标准 食品添加剂 山梨酸钾》。

紫外分光光度法：以酚酞为指示剂，用氢氧化钠标准滴定溶液滴定样品溶液。根据氢氧化钠标准滴定溶液的用量，计算以 $C_6H_8O_2$ 计的山梨酸含量。

依据山梨酸钾（$C_6H_7KO_2$）与酒石酸氢钠反应生成难溶于乙醇的酒石酸钾白色沉淀、山梨酸钾和溴发生加成反应而使溴的棕黄色消失、山梨酸钾中的不饱和基团在紫外光区有特征吸收等原理，精确称取样品，加入不同的反应试剂，在紫外分光光度仪测定反应溶液中化合物的最大吸光度值。根据消耗的溶液体积，以计算公式算出检材中山梨酸钾的浓度。

本标准的检验方法使用的部分试剂具有毒性或腐蚀性，操作时应小心谨慎。若溅到皮肤上应立即用水冲洗，严重者应立即治疗。使用剧毒品时，应严格按照有关规定管理；使用时应避免吸入或与皮肤接触，必要时应在通风橱中进行。

根据 GB 2760-2014《食品安全国家标准 食品添加剂使用标准》的要求，山梨酸及其钾盐成分不能添加在血制品中。

（三）工作难点

1. 此类“黑窝点”条件恶劣，存在较大食品安全风险隐患，危害人民群众身体健康。

2. 案件隐蔽性强，“假鸭血”外观较难辨认，加工后的食用口感差别不好区分。

3. 此类案件通常以假乱真，超范围添加食品添加剂。由于食品添加剂种类多，在食品中允许在一定范围内适量使用。但很多“黑窝点”随意添加食品添加剂，市场上管控了一种添加剂，可能后续又会更换新品种添加剂继续从事违法活动。

（四）案例

2021 年 6 月，山东省济南市市场监管局对 13 家餐饮单位作出行政处罚，没收违法所得 4.76 万元，罚款 186.18 万元，并将涉嫌犯罪的 1 家生产“假鸭血”的黑窝点及 13 家使用“假鸭血”的餐饮单位移送公安机关予以调查处理，公安机关对 17 名涉案人员已采取刑事强制措施。这是一起典型的以假充真、超范围使用食品添加剂的“假鸭血”案。①

三、火锅底料等食品中非法添加罂粟壳

（一）概述

1. 性状。罂粟壳又名“御米壳”，俗称“米壳”。为植物罂粟的干燥成熟果壳。罂粟壳中含有吗啡、可待因、罂粟碱、蒂巴因、那可丁等多种生物碱类物质。长期食用含有罂粟壳的食物，其中的生物碱会使人成瘾，会出现出虚汗、乏力、面黄肌瘦等症状。严重时，可能对神经系统、消化系统造成损害，甚至会出现内分泌失调等症状，最终上瘾，具有潜在的吸食毒品的倾向，给社会造成了极坏的影响。

2. 现状。不法生产者及餐饮从业者滥用罂粟壳，达到吸引顾客增加收入的效果。涉及食品中非法添加罂粟壳的情况，以火锅店火锅底料最为严重，其次是麻辣烫汤料、卤汁汤料、烧烤蘸料、卤制熟食制品等食材中均有添加罂粟壳及研碎的粉末。在日常实验室检测过程中，汤料、调料、辣椒面、鸭脖、熟肉制品等样本中，各类产品均有不同程度检出罂粟壳成分。此类不合格样本多以散装、自制或者餐饮自制的产品为主。

根据食品整治办〔2008〕3 号，罂粟壳（罂粟碱、吗啡、那可丁、蒂巴因）为非法添加物质，不得用于火锅等食品。这是指导性文件。根据 BJS 201802《食品中吗啡、可待因、罂粟碱、那可丁和蒂巴因的测定》的规定，应用范围包括固体食品（香辛料、调味粉、固态火锅底料、鸡精等固体复合调味料、肉制品等）、半固体食品（沙茶酱、辣椒酱等酱料、半固体麻辣烫底料、半固体火锅底料、其他半固体复合调味料）和液体食品（调味油、辣椒油等液体调味料、火

① 《济南市市场监督管理部门查处经营以假充真、超范围使用食品添加剂的“假鸭血”案》，http://amr.jinan.gov.cn/art/2021/9/8/art_80732_4764363.html.

锅汤料、麻辣烫汤料、其他食用汤料），说明罂粟壳当中的生物碱成分不应该出现在上述食品中。

（二）检测方法

目前，关于食品中罂粟壳的检验检测方法尚未出台相关食品安全国家标准检测方法，现行有效的方法是 BJS 201802《食品中吗啡、可待因、罂粟碱、那可丁和蒂巴因的测定》和 SN/T 4782-2017《出口食品及调味品中罂粟成分检测方法 实时荧光 PCR 法》。

1. 实时荧光 PCR 法。一般样品研磨后提取，使用 DNA 提取试剂盒，按照 DNA 提取步骤完成提取，并进行实时荧光 PCR 测定。含油较多的检材一般用石油醚去除杂质，收集水相盒固体残渣，浓缩后，再使用 DNA 提取试剂盒，完成后续步骤。

该方法的最低检出限（LOD）为 0.01%（质量分数）。

2. 液相色谱-质谱法。将检材用水或 0.1mol/L 盐酸溶液分散均匀，乙腈提取后，经无水硫酸镁和无水醋酸钠的混合粉末盐析分层，乙腈提取液用键合硅固相萃取吸附剂 PSA、无水硫酸镁和 C_{18} 混合粉末净化，离心，上清液过 0.22μm 滤膜后进行液相色谱-串联质谱仪检测。其中罂粟碱、那可丁和蒂巴因采用外标法定量，吗啡和可待因采用内标法定量。

罂粟碱、那可丁、蒂巴因、吗啡和可待因的检出限分别为 3μg/kg、3μg/kg、3μg/kg、12μg/kg、12μg/kg；定量限分别为 8μg/kg、8μg/kg、8μg/kg、40μg/kg、40μg/kg。

（三）工作难点

自 2009 年起，一些餐饮业经营者在火锅中使用罂粟壳的问题比较突出。在各地公安机关及食药部门的联合打击下，此类情况有所减少，但仍然存在。

1. 罂粟壳添加在食品中的范围更加广泛，将罂粟壳打成粉末掺在辣椒面、孜然粉、五香粉等调味料中，使得外观检测十分困难。

2. 罂粟壳检验标准缺少权威的国家标准，大部分检测样本仅为风险检测数据和方法学分析数据，并不作为相关的执法及处罚依据。

3. 在罂粟壳检验过程中，受到料粉煮制时间、杂质去除方法、仪器灵敏度等条件的影响，结果检测的灵敏性、准确性不同，造成检测结果的可靠性在不同实验室之间有差别。

4. 对餐饮环节以及各类加工自制产品的快检仪器设备还比较缺乏。

（四）案例

2018年4月18日，王某桦在火锅底料中加入罂粟壳进行熬制，先后共熬制出约80斤火锅底料，并将其添加到70余桌的火锅中供顾客食用。2018年6月14日，达州市通川区食品药品监督管理局将案件移送公安机关立案侦查。案件移送公安机关后，一直未予立案。对此，达州市通川区人民检察院于7月10日启动立案监督程序，向公安机关发出《要求说明不予立案理由通知书》。7月30日，达州市通川区人民检察院专门就此案召开检察委员会议进行了研究，认为虽然没在火锅店搜查到罂粟壳，王某桦拒不供认其购买罂粟壳的来源和主观明知，但火锅底料里含有罂粟壳的检测结果是不争的事实，其作为十多年火锅店的经营者有义务弄清所购中草药的成分。事实上，其应当知道添加的物品有提味的特殊功能，而不知道该草药是罂粟壳的辩解不符合常理。此案侦查破案的可能性大，应当由公安机关立案侦查，遂督促公安机关立案。随后，公安机关对王某桦以涉嫌生产、销售有毒、有害食品罪立案侦查。此类犯罪涉嫌严重危害不特定群众的生命健康安全，应在提起刑事诉讼的同时附带提起民事公益诉讼。遂于2018年11月19日向通川区人民法院提起刑事附带民事公益诉讼，请求法院判令被告人在民事判决生效后在市级媒体上公开赔礼道歉，内容包括被告人家庭经营的个体工商户字号、销售时间，食品中有毒、有害成分及危害性，赔礼道歉的内容及媒体、版面、字体需经法院审核。

四、食用盐

（一）概述

1. 性状。食用盐是指从海水、地下岩（矿）盐沉积物、天然卤（咸）水中获得的，以氯化钠为主要成分的经过加工的盐，不包括低钠盐。食用盐的主要成分是氯化钠（NaCl），同时含有少量水分和杂质及其他铁、磷、碘等元素。其作用是提供咸味，防腐杀菌。

2. 现状。食用盐是人每日必不可少的物质，是生活必需品，也是国家战略物资。食用盐的基本要求是色白、味咸，无异味，无明显与盐无关的外来异物。食用盐按照物理指标（见表12-1）的差异还可分为精制盐、粉碎洗涤盐、日晒盐三大类。在每一大类中，还可以根据食用盐粒度、白度的差别分为不同等级。

精制盐以卤水或盐为原料，用真空蒸发制盐工艺、机械热压缩蒸发制盐工艺或粉碎、洗涤、干燥工艺制得。

粉碎洗涤盐以海盐、湖盐或岩盐为原料，用粉碎、洗涤工艺制得。

日晒盐以日晒卤水浓缩结晶工艺制得。

食用盐类犯罪案件主要有非法经营案或是以工业盐冒充食用盐案件，以及产品以次充好、欺骗消费者、获取暴利的案件等。

（二）检验方法

现行标准有 GB 5461-2016《食用盐国家标准》、GB 2721-2015《食品安全国家标准 食用盐》。相关标准规定了食用盐的术语和定义、要求、试验方法、检验规则、判定规则、包装、标识、运输和贮存。标准适用于以海水、地下卤水、盐湖卤水、海盐、岩盐或湖盐为原料制成的食用盐。不适用于低钠盐产品和其他原料生产的盐产品，特别是化工、轻工等副产品盐。

食用盐的检验包括：

1. 感官检验：色白、味咸、无异味，无明显与盐无关的外来异物。

2. 理化指标检验：物理指标的检验包括白度和粒度检验。化学指标的检验包括水分检验、氯离子、钙镁离子、硫酸根、氯化钠含量检验。

3. 食品添加剂和营养强化剂：标准规定未加碘强化剂的盐，其碘含量≤5mg/kg，包装上注明“未加碘”。亚铁氰化钾作为食盐抗结剂是允许添加的，但其含量要求低于10mg/kg，在食盐加热过程中会分解挥发，正常食用不会对人体产生危害。

4. 污染物限量检验：食盐中污染物的检验包括对铅、总砷、镉、汞、钡的限量要求，限度分别要求是≤2mg/kg、0.5mg/kg、0.5mg/kg、0.1mg/kg、15mg/kg。

（三）工作难点

1. 食用盐和工业盐在外观上难以区分，容易鱼目混珠。工业盐与食用盐在外观上很难区分，用现行标准即便进行了检测化验，依旧难以认定盐的性质。进行理化检验也不一定能区分开，这就给案件定性造成极大难度。但有价格相差10倍左右的巨大利润空间，还是让很多不法分子选择铤而走险。

2. 工业盐的行政管制较松，客观上给不法分子以可乘之机。根据《盐业管理条例》和《食盐专营办法》，食盐和两碱用盐由国家实行统一分配调拨。食盐实行专营管理，其他用盐可在完成国家计划的基础上在盐业行政主管部门指导下进行自销。同时又规定，盐的批发业务由各级盐业公司统一经营。国家计委、国家经贸委《关于改进工业盐供销和价格管理办法的通知》（〔1995〕1872号通知）将工业盐计划分配改为在国家总量计划指导下由盐碱生产企业直接见面，签订合同，取消工业盐准运证和准运章制度。这个文件被认为是放开工业盐市场的政策依据。

（四）案例

2015年，某市盐业公司为了给单位职工增加收入、弥补公司亏损，用大包精制碘盐让公司职工分包，将档次、价格低的精制碘盐分包成档次、价格高的精纯碘盐、海藻盐共计300.4084吨，销售收入共计1016833.3元，其行为已构成生产、销售伪劣产品罪。被告单位被处罚金100万元，4名责任人分别被处刑。

该案中涉及经营不合格的盐。还有一类案件危害更大，即涉嫌将非食用盐作为食用盐销售案。法律规定禁止将下列产品作为食盐销售：①液体盐（含天然卤水）；②工业用盐和其他非食用盐；③利用盐土、硝土或者工业废渣、废液制作的盐；④利用井矿盐卤水熬制的盐；⑤外包装上无标识或者标识不符合国家有关规定的盐。

食品添加剂和食品中非法添加剂案件是危害食品安全的主要案件，还包括茶叶中添加蔗糖的问题、水产品中非法添加孔雀石绿的问题等。目前，食品中非法添加物的种类花样繁多，只有在日常工作中细心观察，才能发现更多的物质。

第二节 保健食品中非法添加药物案件分析

保健食品是一个特定的食品种类，亦称功能性食品。它不以治疗疾病为目的，具有调节人体功能的作用，适于特定人群食用。

但不知从什么时候开始，人们在保健品中开始添加化学药品，然后进行大肆宣传，欺骗消费者，扩大销量以谋取暴利。一些用于治疗某些疾病的西药成分被添加在保健食品中，而西药是在疾病状态下由医生根据患者病情给予处方的药物。当西药被当作食品日常食用时，超范围、超剂量使用所产生的毒性危害十分严重，甚至会引起死亡。

一、保健食品概述

2016年7月1日正式施行的《保健食品注册与备案管理办法》中对保健食品进行了严格定义：保健食品是指声称具有特定保健功能或者以补充维生素、矿物质为目的的食品，即适宜于特定人群食用，具有调节机体功能，不以治疗疾病为目的，并且对人体不产生任何急性、亚急性或者慢性危害的食品。

（一）分类

我国允许注册申请的特定保健食品主要有27项，主要包括：①增强免疫力；②辅助降血脂；③辅助降血糖；④抗氧化；⑤辅助改善记忆；⑥缓解视疲劳；⑦促进排铅；⑧清咽；⑨辅助降血压；⑩改善睡眠；⑪促进泌乳；⑫缓解体力疲劳；⑬提高缺氧耐受力；⑭对辐射危害有辅助保护功能；⑮减肥；⑯改善生长发育；⑰增加骨密度；⑱改善营养性贫血；⑲对化学性肝损伤的辅助保护作用；⑳祛痤疮；㉑祛黄褐斑；㉒改善皮肤水分；㉓改善皮肤油分；㉔调节肠道菌群；㉕促进消化；㉖通便；㉗对胃黏膜损伤有辅助保护功能。

（二）特点

保健食品主要用于改善机体功能，其作用体现在功能调节上，而非疾病治疗上。

1. 食品属性：保健食品是食品，不仅不能对身体有害，还能提供补充营养素，满足正常人生命周期不同阶段的需求；

2. 保健功能：主要供给某些生理功能有问题的人食用，强调其在预防疾病和促进康复方面的调节功能；

3. 需经注册审批，食用量、适用人群要有明确注明。

由此可见，声称补肾壮阳、活血通络、益气固本、滋阴壮阳、滋补肾阳、壮阳补肾等相关功能的保健食品，食药主管部门从未批准过，那些声称有以上功能的保健食品一律属于假冒保健食品。有些保健食品所添加的西药成分并不是人体需要的，并会对人体健康造成危害。

（三）保健食品中容易添加的非法添加物

可参考《食品安全法》食品中禁止添加的药物成分，以及《关于发布保健食品中可能非法添加的物质名单（第一批）的通知》（食药监办保化〔2012〕33号）对保健食品中违法添加的物质详细列明。详见附录一。

（四）检测方法

1. 液相色谱-质谱联用法。保健食品中的西药成分，参见BJS 201710《保健食品中75种非法添加化学药物的检测》。本方法规定了保健食品中利血平、格列喹酮、羟基豪莫西地那非、硫代艾地那非、格列苯脲、格列美脲、豪莫西地那非、伐地那非、西地那非、那红地那非、伪伐地那非、那莫西地那非、瑞格列奈、红地那非、格列吡嗪、洛伐他汀羟酸钠盐、尼莫地平、辛伐他汀、氨氯地平、洛伐他汀、美伐他汀、氨基他达拉非、他达拉非、佐匹克隆、尼索地平、脱羟基洛伐他汀、哌唑嗪、非洛地平、格列波脲、尼群地平、罗格列酮、吡咯列酮、罗通定、醋氯芬酸、硝苯地平、三唑仑、青藤碱、呋塞米、咪达唑仑、格列齐特、劳拉西泮、酚酞、二氧丙嗪、氯硝西泮、阿普唑仑、扎来普隆、氯氮卓、氢氯噻嗪、艾司唑仑、奥沙西泮、地西泮、硝西泮、西布曲明、文拉法辛、氯苯那敏、氯美扎酮、甲苯磺丁脲、阿替洛尔、N-单去甲基西布曲明、N，N-双去甲基西布曲明、沙丁胺醇、司可巴比妥、褪黑素、芬氟拉明、苯巴比妥、可乐定、异戊巴比妥、卡托普利、苯乙双胍、巴比妥、麻黄碱、丁二胍、氨甲环酸、二甲双胍和烟酸的液相色谱-串联质谱检测方法。

本方法适用于片剂、口服液、硬胶囊和软胶囊保健食品。

具体操作：精密称取样品 1g（精确至 0.0001g），置于 50mL 容量瓶中，加甲醇适量，超声提取 15 分钟，放冷至室温，用甲醇定容（若样品中含有油脂，则将样品提取液在-20℃条件下放置 24～48 小时，时间可视样品是否澄清而定），5000r/min 离心 5 分钟，上清液经微孔滤膜过滤（0.22μm，有机相），取续滤液作为待测液供 LC-MS 检测。LC-MS 分析采用 C_{18} 色谱柱；流动相：A 为 0.1% 甲酸-10mmol/L 乙酸铵，B 为乙腈，梯度洗脱程序；流速：0.3mL/min；柱温：40℃；进样量：5μL。质谱电喷雾电离，正负离子模式，多反应监测。

2. 免疫胶体金法。目前，不是所有的非法添加药物均可以用免疫胶体金法快速检测，个别药物及危害严重的保健食品可采用此法进行快速检测。可根据 KJ 201901《保健食品中西地那非和他达拉非的快速检测 胶体金免疫层析法》、KJ 201902《保健食品中罗格列酮和格列苯脲的快速检测 胶体金免疫层析法》、KJ 201903《保健食品中巴比妥类化学成分的快速检测 胶体金免疫层析法》等方法进行检测。

二、保健食品中非法添加物的危害

（一）严重损害身体健康

保健品中非法添加的西药成分产生的危害远远高于处方药使用的副作用。

1. 声称有减肥功能的产品中，西布曲明、酚酞和芬氟拉明最为常见。西布曲明有严重的导致心血管疾病的副作用。酚酞可造成人体的电解质紊乱，诱发心律失常和神情倦怠，导致女性不孕。芬氟拉明可使中枢神经兴奋，抑制食欲，导致血压下降，造成低血糖。

2. 声称有降糖功能的产品，会出现降糖迅速的后果，造成低血糖及低血糖所致的并发症，如出汗、饥饿、心慌、颤抖、面色苍白等，严重者还可出现精神不集中、躁动、易怒甚至昏迷等，以及药物造成的肾功能、肝功能损害。

3. 声称可以抗疲劳和增强免疫力的（补肾壮阳）功能产品，如西地那非，过量使用最常见的后果为头痛、面部潮红、消化不良和肌肉疼痛，其次为鼻塞、腹泻、头晕和皮疹。偶见短暂性视力异常，通常为色辨别力损害或对光敏感性增加，发生率100mg剂量常高于50mg剂量。西地那非的后遗反应还有严重心脏事件（包括心肌梗死、突然心脏病死亡、室性心律失常、脑血管出血、短暂缺血性发作、高血压）、癫痫发作、忧虑、异常勃起（疼痛，持续勃起超过6小时）、血尿、复视、短暂性视丧失、视力降低、眼渗血、眼烧灼、眼肿胀、眼内压升高、视网膜血管病或出血、玻璃体脱离/牵引和斑点性水肿。

4. 声称可以改善睡眠的功能产品含有各种安眠镇静类药物，均对中枢神经有抑制作用，长期服用会产生药物依赖性和耐药性，出现头晕、疲劳以及不同程度的呼吸抑制作用，严重者可引起死亡。

5. 声称可以降压的功能产品由于服用的随意性，要么会产生降压作用强烈的低血压症，如头晕、视物模糊等，要么会使原有的高血压、血脂等症控制不好，出现高血压、高血脂等病症，严重的会引起心律失常，心肌梗死等。

很多保健产品没有合法的批准文号，没有明确的适用人群、适应症、用法用量等信息，还有些产品直接是“黑作坊”“黑加工点”随意生产的。这些产品西药混合不均匀，卫生条件没保障，产品没有中文标识，进行夸大作用的非法宣传，从而造成悲惨事件时有发生，应引以为戒。2014年中国保健品新闻网报道，26岁的准新娘小玉（化名）意外猝死。原因是在她服用的号称纯天然的“绿s”减肥胶囊中，竟然违法添加了西药成分“氟西汀”。小玉也因服药过量最终导致死亡。

（二）严重经济损失

《食品安全法》第78条规定：“保健食品的标签、说明书不得涉及疾病预防、治疗功能，内容应当真实，与注册或者备案的内容相一致，载明适宜人群、不适宜人群、功效成分或者标志性成分及其含量等，并声明‘本品不能代替药物’。保健食品的功能和成分应当与标签、说明书相一致。”据此，从规范层面上讲，保健品不是药品。然而这一常识在实践中却未能得到社会公众的普遍了解。

一些不法分子夸大保健品的功能、效果，甚至过度宣传疾病治疗、预防作用，将保健食品模糊于药品的概念中，骗取公众的信任。不法分子将保健品营销作为其获得暴利的对象。不法分子通过非法宣传、非法营销等手段哄抬保健食品的价格，获得巨额的经济利益。

（三）严重社会危害

保健食品的受众群体多数是老年人。老年人对非法添加西药的保健食品认知能力不足，加之自身的基础性疾病较多，在虚情假意的宣传与所谓亲情的营销策略下，很容易购买并长期服用这类保健食品。治病的西药成为健康人群日常的饮食，会造成毒物累积，疾病状态隐匿，长期如此更会引发疾病。此外，购买保健食品造成倾家荡产、儿女反目、后续疾病治疗困难，引发社会矛盾，导致对政府执法监督能力的不信任等，社会危害极为严重。

三、惩治保健食品中非法添加物的工作难点

首先，销售渠道花样多。保健食品以网店、微商、电视上的养生讲座、电视购物等新型销售模式使得有害保健品的传播迅速且范围广泛。这些不合格的保健品运用虚假宣传，建立分销、直销等层级销售，使得涉案金额逐渐增大，受害群众众多。

其次，非法保健食品呈现规模化生产。有些生产企业为正规注册的科技公司，或委托正规生产企业代为生产加工，呈现批量化生产的规模。

最后，添加替代物变化快。尽管国家列管了一些药物，但犯罪分子总会找到一些替代成分逃避现场快速检测。从下面这些数据中，可以看到保健食品重大案件的影响程度。

2019 年 2 月 22 日，国务院食品安全办、公安部、市场监管总局联合公布了八起食品、保健食品整治欺诈和虚假宣传重大案件。据了解，自 2017 年 7 月以来，国务院食安办牵头九部门开展了食品、保健食品欺诈和虚假宣传整治工作。截至目前，各级市场监管部门查获案件 5.8 万件，案值 33.2 亿元，罚没款 4.9 亿元；全国公安机关破获该类犯罪案件 8100 余起，抓获犯罪嫌疑人 1.3 万余名。公安部统一指挥跨区域梯次集中收网行动，挂牌侦破大要案件 100 余起。[①]

四、案例

2016 年 5 月以来，浙江台州刘某等生产、销售非法添加西药成分的降糖、降压保健食品 10 万余盒，案值 16 亿余元。通过淘宝店铺、微商营销，累计制售有毒、有害食品 4200 余万盒。

---

① 《三部门公布 8 起食品保健食品整治欺诈和虚假宣传重大案件》，http://www.gov.cn/xinwen/2019-02/22/content_5367642.htm.

2015 年 12 月以来，湖南张家界陈某等人注册成立深圳××生物科技有限公司，非法采购国家明令禁止添加的“他达拉非”化学原料药，委托多个生产厂家大量生产“××玛卡脑”咖啡片剂 110 万余粒、咖啡饮料 14 万余罐。采取传统的省市县代理商和淘宝、微商等网上销售相结合的模式，大量销售牟利，案值达 1.3 亿余元。

2018 年以来，山东枣庄马某等制售并虚假宣传有减肥功效的有毒、有害食品。当事人委托厂家生产“××压片糖果”等无效减肥食品，同时将含有西布曲明成分的食品以赠品形式包装在产品中。查扣减肥产品“××酵素”350 余万粒、“××压片糖果”135 万余粒，案值逾 1 亿元。通过微商发展下级代理商虚假宣传产品减肥功效，利用微信、支付宝等收付款。

2018 年至 2019 年 6 月，厦门张某等人在其经营的厦门××汇公司、厦门××公司中生产、销售含有双醋酚丁的青梅等果脯产品。厦门××汇公司销售金额共计人民币 677945 元，厦门××公司销售金额共计人民币 473157 元。涉案人员购买化学原料双醋酚丁且进行试吃以调整配方，其最终因生产销售有毒、有害食品案被处罚。

2015 年 8 月至 10 月，被告人肖某某负责河南××酒业有限公司（以下简称“××酒业”）工作，安排李某某购买了西地那非。李某某负责销售，邓某某负责将西地那非加入白酒调制。同年 8 月 2 日，李某某代表“××酒业”与曲周县的孙某签订销售合同，约定孙某经销该公司生产的“××酒”系列产品。合同签订后，孙某先后四次支付货款 30 万元。收到货款后，由邓某某将药品添加进生产的“××酒”系列产品中，并分六次销售给孙某。2016 年 9 月 27 日，曲周县公安局从孙某经营的门市内随机抽取并扣押了八个商标的白酒。经检测，八款白酒中均含有西地那非，另外四款白酒中的西地那非含量分别为 160mg/L、130mg/L、160mg/L、170mg/L。

从上述案例可见，保健食品、保健药酒中非法添加西药的现象比较普遍，企业生产销售时间比较长，监管部门发现晚，所造成的危害涉及面广，涉及人数较多，线上销售和线下销售并行。因此，应加强对线上、线下保健食品的日常抽检和监管，对打擦边球添加的药物成分应找到方法提高检出率。同时，加大力度对消费者进行保健食品安全宣传，提高其食品安全意识，正确选购保健食品。

第三节　动物源性食品中兽药残留案件分析

一、动物源性食品兽药残留概述

动物源性食品（Animal Derived Food）是指全部可食用的动物组织以及蛋和奶，包括肉类及其制品（含动物脏器）、水生动物产品等。兽药残留是指动物产品的任何可食部分所含兽药的母体化合物及（或）其代谢物，以及与兽药有关的杂质。所以，动物组织及制品中的兽药残留既包括原药，也包括药物在动物体内的代谢产物和兽药生产中所伴生的杂质，一般以μg/mL或μg/g计量。

（一）分类

兽药在动物源性食品中的兽药残留分为七类：

1. 抗生素类；
2. 驱肠虫药类；
3. 生长促进剂类；
4. 抗原虫药类；
5. 灭锥虫药类；
6. 镇静剂类；
7. β-肾上腺素能受体阻断剂。

较易引起兽药残留量超标的兽药主要有抗生素类、磺胺类、呋喃类、抗寄生虫类和激素类药物。

（二）禁用清单

我国农业部在2003年（265）号公告中明文规定，不得使用不符合《兽药标签和说明书管理办法》规定的兽药产品，不得使用《食品动物禁用的兽药及其他化合物清单》所列21类药物及未经农业部批准的兽药，不得使用进口国明令禁用的兽药，畜禽产品中不得检出禁用药物。

2019年12月27日，农业农村部第250号公告指出，为进一步规范养殖用药行为，保障动物源性食品安全，根据《兽药管理条例》的有关规定，修订了《食品动物中禁止使用的药品及其他化合物清单》，如表12-1所示。食品动物中禁止使用的药品及其他化合物以该清单为准，原农业部公告第193号、235号、560号等文件中的相关内容同时废止。

表 12-1　食品动物中禁止使用的药品及其他化合物清单

序号	药品及化合物名称
1	酒石酸锑钾（Antimony potassium tartrate）
2	β-兴奋剂（β-agonists）类及其盐、酯
3	汞制剂：氯化亚汞（甘汞）（Calomel）、醋酸汞（Mercurous acetate）、硝酸亚汞（Mercurous nitrate）、吡啶基醋酸汞（Pyridyl mercurous acetate）
4	毒杀芬（氯化烯）（Camahechlor）
5	卡巴氧（Carbadox）及其盐、酯
6	呋喃丹（克百威）（Carbofuran）
7	氯霉素（Chloramphenicol）及其盐、酯
8	杀虫脒（克死螨）（Chlordimeform）
9	氨苯砜（Dapsone）
10	硝基呋喃类：呋喃西林（Furacilinum）、呋喃妥因（Furadantin）、呋喃它酮（Furaltadone）、呋喃唑酮（Furazolidone）、呋喃苯烯酸钠（Nifurstyrenate sodium）
11	林丹（Lindane）
12	孔雀石绿（Malachite green）
13	类固醇激素：醋酸美仑孕酮（Melengestrol Acetate）、甲基睾丸酮（Methyltestosterone）、群勃龙（去甲雄三烯醇酮）（Trenbolone）、玉米赤霉醇（Zeranal）
14	安眠酮（Methaqualone）
15	硝呋烯腙（Nitrovin）
16	五氯酚酸钠（Pentachlorophenol sodium）
17	硝基咪唑类：洛硝达唑（Ronidazole）、替硝唑（Tinidazole）
18	硝基酚钠（Sodium nitrophenolate）
19	己二烯雌酚（Dienoestrol）、己烯雌酚（Diethylstilbestrol）、己烷雌酚（Hexoestrol）及其盐、酯
20	锥虫砷胺（Tryparsamile）
21	万古霉素（Vancomycin）及其盐、酯

尽管国家有规定，但仍有不法商贩大量使用兽药，且不按照要求使用。在我国，瘦肉精问题的存在由来已久。据不完全统计，2016 年实验室检测畜肉的合格率达 98%，较 2015 年提高了 2 个百分点。但在检出的不合格畜肉中，瘦肉精不合格占比最大。

2020 年，某机构以国家及部分省级市场监督管理局（山东、贵州、河南等省的市场监督管理局）对网站通告的牛羊肉及副产品中兽药残留不合格项目进行了统计。其中，占比较大的不合格项目为克伦特罗、磺胺类（总量）、氧氟沙星、恩诺沙星（以恩诺沙星与环丙沙星之和计）、五氯酚酸钠和地塞米松。①

二、动物源性食品中兽药残留的危害

在前面的章节中我们已经介绍过，兽药残留会产生一定的耐药性、过敏性、性早熟等危害。以下具体到食品肉类中常见禁用品种的危害。

（一）激素类药物的危害

在养殖业中常见使用的激素和 β-兴奋剂类主要有性激素类、皮质激素类和盐酸克伦特罗等。许多研究已经表明，盐酸克伦特罗、已烯雌酚等激素类药物在动物源食品中的残留超标可极大危害人类健康。

盐酸克伦特罗是一种 β-兴奋剂，又称“瘦肉精”，是一种平喘药。该药物既不是兽药，也不是饲料添加剂。盐酸克伦特罗在动物体内代谢过程中促进了骨骼肌蛋白质的合成，同时对脂肪的合成有一定的抑制作用，可以减少脂肪的行程，提高瘦肉率。因此，不法饲料生产商和养殖户将其加入到饲料或饮用水中，用以促进畜类动物生长，提高瘦肉率。盐酸克伦特罗易积蓄在动物体内，残留量较大，又因为其化学性质稳定，耐高温，在日常的烹调过程中无法完全破坏其化学组成。健康人摄入盐酸克伦特罗超过 20 μg 就有药效，5~10 倍的摄入量则会导致中毒。食用这种肉及肉制品后，会出现头晕、心悸、肌肉兴奋等症状。摄入量过高时，会发生心肌坏死，甚至会威胁到患有心脑血管疾病的人的生命安全。《食品中可能违法添加的非食用物质和易滥用的食品添加剂名单（第四批）》（整顿办函〔2010〕50 号）规定克伦特罗是食品中违法添加的物质。

① 《2020 年牛羊肉及副产品质量安全抽检—兽药残留》，http://www.wdwkbio.com/a/20210223/203.html.

地塞米松又名氟美松、氟甲强的松龙、德沙美松，是一种糖皮质类激素，超生理剂量的地塞米松具有很强的抗炎和一定的抗过敏作用，在兽医临床上广泛用于抗炎、抗毒、抗过敏、抗风湿等。养殖环节超量使用或没有严格执行休药期，可能导致残留超标。长期食用地塞米松超标的动物源性食品，有可能干扰人体的激素分泌体系和其他正常代谢。

（二）抗生素类药物的危害

大量频繁地使用抗生素，可使动物机体中的耐药致病菌感染人类；而且抗生素药物残留可使人体中的细菌产生耐药性，扰乱人体微生态并产生各种毒副作用。

氧氟沙星和恩诺沙星均属于氟喹诺酮类药物，因具有抗菌谱广、抗菌活性强、作用迅速、毒副作用小、价格低廉等特点，曾被广泛用于畜禽、水产养殖业中生物细菌性疾病的治疗和预防。

（三）磺胺类药物的危害

磺胺类药物是一种人工合成的抗菌谱较广、性质稳定、使用简便的抗菌药，对大多数革兰氏阳性菌和阴性菌都有较强抑制作用，广泛用于防治鸡球虫病。其残留可引起人的耐药性和过敏性，在人体内积累可引起肾损害。其残留能破坏人的造血系统，引起溶血性贫血症、粒细胞缺乏、血小板减少症等，对过敏体质的人而言，轻者引起皮肤瘙痒症，重者引起血管性水肿，甚至导致死亡。养殖环节未严格控制休药期或超量使用可能导致残留超标。GB 31650-2019《食品安全国家标准 食品中兽药最大残留限量》规定，磺胺类药物在肌肉、脂肪、肝和肾中的残留限量为 100μg/kg。

（四）硝基呋喃类药物的危害

硝基呋喃类药物及其代谢物对人体有致癌、致畸的副作用。

（五）五氯酚酸钠的危害

五氯酚酸钠又称五氯酚钠，易溶于水、醇、丙酮，不溶于苯，有臭味。它属于有机氯类农业，常被用作除草剂或者杀菌剂。畜禽肉中能检测出五氯酚酸钠的原因可能是畜禽养殖场使用其对圈舍进行消毒，动物吸入体内并残留。农业农村部公告第 250 号规定，在食品动物中禁止使用五氯酚酸钠。

三、食品肉类中兽药残留的检验现状

2019 年 10 月 8 日，农业农村部与国家卫生健康委员会、国家市场监督管理总局联合发布 GB 31650-2019《食品安全国家标准 食品中兽药最大残留限量》，于 2020 年 4 月 1 日起实施。此次发布的食品中兽药最大残留限量标准规定了 267 种（类）兽药在畜禽产品、水产品、蜂产品中的 2191 项残留限量及使用要求，基本覆盖了我国常用兽药品种和主要食品动物及组织，标志着我国兽药残留标准体系建设进入新阶段。

此次新发布的标准涵盖兽药品种和限量数量大幅增加。与农业部公告第 235 号《动物性食品中兽药最大残留限量》相比，新标准规定的兽药品种增加 76 种，增幅 39.8%；残留豁免品种增加 66 种，增幅 75%；残留限量增加 643 项，增幅 41.5%。基本解决了当前评价动物源性食品“限量标准不全”的问题。

标准要求与国际全面接轨。该标准全面采用 CAC 和欧盟、美国等发达国家或地区的最严标准，对农业部公告第 235 号涉及的残留标志物、日允许摄入量、残留限量值、使用要求等重要技术参数进行了全面修订，设定的残留限量值与 CAC 兽药残留限量值一致率达 90%以上；对氧氟沙星等 10 多种存在食品安全隐患的兽药品种予以淘汰或改变用途。农业农村部公告第 2292 号规定，在食品动物中停止使用氧氟沙星。

GB 31650-2019《食品安全国家标准 食品中兽药最大残留限量》规定，恩诺沙星在禽肌肉、皮+脂中的残留限量为 100μg/kg，在肝中的残留限量为 200μg/kg，在肾中的残留限量为 300μg/kg。规定地塞米松在牛肌肉中的残留限量为 1μg/kg，在肝中的残留限量为 2μg/kg，在肾中的残留限量为 1μg/kg。

随着居民生活水平的提高和消费观念的改变，肉类消费结构发生了变化，牛羊肉消费需求量不断上升，人均年牛羊肉消费量逐步增加。近年来，我国牛羊肉产量保持平稳态势增长。数据显示，2018 年我国牛肉产量为 644.06 万吨，同比增长 1.49%；2019 年我国牛肉产量为 667 万吨，同比增长 3.56%；2020 年牛肉产量 672 万吨，同比增长 0.8%。2018 年我国羊肉产量为 475.1 万吨，同比增长 0.85%；2019 年羊肉产量 488 万吨，同比增长 2.6%；2020 年羊肉产量 492 万吨，同比增长 1.0%。

农业农村部于 2021 年 1 月 13 日发布了我国 2020 年农产品质量安全例行监测合格率，畜禽产品合格率为 98.8%。此外，猪肉、猪肝、牛肉、羊肉、禽肉和禽蛋合格率分别为 99.5%、99.6%、99.4%、99.3%、98.9%和 97.1%。[①]

① 农业农村部办公厅 2022 年畜禽及畜禽产品兽药残留监控计划. http://www.wdwkbio.com/a/20220408/324.html。

维德维康对2021年国家及部分省级市场监督管理局（山东、浙江、北京等省的市场监督管理局）对网站通告的牛羊肉及副产品中兽药残留不合格项目进行了统计，如图12-1所示。其中占比较大的不合格项目为克伦特罗、磺胺类（总量）、五氯酚酸钠、恩诺沙星和地塞米松。

牛羊肉及副产品抽检不合格项目	通报数次数
克伦特罗	49
磺胺类（总量）	31
五氯酚酸纳	18
恩诺沙星	13
地塞米松	10
氟苯尼考	7
甲氧苄啶	4
林可霉素	4
呋喃西林代谢物	2
呋喃唑酮代谢物	2
土霉素	2
氯霉素	2
沙丁胺醇	1
多西环素	1

数据统计来源：国家市场监督管理总局、山东省/浙江省/北京市等市场监督管理局抽检通报信息。

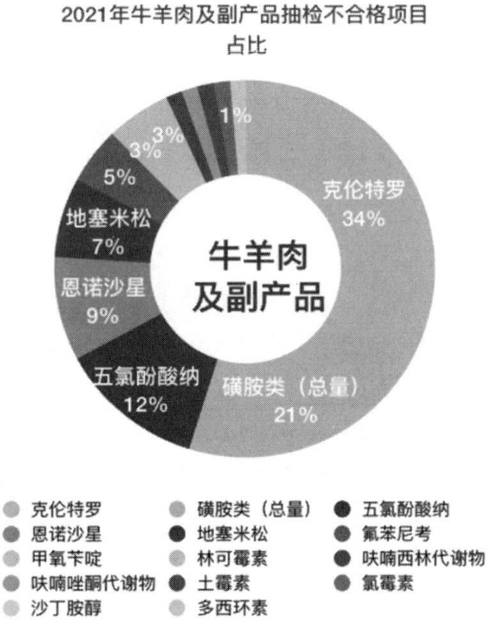

图12-1　市场抽查牛羊肉及副产品中兽药残留不合格项目统计

维德维康对2021年6月国家及部分省级市场监督管理局（浙江、山东、河南等省的市场监督管理局）通告的食用农产品不合格项目进行了统计，并摘取了禽蛋、水产、禽肉及副产品、猪牛羊肉及副产品的兽药检出不合格信息，总结比对：从检出数量来看，水产类检出不合格数量最多（呋喃西林代谢物、恩诺沙星、镉占比较大），其次是禽蛋（恩诺沙星、氟苯尼考占比较大）、禽肉及副产品（恩诺沙星占比较大）、牛羊肉及副产品（克伦特罗占比较大），如图12-2所示。

2021年6月市场监督局抽检食用农产品安全检查不合格数量汇总	
分类	不合格数量
水产	79
禽肉	4
禽蛋	3
牛羊肉	2

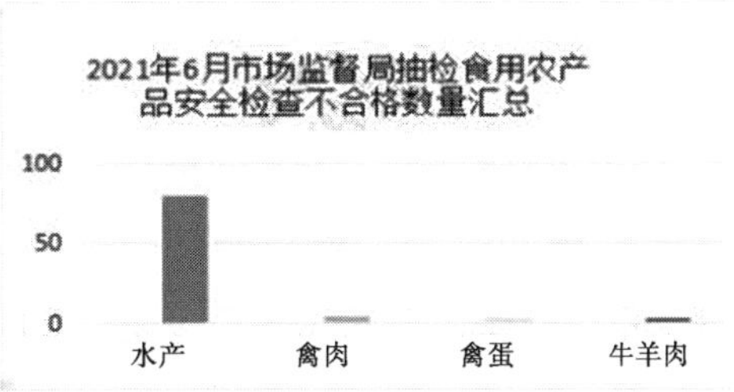

水产不合格项目	
不合格因素	不合格数量
呋喃西林代谢物	24
恩诺沙星	22
镉（以Cd计）	21
孔雀石绿	3
呋喃唑酮代谢物	2
氯霉素	1
五氯酚酸钠(以五氯酚计)	1
诺氟沙星	1
甲氧苄啶	1

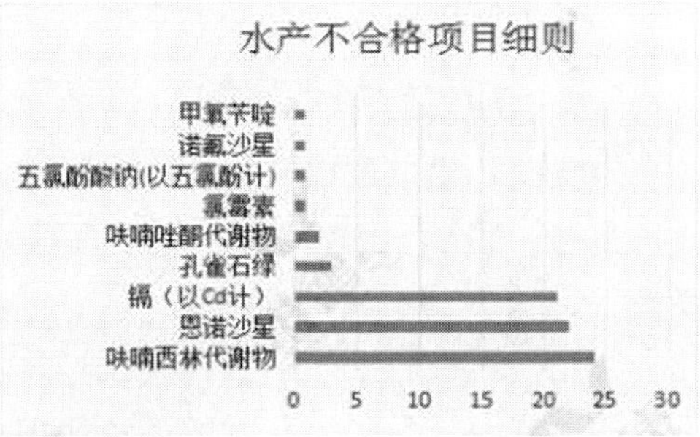

禽肉不合格项目	
不合格因素	不合格数量
恩诺沙星	2
尼卡巴嗪	1
甲氧苄啶	1

牛羊肉不合格项目	
不合格因素	不合格数量
克伦特罗	2

禽蛋不合格细项目	
不合格因素	不合格数量
恩诺沙星	2
氟苯尼考	2

图 12-2　市场抽查产品中兽药残留不合格项目统计

四、工作难点问题

瘦肉精是最主要的非法添加药物，它们是肾上腺类、β-激动剂、β-兴奋剂一类药物的统称，主要用于治疗支气管哮喘、慢性支气管炎和肺气肿等疾病。畜肉养殖环节较常用的瘦肉精有克伦特罗、莱克多巴胺、沙丁胺醇、特布他林。自2001年起，“瘦肉精”事件不断发生，引起多人中毒甚至死亡。在各食药部门及公安部门的严厉打击下，此类事件不断减少，畜肉的合格率不断提升，瘦肉精的检出率呈下降趋势，但更隐蔽的投放药物案件仍时有发生。

（一）投药方式更为隐蔽

1. 饲养过程带来的兽药残留问题仍严重。一些养殖户为了达到增加畜禽瘦肉率、减少生病率，提高销售单价等目的，实行药物与日粮同步，在饲养过程中人为在饲料中添加瘦肉精等兽药。

2. 屠宰前给畜禽类注射或饲喂瘦肉精、阿托品、盐酸肾上腺素等后再注水等达到畜禽增重增收的目的，导致动物体内瘦肉精残留。

（二）检验方法的局限性问题

1. 瘦肉精是β-受体激动剂类药物，但国家禁止使用的目录名单中唯独没有规定肾上腺素的限定标准，使得不法分子单纯注射盐酸肾上腺素，从检验结果无法推断是内源性产生还是外源性屠宰前注射，给案件诉讼工作带来难度。

2. 检测方法适用基质较为固定单一，一些方法虽然给出了方法的检测限，但并未规定使用限量及基质的本底值等数据，给认定有毒、有害物质造成难度。

（三）部分价格低廉的药物市场需求大

磺胺类药物以及硝基呋喃类药物常常出现超标现象。这是由于这类药物是广谱抗菌药，价格低廉，从控制生产成本的角度而言，这些药物深受养殖户的喜爱。

因此，在日后工作中，首先，应加强源头控制，规范兽用药的生产、售卖、流通等环节，减少此类药物的违法使用；其次，应加强对养殖户的食品药品安全知识及法律法规的宣传，提高食品安全意识，同时对其违法后果进行宣传警示，告知其违法滥用的后果；再次，不断推动规模化、科技化家畜养殖，提供科学、有效的技术指导，加大企业违法成本处罚，减少药物滥用及违法行为；最后，是加强对屠宰及经营领域的畜肉的监督检查，以及对养殖环节的畜禽养殖用水、饲料的监测。

五、案例

山东省昌邑市××食品有限公司翟某峰、李某强为增加生猪出肉率以获利，雇用被告人刘某鑫、刘某团往活猪身上注射肾上腺素并灌注自来水，使之增重后再屠宰销售。2017 年 2 月 1 日至 2017 年 9 月 9 日，该公司生产、销售注水猪肉价值 36409160 元，刘某团参与生产、销售注水猪肉价值 154680 元。2017 年 4 月至 9 月，被告人李某阳明知刘某鑫等人在屠宰场给活猪注射肾上腺素后再灌注自来水增重后销售获利，仍向刘某鑫提供肾上腺素，涉案注水猪肉价值 27410076.7 元。

原审法院认为，被告人翟某峰、李某强为牟取非法利益，雇用被告人刘某鑫、刘某团往活猪体内注射有毒、有害肾上腺素非食品原料，被告人李某阳明知他人给活猪注射肾上腺素后灌水增重，仍然向其提供肾上腺素药物，其行为均构成生产、销售有毒、有害食品罪。

以生产、销售有毒、有害食品罪判处被告人翟某峰无期徒刑，剥夺政治权利终身，并处没收个人全部财产；以生产、销售有毒、有害食品罪判处被告人刘某鑫有期徒刑 15 年，并处没收财产人民币 300 万元；以生产、销售有毒、有害食品罪判处被告人李某阳有期徒刑 13 年，并处没收财产人民币 200 万元；以生产、销售有毒、有害食品罪判处被告人李某强有期徒刑 5 年，并处罚金人民币 50 万元；以生产、销售有毒、有害食品罪判处被告人刘某团有期徒刑 3 年，并处罚金人民币 31 万元。

上述嫌疑人不服判决，提出上诉，上诉理由主要围绕“肾上腺素不属于法律法规禁止在食品生产经营活动中添加、使用的物质”，以《检验报告》鉴定主体、鉴定方法、检材提取和处理不合法，《专家论证意见》不具有普遍约束力、权威力和关联性，一审法院从原来的“生产、销售伪劣产品罪”变更罪名等为由，认为均不应作为证据采信。

最终，二审法院判定翟某峰犯生产、销售有毒、有害食品罪，判处有期徒刑 15 年，并处罚金 300 万元；刘某鑫犯生产、销售有毒、有害食品罪，判处有期徒刑 13 年，并处罚金人民币 100 万元；李某阳犯生产、销售有毒、有害食品罪，判处有期徒刑 8 年，并处罚金人民币 50 万元；李某强犯生产、销售有毒、有害食品罪判处有期徒刑 3 年，并处罚金人民币 30 万元；刘某团犯生产、销售有毒、有害食品罪，判处有期徒刑 1 年，并处罚金人民币 1 万元。

能认定上述犯罪事实的，有经原审庭审举证、质证的证人证言，现场勘查、搜查、称重等笔录，中国动物疫病预防控制中心（原农业部屠宰技术中心）专家论证意见及补充说明函、鲁公物鉴（毒）字〔2017〕133、152 号检验报告，昌公（网）电勘字〔2017〕28 号电子数据勘验报告书（附光盘一个），潍坊立信有限责任会计师事务所鉴定报告等鉴定意见，打针注水的生猪、药剂、注射器、针头等物证，翟某峰和刘某鑫记录的账本，李某强、刘某鑫、李某阳的微信转收账记录，“安能物流”发货单、扣押清单，受案登记表，抓获经过，户籍档案证明等书证，刘某鑫等人给生猪打针注水的视频，被告人翟某峰、刘某鑫、李某阳、刘某团、李某强的供述等证据证实，足以认定其犯罪行为。

第四节 地沟油案例分析

近年来，随着人民生活水平的不断提高，人们对食用油的需求量和消费量都不断增加，产生的废弃油脂也大量增加。许多不法分子将泔水油、煎炸老油、猪牛的下水油等收集起来，进行精炼加工，且不断提高精炼技术，来躲避检测部门的检测。将地沟油充当食用油进行违法销售的犯罪行为近年来屡有发生，这不仅损害了消费者的利益，干扰了我国废弃油脂的管理秩序，更给人民群众的身体健康带来了巨大的威胁。目前，我国政府各部门打击地沟油食品犯罪的力度不断加大，但“地沟油”监管工作也存在一些困难。

一、地沟油概述

（一）概念

狭义的“地沟油”也称“泔水油”或者是“洗油”，是指饭店、酒楼的残渣剩菜、烹调残油等经过下水道流入地沟，经过简单的渣水分离，撇出油层而得的油脂。因经过了下水道的打捞，故形象地称之为“地沟油”。

广义上的“地沟油”是指品质极差，含水量、皂化值、碘值、酸价、过氧化值、羰基价、黄曲毒等严重超标的非食用油，具体包括三类：第一类是狭义上的地沟油，也称泔水油；第二类是煎炸老油，是指经过长时间煎炸食物所剩的油，煎炸老油经过长时间高温烹炸加热，油脂和空气中的氧气以及所煎炸的各种食物所带入的水分等发生反应，使得油脂发生氧化及水解、缩合等一系列的化学反应，产生一系列饱和或者不饱和的醛、酮等物质；第三类是劣质猪肉、猪下水、内脏或者猪皮经过熬制提炼出的动物油脂。

（二）用途

地沟油的回收利用，本是一个节约和废物再利用的好举措，各国在对地沟油的改良利用上可谓硕果颇丰。

北京科技大学王化军团队用“地沟油”制备选矿药剂，这项技术可利用“地沟油”生产用于选矿的脂肪酸和脂肪酸钠。

中科院等离子体物理研究所科研人员经过多年技术攻关，成功掌握了餐厨废弃物生产乙醇和沼气的能源化处置技术，并形成两项发明专利。据介绍，该技术将餐厨废弃物变身为四件“宝贝”，即生物柴油、乙醇、沼气和生物肥料。

2011 年 9 月，荷兰皇家航空公司实现了新的突破，对炒菜用过的油进行加工，为飞机提供燃料。“地沟油”变为飞机燃油，成本猛增，但更高效、更绿色。SkyNRG 公司采用了“加氢可再生飞行燃料”技术。2012 年 2 月，国家民航总局正式受理了中石化提出的生物质航空煤油的适航申请。

2012 年 3 月，中国石油集团川庆钻探钻井液完井液研究所科研人员，以从合法渠道购进的食用废弃油（地沟油）为基础原油料，经提纯、改性和复配，成功研发出钻井液用生物油润滑剂。该润滑剂有利于保护地层，降低成本。

“地沟油”被研发成新型的燃料、药剂、润滑油等，可以说进行了华丽的转型，并为社会经济发展作出巨大贡献。

（三）回流餐桌

地沟油最不应该的去处就是回流餐桌，但不法分子利欲熏心，往往是将上述各类废弃油脂收集起来，在地下炼油黑作坊采用最原始的简单熬制，去除油水混合物中的水分，然后倒入沉淀池经过简单的过滤去除其中的菜叶、米饭、垃圾等固体物质，然后经酸洗、碱洗等进行简单的脱色、脱酸、脱臭处理，使得处理后的油品在色泽上十分清亮，且已闻不到之前难闻的恶臭味，基本达到食用油的感官要求。这些无良商贩将这些仅凭感官无法分辨的油加工后制成地沟油，分装入桶，或者按一定比例掺混合格的食用油，以远远低于合格食用油的价格出售给一些粮油店、食品摊，甚至是一些饭店，最后回流到百姓的餐桌上。

还有一些不法分子从屠宰场收集劣质、过期、腐败了的动物皮、肉、内脏废弃物，经过压榨脱色、去臭和高温熬制等精加工后的新型地沟油，与正规油品在外观上相同。这些新型地沟油最终被制成牛油、食品和火锅底料等，进入食品领域。

二、地沟油的危害

长期食用地沟油会破坏人们的白细胞和消化道黏膜，引起食物中毒，甚至致癌。地沟油的危害主要来源于其中的有害成分。

地沟油中的多环芳烃、苯并芘等持久性有机化学污染物被证实是严重的致癌物，由于地沟油已经经过炒、烤、炸、煎等，反复高温处理的油脂中能形成多环芳烃、苯并芘等物质。

地沟油中胆固醇含量高，一般来说，植物油中含有植物甾醇，动物油中含有胆固醇。胆固醇被证明会引发心脑血管疾病，是造成冠心病和死亡增加的主要原因。由于地沟油采用动物皮、肉、内脏等压榨或厨房回收油，胆固醇含量远超食用油的标准。

地沟油卫生状况堪忧，其中含有大量的细菌和微生物，这些生物会产生生物毒素，造成严重腹泻、消化不良等症。

地沟油在生产过程中会使用大量的化学试剂进行脱色、脱酸、脱臭处理，大量化学反应还需要用到一定量的催化剂，会造成重金属超标和化学试剂超标，其中砷超标会引起消化不良、头痛、头晕、失眠、乏力、肝区不适等症状，而铅超标会引起贫血、腹绞痛、贫血、中毒性肝病等症。

地沟油在运输、储存、生产环境中还可能污染更多的物质，对人体健康造成的损害程度不可小觑。

三、地沟油检测现状

（一）方法标准

地沟油回流餐桌引发关注，国内尚未有检测地沟油的统一标准。在现行的国家强制性标准 GB 5009.37-2003《食用植物油卫生标准》中，关于食用油的理化指标检测包括酸价、过氧化值、羰基价、游离棉酚（棉籽油）、砷、黄曲霉毒素 B_1、苯并（a）芘、残留溶剂、镍、油中非食用油、黄曲霉毒素共十一项，分别对植物原油和植物食用油进行不同的标准检测。但往往地沟油本来不是植物油，不适用上述检验方法，即使检验也都可能合格，根本无法针对地沟油去进行辨别性检测。

2010 年 5 月 4 日，国家发展和改革委员会、住房和城乡建设部、环境保护部、农业部发布《关于组织开展城市餐厨废弃物资源化利用和无害化处理试点工作的通知》(发改办环资〔2010〕1020 号)，决定组织开展城市餐厨废弃物资源化利用和无害化处理试点工作。2010 年 7 月 13 日，国务院办公厅发布《关于加强地沟油整治和餐厨废弃物管理的意见》（国办发〔2010〕36 号）专项部署地沟油和餐厨废弃物整治与管理工作问题，决定组织开展地沟油等城市餐厨废弃物资源化利用和无害化处理试点工作。2011 年 9 月 13 日，中国警方全环节破获特大利用“地沟油”制售案。2011 年 12 月，卫生部向社会公开征集“地沟油”检测方法，并于 2012 年 5 月初步确定了 4 个仪器法和 3 个可现场使用的快速检测法。仪器分析方法分别是 3 个质谱法 1 个核磁共振法，3 个现场分析法分别是 1 个试剂盒法和 2 个紫外光谱法。但是由于地沟油来源及成分的复杂性和精炼工艺的差异性，至今未确定各方公认的鉴别检测方法，而筛选出的 7 种方法还需要进一步验证和完善，以确定其有效性和准确性。现就国内对于地沟油的检测指标和检测方法总结如下。

（二）检测指标

1. 胆固醇含量。地沟油的来源包括餐厨废油脂，因此通常含有动物油脂。食用植物油中主要有谷留醇、豆留醇等多种植物留醇，动物油脂的特征留醇是胆固醇，植物油脂通常不含或含量极少。但煎炸老油等有的油脂中不含有动物油脂，会造成误判。

2. 水分含量及比重。泔水油和抽油烟机油一般水分含量高于 1%，食用油中的水分含量则小于 0.2%。水分检测可作为鉴别泔水油的特征指标之一，但不能作为煎炸油的鉴别指标。由于含水率的增加，泔水油的比重也相应增加。因此，含水率和比重能够用于泔水油的鉴别。

3. 酸价。油品的酸价是指中和 1g 油品中未和甘油结合的游离脂肪酸所需的氢氧化钾的质量（以 mg 计），精制的新鲜油脂通常为中性，酸价较低。油脂的品质发生改变会导致游离脂肪酸数目增多，进而加速油脂的氧化，所以酸价是评定油脂品质的重要指标。我国食用植物油脂的酸价通常都不大于 4，泔水油和深度油炸油中含有较高的油脂腐败和氧化变质产物游离脂肪酸，所以，泔水油和煎炸老油的酸价均远高于 4。因此，测定酸价可以鉴别泔水油和煎炸油。

4. 碘值。碘值是在油脂上加成的卤素的质量（以碘计），由于油脂中所包含的不饱和脂肪酸无论在游离状态或与甘油结合成甘油酯时，都能在双键处与卤素起加成反应，因而可以吸收一定数量的卤素。组成每种油脂的各种脂肪酸的含量有一定的范围，因此，油脂吸收卤素的能力就成为它的特征常数之一。通过测定油脂的碘值，有助于了解它们的组成是否正常、有无掺杂掺假等。植物油在煎炸过程中不饱和脂肪酸氧化和分解，不饱和脂肪酸含量大大减少，碘值明显降低，掺入煎炸油的碘值比正常植物油低。因此，测定碘值可以鉴别煎炸油，但不能鉴别泔水油。

5. 含氯量。正常生产的食用油中游离氯离子的含量很少，几乎不存在，泔水油在形成过程中或随后的脱色工艺中往往要添加含氯化物（如食盐氯化钠、漂白粉、氯气、过氧化氯等具有漂白脱色性能的化学物质），通过对油样品中氯离子的检测，可以快速准确地鉴定出被测油品是否为涉嫌脱色的泔水油，或者使用含有部分脱色油水油勾兑出的调和油品。

6. 十二烷基苯磺酸钠。十二烷基苯磺酸钠（SDBS）是化学合成的表面活性剂，在天然油脂中不可能存在，因而可作为地沟油的特异性检测成分。但并不是所有地沟油都含有表面活性剂，且通过深层精炼，可除去表面活性剂，因而检测此指标也存在一些缺陷。

7. 挥发性成分。地沟油即使经过反复处理，很多微量挥发性物质也无法全部去除，可通过检测挥发性成分来判别油脂的氧化程度，从而鉴别是否为地沟油。该方法操作简单、成本低、效率高，且可与气相色谱法、液相色谱法等联用，用于地沟油挥发性成分的检测。

8. 折光率。当光从一种介质进入另一种介质，其传播方向与两种介质的界面不垂直时，在界面处会发生光的折射现象，折光率是光的折射现象的度量。脂肪酸的折光率会随着分子量和不饱和度的增加而增大。地沟油比合格食用油的折光率在一定温度下要小。但折光率指标不适合鉴别煎炸老油，因为高温下油蒸发，分子裂解，不饱和度增大，与氧接触会形成黏度较大的过氧化物和超氧化物。

9. 电导率。地沟油在收集、加工过程中会在多种因素作用下发生氧化、酸化等反应导致油脂变质，酸败产生的离子化合物、低分子酸等和油脂在使用过程中加入的调味剂和洗涤剂均会增加水的电导率。油样通过测定水萃取液的电导率来探讨电导率与油品质的关系，从而判断是否为地沟油。其可作为地沟油检测的一项检测方法，但不能作为唯一的判断标准，且地沟油若经过深度精炼，可除去废油脂中绝大部分水溶性物质，也会引起电导率的较大波动，其方法并不适用于深度精炼的餐厨废油脂。

10. 金属离子。地沟油在进行收集和精炼期间，往往会接触到各种金属离子，因此，地沟油样中也必然会融入大量的金属离子。为此，在地沟油的检测中，通过对其金属离子含量进行测定，可作为一种非常重要的判断标准。可以参照方法 T/NAIA 0113-2022《食用油、油脂及其制品中铅、砷的测定 电感耦合等离子体质谱（ICP-MS）法》进行检验。

11. 辣椒碱。由于饮食习惯和口味爱好，辣椒是各种调料中用量较大、适用范围较广的一种。辣椒碱是引起辣味的主要化学成分，其热稳定性好、脂溶性强、沸点高、在正常使用的植物油中本身不存在，且很难被目前的地沟油加工工艺完全去除。因此，辣椒碱可以作为鉴别餐厨废弃油的特异性指标。现行标准中 BJS 201801《食用油脂中辣椒素的测定》规定了食用油脂中辣椒素（天然辣椒素、合成辣椒素、二氢辣椒素）含量的液相色谱-串联质谱测定方法。该方法的检出限是合成辣椒素 0.05μg/kg；天然辣椒素 0.03μg/kg；二氢辣椒素 0.02μg/kg。定量限是合成辣椒素 0.2μg/kg；天然辣椒素 0.1μg/kg；二氢辣椒素 0.1μg/kg。该方法所测定的样品中辣椒素（合成辣椒素、天然辣椒素和二氢辣椒素）总含量大于或等于 1.0μg/kg 时，该油脂样品可能存在异常，提示存在使用餐厨回收油脂的可能，但不能仅以此结果进行行政处罚。

12. 黄曲霉毒素 B_1。地沟油中黄曲霉毒素含量高于新鲜油品。1993 年，黄曲霉毒素被世界卫生组织（WHO）癌症研究机构划定为一类天然存在的致癌物，是毒性极强的剧毒物质。其中 B_1 的毒性最大，致癌性最强。现行标准有 KJ 201708《食用油中黄曲霉毒素 B_1 的快速检测 胶体金免疫层析法》。

13. 苯并（a）芘。有研究表明，地沟油中苯并（a）芘类比新鲜食用油高出许多，因此，该指标可作为检测地沟油的指标之一。现行标准有 KJ 201910《食用油中苯并（a）芘的快速检测 胶体金免疫层析法》、DB 22/T 1616-2012《食用油中苯并（a）芘的测定 超高效液相色谱法》。

国内对地沟油的主要研究集中在对其理化检测，以及电化学、色谱、光谱、分子生物学等检测方法。

四、工作难点

在我国，针对地沟油的检测和鉴别没有明确的国家标准方法或者行业标准，对地沟油检测研究的相关报道也很多，但到目前为止，也未建立一套完整的检测、鉴别方法。究其原因，我国幅员辽阔，不同地域、不同地区所收集的废弃油脂成分本就有较大的差异，加上地下炼油厂的不同加工、精炼手段，导致最后我们可用来检测的地沟油的成分差别显著，没有特定的检测鉴别指标，用来对照合格食用油来进行区分。鉴别指标的筛选、方法的选择，目前都处于研究探讨阶段。

在美国、日本、欧洲等发达国家，由于制定的一系列法律法规和有效的回收政策，使得地沟油难以再次进入食物油市场回流餐桌。例如，美国严格控制地沟油的来源，只有具有专门资质的公司才能够进行回收，并有完善的非法回收处罚条例，美国科研人员将餐厨废油用来制成保暖材料，这种材料可以通过环境的变化选择或者吸收热量；日本主要采取政府补贴的方式回收，高价回收餐饮废弃油脂，使之不能流入市场或者餐桌，回收后加工生产生物柴油；德国等欧洲国家推出严格的餐饮废弃油脂回收法律，对其回收加工过程进行全程跟踪，回收后的废弃油脂用于生产生物柴油外，还用于生产有机肥料、化学品等。国外对于地沟油的检测鉴别研究报道甚少，主要都是关注废弃油脂的综合利用、低价植物油掺混高价植物油以及各类植物油，如橄榄油等的质量鉴别。

五、案例

（一）案例一

安徽省凤阳县××食品有限公司于 2005 年 5 月 25 日成立，花某贵等人明知顾某军等人利用废弃油脂、肉制品加工废弃物等非食品原料炼制非食用熟牛油的情况下，仍收购供本企业作为食用原料油使用，或转手加价销售给其他食品企业当作食用原料油使用。××食品公司新厂自 2011 年 8 月投产以后，共生产出五种规格的“××香”牌系列火锅油 300 余吨。同时花某贵还安排公司将其经营的安徽省凤阳县××油脂有限公司和浙江省嘉善县××牧业场内的个体作坊生产的非食用牛油以××食品公司食用油的名义向外销售。××食品公司累计销售火锅油、熟牛油 2638. 37 吨，销售金额 2360 万余元。

一审法院判决：一、被告单位安徽省凤阳县××食品有限公司犯生产、销售有毒、有害食品罪，判处罚金人民币 2360 万元；二、被告人花某贵犯生产、销售有毒、有害食品罪，判处有期徒刑 15 年，并处罚金人民币 200 万元；被告人顾某军犯生产、销售有毒、有害食品罪，判处有期徒刑 11 年，并处罚金人民币 90 万元。

（二）案例二

重庆市××食品有限公司（以下简称××公司）于 2007 年 4 月 3 日注册成立，被告人陈某明任公司法定代表人，经营范围包括生产销售食用动物油脂、肉制品等。陈某明明知被告人杨某仁等人提供的粗油为非食品原料熬制而成，仍多次大量购买；或从新疆某皂角加工厂等处直接购买淋巴等非食品原料进行加工制成粗油，再对上述粗油进行精加工，熬制成食用油后销售至重庆市 14 家火锅企业、底料加工企业。被告人明知购进的原料为淋巴等非食品原料熬制，仍积极组织生产并加工为食用油。××公司在 2012 年 1 月至 2013 年 5 月期间，共计生产、销售食用油 9760 余吨，涉案金额人民币 9480 余万元。被告人杨某仁在广西南宁市大量收购用淋巴等非食品原料初加工的粗油，明知××公司系食品加工企业，仍将仅能作为化工原料的粗油销售给××公司用于食用油加工。2012 年 1 月至 2013 年 5 月期间，被告人杨某仁共销售给××公司共计人民币 1040 余万元的粗油。

重庆市第一中级人民法院认为，被告单位重庆市××食品有限公司明知是有毒、有害的非食品原料，仍对其进行生产、加工，制作成食用油用于销售，销售金额达 9480 余万元，情节特别严重，该单位已构成生产、销售有毒、有害食品罪，依法应予处罚。判决：一、被告单位重庆邦明食品有限公司犯生产、销售有毒、有害食品罪，判处罚金人民币 2 亿元。二、被告人陈某明犯生产、销售有毒、有害食品罪，判处死刑，缓期 2 年执行，剥夺政治权利终身，并处没收个人全部财产。被告人杨某仁犯生产、销售有毒、有害食品罪，判处有期徒刑 15 年，剥夺政治权利 5 年，并处没收个人财产 200 万元。

第五节　假酒案例分析

酒是人类最古老的食物之一，它的历史几乎是与人类文化史一道开始的。酒以助兴、酒以承欢、酒以载礼，饮酒具有浓重的文化色彩和情感色彩，酒已经深入中国人的生活。也正是因为巨大的市场需求，酒被很多不法分子盯上，假酒越来越多，假酒贩子也越来猖狂。层出不穷的假酒事件既是对社会良知的拷问，又是对法制社会的挑衅。

一、概述

（一）酒的分类

酒根据酿造方法的不同，可分为蒸馏酒、发酵酒和配制酒。蒸馏酒是在原料发酵后，用蒸馏法制成的酒。这种酒度数较高，刺激性较强。中国的白酒、白兰地酒、威士忌酒等属于此类。发酵酒又称为酿造酒，是原料发酵后直接提取或压榨而得的酒。这类酒度数较低，含有固形物较低，如啤酒、葡萄酒、黄酒、清酒、果酒等。配制酒又称再制酒，它是用白酒与一定比例的糖、香料、药材等配制而成的酒，如竹叶青、五加皮、味美思、劲酒等。

酒含有酒精成分，酒精度超过40%的为高度酒，酒精度在20%~40%的为中度酒，而低于20%为低度酒。在我国，商业上常见的酒主要为白酒、啤酒、黄酒、葡萄酒、果酒、药酒。白酒还可根据香型细分为浓香型、酱香型、清香型、米香型、复香型等。

关于酒的品质检验，正规出厂的酒品要进行外观及理化等各项指标的检验。其中酒感官指标的检验，要对酒的色泽、透明度、滋味、香味等内容进行检测；酒的理化指标检验，包括对酒中可能的有害物质检验，如甲醇、杂醇油、氰化物、铅、锰五项指标的检测。

（二）假酒的分类

市场上的假酒可分为五大类。

1. 普通酒勾兑的假冒酒，如普通散装白酒勾兑假冒酒。

2. 用质量较好的优质酒冒充名牌的侵权酒，如假冒“茅台”“五粮液”等名牌酒，获取非法利润。此类假酒不会对身体健康产生影响，但对正规生产企业的经济利益造成巨大损害，扰乱了市场经济秩序，侵犯名酒企业的知识产权。

3. 用香精勾兑调制酒，如一些假冒葡萄酒等果酒，只是劣质红酒用色素和糖精勾兑酒。还有一些白酒通过加入酯类化合物来达到增香口感和挂杯效果。

4. 工业酒精勾兑的假白酒。此类假酒的危害性极大，主要销售给信息不发达的农村地区，受害群众不了解工业酒精中含有甲醇及其代谢产物甲醛和甲酸会造成中枢神经系统损害、眼部损害及代谢性酸中毒。但甲醇的化学性质、物理性质，特别是气味、滋味、比重等和乙醇相似，仅凭感官鉴别难以区分。

5. 有生产和包装缺陷的劣酒。假冒名牌啤酒多数是用旧酒瓶装入低档酒，重新贴上新商标出售。

对假冒名酒鉴别的主要方法：一是感官品评，通过对受检酒样的标识、色、香、味构成的风格品质进行对比鉴别；二是成分检验，根据理化检验方法，运用理化检验设备，根据国家名酒标准样品理化成分表、色谱分析图和感官评语与受检酒样逐项进行分析对比，从而得出具有权威性的结论。

二、假酒中有毒化学成分的危害

酒当中对人体危害较大的成分主要有甲醇、杂醇油、氰化物、铅、锰、农药等。

（一）甲醇的危害

甲醇是酒类中的有害成分，甲醇来源于含有果胶较多的物质分解，以及假酒中工业酒精的非法添加。甲醇及其代谢产物甲醛和甲酸会造成中枢神经系统损害、眼部损害及代谢性酸中毒。甲醇本身具有麻醉作用，对神经细胞有直接毒性作用。甲酸损害视乳头和视神经，导致视乳头水肿、视神经髓鞘破坏和视神经损害。甲醇干扰体内某些氧化酶的代谢，使乳酸和其他有机酸蓄积，甲醇代谢物甲酸的产生，导致代谢性酸中毒。甲醇含量高会造成饮用者失明，通常 4~6g 就会使人致盲，10g 以上就可引起中毒死亡情况的发生。

（二）杂醇油的危害

杂醇油是高级醇的混合物，一般呈油状，故称为杂醇油。杂醇油来源于酿酒原料中的蛋白质分解成氨基酸，氨基酸在酵母分泌的脱羧酶和脱氨基酶的作用下，生成了杂醇油。杂醇油是酒的芳香成分之一，主要成分是异戊醇、戊醇、异丁醇、丙醇等，但含量过高，其代谢较慢在体内存续时间较长，会使人神经系统充血，头痛，对人体有毒害作用，它的中毒和麻醉作用比乙醇强，其毒性随分子量增大而加剧，其中以异丁醇、异戊醇的毒性较大。

（三）氰化物的危害

氰化物来源于酿酒的原料，如用木薯或代用品酿酒，原料中有苦杏仁甙，该物质分解能产生剧毒的氰化物，引起引用者呕吐、腹泻、气促、呼吸困难，甚至全身抽搐，窒息死亡。

（四）铅和锰的危害

铅污染主要来源于酒类的包装容器，在遇到酸性条件时与铅反应，生成可溶性铅盐释放在酒液中。锰污染来源则是酒的制作工艺中会用到高锰酸钾等氧化剂进行脱色、去异味处理时残留的。铅和锰都会对人体造成伤害，铅中毒能够影响人体神经系统、心血管系统、骨骼系统、生殖系统和免疫系统的功能，人食用 0.04g 铅会引起中毒，食用 20g 铅会引起急性中毒，导致死亡。锰也是毒性很强的金属，食用锰会引起头痛、头晕、失眠、乏力、记忆力减退、下肢沉重，严重的情况会出现肌张力增高、手指震颤、腱反射亢进，对周围事物缺乏兴趣和情绪不稳定。后期出现典型的震颤麻痹综合征，有四肢肌张力增高和静止性震颤、言语障碍、步态困难等以及有不自主哭笑、强迫观念和冲动行为等精神症状。

（五）二氧化硫的危害

二氧化硫是在酿造葡萄酒、果酒过程中，为使醅液起到杀菌、澄清、溶解、增酸、抗氧化作用而添加进去的。二氧化硫大部分在酿造过程中能够被消耗掉，只残留极少部分。二氧化硫是有毒的无色液体，具有窒息性气味，使人呼吸困难，二氧化硫有明显的肺部刺激作用，造成肺部损伤。二氧化硫还可被人体吸收进入血液，对全身产生毒性作用，它能破坏酶的活力，影响人体新陈代谢，使机体的免疫力下降，对肝脏造成一定的损害。二氧化硫可以加强致癌物苯并（a）芘的致癌作用。国家规定以游离二氧化硫计，应小于等于 0.05g/kg。

（六）甲醛的危害

甲醛是在啤酒生产过程中，为提高啤酒的稳定性，降低啤酒色度，在糖化过程中添加的物质。甲醛可引起消化道及全身中毒性症状，全身症状包括头痛、乏力、食欲缺乏、心悸、失眠、体重减轻及自主神经紊乱等。入经口摄入 10~20mL 甲醛溶液可致死。酒中甲醛含量国家规定残留量低于 2mg/L。

（七）糖精钠的危害

糖精是一种甜味剂，其化学名是邻磺酰苯亚胺，白色结晶或粉末，是人工合成的，本身无任何营养价值，但其甜度约为蔗糖的 300 倍，在“三精一水”的掺假葡萄酒中广泛使用。掺假葡萄酒使用酒精、糖精、香精、色素、酸、增稠剂和防腐剂来制备假葡萄酒。长期食用会影响肠胃中消化酶的作用，影响小肠的吸收能力，从而影响食欲。

白酒中除了上述生产原料和生产工艺过程中可能产生的有毒物质之外，还有一些不法分子人为添加“敌敌畏”勾兑白酒的情况发生。2009 年 1 月 6 日中国经济网报道：在河南郑州一处民房内，查获 200 多瓶以剧毒农药“敌敌畏”勾兑的假“茅台酒”以及制酒工具和大量原料。“敌敌畏”作为一种有机磷杀虫剂，对人体有剧烈毒性，0.5~5g 即可致人死亡。

三、假酒的检验方法

（一）感官检测

假酒的识别第一步通常是感官检验，一般步骤可分为：

1. 看标识。2004 年我国出台了《酒类标识管理办法》，要求酒必须有名称、产地、种类、含量等内容，同时按有关海关规定要求，洋酒标签上必须要有中文标识及卫生检验检疫章。而中文标识是必须经过国家相关部门多个证明及样品抽查合格后才能获得的。因此没有中文标识及卫生检验检疫章的洋酒可能是假酒。

2. 辨标签。标识的完整性和标签印刷质量可以对真伪酒进行区分，通常真品标签字迹清楚、轮廓好；假酒标签字迹模糊、不规则。

3. 观酒色。对于白酒的酒色观察有一定难度，但啤酒、葡萄酒、果酒等有颜色的酒类可通过观看酒色进行感官鉴别。真品液体呈金黄色、透亮；假酒的液体一般比较暗淡、光泽差，部分假酒分装工艺较差可能出现细菌污染，产生残渣及浑浊现象。

4. 认防伪盖。真品瓶盖上的金属防伪盖与瓶盖是连为一体的，而假酒的防伪盖却是粘上去的。同时，真品金属防伪盖做工严密，塑封整洁、光泽好；而假酒瓶盖做工粗糙，塑封材质不好，偏厚，光泽差。假酒，商标模糊，立体感差。

通常假冒白酒检验，名牌白酒瓶口封口工序较多，有防伪盖，且瓶盖上印有条码、生产日期、批号、防伪标识等，而假白酒的外包装盒发旧，瓶体有明显的磨损痕迹，假酒商标的清晰度较差，颜色不正，没有防伪标识，封口比较简陋，不够规范，瓶盖信息不全。

假冒名牌啤酒在鉴别时主要看商标。真酒贴商标时要求非常严格，所有酒瓶商标位置完全一致，而假酒就没有那么规范了，有时商标位置根本找不准。

5. 记防伪图案。各地葡萄酒防伪标志在不同的角度下可出现不同的图案变换，防伪线可撕下来；假酒的防伪标志无光泽，图案变换不明显，防伪线是印上去的。

6. 气味识别。白酒有浓香、清香、酱香等多种气味，这些气味与酒中的醇类、酯类、有机酸等各种化合物的组成和比例有关，一些用劣质酒勾兑成名优酒在气味上差别较大。还有一些劣质酒的制酒原料出现霉变、污染等，会出现制成的酒有臭味。

7. 口感识别。有的酒有较为明显的辛辣刺激口感，这是由于酒在刚蒸馏制备过程中产生多种醛类物质。对于一些标称年份久远的白酒产品，醛类物质储存放置越久，挥发损失的越多，使得酒的口感更佳。还有的果酒及葡萄酒口感过甜，有可能是添加甜味剂造成的，甜味剂和色素勾兑的酒缺少水果本身的甘味。更有一些劣质酒存在原料霉变的可能性很大，产生较多单宁物质造成更加苦涩的口感。

葡萄酒等果酒中的假酒，标签和颜色的假冒比较明显，劣质红酒用色素和糖精勾兑，假酒颜色艳丽，口感甜腻，有些假酒瓶底呈现沉淀。

此外，假酒的共同特点还存在价格低廉的特点，比起同品牌的正规产品，这些仿冒酒普遍靠低价吸引消费者，因此对于过低价格的产品应该提高警惕。

（二）化学成分检验

1. 甲醇的检验。甲醇是酒类中的有害成分，国家标准规定食用酒精中甲醇含量应低于 0.0015g/100mL，以谷物为原料的酒中甲醇含量应低于 0.04g/100mL（折合成 60°计），以薯干及代用品为原料的酒中甲醇含量应低于 0.12g/100mL。因此只要是按照正常生产工艺组织生产，甲醇的含量不会超过此限量标准。

（1）甲醇的快速检验方法——比色法，其检验原理是甲醇在酸性条件下，被氧化剂高锰酸钾氧化生成甲醛，过量的高锰酸钾被草酸中和去除，甲醛会与 schiff 试剂反应，生成蓝紫色的醌型色素，在 590nm 处测定吸光度值，可用于甲醇的快速定性定量分析。该方法的检测限是 0.02g/100mL。本方法实验中要注意白酒中的乙醛、丙醛等醛类物质的干扰；以及注意分光光度法的线性范围，一般甲醇标准曲线范围内测值较为准确。

本实验中所用试剂的配制如下：

试剂 1：高锰酸钾磷酸溶液：3g $KMnO_4$ 和 15mL 85%的磷酸及 70mL 的水溶液混合，待全部溶解后定容至 100mL 棕色瓶中。

试剂 2：5g 无水草酸或 7g 二水合草酸，溶于 1∶1 冷硫酸溶液中，并用 1∶1 冷硫酸溶液定容至 100mL 棕色瓶中。

试剂 3：0.1g 研碎的酸性品红，分次加水 80℃共 60mL，冷却后转移至容量瓶，加入 10mL 10%的亚硫酸钠溶液，1mL 盐酸，再定容至 100mL，放置过夜，如有颜色加入少量活性炭去除颜色，避光暗处保存。

（2）GC 法可以进行甲醇等挥发性气体的定性定量检验。

2. 杂醇油的检验。杂醇油是酿酒过程中原料发酵所产生，其总量及各种醇类的含量比例直接影响酒的风味和安全。杂醇油的含量不能过高，国标规定 60°白酒中杂醇油含量≤0.2g/100mL（以异丁醇与异戊醇计）。杂醇油的检验方法可以与甲醇、甲醛等挥发性气体共同使用气相色谱法检验。

（1）气相色谱法的实验原理是不同醇类在氢火焰检测器中（FID）化学电离反应，根据色谱峰的保留时间和色谱峰的峰面积进行定性和定量检测。各类醇的检出限，其中正丙醇和正丁醇为0.2ng，异戊醇和正戊醇为0.15ng，伯丁醇和异丁醇为0.22ng。

（2）杂醇油还可以用化学法进行快速检测，其原理是异戊醇和异丁醇在浓硫酸的作用下生成戊烯和丁烯，再与对二甲氨基苯甲醛反应生成橙红色物质，根据颜色深浅判断杂醇油含量。

3. 甲醛检验。

（1）比色法实验原理是甲醛在过量乙酸铵存在下，可以与乙酰丙酮和铵离子生成黄色的3，5-二乙酰基-1，4-二氢吡啶化合物，在波长415nm处有最大吸收，颜色深浅与甲醛的含量成正比。

（2）气相色谱法可以进行甲醛气体的定性定量检验。

4. 氰化物检验。国家卫生标准规定，以木薯为原料的（以HCN计）应≤5mg/L，以代用品为原料者应≤2mg/L。氰化物检验分为紫外分光光度法和衍生化气相色谱法。

（1）分光光度法的检测原理是：氰化物在酸性溶液中挥发出后被碱性溶液吸收，在pH值为7.0的溶液中，用氯胺T将氯化物转化为氯化氰，再与异烟酸-吡唑酮作用，生成蓝色染料，比色法检验，本法取样品10g，检出限为0.0015mg/kg。

（2）衍生化GC法的检测原理是：离子型氰化物经过衍生化反应后生成具有挥发性的有机化合物，也可以采用气相色谱法检验。

5. 铅和锰的检验。国家规定铅的含量≤1mg/L，锰的含量≤2mg/L。铅和锰的检验可采用ICP-MS法进行定性和定量分析检测。

6. 糖及糖精的检验。

（1）糖的比色法检验原理：蔗糖与α-萘酚乙醇溶液作用，再加入浓硫酸会在两相界面中产生紫色环。实验中取酒1mL置于试管中，加入15%的α-萘酚乙醇溶液2滴，摇匀，沿着管壁缓慢加入浓硫酸。如果两界面出现紫色环，则样品中含糖，正常酒应为黄色或无色。

（2）其他方法：糖精钠的检测方法比较多，有薄层色谱法、纳氏试剂比色法、硫代二苯胺比色法以及紫外分光光度法。纳氏试剂比色法检测原理：糖精钠经盐酸酸化分解后，转化为氯化铵，用纳氏试剂（碘化钾的强碱溶液）发生显色反应，生成黄棕色的胶体溶液，在410~425nm有明显的吸收，可以测定含量。本方法的检出限是0.025mg/L。

四、工作难点

假酒的犯罪行为屡禁不止，尤其在过年过节等酒类销售旺季呈现多发态势。

通常偏远农村地区偶发出现工业酒精勾兑假酒的案件，但近些年假酒案件以假冒名牌酒的案件居多。

假冒名牌酒多数以低档酒加水和香精勾兑成普通酒销售，或者是以优质酒更换包装伪装成名牌酒销售，还有的是假冒年份酒以获得非法收益。

假冒名牌酒不仅涉足白酒，不法分子还在葡萄酒、进口酒、啤酒、黄酒等各种酒产品中进行仿冒，一些过期、劣质的进口酒逃脱海关的检验检疫，私下走私入境，在黑作坊进行分装，贴牌后销售行为十分隐蔽。

此外网络销售假酒案件呈上升趋势，网络平台缺少监管和检测方法，成为假酒销售的渠道。消费者购买假冒名酒有些是出于不知情，有些则是明知仍购买，助长了制假售假者的嚣张气焰。

五、案例

（一）有毒的假酒案件

“1・26”山西朔州假酒案震惊全国。1998 年 2 月春节期间，山西省文水县农民王×华用 34 吨甲醇加水后勾兑成散装白酒 57.5 吨出售，造成 27 人丧生，222 人中毒入院治疗，其中多人失明。1998 年 3 月 9 日，王×华等 6 名犯罪分子被判处死刑。无独有偶，2003 年 12 月 5 日，云南省玉溪市元江哈尼族彝族傣族自治县一家叫“×××酒厂”的门市卖出了用工业酒精配制的酒，其甲醇含量为普通酒的 168 倍，造成村民 79 人中毒、5 人死亡。

2007 年，一个灌装“国务院特供”“民航特供”假茅台酒的生产窝点在瑞金北路吉安巷×号一民宅中被贵阳市工商部门捣毁。经现场清点，这里当天“生产”的茅台酒成品尚有近 50 件还没来得及运走，涉及茅台酒市场上的十来个品种，甚至连茅台酒没有的品种“国务院机关事务管理局机关事务专用酒”“民航特供酒”等品种也赫然在场。真正让人震惊的是，在制假现场发现了一瓶剧毒农药“敌敌畏”和一支注射器。原来制假者为了让假酒从口味和香味上达到逼真的效果，将这种毒药注射到假酒中。

（二）假冒名牌酒

2018 年 3 月，河南郑州成功破获一起制假贩假葡萄酒的犯罪团伙，捣毁制假窝点 5 处，抓获犯罪嫌疑人 10 人，查获假酒 8000 余箱 50000 余瓶，生产工具若干，以及防伪标识、商标、瓶塞等 10 余万枚，涉案价值高达 1800 余万元。办案人员单单拉假酒就拉了将近 1 天 1 夜，载重 3 吨的货车拉了将近 100 车。该团伙以低价购置劣质酒为原料，订制包装箱以及瓶塞、防伪标识、商标等，加工成澳大利亚知名葡萄酒，以每瓶 500 至 8000 元不等的价格销售，牟取暴利。据嫌疑人交代，一瓶成本不足 150 元的低价酒，经过造假人员的勾兑、包装，摇身一变就成了价值 2000 多元的名牌酒。

河南省高院裁定王某才、李某星非法制造、销售非法制造的注册商标标识案。从 2018 年 7 月开始，被告人李某星、王某才为牟取利益，在未取得注册商标所有人授权的情况下，各自接受袁某（已判刑）委托，分别为袁某加工制作“杜康”大曲酒、“杜康”扁瓷瓶酒注册商标标识等包装物及“剑南春”酒、“五粮液”酒注册商标标识、纸箱等包装物。2019 年 3 月 5 日，公安机关从袁某制作假冒白酒的场所查获被告人李某星销售给袁某的“杜康”大曲酒、“杜康”扁瓷瓶酒注册商标标识共计 36828 件，查获被告人王某才销售给袁某的“剑南春”酒、“五粮液”酒注册商标标识、纸箱等包装物共计 33508 件。经鉴定，公安机关查获的上述酒类注册商标标识均属假冒注册商标的标识。

从全国食品违法案件典型案例来看，我国食品违法案件存在以下特点：

1. 从违法环节看，食品销售环节案件所占比例最大。

2. 从案件行为看，未经许可从事食品生产经营行为所占比例最大；其他违法行为依次为超范围、超限量使用食品添加剂，食品中农兽药残留、重金属含量超标，食品标签标识不合格，违法添加非食用物质等。

3. 案件处罚力度有所增加。

4. 非法添加类案件仍然多发。

5. 假冒名牌食品案件数量有所增加。

6. 互联网成为销售违法食品的主要渠道。

全国公安机关“昆仑”行动和整治食品安全问题联合行动部署开展以来，为维护食品药品和生态环境安全、服务经济社会发展作出了贡献。公安部食品药品犯罪侦查局组织开发了全国食药环检验检测机构查询系统并投入使用，确保能第一时间完成系统建设任务，第一时间投入实战应用。

附录

法律法规及司法解释

附录一
食品中可能违法添加的非食用物质和易滥用的食品添加剂名单（1-6批）

关于印发《食品中可能违法添加的非食用物质和易滥用的食品添加剂品种名单（第一批）》的通知

食品整治办〔2008〕3号

表1　食品中可能违法添加的非食用物质名单（第一批）

序号	名称	主要成分	可能添加的主要食品类别	可能的主要作用	检测方法
1	吊白块	次硫酸钠甲醛	腐竹、粉丝、面粉、竹笋	增白、保鲜、增加口感、防腐	GB/T 21126-2007 小麦粉与大米粉及其制品中甲醛次硫酸氢钠含量的测定；卫生部《关于印发面粉、油脂中过氧化苯甲酰测定等检验方法的通知》（卫监发〔2001〕159号）附件2 食品中甲醛次硫酸氢钠的测定方法
2	苏丹红	苏丹红Ⅰ	辣椒粉	着色	GB/T 19681-2005 食品中苏丹红染料的检测方法高效液相色谱法
3	王金黄、块黄	碱性橙Ⅱ	腐皮	着色	GB/T 23496-2009 食品中禁用物质的检测 碱性橙染料 高效液相色谱法

续表

序号	名称	主要成分	可能添加的主要食品类别	可能的主要作用	检测方法
4	蛋白精、三聚氰胺		乳及乳制品	虚高蛋白含量	GB/T 22388－2008 原料乳与乳制品中三聚氰胺检测方法 GB/T 22400－2008 原料乳中三聚氰胺快速检测液相色谱法
5	硼酸与硼砂		腐竹、肉丸、凉粉、凉皮、面条、饺子皮	增筋	GB/T 5009.275－2016 食品安全国家标准 食品中硼酸的测定
6	硫氰酸钠		乳及乳制品	保鲜	GB/T 1268－1998 化学试剂 硫氰酸钠 SN/T 3927－2014 出口乳制品中硫氰酸钠含量的测定
7	玫瑰红 B	罗丹明 B	调味品	着色	SN/T 2430－2010 进出口食品中罗丹明 B 的检测方法
8	美术绿	铅铬绿	茶叶	着色	
9	碱性嫩黄		豆制品	着色	DB 35/T 897－2009 食品中碱性橙、碱性嫩黄 O 和碱性桃红 T 含量的测定 DBS22/006－2012 食品安全地方标准 食品中酸性橙、碱性橙 2 和碱性嫩黄的测定 液相色谱－串联质谱法 BJS 202204 豆制品中碱性嫩黄等 11 种工业染料的测定

续表

序号	名称	主要成分	可能添加的主要食品类别	可能的主要作用	检测方法
10	酸性橙		卤制熟食	着色	同上
11	工业用甲醛		海参、鱿鱼等干水产品	改善外观和质地	SC/T 3025-2006 水产品中甲醛的测定
12	工业用火碱		海参、鱿鱼等干水产品	改善外观和质地	
13	一氧化碳		水产品	改善色泽	SN/T 2052-2008 进出口水产品中一氧化碳残留量的检验方法　气相色谱法
14	硫化钠		味精		
15	工业硫磺		白砂糖、辣椒、蜜饯、银耳	漂白、防腐	
16	工业染料		小米、玉米粉、熟肉制品等	着色	BJS 202204 豆制品中碱性嫩黄等 11 种工业染料的测定
17	罂粟壳		火锅		BJS 201802 食品中吗啡、可待因、罂粟碱、那可丁 和蒂巴因的测定

表 2　食品加工过程中易滥用的食品添加剂品种名单（第一批）

序号	食品类别	可能易滥用的添加剂品种或行为	检测方法
1	渍菜（泡菜等）	着色剂（胭脂红、柠檬黄等）超量或超范围（诱惑红、日落黄等）使用。	GB/T 5009.35-2003 食品中合成着色剂的测定 GB/T 5009.141-2003 食品中诱惑红的测定
2	水果冻、蛋白冻类	着色剂、防腐剂的超量或超范围使用，酸度调节剂（己二酸等）的超量使用。	

续表

序号	食品类别	可能易滥用的添加剂品种或行为	检测方法
3	腌菜	着色剂 、防腐剂、甜味剂（糖精钠、甜蜜素等）超量或超范围使用。	
4	面点、月饼	馅中乳化剂的超量使用（蔗糖脂肪酸酯等），或超范围使用（乙酰化单甘脂肪酸酯等）；防腐剂，违规使用着色剂超量或超范围使用甜味剂	
5	面条、饺子皮	面粉处理剂超量	
6	糕点	使用膨松剂过量（硫酸铝钾、硫酸铝铵等），造成铝的残留量超标准；超量使用水分保持剂磷酸盐类（磷酸钙、焦磷酸二氢二钠等）；超量使用增稠剂（黄原胶、黄蜀葵胶等）；超量使用甜味剂（糖精钠、甜蜜素等）	GB/T 5009. 182-2003 面制食品中铝的测定
7	馒头	违法使用漂白剂硫磺熏蒸	
8	油条	使用膨松剂（硫酸铝钾、硫酸铝铵）过量，造成铝的残留量超标准	
9	肉制品和卤制熟食	使用护色剂（硝酸盐、亚硝酸盐），易出现超过使用量和成品中的残留量超过标准问题	GB/T 5009. 33-2003 食品中亚硝酸盐、硝酸盐的测定
10	小麦粉	违规使用二氧化钛、超量使用过氧化苯甲酰、硫酸铝钾	

卫生部关于印发《食品中可能违法添加的非食用物质名单（第二批）》的通知

食品整治办〔2009〕5号

附件1：食品中可能违法添加的非食用物质名单（第二批）

序号	名称	主要成分	可能添加的主要食品类别	可能的主要作用	检测方法
1	皮革水解物	皮革水解蛋白	乳与乳制品 含乳饮料	增加蛋白质含量	乳与乳制品中动物水解蛋白鉴定-L（-）-羟脯氨酸含量测定（检测方法由中国检验检疫科学院食品安全所提供。联系方式：Wkzhong@ 21cn. com）
2	溴酸钾	溴酸钾	小麦粉	增筋	GB/T 20188-2006 小麦粉中溴酸盐的测定 离子色谱法
3	β-内酰胺酶（金玉兰酶制剂）	β-内酰胺酶	乳与乳制品	掩蔽 抗生素	液相色谱法（检测方法由中国检验检疫科学院食品安全所提供。联系方式：Wkzhong@ 21cn. com）
4	富马酸二甲酯	富马酸二甲酯	糕点	防腐 防虫	气相色谱法（检测方法由中国疾病预防控制中心营养与食品安全所提供）

关于印发《食品中可能违法添加的非食用物质和易滥用的食品添加剂名单（第三批）》的通知
（2009.9）

附件1　食品中可能违法添加的非食用物质名单（第三批）

序号	名称	主要成分	可能添加的主要食品类别	可能的主要作用	检测方法
1	废弃食用油脂		食用油脂	掺假	无
2	工业用矿物油		陈化大米	改善外观	
3	工业明胶		冰淇淋、肉皮冻等	改善形状、掺假	无
4	工业酒精		勾兑假酒	降低成本	无
5	敌敌畏		火腿、鱼干、咸鱼等制品	驱虫	GB T5009.20-2003 食品中有机磷农药残留的测定
6	毛发水		酱油等	掺假	无
7	工业用乙酸	游离矿酸	勾兑食醋	调节酸度	GB/T 5009.41-2003 食醋卫生标准的分析方法

附件2　食品加工过程中易滥用的食品添加剂品种名单（第三批）

序号	易滥用的添加剂品种	可能添加的主要食品类别	检测方法
1	滑石粉	小麦粉	GB 21913-2008 食品中滑石粉的测定
2	硫酸亚铁	臭豆腐等	

关于印发《食品中可能违法添加的非食用物质和易滥用的食品添加剂名单（第四批）》的通知

整顿办函〔2010〕50号

附件：1. 食品中可能违法添加的非食用物质名单（第四批）

序号	名称	主要成分	可能添加或存在的食品种类	添加目的	涉及环节	检测方法
1	β-兴奋剂类药物	盐酸克伦特罗（瘦肉精）、莱克多巴胺等	猪肉、牛羊肉及肝脏等	提高瘦肉率	养殖	GB-T22286-2008 动物源性食品中多种β-受体激动剂残留量的测定，液相色谱-串联质谱法
2	硝基呋喃类药物	呋喃唑酮、呋喃它酮、呋喃西林、呋喃妥因	猪肉、禽肉、动物性水产品	抗感染	养殖	GB/T 21311-2007 动物源性食品中硝基呋喃类药物代谢物残留量检测方法，高效液相色谱-串联质谱法
3	玉米赤霉醇	玉米赤霉醇	牛羊肉及肝脏、牛奶	促进生长	养殖	GB/T 21982-2008 动物源食品中玉米赤霉醇、β-玉米赤霉醇、α-玉米赤霉烯醇、β-玉米赤霉烯醇、玉米赤霉酮和赤霉烯酮残留量检测方法，液相色谱-质谱/质谱法
4	抗生素残渣	万古霉素	猪肉	抗感染	养殖	无，需要研制动物性食品中测定万古霉素的液相色谱-串联质谱法

续表

序号	名称	主要成分	可能添加或存在的食品种类	添加目的	涉及环节	检测方法
5	镇静剂	氯丙嗪 安定	猪肉	镇静，催眠，减少能耗	养殖、运输	参考 GB/T 20763-2006 猪肾和肌肉组织中乙酰丙嗪、氯丙嗪、氟哌啶醇、丙酰二甲氨基丙吩噻嗪、甲苯噻嗪、阿扎哌隆阿扎哌醇、咔唑心安残留量的测定，液相色谱-串联质谱法 无，需要研制动物性食品中测定安定的液相色谱-串联质谱法
6	荧光增白物质		双孢蘑菇、金针菇、白灵菇、面粉	增白	加工、流通	蘑菇样品可通过照射进行定性检测 面粉样品无检测方法
7	工业氯化镁	氯化镁	木耳	增加重量	加工、流通	无
8	磷化铝	磷化铝	木耳	防腐	加工、流通	无
9	馅料原料漂白剂	二氧化硫脲	焙烤食品	漂白	加工、餐饮	无，需要研制馅料原料中二氧化硫脲的测定方法
10	酸性橙 II		黄鱼	增色	流通	无，需要研制食品中酸性橙 II 的测定方法 （说明：水洗方法可作为补充，如果脱色，可怀疑是违法添加了色素）

续表

序号	名称	主要成分	可能添加或存在的食品种类	添加目的	涉及环节	检测方法
11	抗生素	磺胺类、喹诺酮类、氯霉素、四环素、β-内酰胺类	生食水产品	杀菌防腐	餐饮	GBT21316-2007 动物源性食品中磺胺类药物残留量的测定，高效液相色谱-质谱法 GB 21312-2007 动物源性食品中 14 种喹诺酮药物残留检测方法，液相色谱-质谱/质谱法 GB/T 22338-2008 动物源性食品中氯霉素类药物残留量测定 GB 21317-2007 动物源性食品中四环素类兽药残留量检测方法，液相色谱-质谱/质谱法与高效液相色谱法 SN/T 2127-2008 进出口动物源性食品中 β-内酰胺类药物残留检测方法，微生物抑制法
12	喹诺酮类	喹诺酮类	麻辣烫类食品	杀菌防腐	餐饮	无，需要研制麻辣烫类食品中喹诺酮类抗生素的测定方法
13	水玻璃	硅酸钠	面制品	增加韧性	餐饮	无

续表

序号	名称	主要成分	可能添加或存在的食品种类	添加目的	涉及环节	检测方法
14	孔雀石绿	孔雀石绿	鱼类	抗感染	养殖、流通	GB 20361-2006 水产品中孔雀石绿和结晶紫残留量的测定，高效液相色谱荧光检测法（建议研制水产品中孔雀石绿和结晶紫残留量测定的液相色谱-串联质谱法）
15	乌洛托品	六亚甲基四胺	腐竹、米线等	防腐	加工	无，需要研制食品中六亚甲基四胺的测定方法

附件 2　食品中可能滥用的食品添加剂品种名单（第四批）

序号	名称	主要成分	可能添加或存在的食品种类	添加目的	涉及环节	检测方法
1	山梨酸	山梨酸	乳制品（除干酪外）	防腐	加工	GB/T 21703-2008《乳与乳制品中苯甲酸和山梨酸的测定方法》
2	纳他霉素	纳他霉素	乳制品（除干酪外）	防腐	加工	参照 GB/T 21915-2008《食品中纳他霉素的测定方法》
3	硫酸铜	硫酸铜	蔬菜干制品	掩盖伪劣产品	加工	无

附件3　对前三批名单的补充和修改内容

序号	名称	主要成分	对主要产品类别等的修改内容	备注
1	工业用火碱	工业用火碱	1. 增加“生鲜乳” 2. 可能的主要作用：增加“防腐”	“食品中可能违法添加的非食用物质名单（第一批）”第12条
2	甜味剂	甜蜜素	增加“酒类”（配制酒除外）	“食品加工过程中易滥用的食品添加剂品种名单（第一批）”第4条
3	甜味剂	安赛蜜	增加“酒类”	“食品加工过程中易滥用的食品添加剂品种名单（第一批）”第4条
4	工业硫磺	SO_2	增加“龙眼、胡萝卜、姜等”	“食品中可能违法添加的非食用物质名单（第一批）”第15条
5	铝膨松剂	硫酸铝钾 硫酸铝铵	增加“面制品和膨化食品”	“食品加工过程中易滥用的食品添加剂品种名单（第一批）”第6条
6	一氧化碳	一氧化碳	将“水产品”改为“金枪鱼、三文鱼”	“食品中可能违法添加的非食用物质名单（第一批）”第13条
7	着色剂	胭脂红、柠檬黄、诱惑红、日落黄等	增加“葡萄酒”	“食品加工过程中易滥用的食品添加剂品种名单（第一批）”第1条
8	亚硝酸盐	亚硝酸盐	增加“腌肉料和嫩肉粉类产品”	“食品加工过程中易滥用的食品添加剂品种名单（第一批）”第9条

关于印发《食品中可能违法添加的非食用物质和易滥用的食品添加剂品种名单（第五批）》的通知

整顿办函〔2011〕1号

附件1　食品中可能违法添加的非食用物质名单（第五批）

序号	名称	主要成分	可能添加或存在的食品种类	添加目的	检测方法	可能涉及的环节
1	五氯酚钠	五氯酚钠	河蟹	灭螺、清除野杂鱼	水产品中五氯苯酚及其钠盐残留量的测定　气相色谱法（SC/T 3030-2006）	养殖
2	喹乙醇	喹乙醇	水产养殖饲料	促生长	水产品中喹乙醇代谢物残留量的测定　高效液相色谱法（农业部1077号公告-5-2008）；水产品中喹乙醇残留量的测定　液相色谱法（SC/T 3019-2004）	养殖
3	碱性黄	硫代黄素	大黄鱼	染色	无	流通
4	磺胺二甲嘧啶	磺胺二甲嘧啶	叉烧肉类	防腐	GB/T 20759-2006 畜禽肉中十六种磺胺类药物残留量的测定　液相色谱-串联质谱法	餐饮
5	敌百虫	敌百虫	腌制食品	防腐	目前没有检测食品中敌百虫的国家标准方法，可参照《SN0125-92 出口肉及肉制品中敌百虫残留量的检验方法》。	生产加工

附件 2 食品中可能易滥用的食品添加剂名单（第五批）

序号	食品添加剂	可能添加的主要食品类别	主要用途	检测方法	可能涉及的环节
1	胭脂红	鲜瘦肉	增色	GB/T 5009.35-2003 食品中合成着色剂的测定	生产加工、流通
2	柠檬黄	大黄鱼、小黄鱼	染色	GB/T 5009.35-2003 食品中合成着色剂的测定	流通
3	焦亚硫酸钠	陈粮、米粉等	漂白、防腐、保鲜	GB/T 5009.34-2003 食品中亚硫酸盐的测定	流通、餐饮
4	亚硫酸钠	烤鱼片、冷冻虾、烤虾、鱼干、鱿鱼丝、蟹肉、鱼糜等	防腐、漂白	GB/T 5009.34-2003 食品中亚硫酸盐的测定	流通、餐饮

附件 3 对前四批名单的补充和修改内容

序号	名称	主要成分	对主要产品类别等的修改内容	备注
1	皮革水解物	皮革水解蛋白	将“皮革水解物”修改为“革皮水解物”；将“检测方法”适应范围限定为“仅适应于生鲜乳、纯牛奶、奶粉”	“食品中可能违法添加的非食用物质名单（第二批）”第 1 条
2	甲醛	甲醛	“产品类别”中增加“血豆腐”	“食品中可能违法添加的非食用物质名单（第一批）”第 11 条
3	苏丹红	苏丹红	“产品类别”中增加“含辣椒类的食品（辣椒酱、辣味调味品）”	“食品中可能违法添加的非食用物质名单（第一批）”第 2 条

续表

序号	名称	主要成分	对主要产品类别等的修改内容	备注
4	罂粟壳	吗啡、那可丁、可待因、罂粟碱	“产品类别”中增加“火锅底料及小吃类”	“食品中可能违法添加的非食用物质名单（第一批）”第17条
5	氯霉素	氯霉素	“产品类别”中增加“肉制品、猪肠衣、蜂蜜”	“食品中可能违法添加的非食用物质名单（第四批）”第11条
6	酸性橙II		“产品类别”中增加“鲍汁、腌卤肉制品、红壳瓜子、辣椒面和豆瓣酱”	“食品中可能违法添加的非食用物质名单（第四批）”第10条

食品中可能违法添加的非食用物质和易滥用的食品添加剂名单（第六批）
（卫生部公告2011年第16号）

名称	可能添加的食品品种	检验方法
邻苯二甲酸酯类物质，主要包括： 邻苯二甲酸二（2-乙基）己酯（DEHP）、邻苯二甲酸二异壬酯（DINP）、邻苯二甲酸二苯酯、邻苯二甲酸二甲酯（DMP）、邻苯二甲酸二乙酯（DEP）、邻苯二甲酸二丁酯（DBP）、邻苯二甲酸二戊酯（DPP）、邻苯二甲酸二己酯（DHXP）、邻苯二甲酸二壬酯（DNP）、邻苯二甲酸二异丁酯（DIBP）、邻苯二甲酸二环己酯（DCHP）、邻苯二甲酸二正辛酯（DNOP）、邻苯二甲酸丁基苄基酯（BBP）、邻苯二甲酸二（2-甲氧基）乙酯（DMEP）、邻苯二甲酸二（2-乙氧基）乙酯（DEEP）、邻苯二甲酸二（2-丁氧基）乙酯（DBEP）、邻苯二甲酸二（4-甲基-2-戊基）酯（BMPP）等。	乳化剂类食品添加剂、使用乳化剂的其他类食品添加剂或食品等。	GB/T 21911 食品中邻苯二甲酸酯的测定

附录二
保健食品中可能非法添加的物质名单

保健食品中可能非法添加的物质名单（第一批）的通知

食药监办保化〔2012〕33号

附件：保健食品中可能非法添加的物质名单（第一批）

序号	保健功能	可能非法添加物质名称	检测依据
1	声称减肥功能产品	西布曲明、麻黄碱、芬氟拉明	国家食品药品监督管理局药品检验补充检验方法和检验项目批准件2006004
2	声称辅助降血糖（调节血糖）功能产品	甲苯磺丁脲、格列苯脲、格列齐特、格列吡嗪、格列喹酮、格列美脲、马来酸罗格列酮、瑞格列奈、盐酸吡格列酮、盐酸二甲双胍、盐酸苯乙双胍	国家食品药品监督管理局药品检验补充检验方法和检验项目批准件2009029
3	声称缓解体力疲劳（抗疲劳）功能产品	那红地那非、红地那非、伐地那非、羟基豪莫西地那非、西地那非、豪莫西地那非、氨基他打拉非、他达拉非、硫代艾地那非、伪伐地那非和那莫西地那非等PDE5型（磷酸二酯酶5型）抑制剂	国家食品药品监督管理局药品检验补充检验方法和检验项目批准件2008016，2009030

续表

序号	保健功能	可能非法添加物质名称	检测依据
4	声称增强免疫力（调节免疫）功能产品	那红地那非、红地那非、伐地那非、羟基豪莫西地那非、西地那非、豪莫西地那非、氨基他打拉非、他达拉非、硫代艾地那非、伪伐地那非和那莫西地那非等 PDE5 型（磷酸二酯酶 5 型）抑制剂	国家食品药品监督管理局药品检验补充检验方法和检验项目批准件 2008016，2009030
5	声称改善睡眠功能产品	地西泮、硝西泮、氯硝西泮、氯氮卓、奥沙西泮、马来酸咪哒唑仑、劳拉西泮、艾司唑仑、阿普唑仑、三唑仑、巴比妥、苯巴比妥、异戊巴比妥、司可巴比妥、氯美扎酮	国家食品药品监督管理局药品检验补充检验方法和检验项目批准件 2009024
6	声称辅助降血压（调节血脂）功能产品	阿替洛尔、盐酸可乐定、氢氯噻嗪、卡托普利、哌唑嗪、利血平、硝苯地平	国家食品药品监督管理局药品检验补充检验方法和检验项目批准件 2009032

附录三
国家卫生计生委等5部门
关于调整含铝食品添加剂使用规定的公告

（2014年第8号）

根据《食品安全法》和《食品添加剂新品种管理办法》的规定，经对《食品添加剂使用标准》（GB 2760-2011）中含铝食品添加剂进行重新评估，现决定撤销酸性磷酸铝钠、硅铝酸钠和辛烯基琥珀酸铝淀粉等3种食品添加剂，不再允许膨化食品使用含铝食品添加剂，并调整硫酸铝钾和硫酸铝铵的使用范围。现公告如下：

一、自2014年7月1日起，禁止将酸性磷酸铝钠、硅铝酸钠和辛烯基琥珀酸铝淀粉用于食品添加剂生产、经营和使用，膨化食品生产中不得使用含铝食品添加剂，小麦粉及其制品［除油炸面制品、面糊（如用于鱼和禽肉的拖面糊）、裹粉、煎炸粉外］生产中不得使用硫酸铝钾和硫酸铝铵。2014年7月1日前已按照相关标准使用上述食品添加剂生产的食品，可以继续销售至保质期结束。

二、各级食品安全监管部门要加强食品安全监督检查，依法查处违法食品生产经营行为。食品工业行业主管部门要加强行业管理，引导企业规范相关食品和食品添加剂生产经营活动。

特此公告。

国家卫生计生委
工业和信息化部
质检总局
食品药品监管总局
粮食局
2014年5月14日

附录四
禁止在饲料和动物饮用水中使用的药物品种目录

中华人民共和国农业部公告　第176号

为加强饲料、兽药和人用药品管理，防止在饲料生产、经营、使用和动物饮用水中超范围、超剂量使用兽药和饲料添加剂，杜绝滥用违禁药品的行为，根据《饲料和饲料添加剂管理条例》、《兽药管理条例》、《药品管理法》的有关规定，现公布《禁止在饲料和动物饮用水中使用的药物品种目录》，并就有关事项公告如下：

一、凡生产、经营和使用的营养性饲料添加剂和一般饲料添加剂，均应属于《允许使用的饲料添加剂品种目录》（农业部第105号公告）中规定的品种及经审批公布的新饲料添加剂，生产饲料添加剂的企业需办理生产许可证和产品批准文号，新饲料添加剂需办理新饲料添加剂证书，经营企业必须按照《饲料和饲料添加剂管理条例》第十六条、第十七条、第十八条的规定从事经营活动，不得经营和使用未经批准生产的饲料添加剂。

二、凡生产含有药物饲料添加剂的饲料产品，必须严格执行《饲料药物添加剂使用规范》（农业部168号公告，以下简称《规范》）的规定，不得添加《规范》附录二中的饲料药物添加剂。凡生产含有《规范》附录一中的饲料药物添加剂的饲料产品，必须执行《饲料标签》标准的规定。

三、凡在饲养过程中使用药物饲料添加剂，需按照《规范》规定执行，不得超范围、超剂量使用药物饲料添加剂。使用药物饲料添加剂必须遵守休药期、配伍禁忌等有关规定。

四、人用药品的生产、销售必须遵守《药品管理法》及相关法规的规定。未办理兽药、饲料添加剂审批手续的人用药品，不得直接用于饲料生产和饲养过程。

五、生产、销售《禁止在饲料和动物饮用水中使用的药物品种目录》所列品种的医药企业或个人，违反《药品管理法》第四十八条规定，向饲料企业和养殖企业（或个人）销售的，由药品监督管理部门按照《药品管理法》第七十四条的规定给予处罚；生产、销售《禁止在饲料和动物饮用水中使用的药物品种目录》所列品种的兽药企业或个人，向饲料企业销售的，由兽药行政管理部门按照《兽药管理条例》第四十二条的规定给予处罚；违反《饲料和饲料添加剂管理条例》第十七条、第十八条、第十九条规定，生产、经营、使用《禁止在饲料和动物饮用水中使用的药物品种目录》所列品种的饲料和饲料添加剂生产企业或个人，由饲料管理部门按照《饲料和饲料添加剂管理条例》第二十五条、第二十八条、第二十九条的规定给予处罚。其他单位和个人生产、经营、使用《禁止在饲料和动物饮用水中使用的药物品种目录》所列品种，用于饲料生产和饲养过程中的，上述有关部门按照谁发现谁查处的原则，依据各自法律法规予以处罚；构成犯罪的，要移送司法机关，依法追究刑事责任。

六、各级饲料、兽药、食品和药品监督管理部门要密切配合，协同行动，加大对饲料生产、经营、使用和动物饮用水中非法使用违禁药物违法行为的打击力度。要加快制定并完善饲料安全标准及检测方法、动物产品有毒有害物质残留标准及检测方法，为行政执法提供技术依据。

七、各级饲料、兽药和药品监督管理部门要进一步加强新闻宣传和科普教育。要将查处饲料和饲养过程中非法使用违禁药物列为宣传工作重点，充分利用各种新闻媒体宣传饲料、兽药和人用药品的管理法规，追踪大案要案，普及饲料、饲养和安全使用兽药知识，努力提高社会各方面对兽药使用管理重要性的认识，为降低药物残留危害，保证动物性食品安全创造良好的外部环境。

中华人民共和国农业部
中华人民共和国卫生部
国家药品监督管理局
二〇〇二年二月九日

附件：

禁止在饲料和动物饮用水中使用的药物品种目录

一、肾上腺素受体激动剂

1. 盐酸克仑特罗（Clenbuterol Hydrochloride）：中华人民共和国药典（以下

简称药典）2000 年二部 P605。β_2 肾上腺素受体激动药。

2. 沙丁胺醇（Salbutamol）：药典 2000 年二部 P316。β_2 肾上腺素受体激动药。

3. 硫酸沙丁胺醇（SalbutamolSulfate）：药典 2000 年二部 P870。β_2 肾上腺素受体激动药。

4. 莱克多巴胺（Ractopamine）：一种 β 兴奋剂，美国食品和药物管理局（FDA）已批准，中国未批准。

5. 盐酸多巴胺（Dopamine Hydrochloride）：药典 2000 年二部 P591。多巴胺受体激动药。

6. 西马特罗（Cimaterol）：美国氰胺公司开发的产品，一种 β 兴奋剂，FDA 未批准。

7. 硫酸特布他林（Terbutaline Sulfate）：药典 2000 年二部 P890。β_2 肾上腺受体激动药。

二、性激素

8. 己烯雌酚（Diethylstibestrol）：药典 2000 年二部 P42。雌激素类药。

9. 雌二醇（Estradiol）：药典 2000 年二部 P1005。雌激素类药。

10. 戊酸雌二醇（EstradiolValerate）：药典 2000 年二部 P124。雌激素类药。

11. 苯甲酸雌二醇（EstradiolBenzoate）：药典 2000 年二部 P369。雌激素类药。中华人民共和国兽药典（以下简称兽药典）2000 年版一部 P109。雌激素类药。用于发情不明显动物的催情及胎衣滞留、死胎的排除。

12. 氯烯雌醚（Chlorotrianisene）药典 2000 年二部 P919。

13. 炔诺醇（Ethinylestradiol）药典 2000 年二部 P422。

14. 炔诺醚（Quinestrol）药典 2000 年二部 P424。

15. 醋酸氯地孕酮（Chlormadinone acetate）药典 2000 年二部 P1037。

16. 左炔诺孕酮（Levonorgestrel）药典 2000 年二部 P107。

17. 炔诺酮（Norethisterone）药典 2000 年二部 P420。

18. 绒毛膜促性腺激素（绒促性素）（Chorionic Gonadotrophin）：药典 2000 年二部 P534。促性腺激素药。兽药典 2000 年版一部 P146。激素类药。用于性功能障碍、习惯性流产及卵巢囊肿等。

19. 促卵泡生长激素（尿促性素主要含卵泡刺激 FSHT 和黄体生成素 LH）（Menotropins）：药典 2000 年二部 P321。促性腺激素类药。

三、蛋白同化激素

20. 碘化酪蛋白（Iodinated Casein）：蛋白同化激素类，为甲状腺素的前驱物质，具有类似甲状腺素的生理作用。

21. 苯丙酸诺龙及苯丙酸诺龙注射液（Nandrolone phenylpropionate）药典2000年二部P365。

四、精神药品

22. （盐酸）氯丙嗪（Chlorpromazine Hydrochloride）：药典2000年二部P676。抗精神病药。兽药典2000年版一部P177。镇静药。用于强化麻醉以及使动物安静等。

23. 盐酸异丙嗪（Promethazine Hydrochloride）：药典2000年二部P602。抗组胺药。兽药典2000年版一部P164。抗组胺药。用于变态反应性疾病，如荨麻疹、血清病等。

24. 安定（地西泮）（Diazepam）：药典2000年二部P214。抗焦虑药、抗惊厥药。兽药典2000年版一部P61。镇静药、抗惊厥药。

25. 苯巴比妥（Phenobarbital）：药典2000年二部P362。镇静催眠药、抗惊厥药。兽药典2000年版一部P103。巴比妥类药。缓解脑炎、破伤风、士的宁中毒所致的惊厥。

26. 苯巴比妥钠（Phenobarbital Sodium）。兽药典2000年版一部P105。巴比妥类药。缓解脑炎、破伤风、士的宁中毒所致的惊厥。

27. 巴比妥（Barbital）：兽药典2000年版一部P27。中枢抑制和增强解热镇痛。

28. 异戊巴比妥（Amobarbital）：药典2000年二部P252。催眠药、抗惊厥药。

29. 异戊巴比妥钠（Amobarbital Sodium）：兽药典2000年版一部P82。巴比妥类药。用于小动物的镇静、抗惊厥和麻醉。

30. 利血平（Reserpine）：药典2000年二部P304。抗高血压药。

31. 艾司唑仑（Estazolam）。

32. 甲丙氨脂（Meprobamate）。

33. 咪达唑仑（Midazolam）。

34. 硝西泮（Nitrazepam）。

35. 奥沙西泮（Oxazepam）。

36. 匹莫林（Pemoline）。
37. 三唑仑（Triazolam）。
38. 唑吡旦（Zolpidem）。
39. 其他国家管制的精神药品。

五、各种抗生素滤渣

40. 抗生素滤渣：该类物质是抗生素类产品生产过程中产生的工业三废，因含有微量抗生素成份，在饲料和饲养过程中使用后对动物有一定的促生长作用。但对养殖业的危害很大，一是容易引起耐药性，二是由于未做安全性试验，存在各种安全隐患。

参考文献

[1] 尤玉如．食品安全与食品质量控制（第二版）．北京：中国轻工业出版社，2015.

[2] 李春雷．危害食品安全犯罪专题问题研究．北京：研究出版社，2019.

[3] 刘仁琦．危害食品安全犯罪程序精要与证据研究．北京：中国政法大学出版社，2016.

[4] 李春雷．食品案件中涉案物品检测鉴定：问题与对策．北京：研究出版社，2019.

[5] 周志刚．食品药品与环境犯罪侦查概论．北京：中国人民公安大学出版社，2017.

[6] 何洪源．理化物证检验技术．北京：中国人民公安大学出版社，2015.

[7] 林峰，奚星林，陈捷，徐娟．食品安全分析检测技术．北京：化学工业出版社，2015.

[8] 谭贵良，赖心田．现代分子生物学及组学技术在食品安全检测中的应用．广州：中山大学出版社，2014.

[9] 白晨，黄玥．食品安全与卫生学．北京：中国轻工业出版社，2014.

[10] 丁晓雯，柳春红．食品安全学（第 2 版）．北京：中国农业大学出版社，2016.

[11] 白志峰，孟晓红．传染病学（第 3 版）．西安：第四军医大学出版社，2015.

[12] 周宗安，翟春生．人畜共患病．福州：福建科学技术出版社，1985.

[13] 李兰娟．传染病学高级教程．北京：人民军医出版社，2015.

[14] 陈艳．食源性寄生虫病的危害与防制．贵州：贵州科技出版社，2010.

[15] 中华人民共和国广东出入境检验检疫局．世界各国食品中化学污染物限量规定．广州：中国标准出版社，2009.

[16] 郝利平，聂乾忠，周爱梅，白卫东．食品添加剂（第 3 版）．北京：

中国农业大学出版社，2016.

［17］侯红漫．食品安全学．北京：中国轻工业出版社，2014.

［18］哈益明．辐照食品及其安全性．北京：化学工业出版社，2006.

［19］许牡丹，毛跟年．食品安全性与分析检测．北京：化学工业出版社，2003.

［20］吴雄文，梁智辉．实用免疫学实验技术．武汉：湖北科学技术出版社，2002.

［21］黄晓蓉．食品安全快速检测方法确认．北京：中国质检出版社，中国标准出版社，2015.

［22］高志贤．食品安全快速检测新技术与新材料．北京：科学出版社，2015.

［23］徐应明，刘潇威．农产品与环境中有害物质快速检测技术．北京：化学工业出版社，2006.

［24］陈云．食品中有毒有害物质检测．北京：中国质检出版社，中国标准出版社，2013.

［25］张大第，张晓红．农药污染与防治．北京：化学工业出版社，2001.

［26］郑金贵．农产品品质学（第3卷）．厦门：厦门大学出版社，2015.

［27］樊永祥．食品安全风险分析．人民卫生出版社，2008.

［28］张伟珂．危害食品药品安全犯罪典型类案研究．北京：研究出版社，2019.

［29］李春雷．食药安全行政执法与刑事司法．北京：研究出版社，2019.

［30］李春雷，陈涛，张伟珂．涉网食品药品与知识产权案件查办实务．北京：研究出版社，2018.

［31］食品药品执法办案常用手册．北京：中国法制出版社，2017.

［32］沈敏，向平．法医毒理学手册．北京：科学出版社，2012.

［33］林玉锁，龚瑞忠，朱忠林，农药与生态环境保护，北京：化学工业出版社，2000.

［34］GB 23200. 16-2016《食品安全国家标准 水果和蔬菜中乙烯利残留量的测定 气相色谱法》.

［35］GB 23200. 55-2016《食品安全国家标准 食品中21种熏蒸剂残留量的测定 顶空气相色谱法》.

［36］GB 23200. 116-2019《食品安全国家标准 植物源性食品中90种有机磷类农药及其代谢物残留量的测定 气相色谱法》.

[37] GB 29694-2013《食品安全国家标准 动物性食品中13种磺胺类药物多残留的测定 高效液相色谱法》.

[38] GB 5009.24-2016《食品安全国家标准 食品中黄曲霉毒素M族的测定》.

[39] GB 5009.27-2016《食品安全国家标准 食品中苯并（a）芘的测定》.

[40] GB 23200.10-2016《桑枝、金银花、枸杞子和荷叶中488种农药及相关化学品残留量的测定 气相色谱-质谱法》.

[41] GB 23200.12-2016《食用菌中440种农药及相关化学品残留量的测定 液相色谱-质谱法》.

[42] GB 23200.14-2016《果蔬汁和果酒中512种农药及相关化学品残留量的测定 液相色谱-质谱法》.

[43] GB/T 22429-2008《食品中沙门氏菌、肠出血性大肠埃希氏菌O157及单核细胞增生李斯特氏菌的快速筛选检验 酶联免疫法》.

[44] SN/T 1869《食品中多种致病菌快速检测方法 PCR法》.

[45] GB/T 27537-2011《动物流感检测 A型流感病毒分型基因芯片检测操作规程》.

[46] GB 31607-2021《食品安全国家标准 散装即食食品中致病菌限量》.

[47] GB 29921-2021《食品安全国家标准 预包装食品中致病菌限量》.

[48] GB 4789.1-2016《食品安全国家标准 食品微生物学检验 总则》.

[49] GB 5009.24-2016《食品安全国家标准 食品中黄曲霉毒素M族的测定》.

[50] GB 5009.206-2016《食品安全国家标准 水产品中河豚毒素的测定》.

[51] GB 5009.22-2016《食品安全国家标准 食品中黄曲霉毒素B族和G族的测定》.

[52] GB 5009.96-2016《食品安全国家标准 食品中赭曲霉毒素A的测定》.

[53] GB 5009.185-2016《食品安全国家标准 食品中展青霉素的测定》.

[54] GB 5009.198-2016《食品安全国家标准 贝类中失忆性贝类毒素的测定》.

[55] GB 5009.212-2016《食品安全国家标准 贝类中腹泻性贝类毒素的测定》.

[56] GB 2763-2021《食品安全国家标准 食品中农药最大残留限量》.

[57] GB 31650-2019《食品安全国家标准 食品中兽药最大残留限量》.

［58］NY/T 789-2004《农药残留分析样本的采样方法》.

［59］GB 23200.9-2016《食品安全国家标准 粮谷中 475 种农药及相关化学品残留量的测定 气相色谱-质谱法》.

［60］GB 23200.13-2016《食品安全国家标准 茶叶中 448 种农药及相关化学品残留量的测定 液相色谱-质谱法》.

［61］GB 31650-2019《食品安全国家标准 食品中兽药最大残留限量》.

［62］NY/T 1897-2010《动物及动物产品兽药残留监控抽样规范》.

［63］GB 31660.2-2019《食品安全国家标准 水产品中辛基酚、壬基酚、双酚 A、己烯雌酚、雌酮、17α-乙炔雌二醇、17β-雌二醇、雌三醇残留量的测定 气相色谱-质谱法》.

［64］GB 31660.6-2019《食品安全国家标准 动物性食品中 5 种 α_2-受体激动剂残留量的测定 液相色谱-串联质谱法》.

［65］GB 2760-2014《食品安全国家标准 食品添加剂使用标准》.

［66］GB 5009.35-2016《食品安全国家标准 食品中合成着色剂的测定》.

［67］GB/T 21916-2008《水果罐头中合成着色剂的测定 高效液相色谱法》.

［68］SN/T 4262-2015《出口乳及乳制品中苯甲酸、山梨酸、对羟基苯甲酸酯类防腐剂的测定 高效液相色谱法》.

［69］GB 5009.28-2016《食品安全国家标准 食品中苯甲酸、山梨酸和糖精钠的测定》.

［70］GB 5009.263-2016《食品安全国家标准 食品中阿斯巴甜和阿力甜的测定》.

［71］SN/T 3538-2013《出口食品中六种合成甜味剂的检测方法 液相色谱-质谱/质谱法》.

［72］SN/T 3850.2-2014《出口食品中多种糖醇类甜味剂的测定 第 2 部分：气相色谱法》.

［73］GB 5009.32-2016《食品安全国家标准 食品中 9 种抗氧化剂的测定》.

［74］GB 2760-2011《食品安全国家标准 食品添加剂使用标准》.

［75］GB 14880-2012《食品安全国家标准 食品营养强化剂使用卫生标准》.

［76］GB 29704-2013《食品安全国家标准 动物性食品中环丙氨嗪及代谢物三聚氰胺多残留的测定 超高效液相色谱-串联质谱法》.

［77］DB 35/T 897-2009《食品中碱性橙、碱性嫩黄 O 和碱性桃红 T 含量的

测定》.

[78] GB 5009.74-2014《食品安全国家标准 食品添加剂中重金属限量试验》.

[79] GB 5009.182-2017《食品安全国家标准 食品中铝的测定》.

[80] GB 5009.268-2016《食品安全国家标准 食品中多元素的测定》.

[81] GB 5009.205-2013《食品安全国家标准 食品中二噁英及其类似物毒性当量的测定》.

[82] GB 5009.243-2016《食品安全国家标准 高温烹调食品中杂环胺类物质的测定》.

[83] GB 5009.33-2016《食品安全国家标准 食品中亚硝酸盐与硝酸盐的测定》.

[84] GB 15193.1-2014《食品安全国家标准 食品安全性毒理学评价程序》.

[85] GB 15193.3-2014《食品安全国家标准 急性经口毒性试验》.

[86] GB 15193.5-2014《食品安全国家标准 哺乳动物红细胞微核试验》.

[87] GB 15193.8-2014《食品安全国家标准 小鼠精原细胞或精母细胞染色体畸变试验》.

[88] GB 15193.22-2014《食品安全国家标准 28 天经口毒性试验》.

[89] GB 15193.13-2015《食品安全国家标准 90 天经口毒性试验》.

[90] GB 15193.14-2015《食品安全国家标准 致畸试验》.

[91] GB 15193.25-2014《食品安全国家标准 生殖发育毒性试验》.

[92] GB 15193.16-2014《食品安全国家标准 毒物动力学试验》.

[93] GB 15193.17-2015《食品安全国家标准 慢性毒性和致癌合并试验》.

[94] GB/T 24353-2022《风险管理指南》.

[95] GB 5009.182-2017《食品安全国家标准 食品中铝的测定》.

[96] NY/T 1898-2010《畜禽线粒体 DNA 遗传多样性检测技术规程》.

[97] GB 1886.186-2016《食品安全国家标准 食品添加剂 山梨酸》.

[98] GB 1886.39-2015《食品安全国家标准 食品添加剂 山梨酸钾》.

[99] BJS 201802《食品中吗啡、可待因、罂粟碱、那可丁和蒂巴因的测定》.

[100] SN/T 4782-2017《出口食品及调味品中罂粟成分检测方法 实时荧光 PCR 法》.

[101] GB/T 5461-2016《食用盐国家标准》.

［102］GB 2721-2015《食品安全国家标准 食用盐》.

［103］BJS 201710《保健食品中75种非法添加化学药物的检测》.

［104］GB 31650-2019《食品安全国家标准 食品中兽药最大残留限量》.

［105］GB/T 5009.37-2003《食用植物油卫生标准》.

［106］BJS 201801《食用油脂中辣椒素的测定》.

［107］赵霖，鲍善芬.21世纪中国食品安全问题. 中国食物与营养，2001（2）：5-7.

［108］张博.我国食品安全现状及食品分析检测新技术的应用. 中国食品，2021（17）：78-79.

［109］方海燕.从食品安全现状谈食品安全标准化体系的建设. 现代食品，2021（13）：17-19.

［110］段雪冰，韩景云.食品安全法律法规的实施现状及对策分析. 食品安全导刊，2021（35）：7-9.

［111］吕玉莲.我国有机食品、绿色食品与无公害食品发展特点、认证以及建议探讨. 农技服务，2017，34（05）：186+188.

［112］刘峻岐.有机食品与无公害食品、绿色食品之间的区别. 黑龙江科技信息，2015（17）：128.

［113］石谢新.最高法、最高检联合发布危害食品安全刑事典型案例. 中国食品工业，2022（02）：32-37.

［114］周建军.食品安全刑法“非食品原料”认定的学理问题. 江西社会科学，2021，41（12）：148-159.

［115］舒洪水.论“有毒、有害的非食品原料”的司法认定. 江西社会科学，2021，41（12）：137-147+255-256.

［116］董艳慧.我国食品安全领域行刑衔接机制研究. 食品安全导刊，2021（23）：22-23.

［117］孟强.基于CiteSpace的我国食品安全犯罪研究知识图谱分析. 贵州警察学院学报，2021，33（03）：100-108.

［118］陆丽.我国食品安全犯罪刑法立法的回顾、反思、未来. 河南警察学院学报，2021，30（02）：84-90.

［119］许雨辰.生产、销售有毒、有害食品罪的司法适用研究. 兰州：甘肃政法大学，2021.

［120］杨晓.食品快速检测技术及其在食品质量安全监管中的应用分析. 食品安全导刊，2022（07）：164-166.

［121］谭慧林，吴忠红，金永生等．食品中金黄色葡萄球菌的快速检测及其评估．新疆农业科学，2022，59（02）：410-416.

［122］冯军强，张耀华，段春娟．重大保障活动中如何选择快检试剂．中国食品工业，2021（24）：42-43.

［123］史凌宇．在基层食品安全监管中食品快检技术的应用要点构架．食品安全导刊，2021（31）：19-21.

［124］刘志鹏，韦庆益，吴蕾蕾等．基于层次分析和逼近理想解排序法的新胭脂红色素 SERS 快检方法评价．现代食品科技，2021，37（07）：302-309+30.

［125］谢刚，叶金，王松雪．食品安全快速检测方法评价技术研究进展．食品科学，2016，37（17）：270-274.

［126］刘回春．监管部门加大食品抽检力度 食品添加剂微生物污染农兽药残留三大问题突出．中国质量万里行，2020（01）：38-40.

［127］孙明，刘晓庚．化学物质的应用对食品安全性的影响．食品科学，2003，24（8）：176-179.

［128］刘祥军．水产养殖中有毒有害污染物残留及其环境影响．当代水产，2021，46（03）：72+74.

［129］刘晓辉．畜禽产品中药物残留监控的意义．动物科学与动物医学，2000，17（5）：1428.

［130］苏琳，王川，李晓锋等．关于食品微生物检测技术现状及展望．中国食品，2022（05）：100-102.

［131］李静．如何运用分子生物学进行食品微生物检测．中国食品工业，2022（01）：56-57.

［132］洪诗然，陈松．基因芯片技术在食品检测中的应用．食品安全导刊，2021（30）：175-176.

［133］洪亮．PCR 检测技术在食品微生物检测中的应用．食品安全导刊，2021（20）：82-83.

［134］赵伟勋．以转基因食品的风险特性构建标识制度．农业科技管理，2021，40（05）：39-43+62.

［135］蔡子璇．转基因食品检测技术研究进展．中国食品，2022（04）：144-146.

［136］丁琪，冯志华，孙涛．转基因食品检测技术应用分析．现代食品，2021（18）：129-133.

［137］刘红卫．检测果蔬农残的几种快速检测技术介绍及前景展望．中国食

品，2021（19）：104-105.

［138］张娟琴，袁大伟，郑宪清等．农产品中农药残留分析技术的研究进展. 上海农业学报，2013，29（3）：98-101.

［139］李宁，孙官亮，王丹等．表面增强拉曼散射纳米传感器设计及农残检测应用研究. 新材料产业，2021（04）：62-66.

［140］邵菲，应叶，吴一萍等．基于静电纺丝制备柔性农残拉曼快速检测试纸条．第二十届全国光散射学术会议论文集，2019：266.

［141］罗俊霞，赵建波，宋伟等．酶抑制-比色法农残速测试剂盒检测蔬菜农药残留的结果分析. 农业科学研究，2021，42（04）：12-16.

［142］李兴元，高健，邹广辉等．关于果蔬农残检测前处理方法的探讨. 食品安全导刊，2022（05）：165-167.

［143］丁爱雪．HACCP 在气相色谱法农产品农残检测体系中的应用. 农业工程技术，2021，41（29）：92+94.

［144］高洁，苗虹．兽药残留检测技术研究进展. 食品安全质量检测学报，2013，4（1）：11-18.

［145］黄蓉，陈大舟，汤桦等．国内外动物源食品中兽药残留相关法规比较. 标准科学，2012，11：78-83.

［146］吕萍萍，徐晓曦．农药残留对食品安全的影响及其检测新技术的研究进展. 农学学报，2012，2（06）：65-67.

［147］林黎明等，液相色谱串联质谱线性组合法测定动物组织中硝基呋喃类代谢产物．分析化学，2005，8（33）：1081-1086.

［148］Nouws，J. and J. Laurensen，Postmortal degradation of furazolidone and furaltadone in edible tissues of calves. Veterinary Quarterly，1990. 12（1）：56-59.

［149］Draisci，R.，et al.，Determination of nitrofuran residues in avian eggs by liquid chromatography - UV photodiode array detection and confirmation by liquid chromatography - ionspray mass spectrometry. Journal of chromatography A，1997，777（1）：201-211.

［150］李海畅，顾强，李海龙．贵阳市售茶叶浸泡茶汤中农药污染情况及健康风险评价. 微量元素与健康研究，2022，39（02）：43-44.

［151］敖华英，陈怡静，黄震辉等．2016 年—2020 年阳江市水产品化学污染物监测分析. 中国卫生检验杂志，2022，32（02）：248-252.

［152］夏绪红，陶小庆，崔龙．探究食品中重金属检测技术及其发展. 食品安全导刊，2022（01）：183-185.

［153］宋纯艳，付彤，张琳．食品中重金属的常见种类及其不同检测方法的对比分析．现代食品，2021（23）：48-50.

［154］张慧娟，王齐，高媛等．水稻重金属积累分布与风险分析研究综述．环境科学与技术，2020，43（08）：64-72.

［155］刘芸，刘红，李志全．超高效液相色谱法测定饮料中的 25 种常见和新型食品添加剂．理化检验（化学分册），2021，57（11）：1017-1021.

［156］郭泰，匡凤军，刘群等．食品添加剂的安全性及食品安全检测技术．食品安全导刊，2021（32）：137-139.

［157］黄燕，徐文泱，虞岚等．中美食品添加剂标准体系比较研究．中国标准化，2021（18）：81-82+114.

［158］王岩松．环境和食品中多种有机污染物 LC-MS/MS 检测技术的研究及应用．沈阳：东北大学，2017.

［159］马武仁，卿颖，李子琪等．食品中典型持久性有机污染物暴露及毒性通路研究进展．中华预防医学杂志，2019，53（06）：645-652.

［160］林壮森，张焜，赵肃清等．食品中生物毒素的 ELISA 分析方法研究进展．食品科学，2009，30（03）：281-283.

［161］邓孟胜，张杰，唐晓等．马铃薯中龙葵素的研究进展．分子植物育种，2019，17（7）：2399-2407.

［162］王丹，丁颢，程莉等．超高效液相色谱-三重四级杆串联质谱法测定土豆中 α-茄碱与 α-卡茄碱含量．中国食品卫生杂志，2014，26（03）：233-237.

［163］中国科学院昆明植物所研发成功鹅膏环肽毒素剧毒蘑菇快速检测试剂盒．食药用菌，2021，29（02）：151.

［164］范素芳，马俊美，刘茁等．高效液相色谱-串联质谱测定食品中 15 种有毒生物碱．食品科学，2018，39（22）：283-288.

［165］陈清爱．河豚毒素免疫快速检测方法研究进展．福建分析测试，2016，25（06）：22-27.

［166］梁素丹，陈剑刚，张瑰等．高效液相色谱-串联四级杆质谱法测定鱼体中河豚毒素．中国食品卫生杂志，2015，27（01）：27-30.

［167］王智，褚学军，郭萌萌等．免疫亲和柱净化-亲水液相色谱-串联质谱法测定水产食品中河豚毒素．中国食品卫生杂志，2016，28（03）：306-310.

［168］岳立达，雷苏文．贝类毒素食物中毒研究综述．中国公共卫生管理，2021，37（05）：689-691.

［169］翟毓秀，郭萌萌，江艳华等．贝类产品质量安全风险分析．中国渔业

质量与标准，2020，10（04）：1-25.

［170］孙冉，王舟．深圳沿岸海域贝类重金属和贝类毒素污染状况分析．应用海洋学学报，2017，36（04）：575-579.

［171］李玉国，张岩，李挥等．影响我国食品安全的环境因素及其防治对策．河北省环境科学学会环境与健康论坛暨2008年学术年会，2008.

［172］王茂起．中国2000年食品污染状况监测与分析．中国食品卫生杂志，2002（2）：823-824.

［173］郭红蕾，辐照保藏肉类食品综述（下）．肉类研究，1998，4（2）：37.

［174］王珊珊，潘俊，曹美云等．国内外食品辐照技术标准的应用现状分析．中国核学会2019年学术年会 中国核学会会议论文集，2019：119-124.

［175］刘绵学，伏毅，郑宇等．荧光定量PCR辐照食品鉴定技术的优化研究．生物技术通报，2018，34（12）：77-83.

［176］宋湘湘，廖婵娟，卢丽丽等．农产品安全产业链中不安全因素权重分析．农产品质量与安全，2019（02）：77-82.

［177］唐璐，郭朔泽．土壤环境恶化对食品安全的影响．食品安全导刊，2021（06）：13+15.

［178］庄乾坤，史建波，汪美贞等．国家自然科学基金环境化学发展规划概况．中国科学：化学，2021，51（07）：958-966.

［179］刘惠明，蒋玉萍，张雨溪．农用地土壤重金属污染引发的农产品质量安全问题及对策．食品安全质量检测学报，2019，10（11）：3605-3609.

［180］金森．简述德国食品质量安全管理体系．中国质量监管，2021（04）：84-87.

［181］李富根，朴秀英，廖先骏等．农药残留国家标准体系建设现状与展望．现代农药，2021，20（06）：1-5.

［182］肖晶，樊永祥．食品安全检验方法标准体系建设探究．中国食品卫生杂志，2021，33（06）：639-643.

［183］王嘉，李春雷．回顾·反思·展望：危害食品安全犯罪研究（1985—2019）．公安学研究，2020，16（3）：68-97.

［184］李绍昆．惩治危害食品药品安全犯罪的困境与应对．广西警察学院学报，2020，33（2）：54-59.

［185］张敏，赵广锋．办理非法经营食盐案的难题破解．中国检察官，2016（08）：43-45.

[186] 危害食品安全刑事典型案例. 人民法院报，2022-1-1.

[187] 2021 年 1 至 9 月依法惩治危害食品安全犯罪等案件数据分析. 中国防伪报道，2021 (12)：41-43.

[188] 魏麟，李春雷，刘育金. 面制品中滥用含铝添加剂类犯罪的刑事规制研究. 中国人民公安大学学报（社会科学版），2021，37 (06)：1-12.

[189] 温建辉. 假酒犯罪刑法应对的实证研究. 山西警察学院学报，2021，29 (03)：11-18.

[190] 最高检挂牌督办 12 起涉嫌污染环境犯罪案件. https://www.spp.gov.cn/tt/201505/t20150506_96795.shtml,2015-05-06.

[191] 2021 年 1 至 9 月依法惩治危害食品安全犯罪等三类案件数据分析. https://baijiahao.baidu.com/s?id=1713940019703652155&wfr=spider&for=pc.

[192] 2021 年 6 月食用农产品兽残不合格信息汇总分析. https://www.instrument.com.cn/news/20210728/586810.shtml.